第三届黄河国际论坛论文集

流域水资源可持续利用与
河流三角洲生态系统的良性维持

第六册

黄 河 水 利 出 版 社

图书在版编目(CIP)数据

第三届黄河国际论坛论文集/尚宏琦,骆向新主编.
郑州:黄河水利出版社,2007.10
ISBN 978-7-80734-295-3

Ⅰ.第… Ⅱ.①尚…②骆… Ⅲ.黄河-河道整治-国际学术会议-文集 Ⅳ.TV882.1-53

中国版本图书馆 CIP 数据核字(2007)第 150064 号

组稿编辑:岳德军　手机:13838122133　E-mail:dejunyue@163.com

出 版 社:黄河水利出版社

地址:河南省郑州市金水路 11 号　　邮政编码:450003

发行单位:黄河水利出版社

发行部电话:0371-66026940　　传真:0371-66022620

E-mail:hhslcbs@126.com

承印单位:河南省瑞光印务股份有限公司

开本:787 mm×1 092 mm　1/16

印张:161.75

印数:1—1 500

版次:2007 年 10 月第 1 版　　印次:2007 年 10 月第 1 次印刷

书号:ISBN 978-7-80734-295-3/TV·524　　定价(全六册):300.00 元

第三届黄河国际论坛
流域水资源可持续利用与河流三角洲生态系统的良性维持研讨会

主办单位

水利部黄河水利委员会(YRCC)

承办单位

山东省东营市人民政府
胜利石油管理局
山东黄河河务局

协办单位

中欧合作流域管理项目
西班牙环境部
WWF(世界自然基金会)
英国国际发展部(DFID)
世界银行(WB)
亚洲开发银行(ADB)
全球水伙伴(GWP)
水和粮食挑战计划(CPWF)
流域组织国际网络(INBO)
世界自然保护联盟(IUCN)
全球水系统计划(GWSP)亚洲区域办公室
国家自然科学基金委员会(NSFC)
清华大学(TU)
中国科学院(CAS)水资源研究中心
中国水利水电科学研究院(IWHR)
南京水利科学研究院(NHRI)
小浪底水利枢纽建设管理局(YRWHDC)
水利部国际经济技术合作交流中心(IETCEC,MWR)

顾问委员会

Khalid Mohtadullah　全球水伙伴(GWP)高级顾问,巴基斯坦
匡尚富　中国水利水电科学研究院院长
刘伟民　青海省水利厅厅长
刘志广　水利部国科司副司长
潘军峰　山西省水利厅厅长
Pierre ROUSSEL　法国环境总检查处,法国环境工程科技协会主席
邵新民　河南省水利厅副巡视员
谭策吾　陕西省水利厅厅长
武轶群　山东省水利厅副厅长
许文海　甘肃省水利厅厅长
吴洪相　宁夏回族自治区水利厅厅长
Yves Caristan　法国地质调查局局长
张建云　南京水利科学研究院院长

组织委员会

名誉主席

陈　雷　中华人民共和国水利部部长

主　席

李国英　黄河水利委员会主任

副主席

高　波　水利部国科司司长
王文珂　水利部综合事业局局长
徐　乘　黄河水利委员会副主任
殷保合　小浪底水利枢纽建设管理局局长
袁崇仁　山东黄河河务局局长
高洪波　山东省人民政府办公厅副主任
吕雪萍　东营市人民政府副市长
李中树　胜利石油管理局副局长
Emilio Gabbrielli　全球水伙伴(GWP)秘书长,瑞典
Andras Szollosi - Nagy　联合国教科文组织(UNESCO)总裁副助理,法国
Kunhamboo Kannan　亚洲开发银行(ADB)中东亚局农业、环境与自然资源处处长,菲律宾

委　员

安新代　黄河水利委员会水调局局长
A. W. A. Oosterbaan　荷兰交通、公共工程和水资源管理部国际事务高级专家
Bjorn Guterstam　全球水伙伴(GWP)网络联络员,瑞典
Bryan Lohmar　美国农业部(USDA)经济研究局经济师
陈怡勇　小浪底水利枢纽建设管理局副局长
陈荫鲁　东营市人民政府副秘书长
杜振坤　全球水伙伴(中国)副秘书长
郭国顺　黄河水利委员会工会主席
侯全亮　黄河水利委员会办公室巡视员
黄国和　加拿大 REGINA 大学教授
Huub Lavooij　荷兰驻华大使馆一等秘书
贾金生　中国水利水电科学研究院副院长
Jonathan Woolley　水和粮食挑战计划(CPWF)协调人,斯里兰卡
Joop L. G. de Schutter　联合国科教文组织国际水管理学院(UNESCO - IHE)水工程系主任,荷兰
黎　明　国家自然科学基金委员会学部主任、研究员
李桂芬　中国水利水电科学研究院教授,国际水利工程研究协会(IAHR)理事
李景宗　黄河水利委员会总工程师办公室主任
李新民　黄河水利委员会人事劳动与教育局局长
刘栓明　黄河水利委员会建设与管理局局长
刘晓燕　黄河水利委员会副总工程师
骆向新　黄河水利委员会新闻宣传出版中心主任
马超德　WWF(世界自然基金会)中国淡水项目官员
Paul van Hofwegen　WWC(世界水理事会)水资源管理高级专家,法国
Paul van Meel　中欧合作流域管理项目咨询专家组组长
Stephen Beare　澳大利亚农业与资源经济局研究总监
谈广鸣　武汉大学水利水电学院院长、教授
汪习军　黄河水利委员会水保局局长
王昌慈　山东黄河河务局副局长
王光谦　清华大学主任、教授
王建中　黄河水利委员会水政局局长
王学鲁　黄河万家寨水利枢纽有限公司总经理
Wouter T. Lincklaen Arriens　亚洲开发银行(ADB)水资源专家,菲律宾
吴保生　清华大学河流海洋研究所所长、教授
夏明海　黄河水利委员会财务局局长

徐宗学　北京师范大学水科学研究院副院长、教授
燕同胜　胜利石油管理局副处长
姚自京　黄河水利委员会办公室主任
于兴军　水利部国际经济技术合作交流中心主任
张洪山　胜利石油管理局副总工程师
张金良　黄河水利委员会防汛办公室主任
张俊峰　黄河水利委员会规划计划局局长
张永谦　中国经济研究院院委会主任、教授

秘书长

尚宏琦　黄河水利委员会国科局局长

技术委员会

主　任

薛松贵　黄河水利委员会总工程师

委　员

Anders Berntell　斯德哥尔摩国际水管理研究所执行总裁，斯德哥尔摩世界水周秘书长，瑞典
Bart Schultz　荷兰水利公共事业交通部规划院院长，联合国教科文组织国际水管理学院(UNESCO－IHE)教授
Bas Pedroli　荷兰瓦格宁根大学教授
陈吉余　中国科学院院士，华东师范大学河口海岸研究所教授
陈效国　黄河水利委员会科学技术委员会主任
陈志恺　中国工程院院士，中国水利水电科学研究院教授
程　禹　台湾中兴工程科技研究发展基金会董事长
程朝俊　中国经济研究院中国经济动态副主编
程晓陶　中国水利水电科学研究院防洪减灾研究所所长、教授级高级工程师
David Molden　国际水管理研究所(IWMI)课题负责人，斯里兰卡
丁德文　中国工程院院士，国家海洋局第一海洋研究所主任
窦希萍　南京水利科学研究院副总工程师、教授级高级工程师
Eelco van Beek　荷兰德尔伏特水力所教授
高　峻　中国科学院院士
胡鞍钢　国务院参事，清华大学教授
胡春宏　中国水利水电科学研究院副院长、教授级高级工程师
胡敦欣　中国科学院院士，中国科学院海洋研究所研究员

Huib J. de Vriend　荷兰德尔伏特水力所所长
Jean - Francois Donzier　流域组织国际网络(INBO)秘书长,水资源国际办公室总经理
纪昌明　华北电力大学研究生院院长、教授
冀春楼　重庆市水利局副局长,教授级高级工程师
Kuniyoshi Takeuchi(竹内邦良)　日本山梨大学教授,联合国教科文组织水灾害和风险管理国际中心(UNESCO - ICHARM)主任
Laszlo Iritz　科威公司(COWI)副总裁,丹麦
雷廷武　中科院/水利部水土保持研究所教授
李家洋　中国科学院副院长、院士
李鸿源　台湾大学教授
李利锋　WWF(世界自然基金会)中国淡水项目主任
李万红　国家自然科学基金委员会学科主任、教授级高级工程师
李文学　黄河设计公司董事长、教授级高级工程师
李行伟　香港大学教授
李怡章　马来西亚科学院院士
李焯芬　香港大学副校长,中国工程院院士,加拿大工程院院士,香港工程科学院院长
林斌文　黄河水利委员会教授级高级工程师
刘　斌　甘肃省水利厅副厅长
刘昌明　中国科学院院士,北京师范大学教授
陆永军　南京水利科学研究院教授级高级工程师
陆佑楣　中国工程院院士
马吉明　清华大学教授
茆　智　中国工程院院士,武汉大学教授
Mohamed Nor bin Mohamed Desa　联合国教科文组织(UNESCO)马来西亚热带研究中心(HTC)主任
倪晋仁　北京大学教授
彭　静　中国水利水电科学研究院教授级高级工程师
Peter A. Michel　瑞士联邦环保与林业局水产与水资源部主任
Peter Rogers　全球水伙伴(GWP)技术顾问委员会委员,美国哈佛大学教授
任立良　河海大学水文水资源学院院长、教授
Richard Hardiman　欧盟驻华代表团项目官员
师长兴　中国科学院地理科学与资源研究所研究员
Stefan Agne　欧盟驻华代表团一等秘书
孙鸿烈　中国科学院院士,中国科学院原副院长、国际科学联合会副主席
孙平安　陕西省水利厅总工程师、教授级高级工程师

《第三届黄河国际论坛论文集》
编辑委员会

欢 迎 词

（代序）

我代表第三届黄河国际论坛组织委员会和本届会议主办单位黄河水利委员会，热烈欢迎各位代表从世界各地汇聚东营，参加世界水利盛会第三届黄河国际论坛——流域水资源可持续利用与河流三角洲生态系统的良性维持研讨会。

黄河水利委员会在中国郑州分别于2003年10月和2005年10月成功举办了两届黄河国际论坛。第一届论坛主题为“现代化流域管理”，第二届论坛主题为“维持河流健康生命”，两届论坛都得到了世界各国水利界的高度重视和支持。我们还记得，在以往两届论坛的大会和分会上，与会专家进行了广泛的交流与对话，充分展示了自己的最新科研成果，从多维视角透析了河流治理及流域管理的经验模式。我们把会议交流发表的许多具有创新价值的学术观点和先进经验的论文，汇编成论文集供大家参阅、借鉴，对维持河流健康生命的流域管理及科学研究等工作起到积极的推动作用。

本次会议是黄河国际论坛的第三届会议，中心议题是流域水资源可持续利用与河流三角洲生态系统的良性维持。中心议题下分八个专题，分别是：流域水资源可持续利用及流域良性生态构建、河流三角洲生态系统保护及良性维持、河流三角洲生态系统及三角洲开发模式、维持河流健康生命战略及科学实践、河流工程及河流生态、区域水资源配置及跨流域调水、水权水市场及节水型社会、现代流域管理高科技技术应用及发展趋势。会议期间，我们还与一些国际著名机构共同主办以下18个相关专题会议：中西水论坛、中荷水管理联合指导委员会第八次会议、中欧合作流域管理项目专题会、WWF（世界自然基金会）流域综合管理专题论坛、全球水伙伴（GWP）河口三角洲水生态保护与良性维持高级论坛、中挪水资源可持续管理专题会议、英国发展部黄河上中游水土保持项目专题会议、水和粮食挑战计划（CPWF）专题会议、流域组织国际网络（INBO）流域水资源一体化管理专题会议、中意环保合作项目论坛、全球水系统(GWSP)全球气候变化与黄河流域水资源风险管理专题会议、中荷科技合作河流三角洲湿地生态需水与保护专题会议与中荷环境流量培训、中荷科技合作河源区项目专题会、中澳科技交流人才培养及合作专题会议、UNESCO - IHE 人才培养后评估会议、中国水资源配置专题会议、流域水利工程建设与管理专题会议、供水管理与安全专题会议。

本次会议,有来自64个国家和地区的近800位专家学者报名参会,收到论文500余篇。经第三届黄河国际论坛技术委员会专家严格审查,选出400多篇编入会议论文集。与以往两届论坛相比,本届论坛内容更丰富、形式更多样,除了全方位展示中国水利和黄河流域管理所取得的成就之外,还将就河流管理的热点难点问题进行深入交流和探讨,建立起更为广泛的国际合作与交流机制。

我相信,在论坛顾问委员会、组织委员会、技术委员会以及全体参会代表的努力下,本次会议一定能使各位代表在专业上有所收获,在论坛期间生活上过得愉快。我也深信,各位专家学者发表的观点、介绍的经验,将为流域水资源可持续利用与河流三角洲生态系统的良性维持提供良策,必定会对今后黄河及世界上各流域的管理工作产生积极的影响。同时,我也希望,世界各国的水利同仁,相互学习交流,取长补短,把黄河管理的经验及新技术带到世界各地,为世界水利及流域管理提供科学借鉴和管理依据。

最后,我希望本次会议能给大家留下美好的回忆,并预祝大会成功。祝各位代表身体健康,在东营过得愉快!

李国英
黄河国际论坛组织委员会主席
黄河水利委员会主任
2007年10月于中国东营

前 言

黄河国际论坛是水利界从事流域管理、水利工程研究与管理工作的科学工作者的盛会，为他们提供了交流和探索流域管理和水科学的良好机会。

黄河国际论坛的第三届会议于2007年10月16～19日在中国东营召开,会议中心议题是:流域水资源可持续利用与河流三角洲生态系统的良性维持。中心议题下分八个专题:

A. 流域水资源可持续利用及流域良性生态构建;

B. 河流三角洲生态系统保护及良性维持;

C. 河流三角洲生态系统及三角洲开发模式;

D. 维持河流健康生命战略及科学实践;

E. 河流工程及河流生态;

F. 区域水资源配置及跨流域调水;

G. 水权、水市场及节水型社会;

H. 现代流域管理高科技技术应用及发展趋势。

在论坛期间,黄河水利委员会还与一些政府和国际知名机构共同主办以下18个相关专题会议:

As. 中西水论坛;

Bs. 中荷水管理联合指导委员会第八次会议;

Cs. 中欧合作流域管理项目专题会;

Ds. WWF(世界自然基金会)流域综合管理专题论坛;

Es. 全球水伙伴(GWP) 河口三角洲水生态保护与良性维持高级论坛;

Fs. 中挪水资源可持续管理专题会议;

Gs. 英国发展部黄河上中游水土保持项目专题会议;

Hs. 水和粮食挑战计划(CPWF)专题会议;

Is. 流域组织国际网络(INBO) 流域水资源一体化管理专题会议;

Js. 中意环保合作项目论坛；

Ks. 全球水系统计划(GWSP)全球气候变化与黄河流域水资源风险管理专题会议；

Ls. 中荷科技合作河流三角洲湿地生态需水与保护专题会议与中荷环境流量培训；

Ms. 中荷科技合作河源区项目专题会；

Ns. 中澳科技交流、人才培养及合作专题会议；

Os. UNESCO－IHE 人才培养后评估会议；

Ps. 中国水资源配置专题会议；

Ar. 流域水利工程建设与管理专题会议；

Br. 供水管理与安全专题会议。

自第二届黄河国际论坛会议结束后，论坛秘书处就开始了第三届黄河国际论坛的筹备工作。自第一号会议通知发出后，共收到了来自64个国家和地区的近800位决策者、专家、学者的论文500余篇。经第三届黄河国际论坛技术委员会专家严格审查，选出400多篇编入会议论文集。其中322篇编入会前出版的如下六册论文集中：

第一册：包括52篇专题A的论文；

第二册：包括50篇专题B和专题C的论文；

第三册：包括52篇专题D和专题E的论文；

第四册：包括64篇专题E的论文；

第五册：包括60篇专题F和专题G的论文；

第六册：包括44篇专题H的论文。

会后还有约100篇文章，将编入第七、第八册论文集中。其中有300余篇论文在本次会议的77个分会场和5个大会会场上作报告。

我们衷心感谢本届会议协办单位的大力支持，这些单位包括：山东省东营市人民政府、胜利石油管理局、中欧合作流域管理项目、小浪底水利枢纽建设管理局、水利部综合事业管理局、黄河万家寨水利枢纽有限公司、西班牙环境部、WWF(世界自然基金会)、英国国际发展部(DFID)、世界银行(WB)、亚洲开发银行(ADB)、全球水伙伴(GWP)、水和粮食挑战计划(CPWF)、流域组织国际网络(INBO)、国家自然科学基金委员会(NSFC)、清华大学(TU)、中国水利水电科学研究院(IWHR)、南京水利科学研究院(NHRI)、水利部国际经济技术合作交流中心(IETCEC,MWR)等。

我们也要向本届论坛的顾问委员会、组织委员会和技术委员会的各位领导、专家的大力支持和辛勤工作表示感谢,同时对来自世界各地的专家及论文作者为本届会议所做出的杰出贡献表示感谢!

我们衷心希望本论文集的出版,将对流域水资源可持续利用与河流三角洲生态系统的良性维持有积极的推动作用,并具有重要的参考价值。

尚宏琦

黄河国际论坛组织委员会秘书长

2007 年 10 月于中国东营

目 录

现代流域管理高科技技术应用及发展趋势

现代流域管理高科技技术应用及发展趋势

黑河莺落峡站年径流长期预报模型研究

李向阳[1]　楚永伟[1]　任立新[2]

(1. 黄河水利委员会黑河流域管理局;2. 黄河水利委员会上游水文水资源局)

摘要:通过分析黑河莺落峡站出山径流变化规律,并将年径流系列按照频率25%及75%为界,划分成3种情况,即多水年$x_i>55.0$,中水年$42.1\leqslant x_i\leqslant 55.0$,小水年$x_i<42.1$。计算其状态转移概率得出:年径流过程从某一状态转移至其他状态的可能性都有,但其转移概率的最大值达81.8%。由此可知,年径流的变化过程不仅有随机性,而且有很强的相依性。通过建立前期大气环流因子与年平均流量的预报模型和建立年平均流量的时间序列组合模型,其逐年预报的精度较高,经过误差评定分析,两个模型均为甲级方案,检验预报时性能较稳定。

关键词:径流预报　模型研究　黑河

1　流域概况

黑河是我国西北地区第二大内陆河,流经青海、甘肃、内蒙古三省(自治区),流域南以祁连山为界,东西分别与石羊河、疏勒河流域相邻。流域国土总面积14.29万km^2,其中甘肃省6.18万km^2,青海省1.04万km^2,内蒙古约7.07万km^2。黑河流域有35条小支流,随着用水的不断增加,部分支流逐步与干流失去地表水力联系,形成东、中、西三个独立的子水系。东部子水系即黑河干流水系,包括黑河干流、梨园河及20多条沿山小支流,面积11.6万km^2。黑河干流全长821 km,出山口莺落峡以上为上游,河道长303 km,面积1.0万km^2,是黑河流域的产流区。莺落峡—正义峡为中游,河道长185 km,面积2.56万km^2。正义峡以下为下游,河道长333 km,面积8.04万km^2。由于受气候和人类活动的影响,流域水资源与当地人口、社会经济发展和生态环境需要极不相称。伴随中游地区人口的增长和经济的发展,用水量也迅速增长,致使进入下游水量由20世纪50年代初的11.6亿m^3减少到90年代后期的7.3亿m^3,再经下游上段各用水户的拦截利用,实际进入下游下段额济纳绿洲的水量仅有3亿m^3左右。中游水资源的过量开发,导致下游生态环境恶化,水资源供需矛盾日趋显著。因此,研究莺落峡站年径流长期预报模型并进行有效的预报,对黑河流域进行水量科学调度、合理利用显得非常重要。

2 径流变化规律

2.1 年径流特征

黑河干流出山口控制站莺落峡水文站多年平均流量 49.3 m^3/s,总径流量 15.8 亿 m^3,径流模数为 4.900 $L/(s \cdot km^2)$。莺落峡站的 c_v 值为 0.16,年极值比为 2.09,是我国和西北地区径流年际变化的低值区,说明年径流多的变化是相对稳定的。上游西支札马什克站多年平均流量 22.7 m^3/s,径流量 7.159 亿 m^3,占出山总径流量的 46.0%,径流模数为 4.947 $L/(s \cdot km^2)$。东支祁连站多年平均流量 14.0 m^3/s,径流量 4.415 亿 m^3,占出山总径流量的 28.4%,径流模数为 5.710 $L/(s \cdot km^2)$;东西支以下莺落峡以上区间径流量 3.973 亿 m^3,占出山总径流量的 25.6%,径流模数为 4.245 $L/(s \cdot km^2)$。

2.2 年径流变化过程的状态转移概率

20 世纪初俄国著名数学家 A. A. Markov 发现:一些事物的变化与事物的近期状态关系极大,而与事物的远期状态关系很小,甚至可以忽略不计,这种现象叫做“无后效性”。水文现象也符合这一过程。如果假设水文过程在 $X_{n-1} = a_i$ 的条件下,第 n 次状态转移出现的概率为 a_j,即 $X_n = a_j$ 成立的概率与 n 无关。那么可以把这个概率记为 $n_{i,j}$,即:

$$P_{i,j} = P\{X_n = a_j / X_{n-1} = a_i\}$$
$$i,j = 1,2,\cdots,N; n = 1,2,\cdots \tag{1}$$

并称它为 A. A. Markov 一步状态转移概率。它具有以下性质:

$$p_{i,j} \geqslant 0, i,j = 1,2,\cdots,N$$

$$\sum_{j=1}^{N} p_{i,j} = 1, i = 1,2,\cdots,N$$

由转移概率 $p_{i,j}$ 构成的矩阵,即:

$$P = \begin{bmatrix} p_{11} & p_{12} & \cdots & p_{1N} \\ p_{21} & p_{22} & \cdots & p_{2N} \\ \vdots & \vdots & & \vdots \\ p_{N1} & p_{N2} & \cdots & p_{NN} \end{bmatrix} \tag{2}$$

称 P 为马尔科夫链的转移概率矩阵,它决定了径流系列 $x_1, x_2, \cdots$ 状态转移的概率法则。

将该站年径流系列按照频率 25 %(55.0 m^3/s)及 75 %(42.1 m^3/s)为界,划分成 3 种情况,即多水年 $x_i > 55.0$,中水年 $42.1 \leqslant x_i \leqslant 55.0$,小水年 $x_i < 42.1$。

状态转移概率计算见表1。从表1中可以看出,年径流过程从某一状态转移至其他状态的可能性都有,但其转移概率的大小差别很大。如某年处在小水年状态,则下一年转移至中水年的概率最大,为72.7 %;转移至少水年的概率次之,为18.2 %;转移至大水年的概率最小,为9.1 %;某年处在中水年状态,则下一年转移至中水年的概率最大为52.8 %;转移至多水年的概率为25.0 %,转移至少水年的概率为22.2 %;某年处在多水年状态,则下一年转移至中水年的概率最大,为81.8 %;转移至少水年的概率次之,为18.2 %;转移至多水年的概率为0。由此可知,年径流的变化过程不仅有随机性,而且有很强的相依性。

表1　莺落峡站年径流状态转移概率计算

年径流等级		<43.3 (少水年)	43.3~53.4 (中水年)	>53.4 (多水年)	合计
发生次数		12	36	11	59
转移频率	少水年转移至	2	8	1	12
	中水年转移至	8	19	9	36
	多水年转移至	2	9	0	11
转移概率	少水年转移至	18.2	72.7	9.1	100
	中水年转移至	22.2	52.8	25.0	100
	多水年转移至	18.2	81.8	0	100

3　年径流预报模型

目前科学研究中用于年径流预报的方法较多,主要用于超长期预测,它关注径流系列的长期(10年左右)或者超长期(20~30年以上)趋势的预测,对具体预报年的预报精度要求较低。但是,生产部门径流预报的预见期较短(1年),对具体预报年的预报精度要求较高。笔者多年从事该站年径流预报工作,经过对各种方法的比较检验,认为以下两种方法逐年预报的精度较高,性能较稳定,其预报成果能满足实际工作的需要。

3.1　前期影响因子预报模型

河流来水量的前期影响因子相当复杂,从成因上看,径流过程是大型天气过程发展变化的产物,用大气环流的长期演变规律探索径流的长期预报,是一条具有物理基础的主要途径。因此,分析前期大气环流特征与后期水文要素之间的关系,建立预报模型,其理论基础在于天气各种要素的演变有着一定的前后承替转换规律,某一时期的天气和环流演变特征可以追溯到以前相当长一个时期,因而可以根据环流特征与后期水文要素建立定量的预报关系。黑河产流区地处祁连山区,其庞大的山体占据的面积很大,所以在挑选预报因子时重点考虑因素主要有四个方面:①前期大气环流形势;②大气运动的能量来源——太阳活动;

③流域下垫面条件;④前期水文要素。本文采用了 1951 ~ 2001 年逐月的 74 种大气环流特征量进行因子筛选。

3.1.1 预报因子挑选方法

径流现象的发生是多因子作用的结果,一般说来,径流与前期单因子之间的线性关系不会很好。但是从成因的角度来看,它毕竟与每个影响它的单因子有着成因方面的联系。因此,将径流过程与逐个单因子建立线性关系,用相关系数的大小来衡量单因子对径流影响作用的大小。那么,R 的数值达到多大才算相关显著呢? 这需要在给定置信度 α 的条件下,对它进行统计检验。目前常用 t 检验的方法来进行。

给出 T 检验的统计量为:

$$T = \frac{\sqrt{N-2}}{\sqrt{1-R^2}}R \tag{3}$$

式中:N 为资料观测年数。

选定置信度 α 后,可从 t 分布表中查出相应的 t_α,当 $T > t_\alpha$ 时,可认为在置信度 α 下,二者是线性相关的;如果 $T \leqslant t_\alpha$ 则认为是不相关的,可以从初选的因子中剔除。

由于该站资料系列长度为46 年,当复相关系数 $R = 0.30$ 时,$T = 2.085$,在置信度 $\alpha = 0.05$ 时在 t 分布表中查出相应的 $t_\alpha = 2.013$,$T > t_\alpha$。由此判断出:当 $R \geqslant 0.30$时的因子为初选的因子,$R < 0.30$ 的因子为剔除的因子。

3.1.2 预报模型建立

将初选的前期因子用逐步回归分析方法进行逐个引进或剔除,得出预报模型为:

$$\begin{aligned}\hat{Q}_t = {} & 149.06 - 0.71x_{2,t-1} - 0.42x_{6,t-1} + 0.088x_{10,t-1} - 1.673x_{13,t-1} + \\ & 0.767x_{18,t-1} - 0.116x_{20,t-1} - 0.203x_{24,t-1} + 0.637x_{28,t-1} + 0.936x_{29,t-1} - \\ & 2.4x_{30,t-1} + 1.085x_{32,t-1}\end{aligned} \tag{4}$$

式中:$\hat{Q}$ 为预报的第 t 年的年平均流量,m^3/s;$x_{i,t-1}$ 为前期预报因子,其中 $x_{2,t-1}$ 为第 $t-1$ 年 4 月的北非副高北界位置(20W ~ 60E),$x_{6,t-1}$ 为第 $t-1$ 年 5 月的东太平洋副高北界位置(175W ~ 115W),$x_{10,t-1}$ 为第 $t-1$ 年 7 月的印度洋副高强度指数(110E ~ 180E),$x_{13,t-1}$ 为第 $t-1$ 年 7 月的编号台风,$x_{18,t-1}$ 为第 $t-1$ 年 9 月的南海副高强度指数(100E ~ 120E),$x_{20,t-1}$ 为第 $t-1$ 年 9 月的北半球脊涡面积指数(50 区,0 ~ 360),$x_{24,t-1}$ 为第 $t-1$ 年 11 月的北半球副高面积指数(5E ~ 360E),$x_{28,t-1}$ 为第 $t-1$ 年 11 月的北美副高强度指数(110W ~ 60W),$x_{29,t-1}$ 为第 $t-1$ 年 12 月的印度副高面积指数(65E ~ 95E),$x_{30,t-1}$ 为第 $t-1$ 年 12 月的北美

副高面积指数(110W ~ 60W),$x_{32,t-1}$为第 $t-1$ 年 12 月的北美副高强度指数(110W ~60W)。

该模型的复相关系数 R 为 0.907,标准差为 5.386。通过了置信度 $\alpha = 0.05$ 的 F 检验。实测值与预报值的比较见图 1。

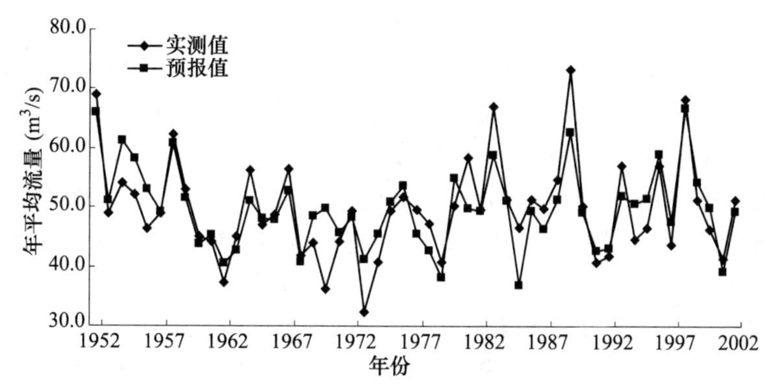

图 1　黑河莺落峡站年径流预报模型 1 实测值与预报值比较

3.2　时间序列组合模型

水文序列 X_t 可看成是由多种成分合成的。如何把合成序列中的各种成分划分出来,并采用适当的数学模型描述这些成分,是研究水文序列模拟的主要方法。水文序列一般由确定性成分和随机成分组成。确定性成分具有一定的物理概念,包括周期的和非周期的成分;随机成分是不规则的震荡和随机影响造成的,不能严格地从物理概念上来阐明,只能用随机过程理论来研究。

假定组成水文序列的这些成分是线性叠加的,则 X_t 可表示为:

$$X_t = Y_t + N_t + R_t + \varepsilon_t \tag{5}$$

式中:Y_t 为趋势成分,反映水文要素序列的长期总体演变趋势;N_t 为周期成分,反映水文序列自身存在的周期波分量;R_t 为相依成分,描述水文序列内部的线性相依关系;ε_t 为随机成分(实际工作中认为是计算误差)。

3.2.1　趋势成分的检验

对该站年径流序列进行趋势成分的显著性检验,显著性水平 $\alpha = 0.05$,可得检验结果如下:

(1)坎德尔秩次相关检验:$|U| = 0.87 < U_{\alpha/2} = 1.96$,趋势不显著。

(2)斯波曼秩次相关检验:$|T| = 0.814 < T_{\alpha/2} = 2.004$,趋势不显著。

(3)线形趋势回归检验:$|T| = 0.885 < T_{\alpha/2} = 2.004$,趋势不显著。

以上 3 种方法检验,均得出趋势不显著的结论,说明年径流序列不存在趋势成分。

3.2.2 周期成分的提取

周期成分的提取采用周期波外延逐步回归耦合模型。将试验的周期波分量排成如下方程,即:

$$N_t = \sum_{i=1}^{b} a_i x_{t,i} + e_i \tag{6}$$

式中:N_t 为周期成分;a_i 为第 i 个试验周期波分量的回归系数;$x_{t,i}$为 i 第个试验周期波分量第 t 年的值;b 为试验周期波的周期个数;其他符号意义同前。

式(6)显然是一个多元回归方程,如果资料年数是偶数时,$b = n \times (n-1)/2$ 阶方程组;如果资料年数是奇数,$b = n \times (n-2)/2$ 阶方程组。由此可以看出,不论资料年数是多少,式(6)都是一个高阶超定线性方程组。由于这个方程组中存在一些不重要的变量(试验周期波),将这些变量从方程中剔除,就需要用逐步回归进行分析计算。由此得出周期成分的预报模型为:

$$N_t = 3.492 - 1.5x_{t,4} + 1.179x_{t,8} + 0.84x_{t,12} + 0.314x_{t,16} + 0.591x_{t,18} + 0.296x_{t,19} + 0.595x_{t,20} + 0.25x_{t,22} + 0.309x_{t,28} + 0.412x_{t,30} \tag{7}$$

式中各符号意义同前。

该模型的复相关系数 R 为0.938,标准差为0.216。通过了信度 $\alpha = 0.05$ 的 F 检验。

3.2.3 相依成分的分析计算

经分析计算可知,随机序列的自相关系数 $R(t)$ 随时移 t 值变大而逐渐变小,说明随机相依成分存在。相依成分用二阶自回归 $AR(2)$ 模型描述。由于自回归模型为线性模型,所以用线性最小二乘法识别模型参数,即:

$$R_t = 0.069R_{t-1} + 0.4025R_{t-2} + 1.54 \tag{8}$$

将以上3种成分外延叠加即为预报的年径流量。该预报模型实测值与预报值比较见图2。

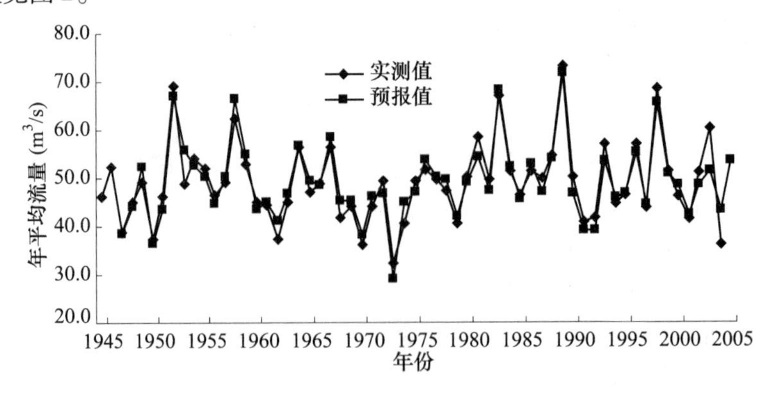

图2 黑河莺落峡站年平均流量预报模型2预报值与实测值比较

4 模型预报误差精度评定

模型预报误差的精度评定用总体合格率 QR 表示，即一次预报的误差小于许可误差（许可误差应不超过 ±20 %）时为合格。合格次数与总次数之比的百分数为合格率，它表示多次预报总体的精度水平。QR 越大说明计算精度越高，《水文情报预报规范》规定 $QR \geq 85.0\%$ 为甲级方案，$75.0\% \leq QR < 85.0\%$ 为乙级方案，可作为参考依据。模型 1 的总体合格率为 94.1%，最大相对误差为 37 %，预报检验年份分别为 2001 年、2002 年，其预报值与实测值的相对误差分别为 -5.4 %、-3.8 %。模型 2 的总体合格率为 100 %，最大相对误差为 19.4 %，预报检验年份为 2003 年、2004 年，其预报值与实测值的相对误差分别为 -14.8 %、19.4 %。由此可知，两个预报模型均为甲级方案，可在实际工作中应用。

5 结论

（1）模型 1 用大气环流特征值作为前期预报因子，直接与年平均流量进行回归分析，建立确定性数学模型，属成因分析的范畴。它的优点在于避免了先作气象预报（预报流域降水量），再根据气象预报进行流量预报时两者误差传递叠加的弊端。模型 2 用水文过程自身系列的演变规律进行分析计算建立预报模型，属时间序列分析范畴。实践证明该模型能在实际工作中进行作业预报。

（2）由于大气环流特征值和水文系列均为时变系统，所建立的预报模型也是时变的，因此每当获得一个新的变量后，就应当重新建立模型进行预报，只有这样，预报模型的精度才有保证。

（3）长期水文模型的研制工作目前还处在探索、发展阶段，有些明显的影响因素如厄尔尼诺现象和拉尼娜现象等，因受资料条件的限制未能参与分析计算，作业预报时如果两个预报模型的预报结果数值不接近，还应采取其他定性分析方法进行分析判断，如状态转移概率、气象分析预报成果等，合理取用预报结果。

IDIAS——一种用于分析与监测流域一体化管理中直接和间接影响因素的工具

——以马来西亚彭亨河为例

Laszlo Iritz Jan Høybye

(丹麦 COWI 国际咨询公司)

摘要:综合管理和多学科评估(IDA)是一个词义比较模糊的术语,经常用于水利管理和城市/乡村发展战略与项目的计划中。这些词汇通常表达了一种尝试,去评估在多个方面及邻近流域间不同的管理策略对环境和社会经济造成的影响。已有一些进行环境影响评估(或战略环境评估)的工具和程序,广泛地应用于评估与政策制定和项目运行有关的管理及工程措施的环境影响。然而,这些工具仅孤立地对一个项目或一组政策/开发措施和管理行动的某个单一方面所造成的影响进行评价。因为程序复杂和缺乏相关数据与信息,多个方面之间(或多科性)的关系很少被提及。

必须确保在从决策制定、计划执行到监测处理这一过程中一定程度的透明性。因此,在对那种因果关系受多重相关因素的影响进行其他一般性定性评估时,需要系统的方法。IDA方法需要随着时间进行重新评估,当有新数据时数据需要重新审查。本文要讨论在流域管理和监测系统的设计和运行中如何使用 IDA。一个具有上述特征的决策支持工具(多学科影响评估系统,IDIAS),目前正在开发过程中。

这里介绍的 IDA 方法是基于从数个具体的河流流域管理项目中获得的经验。来自马来西亚彭亨河(Pahang)的简化的例子用于展示 IDIAS 的原则和过程。在彭亨河治理的目标是:在考虑广泛的社会经济设置(渔业、环境限制、基础设施及防洪)的基础上,为如何开发河流下游区域制定计划和政策;对提出的各项措施进行多科性综合影响评估。

关键词:流域综合管理 环境评价 多学科影响评估(IDA) 彭亨河(Pahang)

1 介绍

1.1 背景

与基础设施开发相关的战略环境评价(SEA)和环境影响评价(EIA)等已经广泛地应用于对一系列管理/工程情境的不同部门方面和行业做初步的影响评价,如 RIAM(1998)(快速影响评估矩阵—译者)在过去的二三十年里已经开发了多种工具和程序(如 CEQ,1978; CEU,1997; World Bank,1988; Danida,1994)以助 SEA/EIA 的标准化和流程化。这些程序主要由咨询师、国家级多边代理使用,并在大型项目/管理措施如 IRBM(综合流域管理—译者)中利用它们将各部门和地区中的相关及特征因素的考量纳入决策程序。

然而这些影响(评估)工具和程序,大多只对计划建设的项目或开发策略与管理办法就不同的方面分别进行影响评估,而部门间和多科性的关系则很少被提及,因为程序会太复杂,而且缺少数据和信息。然而,在流域综合管理和城市与乡村的开发中,这些多科性的联系及空间依赖(如上游与下游关系)已被证明非常重要——特别是在回顾中发现出现了没有预期到的结果和影响的情况下。因此,在做开发战略和项目计划时应使用一个基于多科性的评估方法(IDA)去评估不同的管理措施中一个行业对其他行业的直接影响,并去判断监测潜在的间接影响。

在因果关系相互依赖时,对影响进行定性评估需要保证一定程度的透明性并采用系统的办法。随着时间的流逝 IDAs 需要重新评估,在有新的数据时,应该重新检查并复核所用的数据。因此,需要保证多科性评估、管理措施及数据监测采集程序间有直接的关联。

1.2 现有评估程序的不足

在欧盟,SEA 和 EIA 在欧盟指令标准框架下致力于环境质量的保持、保护和提升,以及人类健康的保护和自然资源的合理利用。而这些现有的工具和程序在很大程度上隶属于单一部门计划,其主要目标集中在管理措施对环境的单方面影响。而在更广泛意义上的,多部门的,从社会与发展视角上的可持续性、效率与优化等问题在 SEA 和 EIA 中难有体现。

在现有 SEA 系统和经验中有很多重要教训。限制 SEA 实践进展的重要一环在于缺乏实际例子的信息。因此,为更好地理解 SEA 的过程和实践,发起了一个项目去判断、分析和比较最近在欧盟成员国与多个部门间承担的 SEA 事例(EC,2004. B; EC,2004. C; EC,2005. A)。在 SEA 主要的关键点上,这些事例经过分析和比较。从比较分析中发现了如下关键因素:

(1)在不同国家和部门中,SEA 实践非常不同。SEA 在能源、废物处理和运输等行业得到有效执行。在水管理、工业、农业及旅游业中 SEA 的应用还非常缺乏,需要对在时空尺度上进行部门间政策和计划相关性的前瞻性研究进行鼓励,并开发出相应的方法。

(2)SEA 拥有广泛的预测和评估技术,但不是所有的技术都能够有效地应用。这表明在技术和信息的分享上有很大缺陷。必须保证现有的方法和工具能够广泛传播。在影响预测和评估方面的不确定性应该能够被了解、分析和得到报告。

(3)仅仅在一致的方法中 SEA 的效率可以测量。在综合性方法中没有变化指标的相关参量,很难测量效率。需要建立效率指标。

(4)监测和后评估是目前 SEA 实践中的主要弱点。应加大努力去安装监测系统,要对指标和方法的建立进行指导,同时提供指导框架。指标必须是可测量的。

简而言之,目前的状况是普遍具有单个部门应用的环境评价,同时更有极为广泛的需求是要去开发在部门政策、过程及项目的水平上,一个能够分析和评估在不同部门与跨部门的管理中潜在的直接和间接联系的影响的综合性计划及管理工具。

IDA 的工具,是开发此种多科性间影响评估工具的初步尝试,它可以提高政策和工程的一致性,提高管理效率。IDIAS 的核心是一个系统的、大数据量的、透明的(可测量的)多科性影响评估工具,它能预测并展示行业与多科性间的不同政策、计划和项目决定的结果。

2　IDIAS 概念概览

流域综合治理内在地需要在不同部门、子流域(有时跨流域边界)和时间范围(现在与未来)的利益平衡,但往往政策和程序的计划者很难总揽所有这些利益间的关系,以及不同方法所能造成的影响(见图 1)。此时一个系统的、透明的建模和决策支持方法能够对有效地追踪知识与决策有所作用。

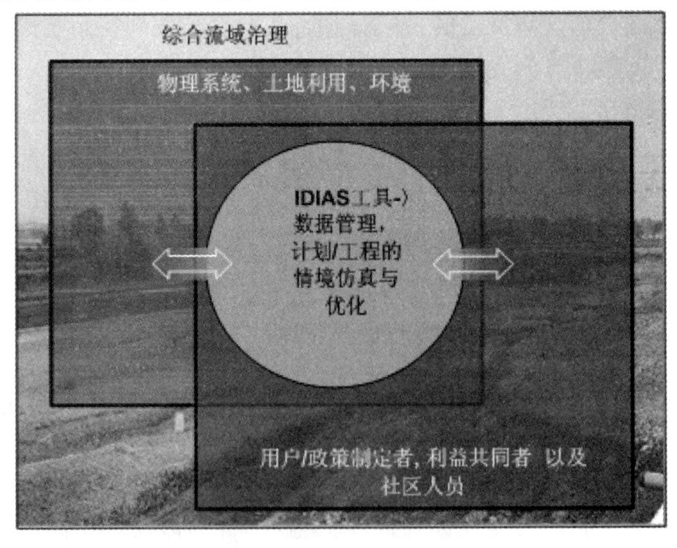

图 1　IDIAS 工具的角色

这样一个系统不仅应该在数据库中组织数据和信息,而且要能追踪数据、经验、文档、相关联的关系、物理连接,以及在决策、措施和状态之间的多重关系。一般地,一个计算机化的决策支持系统 DSS,像经济和环境建模系统,应视为一个智能数据库,在那里相关的数据和信息按照严格的规则——物理的、经验的、经济的、和逻辑的——组织起来。同样地,IDIAS 的功能以一种系统的和透明的方法存储与管理数据以及数据和信息间的关系。

当为计划中的措施(程序和项目)分析和勾画流域的影响区域时,一般地,需要考虑以下几点:

(1)能够推导出基线状态。

(2)能够获得必需的计划和监测目标与指标,包括数据和其他相关信息。

(3)清晰的空间说明:行政边界;地理边界,如分水岭和海岸线。

(4)时间上的描述(分析时段、以前计划的执行情况及现存因果关系)。

这种方法,作为 IDIAS 的主干,是基于矩阵的方法。在这种方法中,各种选项和指标间的依赖关系使用一个相关矩阵(IDA 矩阵)来描述。计算步骤流程图见图 2。

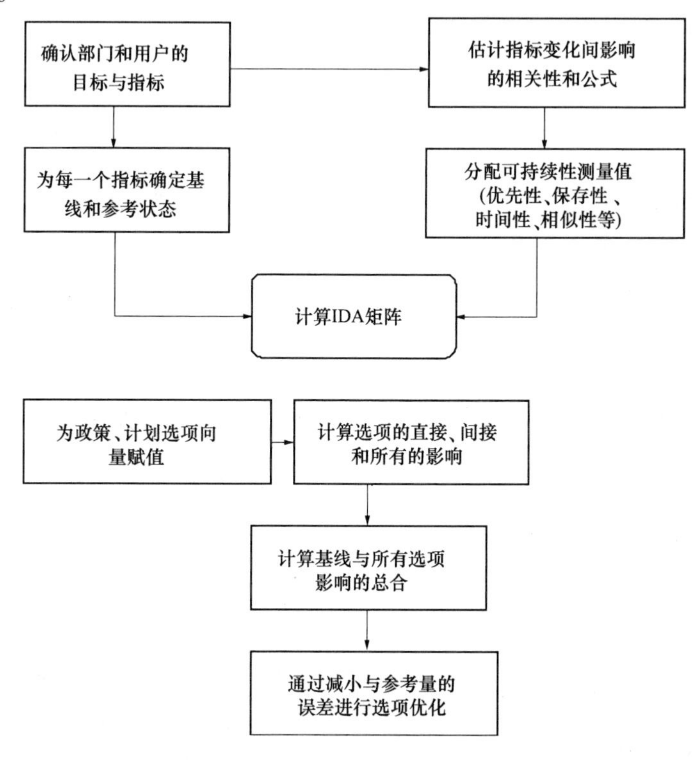

图 2 IDIAS 功能流程图

目前正在开发的 IDIAS 用户界面基于一般的 GIS 应用,包含所有的相关地理要素和土地利用信息。在 GIS 应用之上,开发了一个数据管理系统和计算系统。数据管理系统将存储流域(土地利用、核心区域及下游)的政策和计划数据与信息,如部门、用户、政策选项、环境(广义的)、指标和文档。界面示例见图 3。

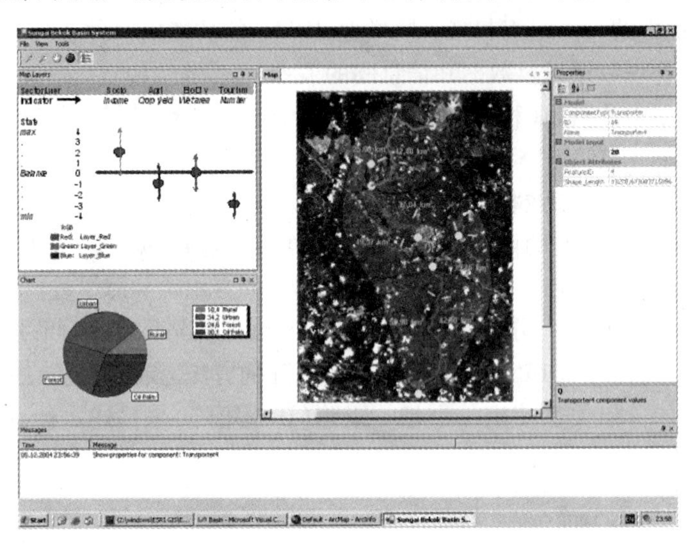

图 3　IDIAS 图形界面示例

图 3 屏幕左侧与土地利用、参考定义(尤其是水平衡、挟带能力)和基线(原有的)情况有关。地图放在中间。右侧放置模型设置和数据输入。底部进行政策/管理选项与执行的选择和使用所选择的管理项进行影响结果的计算。

3　多科性影响评估矩阵

这一节描述在一个相关矩阵中赋分的方法和计算程序,该矩阵被设计用来记录跨学科间的关系,并与一个监测程序相连。因此,这个程序提供了跨学科的评估和知识的记录(指标间的联系),并在采集到新数据时进行重新评估和更新(利用贝叶斯 Bayesian 更新技术)。

3.1　定义

基本的假设是对于所有在评估中涉及的行业一个流域可以有一个优化状态或平衡状态。值得注意的是,不是所有行业都要在每一个流域中应用。由于每个流域都有独自的特征,不同的环境、自然资源、土地利用和社会经济配置决定不同的状态。尽管这样,通常来说,社会经济与土地利用,以及社会资源(如水、矿产、森林),是用来管理和影响的主要因素与研究行业——它们同时也是在流域中最经常促使开发的原动力。

首先,必须为流域的真实状况建立一个基线描述,用以对选定的标志物在开发前后的时间上进行监测和比较,并要评估基线状态并给每一个标志物进行赋分。

当前的目标下,根据资源在假定或原先的平衡状态(见图4)处于何种位置而给定每一个标志物的基线状态一个值(数字的或者字符的)。原状态是描述了真实流域总体目标的管理特征。

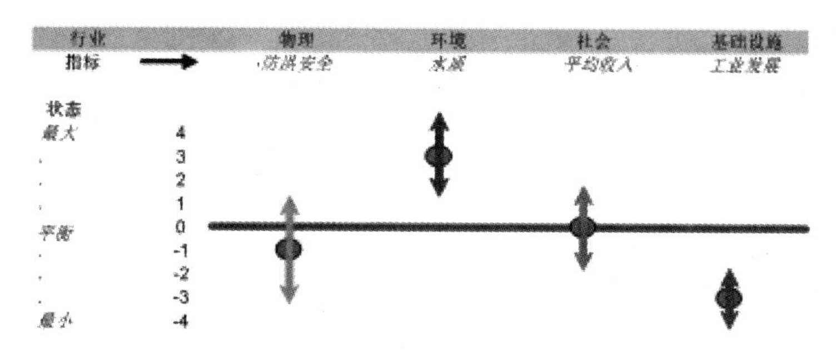

图4 基线定义与指标变化(示例)

根据基线,举例来说,“工业”在流域中被记录为在承载量下发展。这表示在这个区域中有提升工业发展的潜在空间。另外,“水质”在平衡状态的正面,这就意味着河流中可承受的污染物的量要高于目前的污染量。这两个因素,可以交互作用(工业会促发污染,污染会阻碍工业/城市/农业发展),并会肯定影响其他社会(如健康)和供水作业。下一节将展示如何分析和量化这些相关作用。

3.2 总体方法

IDIAS基于一组用行业分类的指标物和重要性评估标准,也基于为每一个指标物进行评分的量化指标。IDA矩阵包含了指标物之间的因果关系。

对所选的指标进行管理措施影响的评估,是采用一种给每种指标物进行评分来作为评价管理措施所具有的直接影响,同时给指标间相互作用的间接影响进行评分的办法。假如指标是独立的,则分数评估将变成标准的单一科目评估影响办法,如在快速影响评估矩阵(RIAM)中所做。

3.2.1 评估标准

评估标准方程基于RIAM方法,但扩展到对成对的指标物(条件)进行操作,而不是仅对独立条件。因此,一个重要的区别是使用IDA矩阵描述了一个指标对所有其他指标关系的二维标准。评估标准包含两部分:

(A)作为标志物重要性的标准,它可以独立地改变获得的评分。

(B)作为状态价值的标准,它能独立地改变获得的评分。

指标的跨行业影响量(A_1 矩阵) 矩阵是一个二维测值,用以量度一个指标对其他指标有益的或有害的影响,其值如下定义: +3 = 强烈的正面影响(sp) +2 = 温和的正面影响(mp) +3 = 微弱的正面影响(wp) 0 = 没有改变/中间性的(n) +3 = 微弱的负面影响(wn) +3 = 温和的负面影响(mn) +3 = 强烈的负面影响(sn) 指标的重要性(政治优先级)(A_2 矩阵) 度量指标的重要性,表明指标改变时对政治、利益以及空间规模的影响: 3 = 非常重要/高优先级 2 = 中等重要/正常优先级 1 = 不很重要/低优先级 y 0 = 不重要	指标的时间性(B_1 矩阵) 时间性表明一个指标的改变是否会对其他的指标发生立即的、延迟的、或者中性的影响: 3 = 立即 2 = 延迟 1 = 没有/NA 指标的可逆性(B_2 矩阵) 该值表明一个指标对其他指标的影响是否可逆: 3 = 可逆 2 = 不可逆 1 = 中性/NA
栏 1:组(A)标准	栏 2:组(B)标准

现在 IDIAS 选择 4 个标准,每组 2 个。这些标准,以及它们的评估分数,在栏 1 和栏 2 中定义。在此之前,RIAM 已应用于一些项目,其方法表示所选的标准代表了最基本的评估条件,并满足一般性原则,可以在不同的 EIA 中使用。

评分系统要求对在 A 组中每个标准的分数进行简单的加倍。对 A 组使用加倍能够保证每个分数的权重,否则简单的求和能够对不同的条件提供一致的结果。对 B 组中的价值标准的评分进行相加求和。这会确保单一的价值评分不会影响总分,而要全体考量 B 组中所有值的重要性。B 组分数之和乘上 A 组分数的结果就得到标志物的最终评估分数(E),同时也产生了后续的 IDA 矩阵。这个过程可以用数学式表达为:

$$\begin{cases} A_m = A_1 \cdot A_2 \\ B_s = B_1 + B_2 \\ E = A_m \cdot B_s \end{cases} \tag{1}$$

3.2.2 评估过程

IDA－矩阵计算过程展示如下:

(1)为每一个行业确定指标(x_j);

(2)为每一个指标确定基线状态(b)；

(3)确定并估计在指标改变间的影响相关关系(数量矩阵 - $A_1 = \rho(\Delta x_i, \Delta x_j)$)；

(4)给标志物赋优先级(优先级向量 - a_2 和 $A_2 = [a_2 \quad a_2 \quad a_2 \quad a_2]$；

(5)给时间矩阵赋值 - B_1；

(6)给逆矩阵赋值 - B_2；

(7)根据输入矩阵计算 IDA 矩阵 - E；

(8)给管理向量赋值 - m；

(9)计算直接影响、间接影响和总影响 - i_d, i_i, i_t。

这是基本的过程。为了管理的需要，流域综合治理计划中需要一些进一步的工作：

(10)评估和定义可选的管理向量或者使用线性编程技术计算优化的影响向量；

(11)公式化反映了可用措施的政策与方法；

(12)强化固定的监测程序(调整输入矩阵)。

流域综合管理，顾名思义，是基于相关行业(多科性)的综合关系及在计划和指标物监测程序间的紧密结合。监测和数据评估将把对现实世界的影响与管理措施和与它们的假设及关系连接起来。

3.3 计算过程

譬如已经把管理措施的直接或间接影响准备好作为可以进行计算的输入数据(第 9 步)，则一旦将全部的影响向量植入矩阵，计算就很简单直接。管理向量(m)中相对应的管理干涉的直接影响(i_d)计算为：

$$i_d = m^{\mathrm{T}} \times E \tag{2}$$

间接影响向量(i_i)使用 IDA 矩阵(E)中的相干关系项与每个标志物的和相乘来计算：

$$i_i = \sum_{row} (-1)(D - U)(E \cdot E^{\mathrm{T}}) \tag{3}$$

其中 D 是一个对角矩阵，U 是一个单位矩阵。总的影响向量由两个向量相加表示：

$$i_t = i_d + i_i \tag{4}$$

这和上文描述的过程中的步骤 9 相一致。获得一组管理干涉的直接向量后，其他的管理措施可以被评估，并可比较其结果以获得最优的方案，也即是那些为互相依赖的标志(如生物多样性和环境)—— 最平稳的措施以减缓任何由于在独立指标中引入干涉而造成的间接因素造成的负面影响(典型的如社会经济与土地利用及水与基础设施的开发)。

4 实例——彭亨河,马来西亚

使用来自彭亨河流域的一个简单示例展示上述方法,这条河面临着很多和黄河一样的问题。

4.1 彭亨河流域简介

彭亨河是马来西亚半岛最大的河流,流入南中国海。彭亨三角洲距彭亨州的皇城北根镇约 8 km。在入海口上游 1 km 北部河道有一个主要的渔业综合基地。

图 5 显示了彭亨三角洲的工程区域。三角洲的入海口约 2 km 宽,但是在北根市和三角洲之间的巨大沙洲却影响了河流入海。因此,长期以来由于受河流入海口处沙洲和沙岛的阻碍,彭亨河不能安全入海。这样,河流运输随着时间显著减少,渔民也不能充分利用现有的港口措施。目前,河口甚至只能通行 25 t 及以下载重的船只了。这是此处妨碍渔业生产和航运的主要因素。

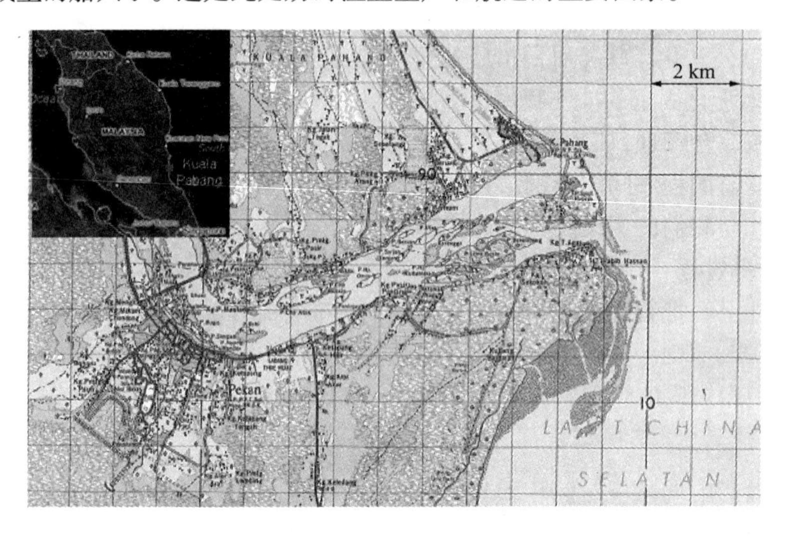

图 5 彭亨三角洲入海口

过去年代里做了很多挖掘和其他河流整治工作,试图提高航运能力。然而,由于上游地区砍伐森林和生产发展,沙洲重新发展造成持续的通航困难,港口情况的改善无法持续下去。

北根市及沿彭亨河的村庄每一年要遭受为期两个月的洪水泛滥。最严重的洪水发生在 1967 年、1971 年、1999 年和 2001 年,那时高潮和高洪二者一起袭击了港口地区的房屋。洪水和海岸侵蚀的双重威胁,成为当地居民的心腹大患。

项目的目标是建立一个防浪系统,用来保护港口并允许更大的船只通航,以此来提高当地渔业和居民的生活水平。北部河道的主港也可兼作季风时期的船坞停泊地。然而，防浪方案也许会影响河流的传输能力，并影响河口的环境和生态（如红树林岛、产卵地）质量。

4.2 示例

为了解决彭亨河下游的多种问题，可以采用一系列方法。而三角洲地带公共和私人利益之间的错综复杂性，需要一个包含了多科性评估工具的全面解决方案，既能分析因果链关系，又能帮助利益分担者。在此评估中包含了4个主要部门和25个管理选项与指标。为了在示例中进行简化，此处仅列出4个关键指标：

（1）物理的/结构的→港口安全（通过建设防浪系统）；

（2）环境/生态→水质；

（3）社会经济/文化→航运和渔业提高收入；

（4）基础设施/操作→洪水安全。

此处选择的指标仅仅为了演示的需要，其数据和评估不是彭亨河的开发工程中的真实数据。

4.2.1 基线向量

为4个标志定义的定量或定性的平衡状态，见表1。

表1 4个标志的平衡状态

管理选项关键标志	数量和单位
1. 港口安全	当前：最大波高（H_{max}）>1 m 平衡：最大波高（H_{max}）~0.3 m
2. 水质	当前：水质指数（WQI）~90 平衡：水质指数（WQI）~70
3. 渔业收入	当前：平均渔业收入<1.000 MYR/a 平衡：平均渔业收入~2.000 MYR/a
4. 防洪安全	当前：季风期北根市水位低于防护堤顶<30% 平衡：季风期北根市水位低于防护堤顶~90%

应该注意到特定的承载能力评估应该对每一个地区的每一项指标物制定，可使用河流和海岸模型。根据前文描述的方法，基线矢量 b 给定值如表2。

表2 描述了相对优化平衡状态的四个指标现状的基线向量

指标	值
港口安全	-3
水质	2
收入	-2
防洪安全	-3

基线向量说明,三角洲地区的港口安全低于期望值。水质状况要高于承载量,渔业收入大幅度小于渔业能力能够达到的幅度,而由于河水沉积,洪水发生的次数远远大于当前防洪工程的设计能力。

4.2.2 评估矩阵

评估变量组织成两组,如前文所描述。应该注意到,这些值的设定仅仅是为了展示。

相干矩阵(表3)表示了指标间的相互关系,描述了一个指标的变化对其他指标造成的影响。相干矩阵数据从 -1 到 1,分别代表了强烈的负面影响和正面影响。当两个指标间没有影响时,给值0。

表3 指标间的交互作用量(相干性)(A_1 矩阵)

变化上升造成的影响	港口安全	水质	渔业收入	防洪安全
港口安全	1.00	-0.67	1.00	-0.67
水质	0.33	1.00	0.67	0.00
渔业收入	-0.33	-0.67	1.00	-0.33
防洪安全	0.50	0.00	0.67	1.00

“重要性”标准向量可以用来为管理计划中的特殊利益赋值。由于地方政治利益,渔业收入相对于如环境有更大的重要性,如表4所示。

表4 总体重要性/政治性优先级

指标	优先级
港口安全	2
水质	2
渔业收入	3
防洪安全	3

一个指标或指标间的影响可以是立即的、延迟的或者中间的(见表5)。如任何对港口安全的改变,会立即影响到它自身,但是会对水质有一个延迟影响。而对水质的改变对它自身的影响也是延迟的,因为由于环境系统的内在惯性,提高水质的任何措施都只会逐渐见效。有些措施会对某些指标有一种不可逆的影响,而对其他指标的影响在将来的某个时期会渐渐地恢复原状。由于普遍采用的非线性措施,对环境和生态系统的显著改变通常在一代人的时间里是不可逆的(见表6)。

表5　时间(B_1 矩阵)

上升改变的影响	港口安全	水质	渔业收入	防洪安全
港口安全	3	2	2	3
水质	2	3	2	1
渔业收入	1	3	3	2
洪水安全	3	1	2	3

表6　逆(B_2 矩阵)

变化影响	港口安全	水质	渔业收入	防洪安全
港口安全	3	2	2	3
水质	1	2	2	2
渔业收入	1	3	3	2
防洪安全	2	1	3	3

最后,根据前面的过程计算出评估分数矩阵(E)。IDA 矩阵(表7)包含了每个指标及其之间相关性的分数(从 -1 到 1)。正数代表了正面影响。

表7　IDA - 矩阵(E 矩阵)

改变造成的影响	港口安全	水质	渔业收入	防洪安全
港口安全	0.67	-0.30	0.44	-0.45
水质	0.11	0.56	0.30	0
渔业收入	-0.11	-0.67	1.00	-0.22
防洪安全	0.42	0	0.56	1.00

4.2.3　管理向量

IDIAS 方法的主要目的是把监测与管理及随后的处理和改正方法(指标监测项目)连接起来。管理向量(见表8)用于记录有责任单位和机构圈定的不同的管理选项。基于基线状态,主管部门可以为那些用来改正不符合期望的开发策略的一个或所有的指标定义一组管理措施。

表8　管理向量(示例)

指标	优先级
港口安全	1
水质	1
渔业收入	0
防洪安全	2

注:这个示例展现了适当提高港口安全与水质,并大幅度提升了防洪安全的决定。没有考虑提高收入水平的方法。

实际上,管理向量可以通过数学优化算法(如线性编程)来建立,这种算法通过寻找那些能够把基线状态的变化最小化并且考虑到对平衡状态(想要的最优状态)的总体影响的解决方案来进行。

4.2.4 影响向量的计算

表 9 显示示例数据的影响向量。

表 9 计算出的影响向量

影响	港口安全	水质	渔业收入	防洪安全
直接(i_d)	1.61	0.26	1.86	1.55
间接(i_i)	-0.27	-0.23	0	-0.62
总体(i_t)	1.34	0.03	1.86	0.94

直接影响向量(i_d) 表明,由于表 8 中所述管理干预措施,直接影响即是所有 4 个指标都有所增加。而间接影响,由于 IDA 矩阵的负回馈特性,却在一定程度上抵消了这些直接影响。总的影响分数是直接与间接影响之和,而此管理干涉措施示例是港口安全有净增加,水质没有改变,渔业收入有净增加,而同样的,防洪安全也有增加。可以对其他的管理措施进行测试,寻找理想的/令人满意的整体影响标准,并需要确定一些指标,保证采取一定程度的缓解措施以避免产生不良的负面影响。

4.3 示例讨论

通过使用 IDA 矩阵,可以推导出一个不需要考虑具体管理措施的普遍模式。图 6 展现出前述示例的 IDA 矩阵。对每一个指标,它对所有其他指标的直接影响可以通过互相比较而量化。

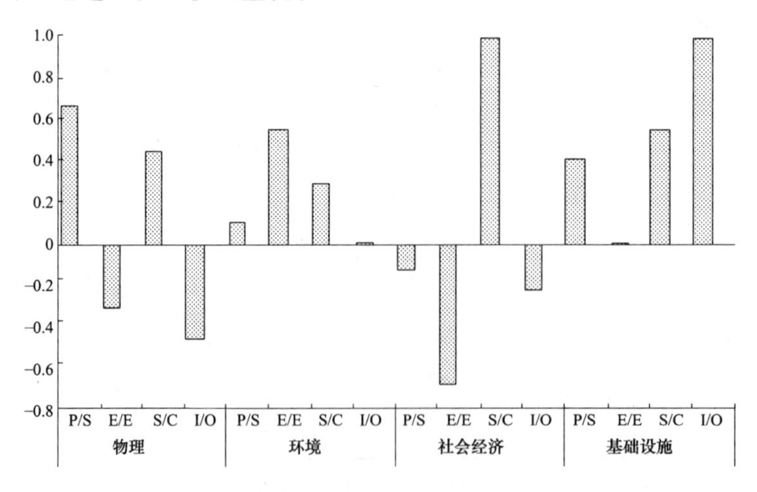

图 6 所选指标的影响因子

深色代表变化的指标,浅色代表对其他指标的作用。

对港口安全,举例来说,在项目中一个提高了一个单位(从 -4 到 4)安全停泊和航运的措施将得到大约 0.6 的直接影响(考虑到重要性、时间性和可逆性)。这意味着它将对社会经济有正面的影响(得自于渔业的提高),对环境(水质)和基础设施(防洪安全)有负面影响。而环境方面的提高(水质的改善)将会对其他三个指标中的两个(物理和社会经济)产生正面影响,而渔业方面的正面提高会对环境部分地造成负面影响。

这样,影响因子就是测量任何管理干涉措施(通过指标的改变)造成的对所有指标的影响的权重。这些权重将指标的改变(管理向量)转化为直接和间接的影响。表 8 中给出的管理影响在图 7 中展示。通过它管理者可以评估不同行为(定量的,且转换为矩阵标识的)的影响,并设计相应的缓和措施来消除不良的间接影响。

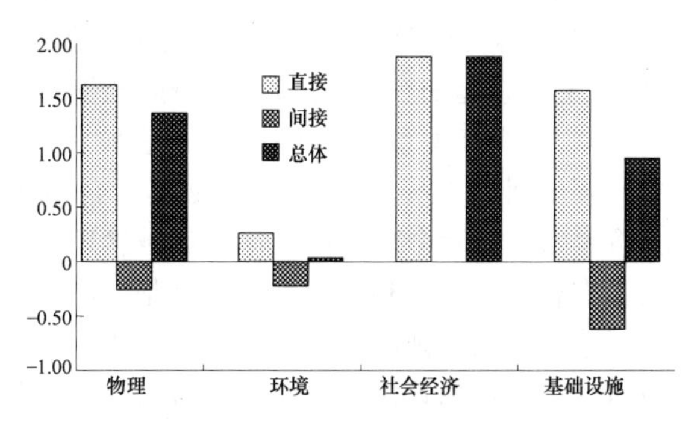

图 7　对所选标志的管理影响

计算好一组管理干涉措施的总体影响后,管理影响可以添加到基线评估中以获得流域可能具有的最好状态。计算结果参见图 8。

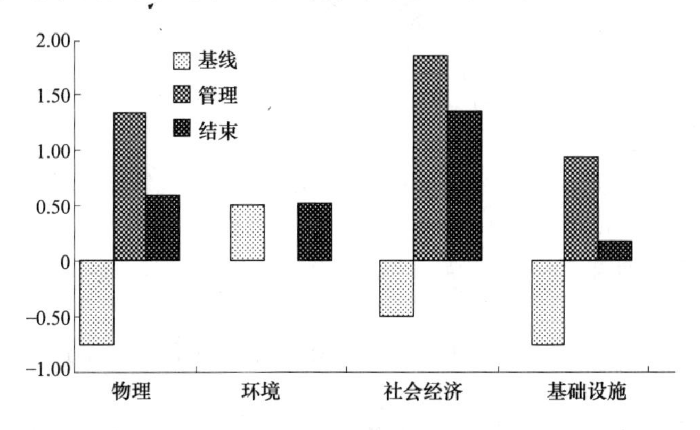

图 8　对所选标志的影响因子

最后的评估结果表明,如果采用这些计划中的措施,所有的关键指标都将会超过平衡线,特别是社会经济指标,这一开发计划的主要目标得到实现。可以采用数学优化方法去估计管理向量,其优化目标是标志的总体结果趋向于0(意味着流域保持平衡),或者是确保对所有的指标而言,影响都是正面的。

5 结语

本文使用一个简单的例子从理论上介绍了IDA工具(IDIAS)的功能。进一步的开发和测试仍在进行以评估这种方法在流域综合管理中的使用。对一般性遵循严格数学程序的一个激烈的争论是在为将来的社会和经济发展建立决策目标时不保证自然资源和环境的安全。采用严格的数学公式的另一个好处是在假设、决策制定和影响评估的各个阶段,可以确定并报告其不确定性。

在一个具有适应性和透明的环境中,IDIAS方法与基线评估、数据采集/监测和决策紧密联系。IDA矩阵可以使用经过调查研究和其他实际的流域综合管理中得来的经验与信息上建立起来。基于选取的指标,监测程序应设计为能够确认或否定在相干矩阵中的交互关系,如在物理/结构监测和社会经济影响间的关系,或者基础结构与环境间的关系,或者渔业或旅游业与污染间的关系等。

因此,IDIAS能够辅助决策者合理利用在河流流域管理中大量积累的数据和信息。通常来说,没有合适的分析和决策支持工具是无法对所有数据有一个清晰的概念,也无法对它们之间复杂的关系进行综合分析。通过设置如本文中描述的矩阵系统,可以比较一系列管理策略并对其做出比较,以发现适用的、令人满意的解决方案,并找出可以减轻间接的、负面的影响的办法。此外,它能系统地促进监测、处理过程的改善及知识更新。

参考文献

[1] CEQ(改善环境质量委员会).1978.国家环境政策法 - 条例.联邦登记,43,55978 - 56007,华盛顿特区.

[2] CEU(欧共体议会).1997.在公共和私人项目中进行环境影响评估的议会指令.欧共体一月会议, Dir. 97/11/EC, 布鲁塞尔.

[3] DANIDA丹麦外交部混合信贷局.1994.为可持续发展建立环境评估.丹麦外交部,哥本哈根.

[4] EC欧共体2004. B. 使用2001/42指令在具体计划和项目中进行环境评估. DG Environment.

[5] EC 2004. C. SEA个案研究 - 绪论. DG Environment. http://europa. eu. int/comm/environment/eia/sea - studies - and - reports/.

[6] EC. 2005. A. EIA 和 SEA 指令间的关系. 伦敦咨询师皇家学院,英国,2005. 8.

[7] EC. 2005. B. 对自然资源可持续利用的专题战略研究. 影响评估. Communication from the Commission to the Council, the European Parliament, the European Economic and Social Committee and the Committee of the Regions, 2005. 12.

[8] RIAM (快速影响评估矩阵)1998. 快速影响评估矩阵 - 为环境影响评估的新工具. 水质局(VKI), Horsholm.

[9] 世界银行. 1988. 环境指导框架. 环境署, 华盛顿.

LL全分布式水文模型及其在黄河流域应用研究

李 兰

（武汉大学水资源与水电科学国家重点实验室）

摘要：LL全分布式水文模型是有物理基础的水文模型，自1997年研制成功以来至目前已经发展到第四代。限于篇幅，本文将重点介绍基于“3S”技术和网格单元考虑各种自然因素和人类活动影响，应用LL-Ⅲ模型研究黄河唐乃亥以上黄河源区、宁蒙灌区、无定河、黄河下游（花园口以下）四大典型流域水循环、水资源评价、水资源预测中的应用成果。简单介绍作者应用LL模型研究黄河王瑶杏子河流域、陆浑水库和桃曲坡水库的洪水预报成果。

关键词：全分布水文模型 人类活动影响 水资源 水循环

1 LL全分布式水文模型概述

概念性水文模型尝试是单学科的，建模时采用了大量的假定。叶夫捷维奇（1968）认为水文科学停滞的原因之一，就在于水文学被认为是水力学和水利工程的附属部分，20世纪60年代许多水文研究的尝试都集中在单位线和流量演算的技术上，而这主要是水力学的研究，水文研究应包括空气－植被物－土壤的复合体及其对水分运动的影响，这就需要跨学科的研究途径。有物理基础的分布水文模型（又称为全分布式水文模型）正是对地球圈这种复合体水循环进行跨学科研究的新途径，分布水文模型与高新技术结合，在解决变化环境下陆地上与水有关的各类问题中焕发出强盛的生命力。

LL全分布式水文模型正是针对流域空气－植被物－土壤的复合体及其对水分运动的影响开展的跨学科研究成果，至目前为止已经发展到第四代。LL全分布式水文模型已经在我国15个流域洪水预报、水库防洪调度、水库和灌区水资源管理中有实际应用，在国内外22个流域有研究和应用案例，在我国南方湿润地区洪水和日径流预报精度达到国家水文计算规范规定的甲级方案，在北方干旱和半干旱地区达到乙级预报方案。

基金项目：国家自然科学基金资助项目（编号：50549017，50279034）。

1997 年作者结合丰满水库防洪调度系统研制了第一代有物理基础的 LL－I 分布水文模型，1998 年投入使用，同年在海峡两岸学术交流会上发表相关论文。1999～2000 年应用 LL－Ⅰ分布水文模型研究了黄河陆浑水库和杏子河流域的洪水预报方案。

2001～2002 年，作者参加美国气象局水文实验室主办的《国际分布水文模型比较计划》，将雷达测雨、DEM、土地利用、土壤结构等数字化信息应用于分布水文模型，在 LL－Ⅰ分布水文模型结构基础上研制了第二代 LL－Ⅱ全分布水文模型，该模型被美国气象局列入十二个分布水文模型之一。2005 年将 LL－Ⅱ全分布水文模型应用于黄河中游的桃曲坡水库研制了洪水预报方案和开发了防洪调度系统。

2003～2004 年，为了加强全球变化水循环研究和解决变化环境中的水资源管理问题，选择黄河唐乃亥以上黄河源区、宁蒙灌区、无定河、黄河下游（花园口以下）四大典型流域研制成功 LL－Ⅲ全分布水文模型，基于"3S"技术和网格单元考虑各种自然因素变化和人类活动影响实现了水资源预测和评价。2004～2005 年，基于 LL－Ⅲ全分布水文模型研制了宜昌黄柏河流域七个水库和东风灌渠的水资源管理系统，结合 LL－Ⅲ模型研制水库防洪调度和短期发电调度方案。

2003～2006 年，将分布水文模型应用于环境生态保护，研制出 LL－Ⅳ全分布水文模型。2003 年在 LL－Ⅱ全分布水文模型基础上开发了流域非点源污染水质迁移模型；2003～2005 年建立了一维、二维环境流体动力学模型，开发了数字西江水质预警预报系统和黄河小浪底—高村水质预警预报系统，并在广东水文局和黄河水资源保护局分别安装运行。2006 年，在 LL－Ⅲ全分布水文模型基础上，集成流域水、沙、污染物非点源污染综合模型；提出湿地生态环境变化机理模型；基于 LL－Ⅳ全分布水文模型预测生态需水过程，开展生态环境评价和流域健康评价，应用于城市水务管理；开展了梯级水库生态环境累积影响研究，提出了水库生态调度模式；因此，LL－Ⅳ模型是流域水文、环境、生态综合管理模型集成包。

LL－Ⅱ全分布水文模型已经发表过论文介绍模型结构，本文简单介绍 LL－全分布水文模型在黄河洪水预报应用结果。由于 LL－Ⅲ全分布水文模型内容较多，仅计算公式达到 136 个，限于篇幅，本文将重点介绍 LL－Ⅲ全分布水文模型的基本结构框架及其在黄河流域水资源预测精度评价部分成果。

2　LL－Ⅲ全分布水文模型基本内容和结构框架

L－Ⅲ全分布水文模型是针对黄河上、中、下游四大典型流域，考虑陆地—

大气交互作用，主要针对不同界面陆地表面与大气底层之界面、地表与包气带界面、包气带与地下饱和带界面之间的能量平衡和水热交换改进产流模型结构。

LL－Ⅲ模型结构在LL－Ⅱ分布水文模型基础上增加了单元网格融雪预报模式；冰情预报模式；桃汛预报模式；灌溉水计算模式；水库调度方案；工业废水与生活污水排放预测模式；植被生态需水过程预测模式；水温和地温计算模式；新的能量平衡模式；单元网格内6种下垫面的蒸发、截留填洼、下渗、产流计算模式；水资源评价模式等。模型计算输出的水文过程主要包括陆地表面长波辐射、短波辐射、净辐射、感热、潜热、蒸散发、土壤含水量、生态需水过程、水温、地温、截留、下渗、裂隙水、径流、融雪、融冰、冰密度、排水等，还包括开河日期和封河日期等桃汛预报要素（图1）。

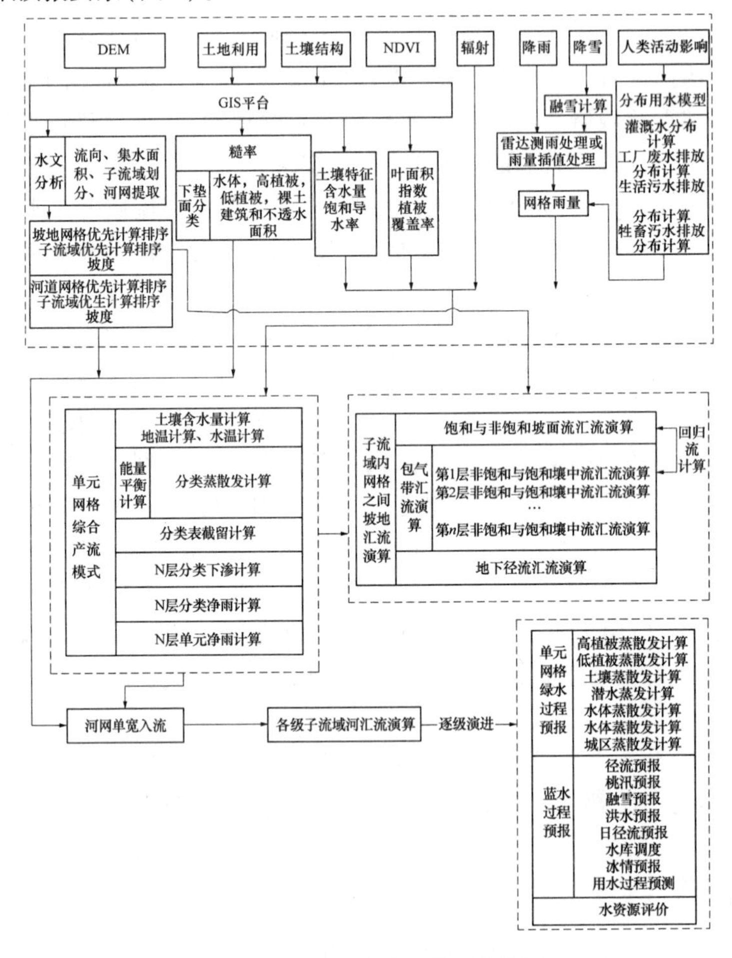

图1 LL－Ⅲ分布水文模型结构图

根据有物理基础的LL－Ⅲ分布水文模型可对流域进行狭义水资源评价和

广义水资源评价。LL－Ⅲ模型考虑了各种人类活动影响,特别是各种跨流域调水和排水工程、灌区的引水和排水工程,采用概念性水文模型预报流域日径流过程会出现输入输出水量不平衡问题,分布水文模型能够应用 GIS 和 GPS 确定调水、引水位置和排水去向,合理添加和扣除径流,在灌区网格单元上结合土地利用遥感信息和灌溉定额合理确定净灌水量作为流域单元网格的输入水量,参与流域的产流汇流计算。LL－Ⅲ模型研究内容从洪水预报延伸到用水预测、排水预测、水循环计算、水资源预测、融雪桃汛预报、冰情预报和水资源评价,能够实现网格单元分布的绿水过程预报和各类蓝水过程预报;可用于无资料流域的水资源过程预报;水资源评价包括狭义水资源评价和广义水资源评价。LL－Ⅲ模型已经在我国 11 个流域有研究案例或应用案例。

3 LL 全分布水文模型在黄河洪水预报中的应用研究

2000 年将 LL－Ⅰ全分布水文模型应用于黄河的陆浑水库和杏子河流域,陆浑水库集水面积为 3 492 km^2,是一座大型水库,兼有蓄满产流和超渗产流共存的产流特点;延安杏子河流域面积为 479 km^2,位于干旱黄土地区,典型的超渗产流地区,流域降水空间分布极不均匀。2005 年,在黄河中游沮水河流域桃曲坡水库应用 LL－Ⅱ全分布水文模型研制了防洪预报方案,基于 GIS 开发了防洪调度系统,并已经安装运行近两年,近年春通过项目验收。

表 1 是上述三个流域应用 LL－Ⅰ、LL－Ⅱ洪水模拟计算的精度统计。模型拟合精度达到国家防办的乙级预报方案。

表 1　黄河典型流域洪水模拟精度统计

流域	模型过程效率误差(%)	洪峰相对误差(%)	洪量相对误差(%)	峰现时差合格率(%)	洪水场数
陆浑水库	91.01	8.02	0.71	100	50
杏子河流域	80.08	19.5	10.1	100	5
桃曲坡水库	84.1	12.71	－8.7	86.77	25

4 LL－Ⅲ全分布水文模型在黄河水资源中的应用研究

基于 LL－Ⅲ全分布水文模型,对黄河四大典型流域开展了水资源预测与评价研究,包括绿水过程和蓝水过程预测研究。四大典型流域建立了统一的 LL－Ⅲ全分布水文模型,每个典型流域以 5 km×5 km 的网格为计算单元,每个单元分高植被、低植被、水体、裸地、城区、不透水区六类下垫面,分类计算绿水过程。限于篇幅,这里仅介绍黄河四大典型流域水资源预测精度评定结果。模型主要参数包括河道波速、河道扩散系数、坡面流参数、土壤水给水度、地下水给水度、土壤水孔隙率、地下水孔隙率、土壤水上边界值、地下水上边界值、流域最大截留量、稳渗率、下渗参数、导水系数、土壤扩散系数、蒸发参数、阻抗系数、能量平衡参数、融雪的四个临界温度阀值、冰凌预报参数等。其中部分物理参数根据试验监测和遥感信息给定,部分参数需要优选,校正准则包括:①模拟期年均径流量误差尽可能小;②模型效率过程系数尽可能大。

四大典型流域采用了19年(1980~2000年)水文气象资料,以日为计算时段,这里蓝水过程主要列出出口断面日流量过程模拟计算精度评定结果,限于篇幅,其他的蓝水过程(如任意单元的水深过程、流量过程和中间站点的验证结果)这里不再一一介绍。为了验证模型的有效性,仅选取4年(1980~1983年)作为率定期来对模型的各种参数进行优选率定,再选取1984~1989年作为第一验证期,1990~1994年为第二验证期,1995~2000年为第三验证期,以便对模型进行详细的检验。

(1)黄河下游(花园口—利津)。以花园口站作为流域的入流站,利津站作为流域的出口站,最后以利津站的日径流模拟过程来对模型进行验证。选择黄河下游作为研究典型主要是考虑其从黄河流域引水灌溉并从邻近流域排水的特点和黄河断流情况的水资源预测问题。利津站日径流过程见表2。

表2 利津站日径流过程

计算期	观测年径流量(亿 m^3)	模拟年径流量(亿 m^3)	相对误差(%)	模型效率系数	相关系数
率定期(1980~1983)	330.89	311.59	5.83	0.93	0.968
检验期1(1984~1989)	275.39	252.63	8.26	0.91	0.960
检验期2(1990~1994)	184.56	164.77	10.72	0.84	0.932
检验期3(1995~2000)	88.89	91.06	-2.45	0.72	0.889

(2)下河沿—石嘴山段。该区段自然降水较少,以灌溉水为主要输入水源,灌溉水源同样参与流域产流和汇流两过程的水循环,其排水沟渠纵横交错,给流域汇流计算带来困难;该流域同样存在地表水和地下水交换问题。根据石嘴山水文站观测的日径流过程进行模型校正。石嘴山水文站日流量过程模拟结果与实测结果的对比精度可以看出,LL-Ⅲ全分布水文模型对日径流过程取得了很高的模拟精度,在校正期后的三个验证期均得到良好验证(表3)。

表3 石嘴山水文站校验期和各个验证期实测和计算精度统计

模拟与验证期	径流量相对误差(%)	相关系数
率定期(1980~1983)	-9.0	0.96
检验期1(1984~1987)	-6.31	0.99
检验期2(1990~1994)	2.13	0.97
检验期3(1995~2000)	2.31	0.99

(3)无定河流域是典型的黄土地区,有大小水库100多座,建有大量淤地坝,灌溉水问题突出,由于处在黄土干旱地区,流域产汇流受人类活动干预十分严重。本次计算选择50多座大中水库水资源调度和考虑农业灌溉水、工业用水、生活用水和牲畜用水等人类活动干预问题,对桃汛、冰情也开展了预测。应用LL－Ⅲ模型进行水资源预测和评价。将流域划分为5 km×5 km的正方形网格共2 115个单元,根据白家川水文站观测的日径流过程进行模型验证(见表4)。

表4　白家川水文站校验期和各个验证期实测和计算精度统计

年份		实测径流量(亿 m^3)	计算径流量(亿 m^3)	相对误差(%)
模拟期	1980～1984	10.14	9.89	2.4
验证期1	1985～1989	10.59	10.74	－1.49
验证期2	1990～1994	9.65	10.59	9.79
验证期3	1995～2000	8.62	10.29	－19.33

(4)黄河源头—唐乃亥。黄河源头是冰雪冻土地区,需要考虑冻土地温计算和融化问题,构造降水降雪混合径流模型。本计算以5 km×5 km的正方形网格将黄河河源—唐乃亥段划分为12 324个网格单元,以源头控制水文站——唐乃亥站的日径流过程进行模型校正及参数识别(见表5)。

表5　唐乃亥站的模拟及验证期的精度

年份		模型过程效率系数(%)	径流量相对误差(%)	过程系数	相关系数
模拟期	1980	68.07	－11.16	0.5	0.93
	1981	84.62	－4.90	0.35	0.95
	1982	74.65	21.58	0.24	0.95
	1983	80.84	24.53	0.24	0.98
验证期1	1984	85.3	13.94	0.26	0.96
	1985	78.1	－15.03	0.29	0.97
	1986	85.79	9.14	0.21	0.96
	1987	79.97	5.23	0.27	0.95
验证期2	1991	77.65	4.44	0.29	0.9
	1992	88.98	1.62	0.23	0.97
	1993	87.68	2.45	0.19	0.97
	1994	81.45	－0.04	0.21	0.97
验证期3	1995	80.09	－7.20	0.22	0.98
	1996	68.71	4.16	0.26	0.96
	1997	66.97	4.65	0.27	0.95
	1998	71.06	－10.9	20.34	0.97

5 小结

LL 全分布水文模型在黄河流域研究和计算案例最多,所涉及的模拟内容已经覆盖洪水预报、水循环研究、蓝水过程预测、绿水过程预测、冰情预报、融雪径流预报、水资源评价、水土流失、非点源污染等诸多方面。限于篇幅,本文简单介绍了有物理基础的 LL－Ⅲ全分布水文模型系列结构框架,详细列出了在黄河七个典型流域的洪水预报和水资源预测中的应用与检验结果。从模型结构来看,LL 分布水文模型具有明确的物理基础,全面描述了霍顿产流机制和山坡水文产流机制,汇流全部采用水动力学偏微分方程,很多方程是作者自己推导的结果,理论依据充分;从上述模型验证结果来看,LL 全分布水文模型已经发展到实用水平,可应用到与水相关的水文、水资源、生态环境保护、湿地研究等诸多方面。

参考文献

[1] 李兰.分布式水库区间洪水预报模型//第四届海峡两岸水利科技研讨会论文集[C].台湾:台湾大学出版,1998.

[2] Seann Read,etc and DMIP Participants. Overall Distributed Model Intercomparison Project Results,Journal of Hyddrology,2004(298):27－60.

[3] Michael B. Smith,etc. The Distributed Model Intercomparison Project(DMIP):Motivation and Experiment Design[J]. Journal of Hyddrology,2004(298):4－26.

[4] 王欣,李兰,王万,等. 宁蒙灌区水资源模拟研究[J].人民黄河,2005,27(6).

[5] 王万,李兰,等. 基于 GIS 的黄河下游分布式水资源模拟. 中国农村水利水电,2005(12).

[6] 张俐,李兰,钟名军. 黄河源区水资源的分布式计算和分析[J].人民黄河,2005,27(10).

[7] 李兰.朱芮芮.钟名军.基于 GIS 的 LL－Ⅱ分布式降水径流模型的应用(Ⅱ)[J].水电能源科学,2004,2(1):8－11.

[8] 李兰.钟名军.基于 GIS 的 LL－Ⅱ分布式降雨径流模型的结构(Ⅰ)[J].水电能源科学,2003,21(4):35－38.

[9] 武见,王浩,李兰,等.大尺度分布式降雨降雪混合径流模型及应用[J].水科学进展,2003,14:69－74.

[10] Li Lan,2001.6,A distributed dynamic parameters inverse model for rainfall － runoff, IAHS Publ. No. 270 ISSN014478－15 Oxfordshire , OX108BB, UK,ISBN 1－901502－61－9.

[11] Li Lan,2001.6, A Physically－based Rainfall －Runoff Model and Distributed Dynamic Hybrid Control Inverse Technique, IAHS Publ. No. 270 ISSN014478 － 15 Oxfordshire , OX108BB, UK,ISBN 1－901502－61－9.

[12] 李兰．扩散波的时空反演与洪水实时预报[J]. 水文,1998(6):1 -5.
[13] 李兰,郭生练,等．流域水文分布动态参数反问题模型//全国水利学会优秀论文集[C]. 2000. 48 -54.
[14] 李兰. 分布式水文水质数学物理反问题模型的研究进展和应用前景//现代水文水环境水科学进展[M]. 武汉:武汉水利电力大学出版社,1999. 195 -201.

三维环境流体动力学模型在漫湾水库水温中的应用研究

李 兰 武 见 王 欣

（武汉大学水资源与水电工程科学国家重点实验室）

摘要：本文在总结国内外水库水温研究进展的基础上，分析了三维环境动力学模型（EFDC）的结构，并以云南省漫湾水库为对象，探讨大型深水水库水温模拟问题。采用漫湾水库2004年2月库区水温结构实测资料对模型参数进行率定，并采用2003年2月至2004年1月的坝前表层水温进行验证。率定期三条垂线平均的绝对平均误差为 -0.15 ℃，相对误差为2.0%。验证期的绝对平均误差为 -0.36 ℃，且计算出的月平均水温变化规律和实测的规律一致。

关键词：三维环境流体动力学模型　水库　水温模拟

1　引言

在河流上修坝筑库，水库蓄水后库内水流变缓，库水更新期加长，水体受太阳辐射和对流混合以及热量传输作用，具有了特殊水温结构。这种特殊的水温结构不仅直接影响到水的应用，还影响到许多水质过程。因此，建立适合水库的水温模型，预测水库水温的时空变化规律，将是水库水环境分析及预测比较基础性的内容。

预测水库水温的方法按照性质来分，可划分为经验公式法和数学模型法两大类。经验公式法一般是在综合分析大量实测资料的基础上提出的，具有简单实用的优点（雒文生，2000）。如我国的水利水电工程水文计算规范中推荐使用的水温分析方法就是采用经验公式法。经验公式法是根据实测资料综合统计出来的，反映的是水温变化的统计性规律，而不能从水温形成的过程来研究水温变化的内在规律。要全面反映水文水力因素、气候因素、地质地貌因素、水库特性和人为因素对水库水温的影响与时空分布规律，必须建立反映水温随时间、空间变化规律的数学模型，以期在水温预测中有更好的精度（叶守泽等，1998）。20

基金项目：国家自然科学基金（50549017）资助。

世纪 60 年代末,美国提出的 WRE 模型和 MIT 模型是目前最具有代表性的水库垂向一维水温分布模型。随后许多研究者不断对一维数学模型进行修改和补充,使一维数学模型不断得到完善。除一维方法外,国内外学者还建立了许多平面二维模型,并且应用也已相当广泛。但是当水体垂向密度分层明显、产生温差异重流时,垂向平均的平面二维模型已经不太适合,需要建立立面二维模型或者三维模型来解决。CE-QUAL-W2 是现今最为成熟的立面二维水动力学水质模型,是美国陆军工程师团水道实验站(WES)开发的二维纵深方向的水动力学和水质模型。国内立面二维模型和三维模型起步较晚,90 年代初陈小红(1992)在湖泊水库大水体研究中引入 $k\sim\varepsilon$ 模式建立了水动力方程与水温方程耦合的立面二维模型,合理考虑了水流运动与水温分布的相互影响;雒文生、周志军等(1997)采用立面二维 $k\sim\varepsilon$ 湍流和水温水质耦合模型研究了水库的垂向二维分布规律,并考虑它们之间固有的交互作用。江春波等(2000)建立了一个考虑自由水面变化的立面二维模型,采用全显式的有限体积法模拟了河道流动的水温及悬浮污染物质分布。该模型适用于大尺度水域中较长期的流动、水温及悬浮物质迁移问题。邓云(2003)建立了一个适用于大型深水水库水温预测的立面二维水温模型并将其应用到大型深水水库的水温预测中,同时还探讨了水库湍浮力流的运动机理,以及温度分层的形成、发展和变化规律。熊伟等(2005)采用一二维耦合温度模型研究了三峡水库水温分布情况。在前人工作的基础上,本文采用 EFDC 模型研究漫湾水库的水温分布情况。

2 三维环境流体力学模型

环境流体动力学模型 EFDC(Hamrick, 1992)可以对河道、湖泊、水库、河口、海岸等各类水体和各种空间尺度的水流、泥沙、水温、水质及水生态因子等进行一维、二维、三维模拟。EFDC 模型系统地解决了水动力、水温、水质、富营养化及沉积物模型的耦合,计算中采用水平方向上的曲线正交坐标与垂直方向上的 sigma 坐标相结合的方法,采用的数值方法和系统开发方法代表了目前国际上水环境模拟系统开发、研究的主流方向。EFDC 的用户界面采用纯文本形式,使得模型很少受到计算平台的限制,并有利于用户快速调整数据和输入文件。同时模型具有较强的问题适应能力,用户可以根据问题的需要,通过配置初始化文件和输入文件调整模拟的维数(一维、平面二维、立面二维和三维),使模型适用于具体的水体模拟和情景预测,目前在河流、水库、湖泊、河口、港湾以及湿地等水环境系统中已经有不少成功的应用实例。

2.1 水动力学控制方程

EFDC 水动力学方程组是基于三维边界层紊流方程组,在水平方向上采用曲线正交坐标变换和在垂直方向上采用 sigma 坐标变换得到，经过变换后的动量方程和连续方程组为：

$$\partial_t(mHu)+\partial_x(m_yHuu)+\partial_y(m_xHvu)+\partial_z(mwu)-(mf+v\partial_x m_y-u\partial_y m_x)Hv$$
$$=-m_yH\partial_x(g\zeta+p)-m_y(\partial_x h-z\partial_x H)\partial_z p+\partial_z(mH^{-1}A_v\partial_z u)+Q_u \quad (1)$$

$$\partial_t(mHv)+\partial_x(m_yHuv)+\partial_y(m_xHvv)+\partial_z(mwv)-(mf+v\partial_x m_y-u\partial_y m_x)Hu$$
$$=-m_xH\partial_y(g\zeta+p)-m_x(\partial_y h-z\partial_y H)\partial_z p+\partial_z(mH^{-1}A_v\partial_z v)+Q_v \quad (2)$$

$$\partial_z p=-gH(\rho-\rho_0)\rho_0^{-1}=-gHb \quad (3)$$

$$\partial_t(m\zeta)+\partial_x(m_yHu)+\partial_y(m_zHv)+\partial_z(mw)=0 \quad (4)$$

$$\partial_t(m\zeta)+\partial_x\left(m_yH\int_0^1 u\mathrm{d}z\right)+\partial_y\left(m_xH\int_0^1 v\mathrm{d}z\right)=0 \quad (5)$$

式中：u 和 v 分别为曲线正交坐标 x 和 y 方向上的水平速度分量；m_x 和 m_y 分别为坐标变换因子，$m=m_xm_y$；$H=h+\zeta$ 为总水深，h 为河底高程，ζ 为水位；p 为压强；f 为 Coriolis 系数；A_v 为垂向紊动黏性系数；Q_u 和 Q_v 分别为动量源汇项；ρ 为密度，一般为温度等的函数。

方程(5)是由方程(4)利用表底层边界运动学边界($w=0$)以及方程(10)，经过垂向坐标变化(原理见2.3节)积分生成。

经坐标变换后垂直方向 z 的速度 w 与 sigma 坐标变换前的垂直速度 w^* 间的关系为：

$$w=w^*-z(\partial_t\zeta+um_x^{-1}\partial_x\zeta+vm_y^{-1}\partial_y\zeta)+(1-z)(um_x^{-1}\partial_x h+vm_y^{-1}\partial_y h) \quad (6)$$

垂向紊动黏性系数 A_v 和紊动扩散系数 A_b 采用的是 Mellor 和 Yamada 模型，模型相关的参数由下式确定：

$$A_v=\phi_v ql=0.4(1+36R_q)^{-1}(1+6R_q)^{-1}(1+8R_q)ql \quad (7)$$

$$A_b=\phi_b ql=0.5(1+36R_q)^{-1}ql \quad (8)$$

$$R_q=\frac{gH\partial_z b l^2}{q^2\quad H^2} \quad (9)$$

式中：q 为紊动强度；l 为紊动长度标尺；R_q 为 Richardson 数；ϕ_v 和 ϕ_b 是稳定函数，以分别确定稳定和非稳定垂向密度分层环境的垂直混合或输运的增减量。

紊动强度和紊动长度标尺由下列方程确定：

$$\partial_t(mHq^2)+\partial_x(m_yHuq^2)+\partial_y(m_xvq^2)+\partial_z(mwq^2)=\partial_z(mH^{-1}A_q\partial_z q^2)+Q_q$$
$$+2mH^{-1}A_v((\partial_z u)^2+(\partial_z v)^2)+2mgA_b\partial_z b-2mH(B_1 l)^{-1}q^3 \quad (10)$$

$$\partial_t(mHq^2l)+\partial_x(m_yHuq^2l)+\partial_y(m_xvq^2l)+\partial_z(mwq^2l)=\partial_z(mH^{-1}A_q\partial_z q^2l)+Q_l$$
$$+mH^{-1}E_1lA_v((\partial_z u)^2+(\partial_z v)^2)+mgE_1E_3lA_b\partial_z b-mHB_1^{-1}q^3(1+E_2(kL)^{-2}l^2)$$
$$(11)$$

$$l^{-1}=H^{-1}(z^{-1}+(1-z)^{-1}) \tag{12}$$

式中：B_1、E_1、E_2 和 E_3 均为经验常数，分别取16.6、1.8、1.33、0.53；κ 为 Von Karman 常数，一般取0.4；Q_q 和 Q_1 为附加的源汇项；A_q 为垂直耗散系数，一般取与垂直紊动黏性系数 A_v 相等。

2.2 水温方程

$$\partial_t(mHT)+\partial_x(m_y HuT)+\partial_y(m_x HvT)+\partial_z(mwT)=\partial_z(m\frac{A_b}{H}\partial_z T)+Q_T \tag{13}$$

式中：T 为一个正的水温；Q_s 代表热源源漏项；A_b 为垂向紊动扩散系数。

式(1)~式(13)一起与适当的初边界条件组成了一个求解变量 u、v、w、p、ζ、ρ 和 T 的封闭系统。采用控制体积法和有限差分结合的方法来求解，水平方向采用交错网格或者"C"网格离散。数值解分为沿水深积分的二维外模式和与水流垂直结构相联系的内模式。详细的求解过程可参见 Hamrick(1992)写的有关 EFDC 的报告或者文章。

2.3 坐标转化

垂直方向采用 σ 坐标，通过代数公式将随时间变化的自由水面变成 $\sigma=1$，将水底变成 $\sigma=0$，在一个固定矩形的计算域中进行计算。σ 变换是一种有效的捕捉自由表面的方法，也是一种贴体坐标系。图1是 σ 坐标变换示意图，σ 变换的公式如下：

$$z=(z^*+h)/(\zeta+h) \tag{14}$$

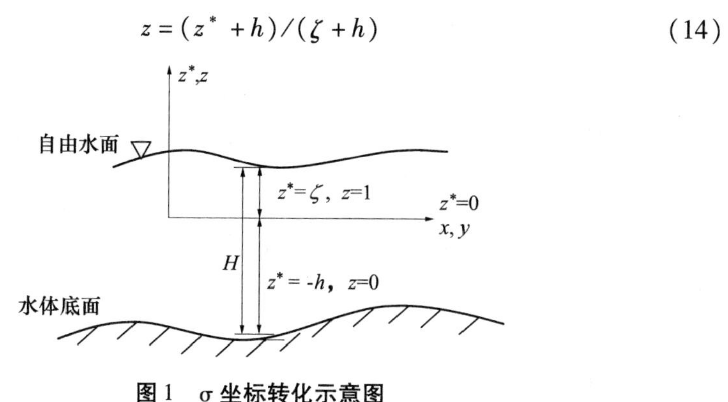

图1 σ坐标转化示意图

其中 z^* 表示原来的物理纵坐标，z 表示 σ 坐标下的纵坐标，$-h$ 和 ζ 是底部地形和自由表面各自的物理纵坐标。

3 模型应用

3.1 漫湾水电站概况

漫湾水电站位于云南省云县和景东县交界的澜沧江中游河段，为澜沧江上第一个开发的大型水电站，是一座以发电为主，结合防洪、改善航运以及其他综合效益的大型水电站。漫湾水库由北向南呈狭长形，长约 78 km，宽 150 ~ 500 m。坝址处河道曲折，呈反“S”形，主河槽偏靠左岸，两岸山坡不对称，左岸坡度约 40°，右岸 20° ~ 30°，库区地形十分复杂。坝址壅水高 99 m。正常高水位 994 m，相应库容 9.2 亿 m^3，死水位 982 m，相应库容 6.62 亿 m^3，水库有效库容 2.57 亿 m^3，库容系数仅 0.67%，为不完全季调节水库。漫湾水电站环境监测站是云南省境内大型水库设立的第一个环境监测站。漫湾水库的水温、水质等环境监测资料，对澜沧江流域环境保护和下游各梯级电站的环境影响评价是很重要的。

3.2 计算条件概化

漫湾水库 2004 年 2 月的实测资料包括：水库运行资料，2004 年 2 月 18 日坝前左、中、右三条垂线的水温资料和库区 7 个横断面垂向水温资料。图 2 给出漫湾水库 2004 年 2 月的日平均入库和出库流量。模型所需要的气象条件（气温、气压、相对湿度、降雨、蒸发、风速和风向）采用库区内的狗头坡气象站 2004 年 2 月的观测资料。

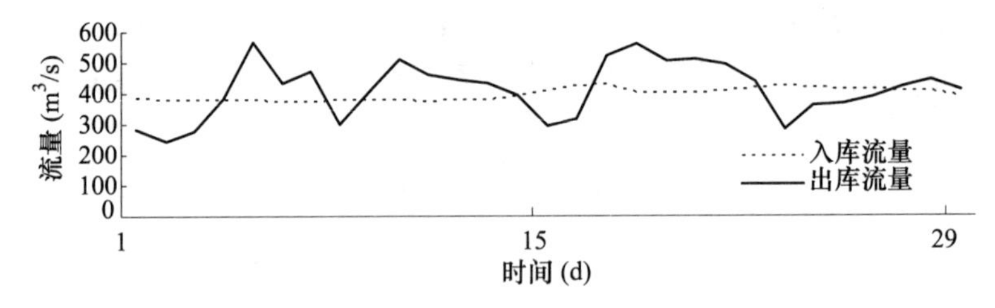

图 2 漫湾水库 2004 年 2 月的日平均入库和出库流量过程

由于水温监测是在距坝址 30 km 范围内进行的，三维模型计算时取距坝址 30 km 范围内的库区作为计算区域，计算平面网格图见图 3。在垂直方向上分 10 层，计算空间步长为变步长，平均空间步长取 $\Delta x = 50 \sim 60$ m，$\Delta y = 120 \sim 150$ m，计算时间步长取 1 min。

3.3 模型率定

采用 2004 年 2 月 18 日漫湾坝前左、中、右三条垂线上水温观测结果，对三维环境流体动力学（EFDC）模型的参数进行率定。模型参数主要包括糙率和水温扩散系数。参数率定时根据经验先给出初定参数取值，再根据试算结果与观测结果的比较，对取值进行调整，反复试算，直到计算结果与实测结果符合较好为止。统计误差采用下面两种方式：

绝对平均误差（*AME*）：

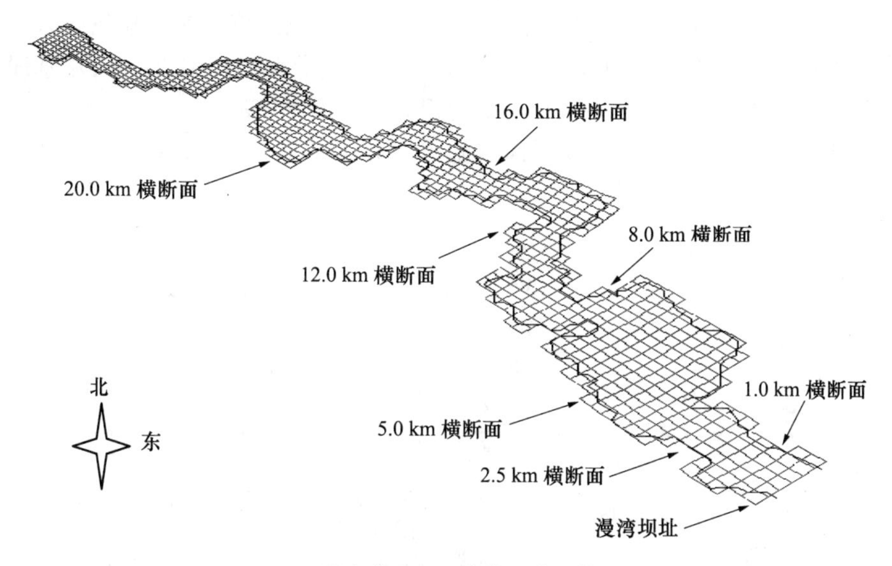

图 3　漫湾水库平面曲线正交网格图

$$AME = \frac{(\text{Predicted} - \text{Observed})}{\sum \text{mumber of observations}}$$

相对误差(RE):

$$RE = \frac{\sum |\text{Observed} - \text{Predicted}|}{\sum \text{Observed}}$$

图 4 给出 EFDC 模型计算的 2004 年 2 月 18 日漫湾坝前左、中、右三条垂线上水温分布结果,与现场观测结果进行对比。

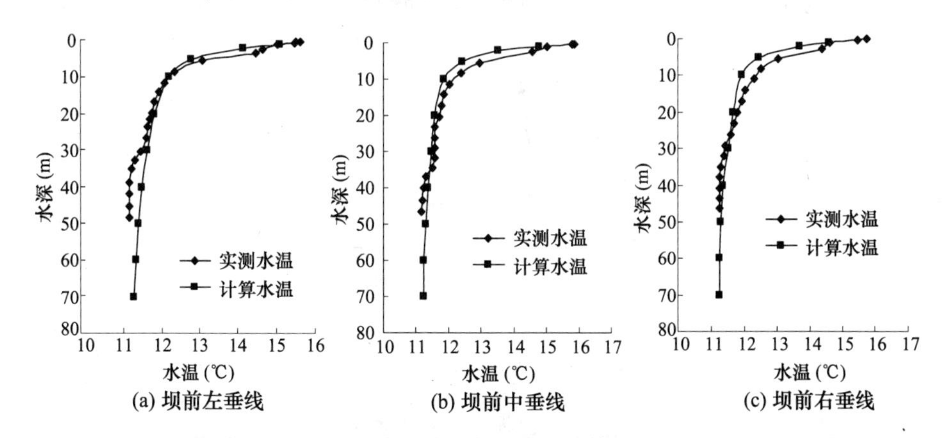

图 4　2004 年 2 月 18 日漫湾坝前三条垂线的计算与实测温度分布对比图

从图 4 来看，各条垂线吻合较好。水温分层情况计算与实测比较一致。三条垂线的平均 AME 为 -0.15 ℃，其中右垂线误差最大，为 -0.22 ℃，左垂线误差最小，为 -0.04 ℃。三条垂线的平均相对误差为 2.0%。

EFDC 模型计算的 7 个横断面水温垂向分布结果，与现场观测结果进行比较，见图 5。

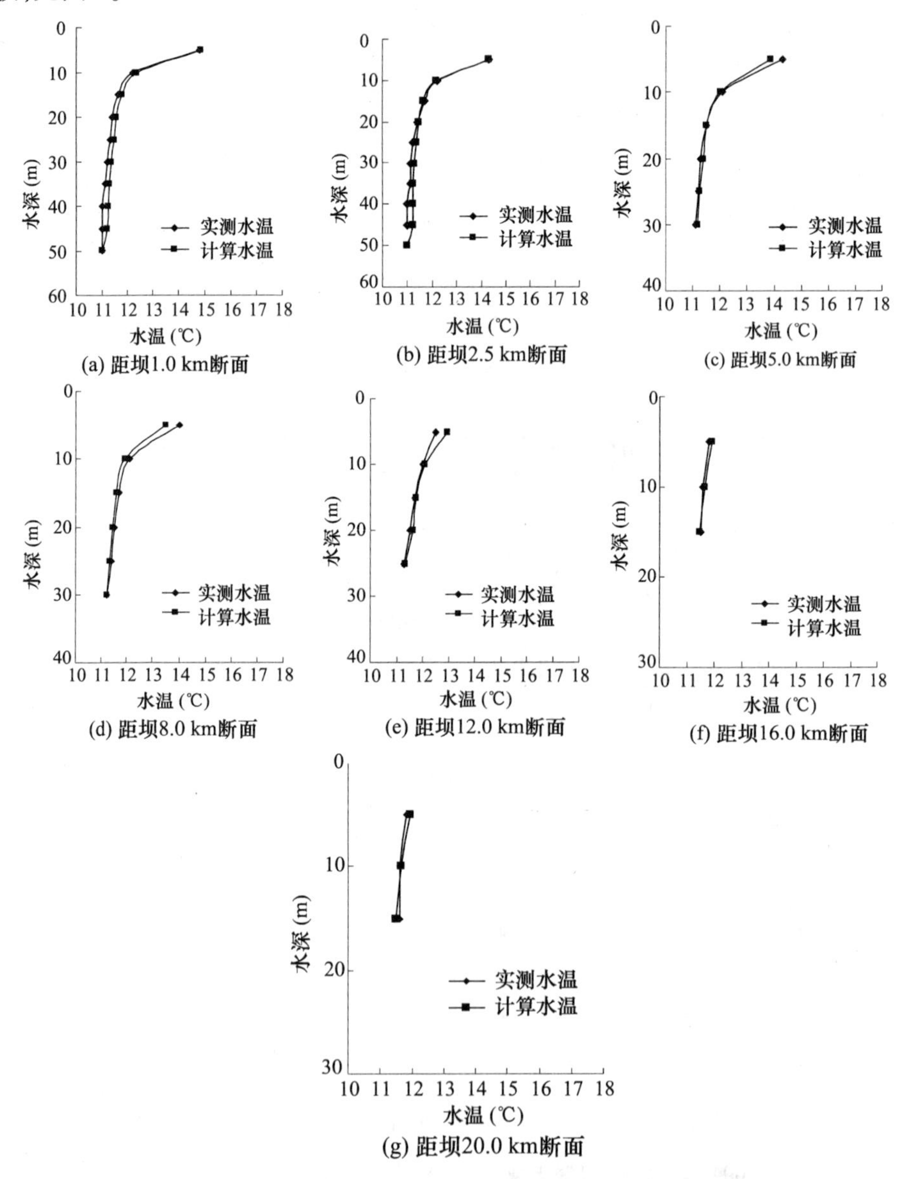

图 5　7 个横断面计算水温与实测水温分布对比图

3.4 模型验证

采用漫湾水库2003年2月~2004年1月的坝前断面表层水温对三维模型进行验证。表1给出坝前断面表层水温计算与实测水温比较。绝对平均误差为-0.36 ℃,计算出的月平均水温变化规律和实测的规律一致。

表1　漫湾坝前断面表层水温计算与实测水温比较　　(单位:℃)

时间	2003-02	2003-03	2003-04	2003-05	2003-06	2003-07	2003-08	2003-09	2003-10	2003-11	2003-12	2004-01
观测值	17.1	19.0	22.5	23.2	21.2	20.8	22.8	19.7	19.7	18.6	15.6	13.9
计算值	16.8	19.1	21.4	22	22.7	20.9	22.6	19.7	18.3	16.5	15.1	14.7
绝对误差	-0.3	0.1	-1.1	-1.2	1.5	0.1	-0.2	0	-1.4	-2.1	-0.5	0.8

4 结论

本文将EFDC水动力和热迁移耦合模型应用到地表水系统——漫湾水库的水温模拟中,采用漫湾水库监测资料对模型参数进行率定与验证。模型在2 GHz的个人计算机上模拟365天约需要10个小时。计算结果表明,模拟的垂向水温分布和坝前表层水温与实测值均吻合较好,可以看出模型概化比较合理,计算参数选取适当,可以用来做大型深水水库的水温结构预测,其预测结果的精度是可以保证的。

参考文献

[1] 雒文生,宋星原.水环境分析及预测[M].武汉:武汉大学出版社,2000:134.

[2] 叶守泽,夏军,郭生练,等.水库水环境模拟预测与评价[M].北京:中国水利水电出版社,1998.

[3] 陈小红.湖泊水库垂向二维水温预测[J].武汉水利电力学院学报,1992,25(4):376 -383.

[4] 雒文生,周志军.水库垂直二维湍流与水温水质耦合模型[J].水电能源科学,1997,15(3):1-7.

[5] 江春波,张庆海,高忠信.河道立面二维非恒定水温及污染物分布预报模型[J].水利学报,2000,9:20-24.

[6] 邓云.大型深水库水温预测研究[D].成都:四川大学,2003.

[7] 熊伟,李克锋,邓云,等.一二维耦合温度模型在三峡水库水温中的应用研究[J].四川大学学报(工程科学版),2005,37(2):22-27.

[8] Hamrick J M. A three-dimensional environmental fluid dynamics computer code: theoretical and computational aspects. Special Report 317 in Applied Marine Science and Ocean Engineering. The College of William and Mary, Virginia Institute of Marine Science. 1992:63.

[9] Tetra Tech, Inc. User's manual for environmental fluid dynamics code (Hydro Version

Release 1.00) for U.S. Environmental Protection Agency. 2002:201.

[10] Sen Bai, Mike Morton, Andrew Parker. Modeling Enterococci in the Tidal Christina River [A]. Estuarine and Coastal Modeling 2005[C]. ASCE Pub. ,2005:305 – 318.

[11] Sen B. ,Mike M. ,and Andrew P. (2005). Modeling Enterococci in the Tidal Christina River. 9th International Conference on Estuarine and Coastal Modeling, Charleston, South Carolina, USA, October 31 – November 2, 2005, ASCEPub. ,305 – 318.

[12] Ji Z G, Morton M R, Hamrick J M. Wetting and Drying Simulation of Estuarine Processes [J]. Estuarine, Coastal and Shelf Science .2001, 53(5): 683 – 700.

[13] Hamrick J M, Mills Wm. Three-dimensional hydrodynamic and reactive transport modeling of power plant impacts on surface water systems. Tetra Tech, Inc. 3746 Diablo Blvd. , Suite 300,Lafayette, CA 94549.

中国水资源与环境管理中的市场化工具

郝　钊[1,2]　Michael Burton[2]

（1. 中国水利部；2. 澳大利亚西澳大学）

摘要：中国正面临着某些区域的水短缺、水污染、空气污染以及水土流失。传统的管理方法在很多案例中起不到很好效果，而市场化工具正逐渐走入中国并改善我们的水利管理。

本文主要分析中国现行的水利、环境管理的制度设置，并归纳和谈论了二氧化硫的排放权交易试点和排污权交易试点，地表水使用权转让试点，地下水服务市场试点，土地使用权和保护权拍卖试点。在分析和讨论的基础上，文章得出主要结论：①中国的市场化工具还处于初级阶段，但仍具有很大的发展潜力；②应完善方法和机构设置以适应当地实际情况；③市场化工具并不将取代传统的行政手段，而是使之更加完善；④中国应开展更多的研究来挖掘市场化工具在中国国情下的利与弊。

关键词：水资源管理　市场化工具　水价　水权市场　排放许可权交易

1　中国的水挑战

水是中国社会稳定、经济发展的关键因素。中国的水挑战危机来源于中国特殊的人口现状和过去几十年里不平衡的用水现状。水短缺、水沉降和水污染是中国现在面临的三大主要挑战(刘昌明、陈志恺,2001)。

水短缺：中国年平均水资源总量为 281 240 亿 m^3。1997 年，人均水资源量为 2 220 m^3，只有世界平均水平的 1/4，澳大利亚平均水平的 1/10，如图 1 所示。

除了缺少可用的水资源，中国水源的空间分配也不合理，由于季风性气候，8～9月的降雨量占年降水量的 60%～80%，大约有 2/3 的水资源以洪水的形式流失，另外，全球气候变化使得 20 世纪 80 年代持续出现干旱现象，90 年代出现降水量明显下降(见图 2、表 1)，全国平均降水量水平相对保持稳定，但中国北部黄河流域的降雨量出现减少的趋势；与此相反，由于季风雨气候的影响长江流域的降雨量出现增多趋势。

泥沙沉积：泥沙含量高是中国河流的一大特点，特别是在黄河每年将 16 亿 t 的黄沙带入下游，其中4亿t流入渤海。中国西部是由地形起伏广阔的黄土高

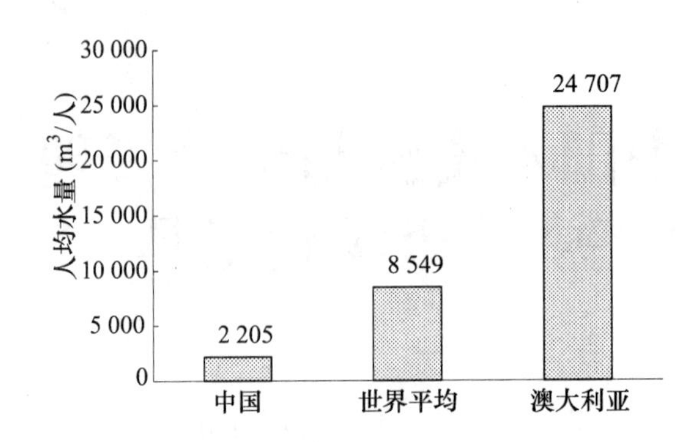

图 1　人均可用水量

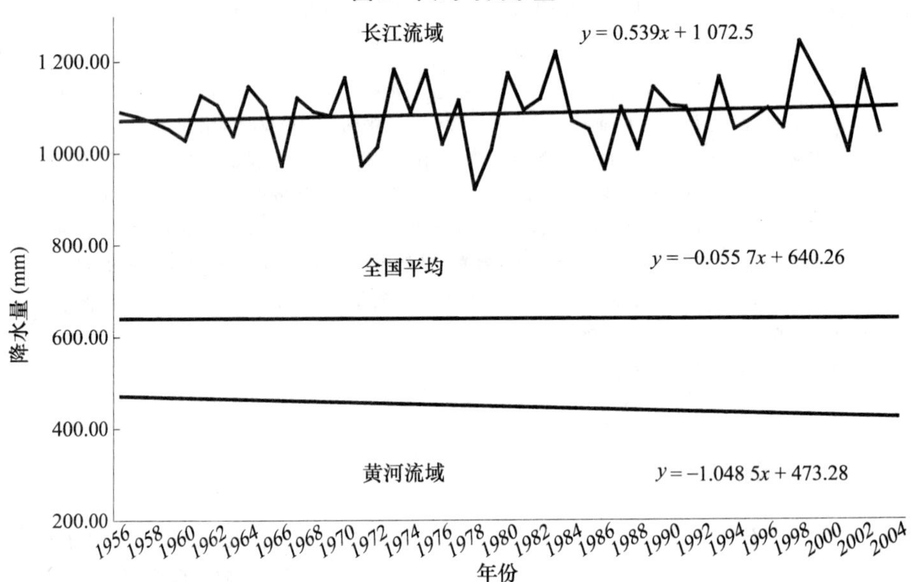

图 2　降水量随年份变化

注:尽管全国的和黄河流域的趋势线呈负值,但所有三条趋势线就现有的时间序列而言不具有统计的重要性,因为全国平均、长江流域和黄河流域的 P 值分别为 0.83、0.50 和 0.09(来源:水利部)。

原和岩溶组成的,自然条件和长期人类活动导致了严重的水土流失,使得当地土地资源不断减少,生态环境不断恶化。

水污染:快速的经济发展和不断提高的生活条件使得水污染不可避免。2002 年,全国污水量达 631 亿 t,包括工业污水占 61.5%,生活污水占 38.5%(水利部,2003),在对长 123 000 km 的河流水质评价中,发现水污染已经相当严重,近 20% 被严重污染(表 1)。

表1　主要河流水质

级别	Ⅰ类	Ⅱ类	Ⅲ类	Ⅳ类	Ⅴ类	劣Ⅴ类
长度百分比(%)	5.6	33.1	26	12.2	5.6	17.5

注:Ⅰ、Ⅱ及水源未可饮用水,Ⅲ、Ⅳ类则应处理后才能饮用。Ⅴ类水则为高度污染,Ⅵ类则比Ⅴ类污染更为严重(来源:水利部,2003)。

最主要的原因是中国的人口预计到2043年将不断增加,到那时,人口预计增长到15.57亿人的高峰(中国人口网,2005),比2004年增长了20%(国家统计局,2005),而后人口将出现下降趋势。所有这些都使中国的水短缺问题更加严重。

2　水利立法与机构

中国现行的水、环境管理机构是在原先的计划经济体制下建立的,所以习惯用计划经济的方法。在这种情况下,国务院——中国最高行政管理机关组成中央政府机构,并将有关职能委托给部委和部门。在省政府层面,省政府建立一个同样的组织结构。这样,省政府下设机构就能在技术上服从中央政府部委和部门的领导。

就水资源而言,国务院委托水利部在中央层面上负责水资源管理,进行水管理、农村供水和资源管理,而国家环境总局负责环境保护。所以,省级环保机构和水利部门分别服从国家环保总局与水利部的调配。

水管理与环境管理在中国都面临着多部门参与的局面,而它们都代表着不同的利益。这是水与环境挑战未能彻底解决的原因之一。

相应的法规体系也是按照水管理和环境管理两方面建立的,但是体系不够完整。许多水与环境法令是在20世纪80、90年代颁发的,这其中的《水法》、《水污染防治法》和《环保法》是最主要的三个。

《水法》于1988年颁发,是中国水管理法的基础,它清楚详细地陈述了国家对水资源的拥有权和取水许可制度,水利部则是法令的执行者。《水污染防治法》于1984年首次通过,后于1996年修订。该法律主要关注水污染防治,以保护和改善环境来保证人类健康并有效利用水资源。该法规定国家环保总局是履行该法的主要机构,并通过水质达标和污水排放许可来贯彻。其他机构同样也有与水质规划、控制相关的职能(国家环保总局,2005)。《环境保护法》于1989年通过,是环境法律的基础。其明确规定了环保的目的,陈述了其基本原则、基本构架和相应的要求,详述了自然环境保护的基本要求和自然资源使用者、开发者的法律义务,阐明了其司法权力及环境机构监督和监管的相应解释。该法的污水排放许可要求和水污染防治法的其他办法是可以执行的,比如对超标排放可以征收额外的罚款。但是缴纳的费用只能用于污染防治中,国家环保总局应负责对该法的施行。

3 水与环境管理中的市场化工具

市场化工具一词出现于20世纪70年代的发达国家。由于它能长期有效地刺激技术创新,并以低成本来降低污染。中国政府非常积极地开发各种管理方法。因为实行了市场经济,以前传统的管理方式已经不能奏效(Sprenger,2000)。

由于采用了市场经济,而传统的管理手段不能成功地处理各种问题,中国政府积极探索不同的管理手段与工具。中国恶化的环境和水质表明,目前占主导地位的许可制度(取水许可、排污许可)并非最为理想。

自20世纪90年代以来,市场化工具试点工作在中国的环境管理工作中率先开展,然后扩展到水管理(Environmental Defence, 2001),中国北方农村地区出现了乡村级的地下水市场,而这些地区正是水资源缺乏地区。

3.1 环境税

环境税(废气或废水)是自1982年起对污染控制征收的一种税,但是税率却非常低(废气排放税一般不到1.25美分,排污税幅度较大,在1.25美分到2美元之间)(China Investment Business Consultants, online database),而此项税收的执行却很不彻底,因为当地政府领导都只关注经济增长,而没有充足的政策来阻止水质与空气污染。

为了改变这种现状,国务院在2003年发布了《关于污物排放标准的管理方法》,采用了污染者付费的原则,并覆盖了污水、废气、固体废弃物和噪音。该办法还赞同大幅度提高收费,对污染排放者以种类、体积两方面来收取超标费,并对超标排放加倍收费(国务院,2003)。

随着环境费用的提高和严格的法律法规,造污者会重新考虑他们的污控战略以较低成本。但是监察的执行力度和监督仍然是能否成功的关键。

3.2 (废气)排放许可交易市场

据报道,目前只有江苏、广西两省存在排放许可交易(Conghui Net,2005),而所有的交易都是由当地环境机构搭桥促成的。排放的污染物主要是二氧化硫。在这两个区域,每个热电厂和工厂的排放许可是根据以前的排放级别而免费分配给他们的(经济,2004)。

表2总结了到目前为止所有的报道交易的主要特点:①所有交易都是短期的,最长为6年,最短为3年;②单价从2001年的250元/t涨到2003年、2004年

的 1 000 元/t;③大多数的交易都发生在江苏省,而这个省份的经济发达,存在着排放许可供不应求的现象。短期排放许可交易反映了在排放许可交易的早期存在许多不确定因素,如政策的有效期、排放许可的市场价格等。单价的上涨反映出当前排放许可的需求量不断增长。

表 2　中国排放许可(SO_2)交易

年份	种类	省份	交易方(卖—买)	年限	交易体积(t)	交易额(元)	单价(元/t)
2001	同城	江苏	电厂—化工厂	6	1 800	450 000	250
2002	同城	广西	木材厂—化工厂	na	200	80 000	400
2003	异地	江苏	电厂—电厂		31 700	1 700 000	1 000
2003	异地	江苏	电厂—电厂	5	2 800	na	
2004	同城	江苏	化工厂—造纸厂	na	1 200	1 200 000	1 000

注:na 指年限不明。

虽然这些交易很鼓舞人心,但是还是有很多限制因素(张明军,2005)。首先,排放交易许可的机构设置不很完善。许多企业愿意去交易过剩的排放许可。但是到目前为止,绝大部分的污水排放许可交易都有环境部门的干预。一方面,当地政府与环境部门的目的不一。如果一个当地发电厂能买下排放许可,当地政府会给予支持,因为这样,发电厂的扩张会带来新的就业机会和税收。另一方面,如果发电厂打算卖掉排放许可,当地政府将可能不会准许,因为失业率会升高。政府的干预导致了市场功能的失败。第二,排放定额是根据行政区划而免费分配的。在整个区域实施排放许可交易相比于建立许多小型区域来实施该交易对于控制污染更有帮助。

3.3　排污(水)许可交易

与废气排放许可市场相比,排污许可证市场并不活跃。在 2004 年只有两例,都在南通。在一个案例中,一家毛巾厂从另一家当地公司以 1 000 元/t 的价格买下了 30 t 的 COD 在 3 年内排放许可。出售许可的公司因为投资污水减排,还余有 85 t 的 COD 排放许可(中国环境新闻,2004)。

由于这两个是中国仅有的被报道出来案例,并不能得出什么结论,但是我们相信由于污染控制越来越严格,会出现越来越多的排污许可交易。

3.4　地表水使用权交易

水利部自 2000 年以来积极引入水权市场(汪恕诚,2001、2004),一个地表水市场正在形成。

3.4.1　东阳—义乌

2000 年,浙江省出现中国首例水权转让的实例。义乌市以 2 亿元人民币买下了东阳市 5 200 万 m^3 水的使用权。这两个城市都地处钱塘江流域，东阳市位居上游，而义乌市处于下游。由于义乌市是全国小商品批发中心，所以其经济发达，却十分缺水，人均水占有量只由 1 132 m^3，东阳市人均占有水量则是义乌的 2 倍。义乌市仔细考量且权衡各方意见之后认为最有效最快捷的办法就是从东阳市买水。

东阳—义乌水权转让见图 3。

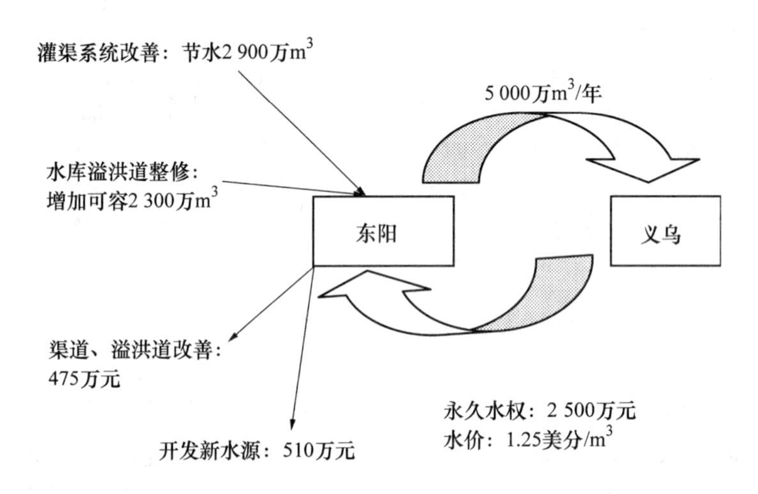

图 3　东阳—义乌水权转让示意图

3.4.2　张掖试点

甘肃张掖试点是水权初始分配的开始，而并非水权转让的开始。这个试点有特殊的背景，因为中央政府严格控制该地区用水量（取自黑河）在 5 500 万 m^3/年，这样下游的生态系统才能得到恢复。高用水量、低附加值的农作物，例如，稻谷是张掖地区农业的主要作物，每立方米水的人均 GDP 也很低，只有 0.35 美分，而 1999 年全国人均 GDP 为 1.83 美元，所以当地政府采取的措施就是减少用水量来促进高附加值作物产量。

为了达到期望值，当地政府联合水利部实行了节水型社会建设试点，主要是向农民分配初始水权。试点工作首先是在 2002 年 2 月在张掖的灌区开展的，所有试点灌区的工作包括灌区的工作规划、水量分配计划、分级定义水权、设置相关规定和办法、建立用水户（农民）协会、促进水票制、实时总量控制、建立水保示范区。

起初水权分配的 7 条原则包括：①尊重历史原因；②保证社会稳定和食品安全；③配合黑河恢复计划和节水指标的投资；④保证总水量控制的公平；⑤无需分配所有可用水；⑥节水；⑦地表水和地下水的联合分配。

为了方便将水权分配到每个家庭，并根据水票供水（一定的用水权），维持水利设施和工程、仲裁水纠纷，已经成立了45个用水户（农民）协会。同一个渠系的水票可以相互交易，其价格不会超过基本水价的两倍。到现在为止，其结果还是非常鼓舞人心的：2003年该区域饮水减少2 300万 m^3，每亩灌溉水费降至0.88美分（王亚华、胡鞍钢，2002）。

然而这些成果并不是水权交易（在此例中为水票）所带来的。农民不愿意去买卖水票存在三大理由：第一，以往农民的灌溉水权得不到保障，所以农民更愿意长期拥有这种合法的水权。第二，为了避免出现买卖水票的投机和过多买卖，地方政府将水票交易的上限控制在2.5美分/m^3。这种政府干预使农民在其中收益颇少。第三，这个区域的缺水问题已经存在了几个世纪，而对于当地居民来说，水就是生命。因此，虽然水权转让已经在张掖启动了，但是水市场发挥有效作用还受到历史、体制、文化障碍等因素的影响。

3.4.3 宁夏和内蒙古

宁夏和内蒙古这两个缺水区域也有类似的案例。宁夏和内蒙古已经没有新的水源，而且所有水都已经分配给了现有用户。这两个区域都有着丰富的煤炭资源，都从黄河取水。但1986年的黄河水分配计划对这两个区域从黄河取水设了上限。

2002年，有投资者看中该区域想投资建造电热厂，但是后来他们发现如果没有足够的水来冷却系统，成本将会非常高。他们了解到在宁夏和内蒙古电厂厂址附件有两个大灌溉区，如果通过节水技术可以节约40亿 m^3 水。

在电热厂开发商与当地政府达成的协议中，灌区渠道衬砌改造将由电热厂开发商投资2/3，其余由当地政府补足。通过渠道衬砌，电热厂可以取得用水权。因为电热厂每立方米的用水成本为0.25美元，所以水权交易价为0.25美元/m^3（水利部经济调节司，2004）。

这个案例取得了双赢的结果：既可以通过投资和发展带来的税收来加速当地经济的发展，又可以让电热厂的投资者取得稳定、持续的供水，还可以随着灌溉条件的改善，农田也会逐渐增加，而农民也将会得到低水价（《中国水利报》，2004）。

在上述案例中，再三审视就会发现其中仍然存在缺陷。首先，没有考虑到机会成本、使用价值以及水权的操作成本。第二，该协议中没能包含渠系的常规维护运行成本和改造成本。当年老失修的渠系需要翻修时，协议中却没有任何条款规定由谁来负担。

3.5 土地保护拍卖

土地保护拍卖现在并非很流行，但是它的一个首要任务就是利用拍卖的方法来鼓励农民、城镇居民和企业充分利用当地的土地和水资源，因为以前由于技术困难或者低回收率，使得他们没有得到充分利用(国务院，1996)。

应当指出这种优先权给予了当地老百姓，这些资源的开发也都强调了农业和林业的生产，不能有非农目的。这些资源的使用权不能超过50年。从拍卖这些资源的使用权得来的资金也应该用于当地的水土保持、小型水利设施的建设和安装。

数据表明，水使用权的拍卖价(据当地经济以及土地等情况而定)在18.8～225美元/hm^2之间。据水利部资料，在1998年底有18万农户、102 000城镇居民和14 000城镇企业参与了这些拍卖。开垦了14万hm^2高产农田，种植了15万hm^2的果树，49万hm^2的防护林以及成百上千的小型水土保持工程(水利部，2000)。

农民们唯一担心的是拍卖资金不用在自己村子的发展，而是用来偿还村子过去的债务。

3.6 地下水市场

地下水权交易市场和地表水权交易市场的区别地下水权市场没有政府干预。在一份研究中发现，私人拥有的管井和缺水是买卖井水(地下水市场)的两个重要原因。研究结果显示以下几个特点：①地下水市场是无人管理的，有75%的居民生活的城镇没有规范地下水市场；②井水交易只限于当地，94%的水井在自己所在的村庄买卖地下水；③交易不系统，绝大多数农户只光顾一个水井拥有者，而1/4的农户同时买、卖井水。

由于地下水市场对用水效率、效益、平等、扶贫和水资源的影响尚不明确，现在就急于得出任何政策性的结论为时太早。但是我们担心地下水市场迅速扩展会对环境产生负面影响，所以需制定政策和法规来规范其交易过程和解决可能的冲突。

4 结语

基于这些小但是却鼓舞人心的试点试验，得到了以下结论：

(1)一方面中国的市场化工具还处于起步阶段，但仍具有很大潜力，市场经济的模式已经逐渐为中国社会所接受，所以市场化工具的进入将会更容易；另一方面，水与环境问题将迫使政府机构想办法解决现在两难的困境。此外，相比于死板的行政法令，市民更希望灵活的方法。

(2)在法规和机构不断完善，适应当地实际情况和符合理论需求时，政府仍然是一个重要的参与者。毫无疑问，政府已经扮演了这个过程中的重要角色，并还将继续下去。因为只要政府否定，任何成果都无法取得。此外，实践也离不开立法的改善。社会的复杂性和各个利益集团的不同目的可能需要一个合法的框架来协同合作并权衡各方利益。

(3)市场化工具不会取代传统的管理手段(CAC),但是却能作为它的补充。虽然本文中提到的几个案例比较成功,但是CAC仍然是中国在水与环境管理方面的主要办法。一方面,变化不可能一夜之间完成;另一方面,即使在发达国家,市场化工具仍然与CAC共存。市场化工具可能应用更多领域,但总的来说,也是能作为辅助方法。

(4)市场化工具的利与弊需要更多的时间来研究和发掘。现有的试点研究非常有用,但是数据分析还是不够。此外,如何去避免市场化工具的缺陷和可能存在的弊端也需要更多的细节分析来深入了解。

参考文献

[1] Asian Development Bank. Strategic Options for the Water Sector[J]. Technical Assistant Report, No. 2817 - PRC, 1999.

[2] Chinese Central Television Video. New Water Strategy[EB/OL]. http://www.mwr.gov.cn/bzzs/20050614/55268.asp. 2005.

[3] Chang, B. Technical Implementation and Outcomes of the Water Regulation in the Black River, in Proceedings of Keynote Speeches in Annual Conference of Chinese Water Conservancy Association, 2002, p99 - 107.

[4] 中国环境报. Pollutant Emission Permits Successfully Traded in Nantong, dated on Dec. 14, 2004.

[5] China Investment Business Consultants, online database, Emission Charge Standards, http://www.chinainv.com/CN/topic_3632.html.

[6] 中国人口网. Zero Growth in 2043 with Peak at 1.557 Billion. dated on June 20, 2005[EB/OL]. http://www.chinapop.gov.cn/rkzh/zgrk/tjgb/t20040623_13851.htm

[7] 中国水利报. Water Reforms in Ningxia, on March 25, 2004.

[8] 中国工程院(CAE). Comprehensive Report of Strategy on Water Resources for China's Sustainable Development. China Hydropower Press, 2001.

[9] Conghui Net. The Yangtze Delta Prioritizes Emission Permits Trading to Control Sulphur Dioxide Pollution, dated on Feb. 22nd, http://www.china.org.cn/chinese/huanjing/792394.htm, 2005.

[10] 水利部经济调节司. Innovation and Reform: Survey on Water Rights Transfer in Inner Mongolia and Ningxia[J]. China Water Resources News, dated on April 15, 2004.

[11] Another Emission Permits Trading in Jiangsu[EB/OL]. dated on Sep. 17, 2004, http://finance.tom.com.

[12] Environment Defence. China Co mmits to Reducing Air Pollution, http://www.environmentaldefense.org/article.cfm? contentid = 281. 2001.

[13] 刘昌明,陈志恺. Assessment for Water Resources Status Quo and Analysis of Supply - Demand Trend in China [J]. Consultative Project under Chinese Academy of Engineering,2001.

[14] Liu, W. , Huang, Q. , and Wang, Ch. The Survey Report on Dongyang - Yiwu Water Rights Transfer, 2001.

[15] 水利部. The Bulletin of Water Resources,2003.

[16] 水利部. Achievements in 50 Years—Water Sector in China, 2000.

[17] 水利部. The 2002 Bulletin of Water Resources of China [M]. China Hydropower Press,2003.

[18] 水利部. Pilot Program of Water - efficient Society Development in Zhangye [R]. unpublished internal report.

[19] Sprenger, R. Market - Based Instruments in Environmental Policies: The Lessons of the Experience, in Market - Based Instruments for Environmental Management, Andersen, M. S. , and Sprenger, R. (eds), Cheltenham: Uk, 2000,p. 3 -26.

[20] 国家统计局. Statistics Bulletin of National Economy and Social Development 2004.

[21] 国务院. Notice on Development of Rural "Four Non - used" Resources and Further Strengthening of Soil Conservation,1996.

[22] 国务院. The Management Rule of Standards on Pollutants Discharge Levies,

[23] 国家环保总局. Water Pollution Prevention and Control Law, online database[EB/OL]. http://www.zhb.gov.cn/,2005.

[24] 国家环保总局. Environmental Protection Law, online database[EB/OL]. http://www.zhb.gov.cn/,2005.

[25] Tian, B. , Water - saving Society in Zhangye//in Market News, dated on Oct. 10, 2003, http://www.china.org.cn/chinese/huanjing/419257.htm,2003.

[26] 汪恕诚. Water Rights and Water Market', China Water Resources News, Oct. 22nd,2001.

[27] 汪恕诚. 2001. Water Rights Transfer is an Important Method to Optimize Water Resources, Keynote Speech delivered at the VIII National Conference of Chinese Water Resources Association on April 20, 2004.

[28] 王亚华,胡鞍钢. The Change of Water System in China, in People's Pearl River, Sept. 20, 2002, http://www.waterinfo.com.cn/zhongdian/guonei/200209200005.htm.

[29] World Resource Institute. Actual Renewable Water Resources: Per capita (2004) http://earthtrends.wri.org/searchable_db/index.cfm? theme = 2&variable_ID = 694&action = select_countries,2005.

[30] Zhang, J. , Wang, J. , 黄金霞, Rozelle, S. Groundwater Markets in China: Evolving Trends and Determining Factors, Conference Presentation on AARES 2005.

[31] 张明军. Emission Permits Trading vs Thermal Power Expansion, Business Watch, dated on April 4th, 2005, http://www.businesswatch.com.cn/ArticleShow.asp? ArticleID =904.

游荡性河流污染物传播模型、方法及软件开发

Liren Yu[1] N. N. B. Salvador[2] Jun Yu[3]

(1. 环境学软件及数值技术研究所,巴西圣保罗州;
2. 联邦大学土木工程系,巴西圣保罗州;
3. 金边大学数学统计及科学计算研究院,巴西圣保罗州)

摘要:本文旨在研究游荡性河流的水流和污染物的输移。开发的准3D水力学模型分别由紊流完整深度 $\tilde{k}—\tilde{\varepsilon}$ 模型和 $\tilde{k}—\tilde{w}$ 模型控制。改进的简易有限单元逼近法、不完全优劣分解法、超载法及SIP多网格迭代松弛法已经用来解决基本的控制方程,使非正交的边界离散化并可分配得到合理的网格。除了稳定流和污染物的侧向出流,数学模型对流动初期污染物的注入及附带效应已经可以模拟研究。

关键词:河流模型　污染物输移　平均深度 $\tilde{k}—\tilde{\varepsilon}$ 模型　平均深度 $\tilde{k}—\tilde{w}$ 模型　游荡性河道

1 概述

几乎所有的天然河流都是紊流。涉及紊流的问题,紧密相关的就是河流改道、河流污染及意外排放,这些对科学家和工程师们都极具挑战性。例如:最令人关注的是带有大量污染物和冷却水的紊流流入天然河道、河口及海岸地区,因为这将破坏性地影响我们有限的水资源及水生生态系统。因此,建立足够精确的数学模型,使用合理的数学方法及分析工具适时地模拟与预测水流输移运动和水流特性是非常重要的。

虽然建立精确的紊流流动及输移现象的模型很有意义,但是关于复杂河岸、河床底部地形的数值模拟与预测还不够精确。主要是因为问题内在的复杂性。任何关于水流和输移过程成功的数值计算和模拟关键依赖于建立适用的封闭的紊流模型、有效地处理几何边界问题、准确地采用适当的数学方法及相对应工程软件的发展。现在,工程人员常常在研究充分混合的流体采用深层结合水力学模型。然而,大多数这些模型在实践应用中只含有紊流扩散率来作为估算常量,简单代数公式在很大程度上取决于数值模拟者的经验。另外,对河岸轮廓的简

化处理诸如 Z 字形天然河流边界的简化极大地降低了数值计算的精度。

现在的紊流模型理论已经提供了大量实用的、高级的紊流模型。从工程的角度看紊流的两个封闭的等式模型能根据流体效率、扩展性和流体能量建立相对较高的数值模拟流态及相应输移现象。另一方面,近来网格生成技术和数值计算方法的发展提供了很多有效的精选的方法。例如非正交边界坐标系统,网格分配、多网格加速技术等。另外,可视化对象导向程序设计工具的出现,例如 Delphi、Visual Basic 和 C ++ 等,非常有助于将建模、运算法则和计算方法结合起来形成应用工具,它有最新的图形用户界面,地图辅助工具和帮助系统,并且对数据及结果进行前后处理的可视化分析。

本文阐述了准 3D 水力学模型的建立及游荡性发展极为强烈的天然河水中模拟水流和污染物输移的相关工具的发展。

2 控制方程

通过应用竖向 Leibniz' 组合,在平均水深处理过程中考虑到底部地形的差异、流体表面及忽略较小的因素,其连续性方程和动力方程与在平均深度水流和传输过程中输移方程的标量(平均深度的温度或浓度)的笛卡尔坐标系,表达式如下:

$$\frac{\partial \rho h}{\partial t}+\frac{\partial \rho h u}{\partial x}+\frac{\partial \rho h v}{\partial y}=0 \tag{1}$$

$$\frac{\partial \rho h\bar{u}}{\partial t}+\frac{\partial \rho h\bar{u}^2}{\partial x}+\frac{\partial \rho h\,\overline{uv}}{\partial y}=-h\frac{\partial \rho g\Delta h}{\partial x}+2\frac{\partial}{\partial x}\left(\frac{\tilde{u}_{eff}h}{Re}\frac{\partial \bar{u}}{\partial x}\right)+\frac{\partial}{\partial y}\left(\frac{\tilde{\mu}_{eff}h}{Re}\left(\frac{\partial \bar{u}}{\partial y}+\frac{\partial \bar{v}}{\partial x}\right)\right)+\tau_{sx}-\tau_{bx}+\bar{S}_{mx} \tag{2}$$

$$\frac{\partial \rho h\bar{v}}{\partial t}+\frac{\partial \rho h\,\overline{uv}}{\partial x}+\frac{\partial \rho h\bar{v}^2}{\partial y}=-h\frac{\partial \rho g\Delta h}{\partial y}+2\frac{\partial}{\partial y}\left(\frac{\tilde{u}_{eff}h}{Re}\frac{\partial \bar{v}}{\partial y}\right)+\frac{\partial}{\partial x}\left(\frac{\tilde{\mu}_{eff}h}{Re}\left(\frac{\partial \bar{u}}{\partial y}+\frac{\partial \bar{v}}{\partial x}\right)\right)+\tau_{sy}-\tau_{by}+\bar{S}_{my} \tag{3}$$

$$\frac{\partial \rho h\bar{\phi}}{\partial t}+\frac{\partial \rho h\,\overline{u\phi}}{\partial x}+\frac{\partial \rho h\,\overline{v\phi}}{\partial y}=\frac{\partial}{\partial x}\left[\frac{\tilde{\Gamma}_{\phi,t}h}{Re}\frac{\partial \bar{\phi}}{\partial x}\right]+\frac{\partial}{\partial y}\left[\frac{\tilde{\Gamma}_{\phi,t}h}{Re}\frac{\partial \bar{\phi}}{\partial y}\right]+\bar{S}_{\phi} \tag{4}$$

式中:" - "代表平均深度的值;$\bar{u}$ 和 $\bar{v}$ 代表综合深度在 x 和 y 方向的速度矢量;h 代表局部深度,稳流中指位置变量;非恒定流中指时间和位置的变量;Re、g 和 ρ 分别指雷诺数、重力加速度和密度;$\bar{S}_{mx}$、$\bar{S}_{my}$ 和 $\bar{S}_{\phi}$ 是指源条件;τ_{sx}、τ_{sy}、τ_{bx} 和 τ_{by} 分别是风在流体表面与底部 x 和 y 方向的切向应力,局部水深 h 与 $z-z_b$ 相等,z 和 z_b 是指流体表面和底部的海拔;Δh 表示局部水深 h 与局部静态水深之间 h_s 的差值。

3　紊流平均深度封闭模型

该模型的紊动有效黏性量$\tilde{\mu}_{eff}$和扩散率$\tilde{\Gamma}_{\phi,t}$，都依赖于分子动态黏滞系数μ和平均深度紊流动态黏滞系数$\tilde{\mu}_t$，也就是$\tilde{\mu}_{eff}=\mu+\tilde{\mu}_t$和$\tilde{\Gamma}_{\phi,t}=\tilde{\mu}_t/\sigma_{\phi,t}$，其中$\sigma_{\phi,t}$代表温度和浓度差扩散的Prandtl数或Schmidt数。根据紊流的两个封闭理论方程，$\tilde{\mu}_t$可以通过两个紊流常量来确定。然而，所谓紊流的两个封闭方程的标准模型，被广泛地应用在各个工业部门，但是它并不能直接被应用为平均深度模型，适当的紊流模型的深度结合版本应当预先进行确立和研究。

3.1　$\tilde{k}$—$\tilde{\varepsilon}$ 模型

对于准三维的水力学模型，在平均深度认识中（$\tilde{k}$和$\tilde{\varepsilon}$）紊流动能及其损耗比率通常与$\tilde{\mu}_t$相关，通过表达式：$\tilde{\mu}_t=\rho C_\mu \tilde{k}^2/\tilde{\varepsilon}$，“～”是平均深度紊流的特征数量符号。紊流参数$\tilde{k}$和$\tilde{\varepsilon}$由以下两个传输方程来确定：

$$\frac{\partial\rho h\tilde{k}}{\partial t}+\frac{\partial\rho h\bar{u}\tilde{k}}{\partial x}+\frac{\partial\rho h\bar{v}\tilde{k}}{\partial y}=\frac{\partial}{\partial x}\left(\frac{\tilde{\mu}_t h}{\sigma_k}\frac{\partial\tilde{k}}{\partial x}\right)+\frac{\partial}{\partial y}\left(\frac{\tilde{\mu}_t h}{\sigma_k}\frac{\partial\tilde{k}}{\partial y}\right)+\rho hP_k+\rho hP_{kv}-\rho h\tilde{\varepsilon} \tag{5}$$

$$\frac{\partial\rho h\tilde{e}}{\partial t}+\frac{\partial\rho h\bar{v}\tilde{e}}{\partial x}+\frac{\partial\rho h\bar{v}\tilde{e}}{\partial y}=\frac{\partial}{\partial x}\left(\frac{\tilde{\mu}_t h}{\sigma_\varepsilon}\frac{\partial\tilde{e}}{\partial x}\right)+\frac{\partial}{\partial y}\left(\frac{\tilde{\mu}_t h}{\sigma_\varepsilon}\frac{\partial\tilde{e}}{\partial y}\right)+C_1\rho hP_k\frac{\tilde{e}}{\tilde{k}}+$$

$$\rho hP_{\varepsilon v}-C_2\rho h\frac{\tilde{e}^2}{\tilde{k}} \tag{6}$$

式中：P_k指由于水平向平均速度梯度的紊流应力的相互作用产生的紊流动能量。经验常数C_μ、σ_k、σ_ε、C_1和C_2的值分别为0.09、1.0、1.3、1.44和1.92。另外在方程(5)和方程(6)中的原始条件P_{kv}和$P_{\varepsilon v}$主要是底部附近铅垂速度梯度产生的，表达式为$P_{kv}=C_k u_*^3/h$和$P_{\varepsilon v}=C_\varepsilon u_*^4/h^2$，其中局部摩擦速度$u_*=\sqrt{C_f(\bar{u}^2+\bar{v}^2)}$，经验常数$C_k$和$C_\varepsilon$基于明渠流所得$C_k=1/\sqrt{C_f}$和$C_\varepsilon=3.6 C_2C_\mu^{1/2}/C_f^{3/4}$。$C_f$系数指的是经验摩擦系数，3.6是有明渠流的Laufer's试验结果所确定的。

3.2　$\tilde{k}$—$\tilde{w}$ 模型

1989年，本文作者和同事们提出了完整深度的二次封闭模型，$\tilde{k}$—$\tilde{w}$模型最具有代表性，这个模型源于1982年Ilegbusi和Spalding创立的k—w模型，实际上，此k—w模型是修订版。（ω：紊流的时间均方漩涡波动），然而最初的k—ω模型Spalding早在1969年就已提出。在$\tilde{k}$—$\tilde{w}$模型中紊流参量$\tilde{k}$与$\tilde{w}$由下面两个方程确定：

$$\frac{\partial\rho h\tilde{k}}{\partial t}+\frac{\partial\rho h\bar{u}\tilde{k}}{\partial x}+\frac{\partial\rho h\bar{v}\tilde{k}}{\partial y}=\frac{\partial}{\partial x}\left(\frac{\tilde{\mu}_t h}{\sigma_k}\frac{\partial\tilde{k}}{\partial x}\right)+\frac{\partial}{\partial y}\left(\frac{\tilde{\mu}_t h}{\sigma_k}\frac{\partial\tilde{k}}{\partial y}\right)+\rho hP_k+\rho hP_{kv}-C_\mu h\tilde{k}\tilde{w}^{-1/2} \tag{7}$$

$$\frac{\partial\rho h\tilde{w}}{\partial t}+\frac{\partial\rho h\bar{u}\tilde{w}}{\partial x}+\frac{\partial\rho h\bar{v}\tilde{w}}{\partial y}=\frac{\partial}{\partial x}\left(\frac{\tilde{\mu}_t h}{\sigma_k}\frac{\partial\tilde{w}}{\partial x}\right)+\frac{\partial}{\partial y}\left(\frac{\tilde{\mu}_t h}{\sigma_k}\frac{\partial\tilde{w}}{\partial y}\right)+C_{1w}\tilde{\mu}_t h\left|\frac{\partial}{\partial y}\left(\frac{\partial\bar{v}}{\partial x}-\frac{\partial\bar{u}}{\partial y}\right)\right|^2-$$

$$C_{2w}\quad\rho h\tilde{w}^{3/2}\quad\left[1+C'_{2w}\left(\frac{\partial}{\partial x}\left(\frac{\tilde{k}}{\tilde{w}}\right)^{1/2}+\frac{\partial}{\partial y}\left(\frac{\tilde{k}}{\tilde{w}}\right)^{1/2}\right)^2\right]+$$

$$C_{3w}\rho h\frac{\tilde{w}}{\tilde{k}}P_k+\rho hP_{wv} \tag{8}$$

式中：平均紊流动态黏滞系数 $\tilde{\mu}_t=\rho\tilde{k}^2/\tilde{w}^{1/2}$；经验常数 C_μ、σ_k、σ_w、C_{1w}、C_{2w}、C'_{2w}和 C_{3w}的值与 k—w 模型相同，也就是 0. 09、1. 0、1. 0、3. 5、0. 17、17. 47 和 1. 12。相应的附加源条件 P_{kv}和 P_{wv}由底部附近的铅垂速度梯度来确定，表达式为 $P_{kv}=C_k u_*^3/h$ 和 $P_{wv}=C_w u_*^3/h^3$。明渠流常数 C_w 由 $47.26C_{2w}/C_\mu^{3/2}C_f^{3/4}$ 确定，而 47. 26 是由 Laufer’s 实验数据确定的。$\tilde{k}$—$\tilde{w}$ 模型和相应的数值技术已经成功地应用到明渠、河流及河口的流程与被动水体转移的数值模拟和预测。

4　离散概况

我们都知道交错网格的优点是把节点两侧速率的压力分别布置在离散动量方程的不同压力项上，而且确保流速和压力等变量交错连接。所以，当用有限元和隐式格式进行压力修正计算时，交错网格被广泛应用于工程计算中。但是，随着计算流体力学和计算水力学的发展，计算的焦点已经从正交坐标系转换到非正交坐标系下，采用交错网格布置时的缺点日益突现，因为工程的复杂和不便越来越显现。从 20 世纪 80 年代起，很多学者已经开始把精力投入到研究是否能解决流速场问题，并且依靠交错网格成功试验的帮助用相同的网格解决相应标量场的问题。这种将所有计算变量布置在同一个计算节点上的计算方法叫做同位网格。图 1 是交错网格和同位网格的比较。

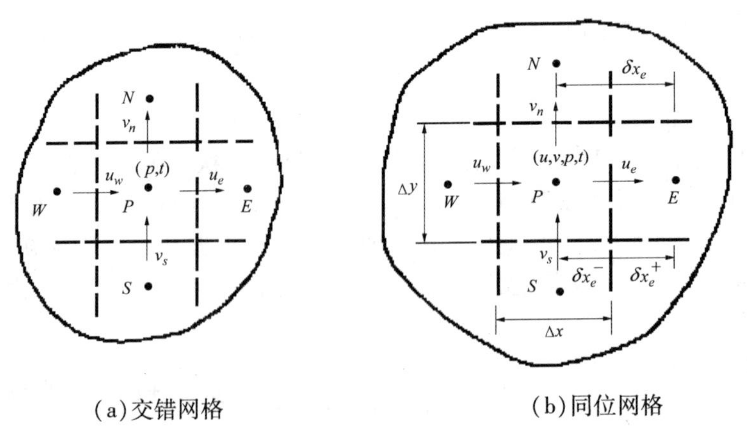

(a)交错网格　　(b)同位网格

图 1　同位网格和交错网格

用同一个网格来设置不同的多个变量，并用所谓的流速压力退耦法来离散动量方程，这种方式能够解决压力场的不确定因素。为了克服这种现象，依照交错网格的经验，应该试着引入一个在两相邻节点的压力和相对应的计算流速到动量方程的求解中。用所谓的动量插值法，在正交坐标系下的同位网格上实现速度和压力的连接。另一方面，非正交曲线坐标系实际问题的解决通常通过划分网格的手段把问题从物理平面转化到计算平面下，然后在计算平面下进行数值模拟。因此，非正交曲线坐标系下的同位网格法就是如何把同位网格在计算平面下实现。选择计算平面卡迪尔坐标系的两个速度分量 $\bar{u}$ 和 $\bar{v}$ 就是用两个速度分量 $\bar{U}$ 和 $\bar{V}$ 作为分界面的速度，这种参数的选择在当前是非常流行的。

计算方法是用 FORTRAN 语言编写的，分为两部分：网格生成和流量 - 输移求解。网格生成器生成一系列的非正交边界拟合网格，先前决定了的网格数和空间配置。流量 - 输移求解通过联立非主动输移方程、紊流参数转换方程可以解出平均深度基本控制方程，其中几个方程要用有限体积法离散。以上数学模型控制方程及定解条件的数值离散和求解基于有限体积法和 SIMPLEC 算法。在求解离散方程时，采用 Patanker 及 Spalding 给出的欠松弛技术、块校正技术及逐行迭代法。由于篇幅有限，所以就不再详细描述数值离散方面的内容。

5　网格划分

一个假设性算例已经实现，目标是发展模型、代码和相应的数字工具。首先选择一个典型的游荡性河流，其中河流的河岸线能从 Google Earth 的数字地图上获取。在图形工具的帮助下，操作者能够通过鼠标的点击，方便地在桌面软件中调整图形的比例，选择和插入河岸几何参数，最后产生一个 text 的文件（其中包含所有必需的数据）来描述多网格的特性和相应计算区域的四个边界，这些都能够通过网格生成器读取。

图 2 表明一个生成的边界拟合非正交边界粗网格的划分，其中包括 ξ 方向上的 22 个节点，η 方向上的 422 个节点。计算共采用了 2 个级别的网格。相应的细网格尺寸为 44 mm × 842 mm 的网格。河宽网格线的膨胀系数是 0.95 和 1.05，计算河段长 25.343 km。网格编辑器能够生成一种无格式的文件，其中保存所有计算必需的几何数据并且能够在水流输移求解时调用。

6　流量和侧流的求解

模拟一个有支流从右岸汇入的水流。假定模拟河段主干流的流量为 600 m^3/s，同时摩擦系数取为 0.003 704 2，$C_f = g/C^2$（其中 C 代表 Chezy's 系数；g 代表重力加速度）。支流的流量和浓度分别为 120 m^3/s 和 50 ppm。在计算过程中考虑了河底地形的变化。图 3 表明了细网格下的河底地形,河底地形数据所对应的粗网格生成由操作者读入数据,并推求出细网格。紊流 $\tilde{k}$—$\tilde{\varepsilon}$ 和 $\tilde{k}$—$\tilde{w}$ 控制模型在粗网格和细网格中都能使用。速度分量和紊动参数在主流进口段与主支流交汇处是统一的,并且主流出口段的坡降保持不变。紊动参数在主流进口段可用经验公式来计算,其中主流的进口段平均流速 $U_0 = 0.89$ m/s,支流的汇入段平均流速 $U_{tri} = 0.56$ m/s,$\tilde{k}_0$、$\tilde{\varepsilon}_0$、$\tilde{w}_0$ 分别等于 0.031 m^2/s^2、0.000 87 m^2/s^3,0.298 m^2/s^2,$\tilde{k}_{tri}$、$\tilde{\varepsilon}_{tri}$、$\tilde{w}_{tri}$分别是 0.06 m^2/s^2、0.0055 m^2/s^3和 1.022 m^2/s^2,近似的函数方程用来确定相临边界处接点的速度分量和紊动参数。一些次要因素如速度分量、压力、浓度和另外两个紊动参数分别是 0.6、0.6、0.1、0.7、0.7 和0.7。上述几个数值允许调试的最大数值分别是 1、1、20、1、1 和 1;相应的内部收敛性判别标准是 0.1、0.1、0.01、0.1、0.01 和 0.01,斯通解法参数 α 是 0.92。

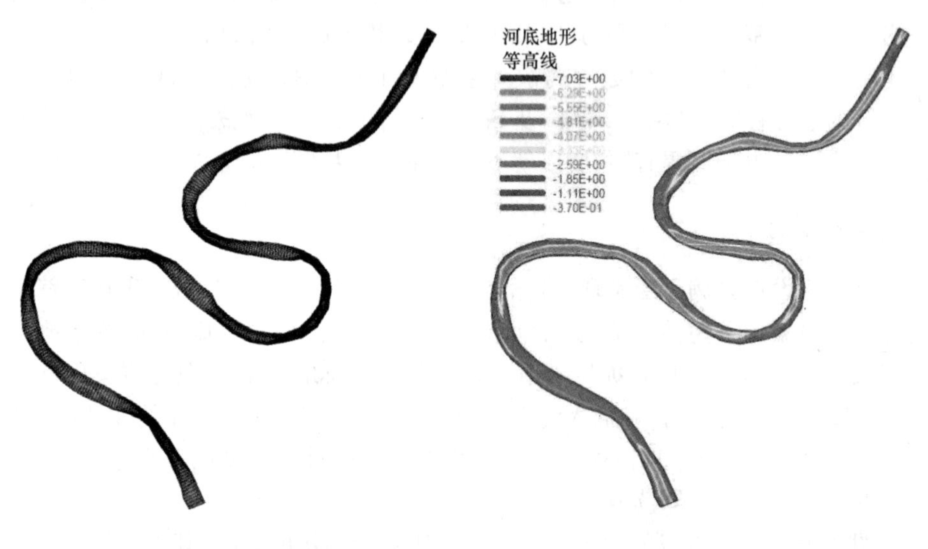

图 2　非正交边界粗网格的划分　　　　图 3　底部地形

此模拟能够获取不同的流量、浓度和紊动参数分布,这些对于分析工程中关注的问题是有益的。从图 4 到图 11 显示了平均深度模型模拟的一部分计算成果,图 4 表示在细网格上的彩色速度向量,每个在 ξ 方向的第二分量和 η 方向的第四分量都被绘制出来。图 5 表示细网格流线形彩色分布带。图 6 和图 7 表明平均深度浓度分布计算值在主流和支流汇合处之间有 50 mg/L 的差异。这明显表明羽状污染扩散沿着有支流汇入的下游河道右岸效果显著。图 8、图 9、图 10 和图 11 分别表明细网格上的压力分布,紊流参数 $\tilde{k}$、$\tilde{\varepsilon}$ 和紊流动力黏滞系数 $\tilde{\mu}_t$。

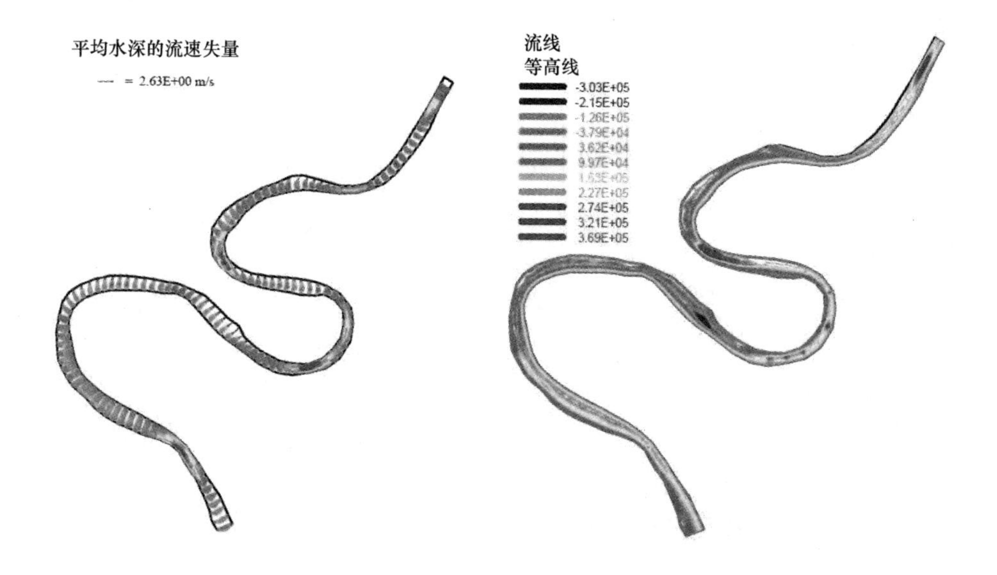

平均水深的流速失量
= 2.63E+00 m/s

图 4　细网格显示的彩色水流形态

流线
等高线
-3.03E+05
-2.15E+05
-1.26E+05
-3.79E+04
3.62E+04
9.97E+04
1.63E+05
2.27E+05
2.74E+05
3.21E+05
3.69E+05

图 5　流线形彩色分布带

平均深度的浓度
等高线
1.07E+00
5.37E+00
9.66E+00
1.40E+01
1.82E+01
2.25E+01
2.68E+01
3.11E+01
3.54E+01
3.97E+01
4.40E+01
4.83E+01

图 6　浓度彩色等高线

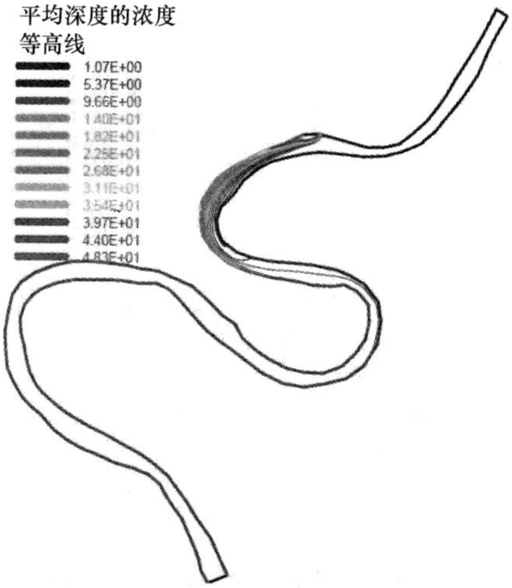

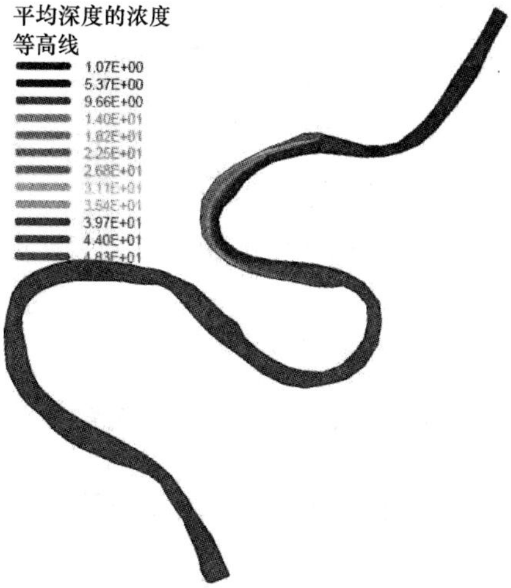

平均深度的浓度
等高线
1.07E+00
5.37E+00
9.66E+00
1.40E+01
1.82E+01
2.25E+01
2.68E+01
3.11E+01
3.54E+01
3.97E+01
4.40E+01
4.83E+01

图 7　浓度彩色分布带

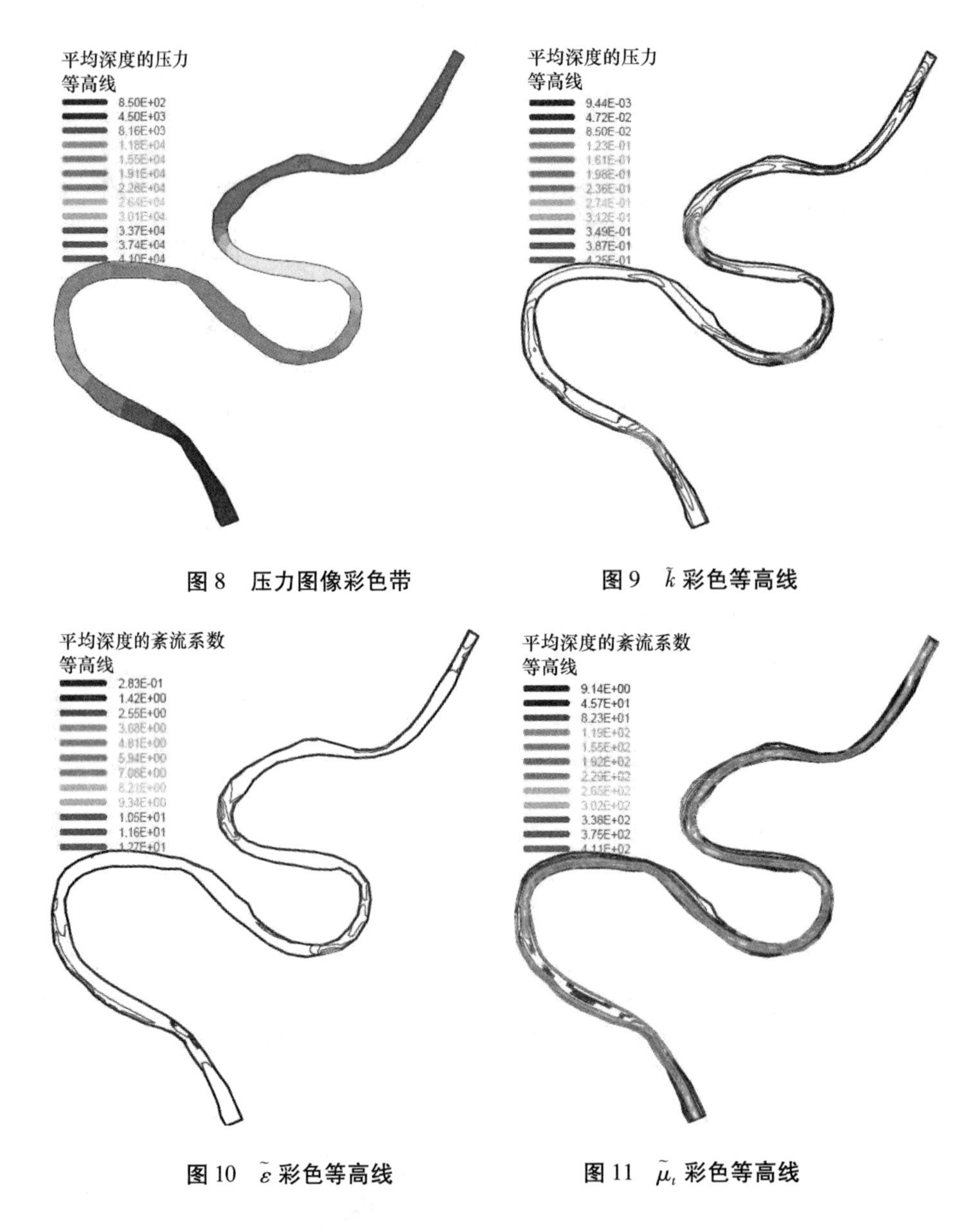

图 8　压力图像彩色带

图 9　$\tilde{k}$ 彩色等高线

图 10　$\tilde{\varepsilon}$ 彩色等高线

图 11　$\tilde{\mu}_t$ 彩色等高线

7　排放初期的羽状污染扩散

为了更好地了解污染物羽状扩散过程，一个特殊的模拟被演示如下：假设初期汇入的支流污染浓度等于 0，接着污染浓度在 0 时刻瞬间达到 50 ppm，同时主流和支流的流量保持稳定，图 12 ~ 图 19 显示支流出口下游段局部范围内羽状扩散的发展变化过程，图 12 显示清水汇入时的情况，图 13 ~ 图 19 表明每隔时

间 Δt 污染物的增加和污染羽状扩散过程。这种模拟的水力基本方程由紊流平均深度 $\tilde{k}$—$\tilde{\varepsilon}$ 模型和 $\tilde{k}$—$\tilde{w}$ 模型来控制，但是我们目前的模拟结果只是其中一部分，只用 $\tilde{k}$—$\tilde{w}$ 模型来控制。

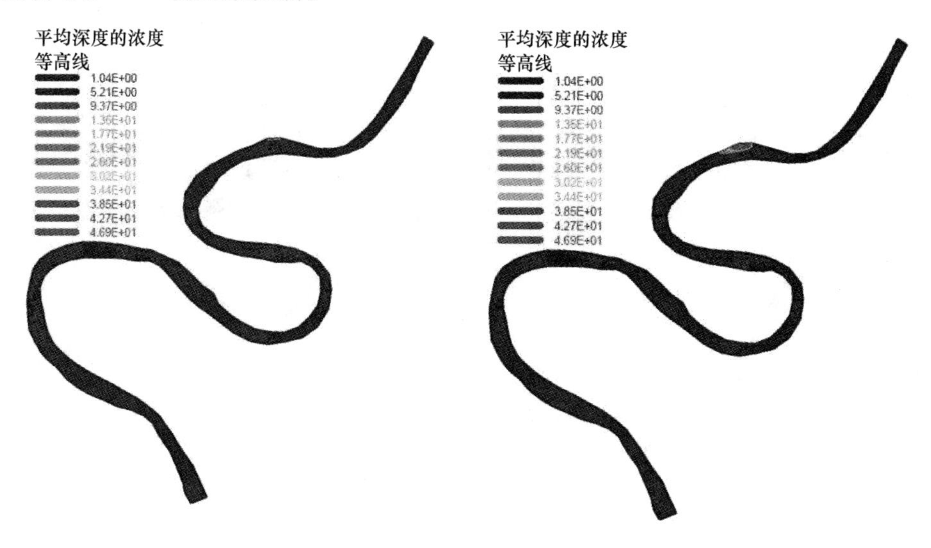

图 12　例 1，$\Delta C = 0$，time = 0

图 13　例 2，$\Delta C = 50$ ppm，time = Δt

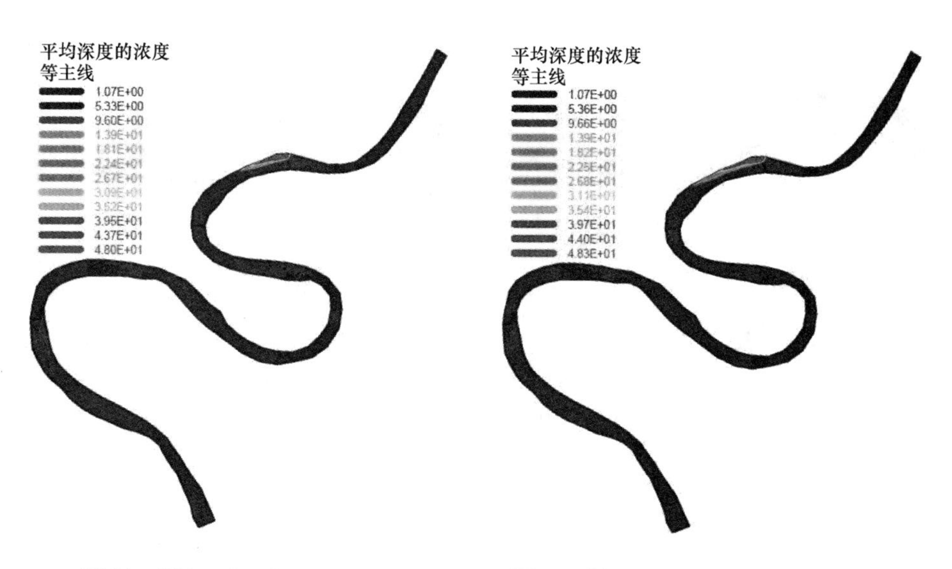

图 14　例 3，$\Delta C = 50$ ppm，time = $2\Delta t$

图 15　例 4，$\Delta C = 50$ ppm，time = $3\Delta t$

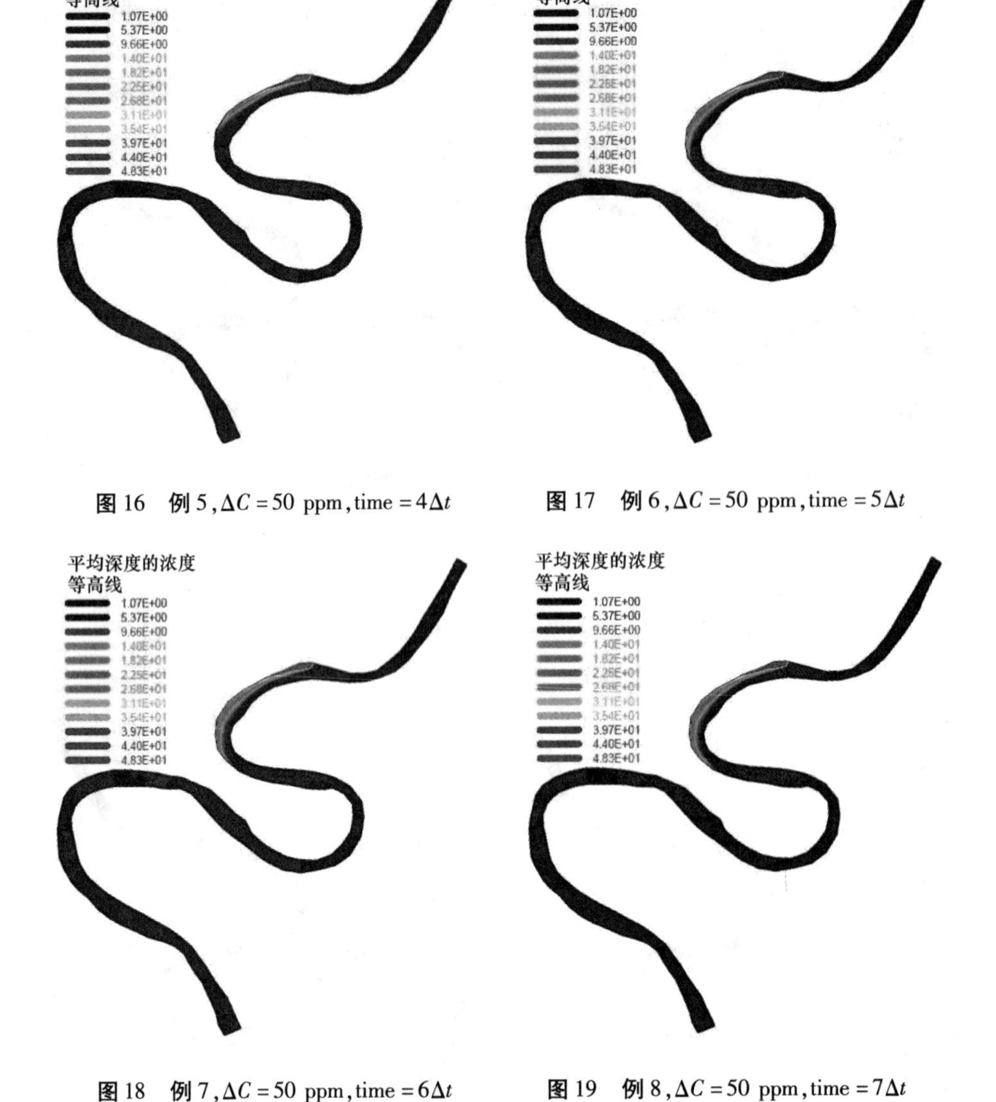

图 16　例 5, $\Delta C = 50$ ppm, time $= 4\Delta t$

图 17　例 6, $\Delta C = 50$ ppm, time $= 5\Delta t$

图 18　例 7, $\Delta C = 50$ ppm, time $= 6\Delta t$

图 19　例 8, $\Delta C = 50$ ppm, time $= 7\Delta t$

8　讨论

运用紊流 $\tilde{k}$—$\tilde{\varepsilon}$ 和 $\tilde{k}$—$\tilde{w}$ 两种模型已经可联合求解拥有大量支流,即有旁侧入流的干流混合计算。污染物的羽状污染扩散已能很好模拟。同时一个前期图形用户界面已经建立,其中形成了一部分预期有用的数字工具。在这个例子里,从紊流模型 $\tilde{k}$—$\tilde{\varepsilon}$ 和模型 $\tilde{k}$—$\tilde{w}$ 得到的结果很近似。这与以前得出的结论,紊流

平均深度 $\tilde{k}$—$\tilde{\varepsilon}$ 模型和平均深度 $\tilde{k}$—$\tilde{\varepsilon}$ 模型都适合模拟“强”紊动紊流问题是相吻合的。但是其他的紊流平均深度模型和模型特性是否适合解决“弱”紊动紊流问题还需要进一步的研究。

致谢：

本文得到了 CNPq（项目编号:301249/01 -6)和 FAPESP 项目的支持,特表谢意!

参考文献

[1] L Yu, NNB Salvador. 2005. Modeling Water Quality in Rivers. American Journal of Applied Sciences,2 (4): 881 -886.

[2] L Yu, AM Righetto. 1999. Modelos de Turbulência e Aplicações a Corpos D' Água Naturais", In: "Métodos Numéricos em Recursos Hídricos. Vol. 4, Editor: Rui Carlos Vieira da Silva, Brazilian Association of Water Resources (ABRH), Chapter I, 1 -122.

[3] L Yu, AM Righetto. 2001. Depth - Averaged Turbulence Model and Applications. Advances in Engineering Software, 32(5):375 -394.

[4] L Yu, AM Righetto. 1998. Tidal and Transport Modelling by Using Turbulence $\tilde{k}$—$\tilde{w}$ Model. Journal of Environmental Engineering (ASCE), 124(3):212 -221.

[5] M Peric, R Kessler, G Scheuerer. 1988. Comparison of finite - volume numerical methods with staggered and collocated grids. Comput. Fluid, 16:389 -403.

[6] S Majumdar. 1988. Role of under - relaxation in momentum interpolation for calculation of flow with non - staggered grids. Numer. Heat Transfer, 15: 125 -132.

[7] S Acharya, FH Moukalled. 1989. Improvements to incompressible flow calculation on a non - staggered curvilinear grid. Numer. Heat Transfer, 15: 131 -152.

[8] L Yu, NNB Salvador. 2003. "Software for River Self - Purification Modeling on Windows Platforms. The Proceedings of 1st International Yellow River Forum on River Basin Management (IYRF), Volume III, page 226, October 21 -24, Zhengzhou, China.

[9] L Yu, NNB Salvador. 2004. Atmospheric Dispersion Modeling on Windows Platforms. Asian Journal of Information Technology, 3 (9): 805 -813.

[10] L Yu, Paulo Ignácio F. de Almeida. 2005. RAM 1.0 Software for Gaussian - Plume Multiple Source Air Quality Simulation. American Journal of Applied Sciences, Vol. 2 (2): 533 -538.

[11] JJ McGuirk, W Rodi. 1977. A depth - averaged mathematical model for side discharges into open channel flow. SFB 80/T/88, Universität Karlsruhe.

[12] J Laufer. 1951. Investigation of turbulent flow in a two - dimensional channel. NASA Rep. 1053.

[13] Yu, L., Zhang, S.. 1989. A New Depth – Averaged Two – Equation ($\tilde{k}$—$\tilde{w}$) Turbulent Closure Model. Journal of Hydrodynamics, (3): 47 – 54.

[14] JO Ilegbusi, DB Spalding. 1982, Application of a new version of the $k - w$ model of turbulence to a boundary layer with mass transfer. CFD/82/15, Imperial College.

[15] L Yu. 1991. A New Depth – Averaged Two – Equation ($\tilde{k}$—$\tilde{w}$) Turbulent Closure Model and Its Application to Numerical Simulation for A River. Journal of Hydrodynamics, Ser. A, Vol. 5, no. 1, 108 – 117 or Ser. B, 3(2): 21 – 28.

[16] L Yu, S Zhu. 1993. Numerical Simulation of Discharged Waste Heat and Contaminants into South Estuary of The Yangtze River. Mathematical and Computer Modelling, 18(12): 107 – 124.

[17] L Yu, AM Righetto. 1998. Tidal and Transport Modelling by Using Turbulence $\tilde{k}$—$\tilde{w}$ Model. Journal of Environmental Engineering, V. 124, issue 3, 212 – 221, March.

[18] L Yu, MF Giorgetti. 2000. Hydrodynamic Analysis of Flow Patterns and Estimation of Retention Time for a Polluted Reservoir. Journal of Mechanical Engineering Science, Proceedings Part C, 214: 873 – 880.

[19] L Yu, AM Righetto. 2001. Depth – Averaged Turbulence $\tilde{k}$—$\tilde{w}$ Model and Applications. Advances in Engineering Software, 32(5): 375 – 394.

一维二维综合水力学数学模型在黄河河口三角洲的应用

王正兵[1,2] 德克·舒万嫩博格[1] 张绍峰[3]
葛 雷[3] 连 煜[3] 娄广艳[3] 马塞尔·马前德[1]
(1.德尔伏特水力学所;2.德尔伏特技术大学土木工程与地理科学学院;
3.黄河流域水资源保护局)

摘要:黄河三角洲淡水湿地生态需水量研究项目中,一项基于 SOBEK - Rural 模拟系统、综合 1D - 2D 的水力学模型得以建立并在黄河三角洲得到应用。该模型模拟了黄河及河道外河网的水流情况(1D),同时模拟了湿地内的漫流情况(2D)。该模型也与基于 MODFLOW 的地下水模型进行交互连接一同为基于 LEDESS 系统的景观生态模型提供物理条件、数据。由这三个模型构成的模拟体系为配水策略对黄河三角洲湿地影响的评价成为可能。本文概要介绍 SOBEK - Rural 模拟系统的基本原理及黄河三角洲 1D - 2D 综合水力学模型的构建、率定及验证过程。

关键词:一维 二维 水力学数学模型 黄河三角洲

1 引言

黄河三角洲有着丰富的自然资源和独特的生态状况,构成了中国最完整、最广阔而又最年轻的湿地生态系统。它是东北亚内陆和环太平洋候鸟的越冬、中途停留以及繁育基地。此淡水湿地系统的维持需要黄河提供一定量的淡水和泥沙。

黄河流域水资源非常匮乏,随着流域社会经济的快速发展其水资源短缺问题越来越严重。在黄河三角洲上游,为了满足不断增长的工业、农业和城市生活用水需要,越来越多的水从黄河引走。近年来,大量的引水曾使三角洲河道基流急剧减少直至断流。1998 年黄河断流甚至长达 200 多天。

日益加剧的水短缺问题一方面激化了工业、农业和城市用水之间的矛盾,另一方面从环境生态状况来讲,导致了河口三角洲生态系统需水的不足。为了遏制黄河断流和随之而来的生态破坏势头,中国中央政府从 1999 年起对黄河实施了水量调度管理制度。这从一定程度上减轻了河口地区的相关问题,但要使河口三角洲生态系统得到理想的水资源配给仍有很长的路要走。河口生态系统确切需水、生态效应及配水影响方面的知识非常急需,以便用于制定最佳的配水策略。黄河三角洲环境流量研究就是为满足这种需求而开展的。

在此研究项目中,建立了一个基于 SOBEK - Rural 模拟系统的黄河三角洲一、二维水力学综合模型。该模型对黄河及河渠网络内的一维水流进行模拟,同时也模拟湿地内的二维漫流情况。该模型与基于 MODFLOW 的地下水模型交互连接并共同为基于 LEDESS 的景观生态模型提供物理条件。由三个模型共同组成的模拟体系使得配水策略对黄河三角洲湿地影响的评价成为可能。

本文介绍 SOBEK - Rural 模拟系统的基本原理及黄河三角洲 1D - 2D 综合水力学模型的建立与校验。

2　SOBEK - Rural 概述

SOBEK - Rural 是德尔福特水力学所开发的水力学模型 SOBEK 体系中的一个组成部分(Verwey, 2001)。其中 1D Flow 模块专门用于河流或灌渠水流的一维水动力学模拟。SOBEK - Rural 为模拟灌溉系统、排水系统、低洼及丘陵区域内自然河流提供了一个高质量的工具,可应用在包括灌渠设计、水库运行、水工建筑物的操作等相关工作。

二维漫流功能由 SOBEK - Rural 的 2D Flow 模块提供。因此,软件不仅为上述提及的方面提供高质量的工具,也为地面洪水泛滥和堤坝溃决模拟、大洪水情况下的紧急抢险方案制定等提供了高质量的工具。该集成一维河流/渠流和二维漫流的功能模块也被称为“SOBEK - 1D2D”。

本 SOBEK - 1D2D 系统设计用于洪水漫流或一般情况(不发生洪水泛滥)下的淹没模拟,其水文特性可被模拟成一维网络。而在大范围淹没的情况下其一维假设通常不再成立,此时系统变为纯二维的。

3　数学模型原理

计算区域通过任意数量的大断面被划分成 1D 网络,而 2D 系统由矩形计算单元组成。其 1D 网络及 2D 系统内部衔接并基于各计算层间的动量平衡及质量守恒进行联立处理。

就动量平衡来讲,1D 和 2D 系统是严格分开的。这就意味着,流速和流量要么属于 1D 部分,要么属于 2D 部分。就质量守恒来讲,因为是标量,1D 、2D 的水体是结合在一起的,因此他们有相同的水位值(见图 1)。

对于质量和动量方程,1D 和 2D 计算层都有其基于交错网格方法限定的不同的公式(如图 1(a)所示)。换句话讲,该方法相当于一个质量守恒的有限体积模式,动量体不同于质量体且在 1D 和 2D 的动量体之间无交互作用。这意味着 1D 和 2D 水流间的垂向速率和剪切应力被忽略不计。

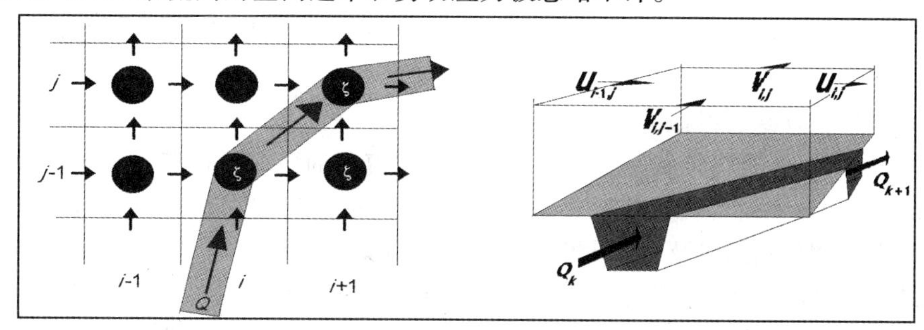

(a)1D/2D 结合的交错网格　　(b) 1D/2D 计算的有限体

图 1　水力学模型概化

对于每一动量体应用以下法则:

$$\text{动量变化率} + \text{动量传递} + \text{静水总压力} + \text{摩阻损失} = 0 \tag{1}$$

在水面梯度大的地区一维和二维的数值解都作了特殊处理,满足适当的守恒条件,以准确反映"冲击波"现象(Stelling 等,1998)。

1D、2D 间的互相作用通过他们共有的体积来体现,如图 1(b)。对于 1D/2D 共同的质量体有以下方程:

$$\frac{\mathrm{d}V_{i,j}(\zeta)}{\mathrm{d}t} + \Delta y\left[(uh)_{i,j} - (uh)_{i-1,j}\right] + \Delta x\left[(vh)_{i,j} - (vh)_{i,j-1}\right] + \sum_{l=K_{i,j}^{1}}^{l=K_{i,j}^{L_{i,j}}}(Q_n)_l = 0 \tag{2}$$

其中:V 为 1D/2D 结合的体积;u 为 x 方向速率;v 为 y 方向速率; h 为 2D 底面以上的水头;ζ 为参照面以上的水位(1D 和 2D 相同);Δx 为 x(或 i)方向 2D 网格尺寸;Δy 为 y(或 j)方向 2D 网格尺寸;Q_n 为与质量体表面垂直方向上的流量;i、j、l、K、L 为节点编号。

对于图 1(b), 式(2)变为:

$$\frac{\mathrm{d}V_{i,j}(\zeta)}{\mathrm{d}t} + \Delta y\left[(uh)_{i,j} - (uh)_{i-1,j}\right] + \Delta x\left[(vh)_{i,j} - (vh)_{i,j-1}\right] + Q_{k+1} - Q_k = 0 \tag{3}$$

经"θ 法"对时间离散,通过将动量方程代入连续方程速率项消失。对于纯 2D 体块其结果是线性的,但如果包含 1D 部分,因关系到体积 $V(\zeta)$,方程可能是非线性的。这时可利用牛顿迭代解决。通过牛顿迭代步骤必定能够得到线性化方程 (Casulli, 1990)。该求解方法是将所谓的"最小值算法"(Duff 等,1986)和预处理 CG(共轭梯度)法(Golub 和 Van Loan, 1983)进行了联合应用。

而连续方程是以排除体积负值可能性的方式进行离散。在1D河流漫流到其周围的2D区域时这种处理可以很有效且符合干床过水情况。一般情况下，如没有发生溢流，其2D区域就没有激活。这就意味着式(2)中 uh 和 vh 的值为0。

3.1 1D－2D综合模拟的优点

1D－2D综合模拟的主要优点在于它使得模型的情况接近于实际的物理行为。它在1D系统中很具体地模拟河/渠网络内的水流，包括一些综合建筑物，如围堰、涵洞、闸门以及这些水工建筑物，沿河/渠的在线控制等。它在2D系统中结合物理障碍物如道路、铁路、堤坝等也能进行很具体的模拟。

其次，采用1D－2D结合进行模拟时往往允许有比纯2D模拟大得多的网格单元 。原因是采用1D－2D组合模拟时，河流、渠道、小溪等不在2D而只在1D系统中模拟。对于一条非常窄的渠道或弯曲河流，纯2D系统要求进行很细的网格划分。这会降低2D数值计算的可行性，甚至无法进行模拟。事实证明，1D－2D组合模拟在这种情况下常常具有优势。

再者，不管是在数据的预处理还是对1D－2D模拟结果的后加工，模拟人员都工作在同一用户界面。

总之，这种联合应用提供了广泛的模拟选择。它也很容易与城市排水模型联合用于模拟街道内的水流和流过诸如公园、停车场的漫流(Bishop和Catalano, 2001)。此结合城市排水系统和街道水流的1D－2D系统也由德尔福特水力学所开发并命名为“SOBEK－Urban”。此外，该1D－2D综合模型在洪水灾害和风险分布以及水质等相关问题的模拟方面具有强大功能(Frank等, 2001)。

3.2 黄河三角洲

目前的黄河三角洲是一个主要由河流冲刷作用形成的河口区域，开始发育于1855年，当时黄河由入黄海改道流入渤海。自上游而来的大量泥沙使河床每年抬高10 cm ，河口以每年2 km的速度向渤海湾延伸，沉沙从而每年大约造地25 km^2。随着三角洲的发育，黄河在此改道过10余次。最后一次较大的改道即从刁口河改流清水沟发生在1976年，而最后一次较小规模的改道是在1996年，当时在清水沟的下游开挖了一条新的流路(如图2所示) 。

图2示意了自然保护区和水系在黄河三角洲的分布情况。自然保护区包括两个部分，一部分分布在现状黄河最下游河道清水沟周围，另一部分则位于1976年前老河口附近。目前的研究所关心的湿地就处于这两个区域内。水系包括现在和以前的河道，也包括很多人工渠。湿地和河流体系构成了建立1D－2D模型的基本信息。

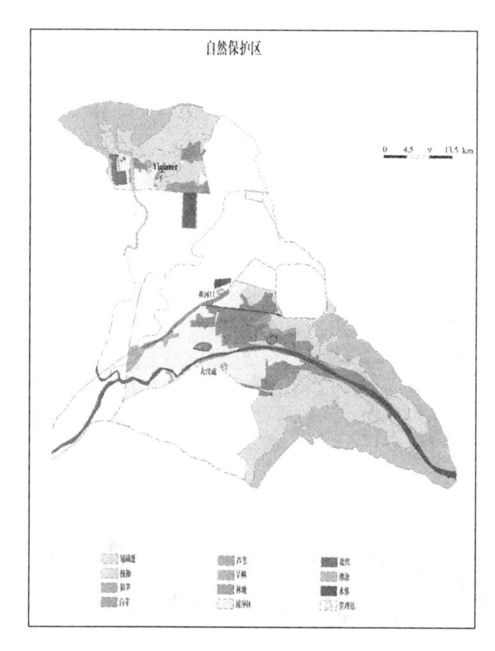

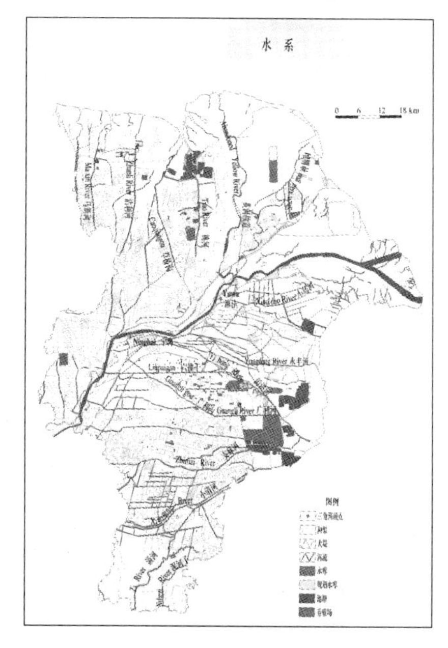

图 2　黄河三角洲自然保护区(左)和水系示意图(右)(Liu 和 Drost,1997)

3.3　模型的建立

图 3 显示了黄河三角洲模型系统的结构。基于 SOBEK 的地表水流和水质模型与基于 MODFLOW 地下水模型双向连接,SOBEK 所计算的一维河网上的水位及水面宽度和二维湿地区的水位输向 MODFLOW,而 MODFLOW 反过来向 SOBEK 提供渗透损失。这两个模型一起向 LEDESS 提供分析景观和生态所需的资料。

为实现在有限计算时间内对黄河三角洲进行几年时间的模拟这一目标,我们要充分利用一二维相结合这一方法的优点。为此,模型中包括了一个模拟黄河和主要渠网的一维子模块。黄河及主要渠道的位置通过卫星图片确定。黄河干流上的断面由实测资料定。由于缺少其他渠道的断面资料,渠道的宽度通过精度为 2.5 m 的卫星图片确定,而其断面估算得出。渠网的高程从数字高程模型(DEM)中得到。河网系统的地形资料可以在将来进一步细化。

一维河网模块与两个代表淡咸水湿地及自然保护区附近的海岸地区的二维子模块连接,完成了模型的建立。二维模块中包括了海堤等障碍物以模拟对海潮的阻碍。整个 SOBEK 模型的结构如图 4 所示。

二维模型网格的步长是 400 m,整个模型共包括 10 929 个有效网格。一维河网上使用步长为 600 m 的等距网格,时间步长取 30 min。用模型在 1.3 GHz 的手提电脑上模拟一年大约需要 6 h。

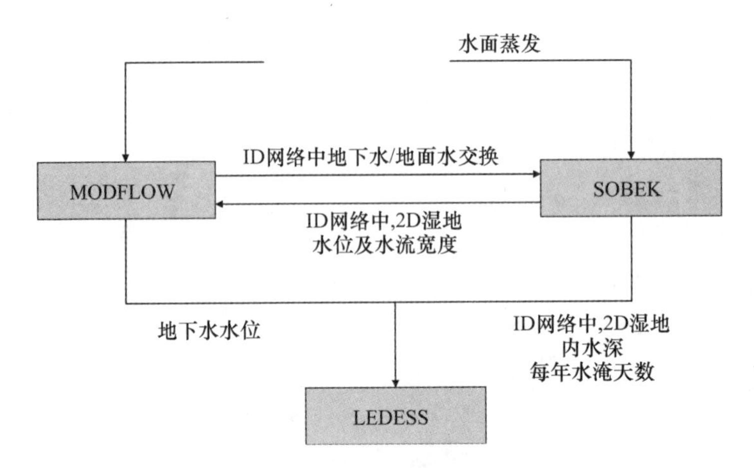

图3　SOBEK 模型在黄河三角洲模型系统中的位置

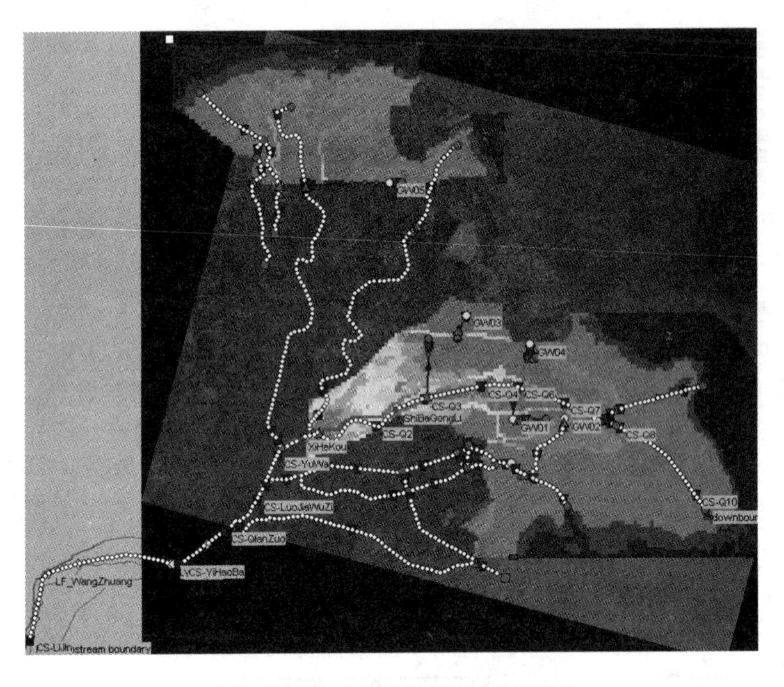

图4　黄河三角洲 SOBEK 模型的结构

上游边界设在黄河利津站,由实测的流量过程作边界条件。下游边界设在二维模块在沿海的几条线上,采用典型潮汐的水位过程作为边界条件。从黄河流向渠网的流量过程由模型中布设的水工建筑物控制。

如图5 所示,完整的模型(模型 A)包括了沿黄河的许多引水点,除了它们的位置外,其具体尺寸等资料不祥,在模型中只能估测。因此,我们又建立了第二个模型(模型B),在此模型中引水点作了综合的概化(见图5)。例如,所有的利津以下、不与自然保护区相连的引水点只由一个概化引水点代表。关于二维模块模型A包括了自然保护区渤海湾的一部分海岸地带,而模型B只包括现有和预设的湿地地区,但在模型中的分辨率更高。

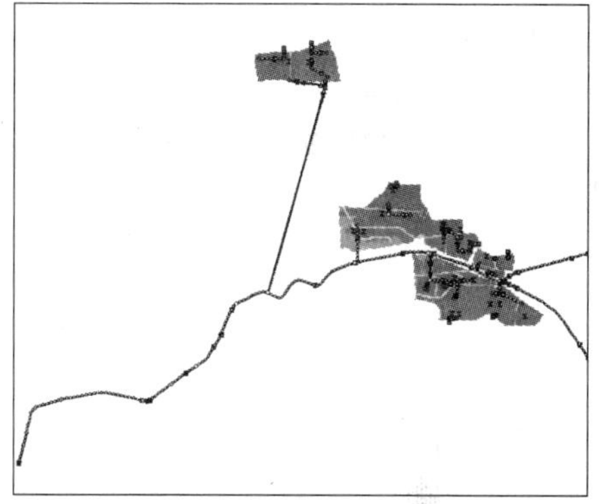

图5　模型A(左)和模型B(右)的结构

模型中的水资源管理情况如图6所示。

3.4　模型率定

模型的率定主要考虑利津以下的黄河干流。除利津外,在三个断面,即一号坝、西河口和十八公里,有连续的实测水位资料,其中1990年的资料用来率定模型。

在率定过程中通过调整大断面阻力系数来拟合计算和实测水位过程。最后选定的曼宁系数介于0.008~0.01之间。图7给出了利津站和西河口站的观测与模拟水位过程,一号坝站和十八公里站的吻合情况与这两个站相似。1月16到2月8号这段时间内计算水位与实测值相差较大,这是由于这段时间是冰凌期,模型中所用的通过水位换算得到的利津边界的流量偏大。

表1给出了模型率定结果偏差的定量分析结果,由标准误差和Nash－Sutcliff模型效率指数作指标。如果除去冰凌期,所有指标显示模型与实况吻合很好。

由于缺少必要的实测资料,对黄河干流以外的渠网无法作类似的率定,所以我们只能主要注重系统中的水量平衡,即考虑有多少水从黄河引到了三角洲的渠网系统,有多少水由黄河流向了渤海。

4　结论

采用SOBEK软件系统我们建立了黄河三角洲的一维、二维模型。模型包括一个含主要水系的一维河网模型和一个模拟黄河三角洲自然保护区地表水流的二维模型。

模型的率定使用了黄河干流的实测资料。模型计算和实测水位吻合很好。用所建的 SOBEK 模型能进行几年的水流计算且效率很高。

所建模型可用于设计恢复湿地具体措施。它可进行明渠水流的详细模拟，并考虑有控制和无控制的水工建筑物。模型模拟了潮汐周期内的详细过程，提供了比水量平衡模拟更多的结果。

所建模型通过增加实测资料可变成更强大的工具。模型的完善尚需要渠网内详细的实测断面资料、黄河的有关（如地貌演变）资料和验证二维地表水流所需的资料等。

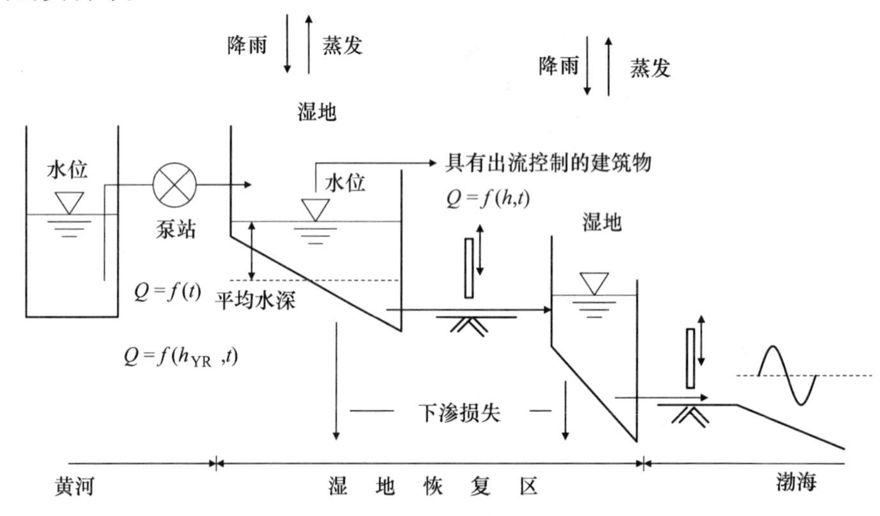

图 6 模型中湿地内水资源管理示意图

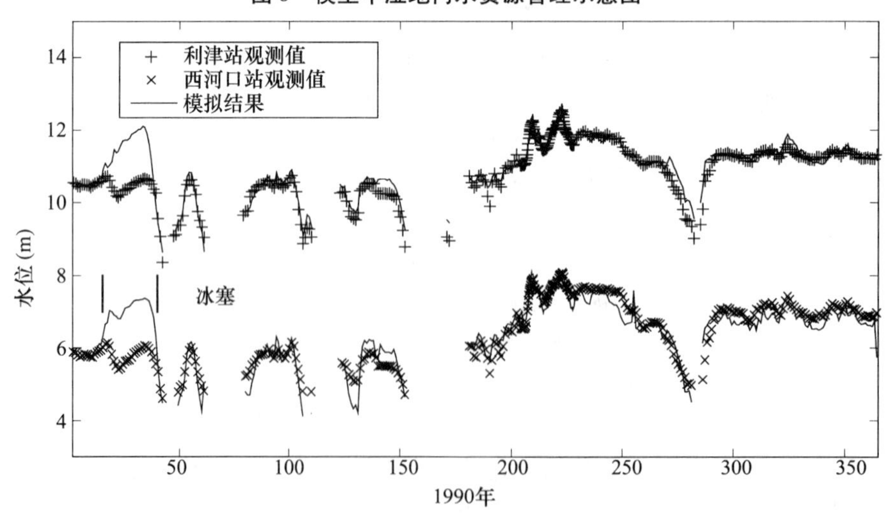

图 7 利津站和西河口站实测水位与模拟结果比较

表1 水位率定情况

断　面		Bias 值 (cm)	Standard Dev. (cm)	Nash – Sutcliff 指数* [–]
1990 年	利津断面	14	30	0.84
	西河口断面	2	43	0.76
1990 年 (除 1 月 16 日至 2 月 8 日以外)	利津断面	8	16	0.96
	西河口断面	–7	28	0.89

注：* Nash – Sutcliff 模型效率指数(Nash 和 Sutcliffe, 1970)负指数等于 1 时代表模型完美。

在上述已建模型的基础上可以进一步建立水质模型以模拟盐度、含沙量等参数。

参 考 文 献

[1] Bishop W. A. , Catalano C. L. Benefits of Two – Dimensional Modelling of Urban Flood Projects[J], 6th Conference on Hydraulics in Civil Engineering, Hobart, Australia. 2001.

[2] Casulli V. Semi – implicit finite difference method for 2D shallow water equations[J]. J. Comput. Phys, 1990,86, p. 56.

[3] Duff I. S. , Erisman, A. M. , Reid J. K. Direct methods for sparse matrices[M]. Claredon Press, Oxford,1986.

[4] Frank E. , Ostan A. , Caccato M. , et al. Use of an integrated one dimensional – two dimensional hydraulic Modelling approach for flood hazard and risk mapping. River Basin Management[M]. eds R. A. Falconer & W. R. Blain, WIT Press, Southampton, UK, 2001,pp. 99 – 108.

[5] Golub G. H. , Van Loan C. F. Matrix Computations, North Oxford Academic, Oxford,1983.

[6] Liu G. H. , H. J. Drost. Atlas of the Yellow River Delta[M]. The publishing House of Surveying and Mapping, Beijing,1997.

[7] Nash J. E. , J. V. Sutcliffe. River flow forecasting through conceptual models part I – A discussion of principles, Journal of Hydrology, 1970,10 (3), 282 – 290.

[8] Stelling G. S. , Kernkamp H. W. J. , Laguzzi M. M. Delft Flooding System: a powerful tool for inundation assessment based upon a positive flow simulation. Hydroinformatics '98, eds [M]. Babovic and Larsen, Balkema: Rotterdam, 1998. pp. 449 – 456.

[9] Verwey A. Latest Developments in Floodplain Modelling – 1D/2D Integration[J]. 6th Conference on Hydraulics in Civil Engineering, Hobart, Australia,2001.

基于MODIS影像的黄河三角洲湿地蒸散量的估算研究

贾　立[1,2]　奚　歌[2]　刘绍民[2]　黄　翀[3]　刘高焕[3]
宋世霞[4]　连　煜[4]

(1. 瓦赫宁根大学研究中心ALTERRA资源环境研究院,荷兰;
2. 北京师范大学遥感科学国家重点实验室,地理学与遥感科学学院;
3. 中国科学院地理科学与资源研究所;
4. 黄河流域水资源保护局)

摘要:蒸散量(ET)是黄河三角洲湿地水循环的一个重要的组成部分,包括植被蒸腾量、水面蒸发量以及非植被表面的蒸发量。准确地估算蒸散量对于保护自然环境是十分必要的。由于黄河三角洲湿地(尤其是自然保护区)植被类型、冠层密度以及土壤湿度等地表要素空间分布的非均匀性,某一土地利用/土地覆盖类型上的蒸散量观测值难以代表整个区域的蒸散量。遥感技术的不断发展为非均匀下垫面条件下区域蒸散量的监测带来了希望。本文基于MODIS获取的地表反照率和地表温度数据,利用SEBS模型估算晴天条件下的黄河三角洲湿地日蒸散量,并采用时间序列分析方法(HANTS)插补非晴天条件下的日蒸散量,从而得到黄河三角洲湿地年蒸散量的时间序列。利用高分辨率植被分类图识别黄河三角洲湿地中的植被类型,并在应用SEBS模型估算蒸散量时分别确定了不同地表覆盖类型的模型参数化方案,提高了蒸散量的估算精度。结果表明:黄河三角洲湿地蒸散量的时空分布很不均匀:同一种植被在同一时间内蒸散量上存在空间变化,不同植被类型在不同季节的空间变化非常明显。

关键词:能量平衡　遥感　时间序列　蒸散量　黄河三角洲湿地

1　引言

黄河在渤海湾与莱州湾之间汇入渤海,形成了我国温带最广阔、最完整和最年轻的黄河三角洲原生湿地生态系统。由于近年来黄河进入河口地区的水沙资源量减少、河道渠化、农业开发和城市化影响等原因,黄河口湿地生态系统出现了严重失衡的状况。水资源的合理开发利用成为目前该区域研究的重点和热点

基金项目:Sino – Dutch cooperative project ‘Yellow River Delata Environment Flow’, the EC – FP6 GMES EAGLE project (Contract no. 502057)以及国家自然科学基金项目(40671128)、长江学者和创新团队发展计划(IRT0409)和全球环境基金项目(TF053183)。

问题。蒸散量是黄河三角洲湿地水循环中一个重要分量,包括植被蒸腾量、水面蒸发量和非植被地表蒸发量。此外,研究不同水分供求情况下湿地的蒸散量,也可为管理者在不同季节对有限的水资源管理提供科学依据。

由于湿地中(尤其是自然保护区)植被类型、冠层密度以及土壤湿度的非均匀性,某一土地利用/土地覆盖类型上的蒸散量观测值难以代表整个区域的蒸散量。遥感技术的不断发展为非均匀下垫面条件下区域蒸散量的监测带来了希望。

地表能量平衡系统模型(SEBS)利用遥感技术提供的地表反照率、地表覆盖度(或者叶面积指数)和地表温度数据估算区域的蒸散量,这个模型已经在很多地区的不同地表类型下得到了应用和验证。

本文中,在晴天条件下,运用 SEBS 模型,采用 MODIS(中等分辨率成像光谱仪)的反照率、地表覆盖度(或者叶面积指数)和地表温度数据估算日蒸散量。并采用时间序列分析方法(HANTS)插补非晴天条件下的日蒸散量,从而得到黄河三角洲湿地年蒸散量的时间序列。利用高分辨率植被分类图识别黄河三角洲湿地中的植被类型,并在应用 SEBS 模型估算蒸散量时分别确定不同地表覆盖类型的模型参数化方案,提高了蒸散量的估算精度。

2 研究区域和数据

2.1 研究区域

黄河三角洲湿地位于 N37°15′~N38°10′中国山东省北部莱州湾和渤海湾之间,其范围大致界于 E118°10′~E119°15′,行政区划为东营、河口两区和广饶、利津、垦利三县。该地区属温暖带半湿润半干旱大陆性季风气候,主要特征为受季风影响显著,典型的降水季节在 6、7、8 月。本文研究的范围为:以渔洼为顶点,北起挑河口,南至宋春荣沟的扇形地带,面积约 2 400 km^2。研究区内覆盖有各种湿地植被类型、旱地作物和其他土地利用类型。黄河三角洲湿地中南北两个自然保护区的恢复,近年来已经被纳入国家自然保护计划。一个为北部自然保护区(NNR),位于黄河三角洲湿地北部,面积约 35 km^2;另一个为南部自然保护区(SNR),位于黄河三角洲地区的中东部,面积约 201 km^2。

2.2 数据

2.2.1 MODIS 数据

地表温度、植被覆盖和地表反照率是决定地表与大气的水热交换以及土壤和植被对可利用能量分割的三个非常重要的地表参数。本文使用了 MODIS 的标准数据产品,如表 1 所示,可直接从 MODIS 数据网站(http://edcimswww.cr.usgs.gov/pub/imswelcome)上获得。其中,MOD09A 1 产品提供 7 个波段的单通道反射率,可根据 Liang 提出的方法转换为地表反照率。

表 1　MODIS 标准数据产品

MODIS 标准产品	地表参数	空间分辨率 (m)	时间分辨率 (d)
MOD09A1	地表反射率 (NDVI)	第 1、2 波段为 250 第 3～7 波段为 500	8
MOD11A1	地表温度	1 000	1
MOD15A2	叶面积指数(LAI)	500	8

2.2.2　气象数据

地表能量平衡模型(SEBS)需要输入的气象数据包括风速、气温、湿度、气压、太阳辐射等。本文搜集了东营站和垦利站的上述气象数据以及大型蒸发皿(E601)蒸发量、降水量、日照时数、云量等数据。

2.2.3　土地利用/覆盖类型图

土地利用/覆盖类型图是利用高空间分辨率的 SPOT(像元为 2.5 m × 2.5 m)遥感影像分类而成的。在 2006 年进行了广泛的野外调查,搜集了黄河三角洲湿地地区的地理和植被信息,使基于 SPOT 影像的植被分类图更为准确。黄河三角洲湿地的植被类型主要分成 7 种:芦苇沼泽、芦苇草甸、柽柳灌丛、翅碱蓬、刺槐林、柽柳－翅碱蓬群落、旱地作物。其他土地利用/覆盖类型还包括:滩涂、裸地、盐碱地、内陆(淡)水体、虾池、盐田、居民地及人工用地。每种土地利用/覆盖类型在整个湿地区域以及在两个自然保护区的面积比例如表 2 所示。为了与模型估算蒸散量时所使用的 MODIS 数据的像元尺度相匹配,将高空间分辨率的植被类型图重采样为 1 km 空间分辨率的植被类型图。

表 2　黄河三角洲湿地及两个自然保护区内的主要植被类型和其他土地利用/覆盖类型的面积比例

土地利用/覆盖类型	整个黄河三角洲湿地 (%)	北部自然保护区 (%)	南部自然保护区 (%)
芦苇沼泽	3.8	—	16.0
芦苇草甸	10.3	42.9	7.0
柽柳灌丛	7.4	51.4	7.5
柽柳－翅碱蓬群落	4.3	5.7	4.0
刺槐林	2.7	—	10.4
翅碱蓬	2.2	—	2.5
旱地作物	30.1	—	10.9
滩涂	16.5	—	33.8

续表 2

土地利用/覆盖类型	整个黄河三角洲湿地(%)	北部自然保护区(%)	南部自然保护区(%)
裸地	3.8	—	0.5
盐碱地	1.7	—	—
内陆水体(淡)	4.3	—	5.0
虾池	3.8	—	1.5
盐田	3.0	—	—
居民地及人工建筑	2.7	—	—
其他	1.6	—	1.0

3 模型与方法

3.1 SEBS 模型

下面只对 SEBS 模型作简短的介绍，具体可参考 Menenti 和 Choudhury (1993)、Su (2002)和 Jia 等(2003)。

在 SEBS 模型中，地表能量平衡方程表示为：

$$R_n = G + H + \lambda E \quad (1)$$

式中：R_n 为净辐射通量；G 为土壤热通量；H 为显热通量；λE 为潜热通量。

净辐射为地表向下短波、长波辐射与向上短波、长波辐射的差值，为：

$$R_n = (1-\alpha)R_{swd} + \varepsilon_s \varepsilon_a R_{lwd} - \varepsilon_s \sigma T_s^4 \quad (2)$$

式中：α 为地表反照率；R_{swd}为太阳总辐射；R_{lwd}为大气下行辐射；ε_a 为空气比辐射率；ε_s 为地表比辐射率；T_s 为地表温度；σ 为 Stefan－Bolzmann 常数。

土壤热通量是土壤或水体的热交换能量。一般通过它与净辐射的关系来确定，表示为：

$$G = R_n[\Gamma_c + (1-f_c)(\Gamma_s - \Gamma_c)] \quad (3)$$

式中：全植被覆盖下，土壤热通量与净辐射的比值 $\Gamma_c = 0.05$；裸地情况下，土壤热通量与净辐射比值 $\Gamma_s = 0.315$。对于水体，土壤热通量与净辐射的比值取 0.5。

显热通量是在已知大气和地表状况下利用莫宁－奥布霍夫相似理论计算得到。大气状况的描述包括近地表参考高度处的风速、气温和湿度。描述地表状况的数据有地表或冠层的动量粗糙度、热量粗糙度、植被覆盖率、地表反照率和地表温度等。

潜热通量可以根据能量平衡余项法得到。蒸发比为实际蒸散量与可利用能量的比值，为：

$$\Lambda = \lambda E/(R_n - G) \quad (4)$$

3.2 日蒸散量的估算

通过上述计算可以得到瞬时蒸散量,但实际应用中需要日蒸散量值。本文基于以下假设:显热通量和潜热通量在一天之中会变化,但蒸发比在一天中近似不变。故日蒸散量可表示为:

$$ET_{\text{daily}} = 8.64 \times 10^{7} \times \Lambda \times (R_{\text{ndaily}} - G_{\text{daily}}) / (\lambda \rho_{w}) \tag{5}$$

式中:R_{ndaily}为日净辐射;G_{daily}为日土壤热通量;ρ_w 为水密度(1 kg/m^3);λ 为水的汽化热量,取值为 2.47×10^6 J/kg。

3.3 年蒸散量的估算

卫星遥感对地表的观测经常受云的影响,因此也限制了用来估算年蒸散量的有效遥感影像的数量。由于云的影响而无蒸散量估算天数,采用时间序列分析方法 HANTS 基于一定数量无云影响的数据进行插补。这种时间序列分析方法允许有效数据在时间序列上不等间距分布,以及允许选择周期性函数的频率去模拟观测的时间序列数据。因此,该方法在一定程度上可以反映由于气象和地表水状况引起的蒸散量的波动。

本文根据最初的云检查后,有 153 天的影像确定为准晴天影像。其中有些图像还有部分像元受到云的破坏。利用 SEBS 计算出这 153 天的晴天日蒸散量,将其作为 HANTS 时间序列分析的基础,插补出全年蒸散量的时间序列。

4 结果分析

4.1 模型验证

2005 年,在黄河三角洲湿地地区,没有实际蒸散量的观测数据,本文采用其他方法来验证遥感的估算值。验证的原则是基于“湿像元”的植被地表的蒸散量应该十分接近根据 FAO56 Penman - Monteith 方程计算的的参考蒸散量(ET_{ref})。在黄河三角洲湿地,理想的“湿像元”的植被为“芦苇沼泽”和“翅碱蓬”。但是由于某一阶段人工补水的减少或者降水的减少使得土壤湿度发生变化,从而导致芦苇沼泽或者翅碱蓬可能并不是一直处于供水充分的状态。首先,利用植被图,选择供水充分的“芦苇沼泽”和接近于滩涂区域的“翅碱蓬”这样的湿像元。然后,根据湿像元具有较低的地表温度和反照率,在地表温度 - 地表反照率特征空间图上选择分类为“芦苇沼泽”和“翅碱蓬”的像元,进一步选择低地表温度和低反照率的像元作为湿像元,并利用这些湿像元的值进行验证。

图 1 为 2005 年一个分类为“芦苇沼泽”湿像元个例,给出了 SEBS 模型估算得到的日蒸散量与利用 HANTS 插补之后的日蒸散量,同时也给出了根据 FAO56 得到的参考蒸散量。图中 SEBS 估算的蒸散量与 HANTS 插补的蒸散量差异较大的点,是一些受云影响的像元的蒸散量。HANTS 插补的蒸散量与参考

蒸散量在一年中的变化趋势基本一致,说明 HANTS 在误差允许的范围内重构蒸散量的时间序列是可行的。显然,由于云的影响所产生的数据缺失的频率和时间间隔有限,不足以削弱时间序列中所包含的植被生长和地表温度演变的信息,利用一定的有效观测数据(即可获取的无云卫星图像),运用时间序列分析方法可将这些信息恢复到一定程度,进而达到插补的目的。当然,需要利用田间观测的实际蒸散量对该方法进一步检验。

根据东营站气象数据中日云量为 0 的这样一个标准,我们进一步缩小了所用的分析数据范围:2005 年有 67 天的数据满足这样的标准。图 2 列出了这 67 天的 SEBS 估算的蒸散量、HANTS 插补后的蒸散量、参考蒸散量和蒸发皿蒸散量。很明显地看出,对于有些天,SEBS 估算的蒸散量与参考蒸散量差异较大的点仍然存在。这表明,虽然采用了一系列云检验方法挑选无云图像,仍然无法完全保证所选择的图像彻底无云,这说明云检验方法有其局限性。

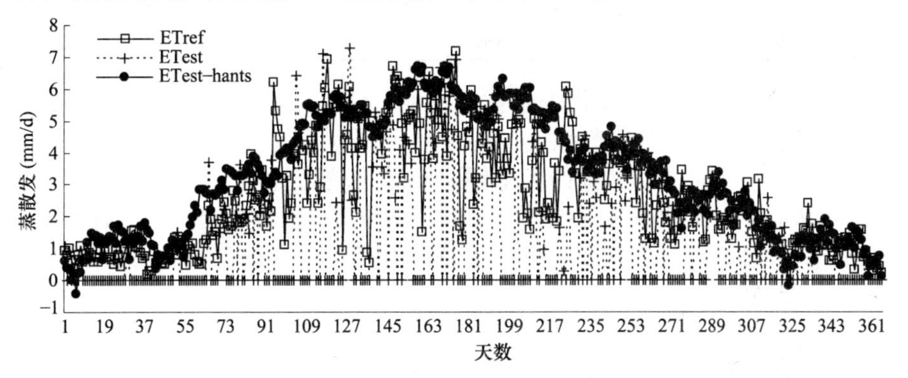

图 1　芦苇沼泽的一个湿像元的蒸散量

注:图中 ET_{est} 为 2005 年 SEBS 模型估算的蒸散量,ET_{est_hants} 为 HANTS 插补的蒸散量,ET_{ref} 为参考蒸散量。

通常来讲,植被冠层的最大蒸散是根据参考作物的蒸散量计算得到的,或者说根据参考蒸散量乘以作物系数得到:

$$ET_{max\_veg} = K_c \, ET_{ref} \tag{6}$$

本文对估算的两种植被(芦苇沼泽和翅碱蓬)的湿像元蒸散量与参考蒸散量进行了回归分析(见表 3)。因为没有水分的亏缺,这两种植被类型的湿像元的实际蒸散量可认为是它们的最大蒸散量。表 3 中列出的 67 天晴天条件下模型计算得到的实际蒸散量,是所选择若干“芦苇沼泽”和“翅碱蓬”的湿像元的蒸散量各自的日平均值。SEBS 模型估算的蒸散量与参考蒸散量的回归分析,回归线的斜率就代表作物系数。利用 HANTS 对估算的蒸散量进行重新拟合后的蒸散量的值更接近于参考蒸散量。

实际上在不同的季节斜率(作物系数)是不同的(见表 3)。因为选择的像元被认为在一年中(除了冬天)水分供应充足,那么不同季节回归线斜率的变化更可能是由于叶面积指数的变化引起的。在叶面积迅速增大的作物生长季节(4~6月),这样的变化是显著的。

表3　2005年黄河三角洲湿地晴天情况下的芦苇沼泽和翅碱蓬日蒸散量与参考日蒸散量之间的回归分析(＊表明点太少,不足以进行回归分析)

时间	湿地沼泽		翅碱蓬	
	HANTS 插补前	HANTS 插补后	HANTS 插补前	HANTS 插补后
全年	$ET_{est}=0.8755\ ET_{ref}$, $R^2=0.72$	$ET_{est}=1.1193\ ET_{ref}$, $R^2=0.81$	$ET_{est}=0.8069\ ET_{ref}$, $R^2=0.46$	$ET_{est}=1.0224\ ET_{ref}$, $R^2=0.62$
1~3月	—	$ET_{est}=1.2409\ ET_{ref}$, $R^2=0.74$	—	$ET_{est}=1.1775\ ET_{ref}$, $R^2=0.72$
4~6月	—	$ET_{est}=0.5007ET_{ref}+2.954$, $R^2=0.81$	—	$ET_{est}=1.609\ ET_{ref}+3.6048$, $R^2=0.0788$
7~9月	—	*	—	*
10~12月	—	$ET_{est}=1.2409ET_{ref}$, $R^2=0.7376$	—	$ET_{est}=0.5826\ ET_{ref}+1.1541$, $R^2=0.46$

尽管如此,日蒸散量和代表植被生长的LAI之间的位相有很大的偏移(见图3)。气象条件可能是引起该偏移的另一个原因。黄河三角洲湿地在7、8月份是雨季,大量的降水和较少的太阳辐射导致了较高的空气湿度和较低的可利用能量,从而导致蒸散量较低。作物系数的变化是冠层生长和大气状况共同作用的结果。可以得出这样的结论:利用简单的经验关系得到湿地植被的实际蒸散量是不准确的。

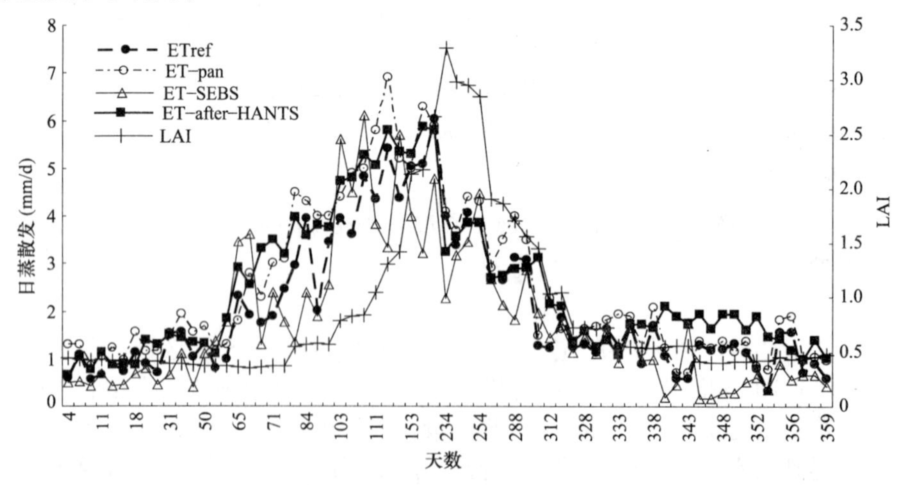

图2　2005年晴天情况下芦苇沼泽湿像元SEBS模型估算的蒸散量比较

注:图中ET_{ref}为参考日蒸散量;ET_pan为东营气象站测量的蒸发皿日蒸数量;ET_SEBS为模型估算的日蒸数量;ET_after_HANTS为HANTS插补后的日蒸数量。

对英国Ramsar湿地的芦苇研究表明,芦苇的蒸散量通常小于参考蒸散量。

只有在一些有云、太阳辐射少和降水多的天气,两者会比较接近。我们也发现估算的芦苇草甸的蒸散量与参考蒸散量之间具有较小的回归系数,对于黄河三角洲湿地的芦苇草甸,芦苇植被并不是像芦苇沼泽中的芦苇那样永久地生长在水里。在文献中很难找到相似条件下芦苇的作物系数信息。

4.2 蒸散量的时间和空间分布

4.2.1 植被日蒸散量的空间分布分析

对于每种植被类型,日平均蒸散量是2005年黄河三角洲湿地中所有同种植被类型的像元的日蒸散量的平均值。由于土壤湿度和植被覆盖度的空间变化,使得同一天同种植被类型蒸散量的空间变化也是比较显著的,这可以由同一天同种植被类型蒸散量的最大值和最小值的差别反映出来。以芦苇草甸为例,如图3所示,芦苇草甸的蒸散量空间变化是很明显的。空间变化的日蒸散量,也是由多种原因引起的,如:植被密度的空间不均匀性、土壤湿度的空间变化、太阳辐射的空间变化、湿地中地下水位的变化等。

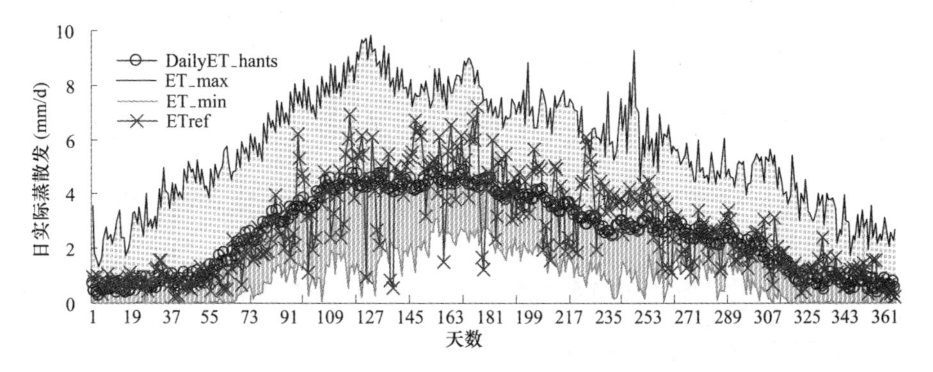

图3 2005年黄河三角洲湿地地区各蒸发量的空间变化

注:所有芦苇草甸的Hants插补后的日蒸散量平均值(DailyET_hants)。芦苇草甸的每日的最大蒸散量(ET_max)和最小蒸散量(ET_min)。

4.2.2 黄河三角洲湿地区域蒸散量的时间和空间变化

黄河三角洲湿地蒸散量表现出明显的季节变化。在2005年,月蒸散量随着气象状况和植被生长季节的变化而变化。较大的蒸散量出现在5、6和7月份,峰值出现在6月份,约为130 mm(见图4)。

除了冬天的1、2月和11、12月,在作物生长季节,整个湿地的蒸散量空间变化是明显的,尤其在4、5、6月份。作物的最初生长阶段是在4、5月份,LAI较低,地表状况也接近于裸地,植被叶片很稀疏,对地表蒸散量的主要贡献来源于土壤。由于4、5月份降水稀少,旱地作物区域相对于湿地沼泽植被区域的土壤含水量就比较小,这导致旱地区域(旱地作物、刺槐林和柽柳灌丛)的蒸散量较小。而对于湿地沼泽植被(芦苇草甸)而言,土壤含水量很大,甚至有地表水存在,湿地沼泽植被(如芦苇沼泽和翅碱蓬)的蒸散量以及被海水或者淡水经常淹没的滩地的蒸散量就比较大。

在6、7月份,旱地区域和湿地沼泽区域的蒸散量空间分布的差异相对较小,在这个时期,旱地上的植被迅速生长,蒸散量主要来自绿色植被的蒸腾量。此外,6、7月份充分的降水也保证了旱地和湿地区域的土壤具有较高的湿度。即使如此,生长在水中或滩涂中的植被(芦苇沼泽、翅碱蓬)与旱地或者其他湿地植被(旱地作物,刺槐林河柽柳灌丛)蒸散量的之间仍然存在差别。

在9月份之后,由于叶片开始衰老,大部分植被的LAI开始衰减,除了水中生长的植被类型,大部分植被作物蒸腾量迅速减少,导致区域整体蒸散量也迅速减少。在冬季,如1月、2月、11月、12月,整个湿地地区的蒸散量都基本一致。

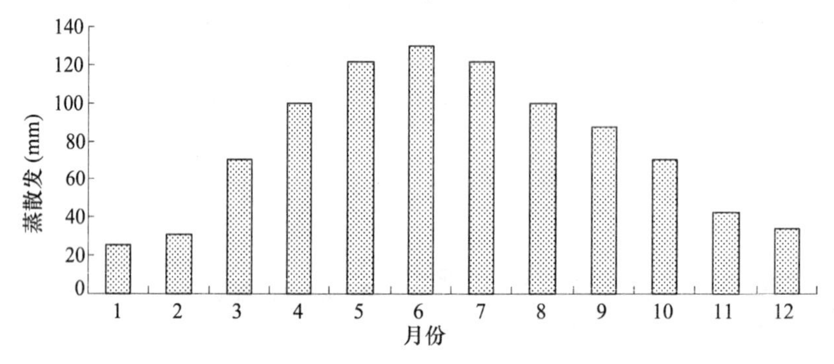

图4　2005年黄河三角洲湿地平均月蒸散量值

4.3　黄河三角洲湿地需水量分析

4.3.1　整个湿地的需水量

整个黄河三角洲湿地年平均蒸散量为934 mm,标准差为452 mm。蒸散量的范围从居民地及人工用地的400 mm到靠近海岸滩涂区域或者内陆水体的1 400 mm。各种植被蒸散量的空间分布也表现出较大的不均匀性,尤其是旱地植被(如旱地作物)和湿地植被(如芦苇沼泽)。所有主要植被类型平均年蒸散量值如表4所示。在所有的植被类型中,芦苇沼泽和翅碱蓬这两种植被通常生长在水中,平均年蒸散量最大。芦苇沼泽和芦苇草甸有比较接近的年蒸散量,表明植被的蒸腾量要大于植被棵间水体的蒸发量。这也暗示着有足够的地下水可以满足芦苇草甸的蒸腾,有关湿地植被蒸散量与地下水之间的关系将在下一步的研究中进行。

2005年黄河三角洲湿地总体面积约为277 100 hm^2(2 771 km^2)。整个区域上水体的水面蒸发、土壤蒸发以及植被－土壤或者植被－水体的蒸散总量为120.246亿m^3,标准差为5.717亿m^3。整个区域上的实际蒸散量,可以被认为是满足湿地植被正常生长和湿地蒸发的水分消耗而保持现状的最小需水量。

表4　2005 年黄河三角洲湿地年平均蒸散量和需水量

整个湿地	面积（km^2）	蒸散量（mm）	标准差（mm）	需水量（亿 m^3）	标准差（亿 m^3）
芦苇沼泽	99	1 036.6	195.3	8.552	0.193
芦苇草甸	315	934.2	171.1	7.707	0.539
柽柳灌丛	198	822.8	197.3	6.788	0.391
柽柳－翅碱蓬群落	127	889.1	215.7	7.355	0.274
刺槐林	102	773.4	174.2	6.381	0.178
翅碱蓬群落	53	1 099.4	236.4	9.070	0.125
旱地作物	825	833.8	164.8	6.879	1.360
滩涂	455	1 433.8	291.0	11.829	1.324
裸地	107	716.6	206.1	5.912	0.221
盐碱地	46	910.2	271.7	7.509	0.125
内陆水体	138	1 188.6	299.1	9.806	0.413
虾池	96	1 273.0	170.8	10.502	0.164
盐田	84	1 332.2	221.0	10.991	0.186
居民地及人工用地	82	470.2	187.8	3.879	0.154
其他	44	858.9	158.3	7.086	0.070
合计	2 771			120.246	5.717

2005 年黄河三角洲湿地整体植被冠层的需水量约为 52.7 亿 m^3，其中 45.9 亿 m^3 是被 89 400 hm^2（894 hm^2）面积上的湿地自然植被所消耗。

4.3.2　自然保护区的需水量

本研究的另一个目标是为黄河三角洲湿地北部和南部两个自然保护区提供需水量信息。这样的信息对于水资源管理和自然环境保护具有很重要的指导作用。

目前，北部自然保护区的面积约为 3 500 hm^2（35 km^2），仅仅有三种主要的植被类型（其他更多的植被种类由于所占比例太小并且分布比较分散，所以被纳入这三个主要的植被类型中）。2005 年北部自然保护区的植被耗水量为 0.391亿 m^3，标准差为 0.047 亿 m^3（见表 5）。

表5　2005年黄河三角洲地区北部自然保护区各种植被类型的年平均蒸散量和需水量

北部自然保护区	面积（km^2）	蒸散量（mm）	标准差（mm）	需水量（亿 m^3）	标准差（亿 m^3）
芦苇草甸	15	1 234.8	199.2	0.222	0.036
柽柳灌丛	18	843.0	51.4	0.152	0.009
柽柳－翅碱蓬群落	2	867.5	89.8	0.017	0.002
合计	35			0.391	0.047

表6　2005年黄河三角洲地区南部自然保护区各种植被类型的年平均蒸散量和需水量

北部自然保护区	面积（km^2）	蒸散量（mm）	标准差（mm）	需水量（亿 m^3）	标准差（亿 m^3）
芦苇沼泽	32	1 131.3	129.8	0.362	0.042
芦苇草甸	14	982.6	79.4	0.138	0.011
柽柳灌丛	15	1 019.0	135.3	0.153	0.020
柽柳－翅碱蓬群落	8	1 018.1	142.0	0.081	0.011
翅碱蓬	5	1 099.4	0.0	0.055	0.000
刺槐林	23	950.6	182.2	0.219	0.042
旱地作物	22	986.7	153.1	0.217	0.034
滩涂	68	1 295.1	210.3	0.881	0.143
裸地	1	716.6	0.0	0.007	0.000
内陆水体	10	1 167.8	41.2	0.117	0.004
虾池	3	1 153.6	146.1	0.035	0.004
合计	201			2.265	0.311

南部自然保护区的面积和植被类型的种类比北部自然保护区要大得多（见图1）。2005年南部自然保护区的总需水量约为2.265亿 m^3，标准差约为0.331亿 m^3（见表6）。芦苇沼泽和芦苇草甸是自然保护区中需要被保护的主要湿地植被类型，在未来的规划中，为了保护湿地中各种鸟类的生存，芦苇沼泽和芦苇草甸面积将进一步扩延并将取代保护区内全部或部分耕地作物来恢复南部自然保护区湿地的生态功能。在2005年，南部自然保护区中芦苇的蒸散量约为0.5亿 m^3。在2005年同样的气象条件下，就可以计算出如果目前所有或者部分旱地作物植被被芦苇所替代情况下的最小需水量。通过分析得到了每种植被类型的月需水量，就可以根据自然保护区中主要的植被类型在植被生长季节中的需水量，有的放矢地补水。对自然保护区的补水量和补水时机可以根据湿地中植被类型的日或者月蒸散量（即植被耗水量）有计划地进行。

5 结论

通过研究,我们可以得到如下结论:

(1)本文利用 MODIS 遥感数据,根据详细的植被类型图,分别确定不同地表覆盖类型下模型的参数化方案,并计算瞬时蒸散量值。日蒸散量则通过蒸发比不变法估算得到。模型估算湿目标的蒸散量与 FAO56 方法计算的参考蒸散量变化趋势基本一致,说明模型估算的结果是可以接受的。时间序列分析方法被用于插补有云天数据缺失(地表温度数据)情况下的蒸散量。这个方法需要蒸发量实测值来进一步验证,但是通过对 2005 年湿目标蒸散量与 FAO56 方法计算的参考蒸散量时间序列变化的分析,两者具有很好的一致性,说明估算结果是合理的。当然,时间序列分析方法插补的日蒸散量仍然存在着一定的误差,但是月平均蒸散量和年平均蒸散量的估算精度是比较高的。

(2)在黄河三角洲湿地地区,由于各种湿地植被类型的空间分布的非均匀性、不同的植被生长季节以及土壤含水量空间分布的剧烈变化,使得该地区日、月和年蒸散量存在着显著的空间变化。黄河三角洲湿地地区的蒸散量的季节变化也是显著的,并随着不同的植被类型也有所差异。这使得不同湿地植被类型和耕地作物类型的需水量与植被的生理、空间分布特性以及湿地的气象状况有紧密的关系。

(3)由于黄河三角洲湿地地区,各种湿地植被类型和土壤含水量的显著空间变化等复杂的地表特征,使得经典的作物系数方法不适用于湿地蒸散量的计算。本研究中,利用遥感技术估算湿地地区域蒸散量为湿地蒸散量和蓄水量的监测提供了乐观前景。

(4)下一步研究将集中于湿地中不同植被的蒸散量与地下水位、植被状况(如 LAI)之间的关系。后面的研究将需要使用更高空间分辨率的遥感影像。还应对所提出的运用时间序列分析方法插补受云的影响所缺失天的蒸散量进行进一步的验证。

参 考 文 献

[1] Allen R. G., L. S. Pereira, D. Raes, et al. Crop Evapotranspiration, Guideline for Computing Crop Water Requirements. FAO Irrigation and Drainage Paper 56. FAO Rome, Italy. 1998:300.

[2] Jia L., Su Z., van den Hurk, et al. Estimation of sensible heat flux using the Surface Energy Balance System (SEBS) and ATSR measurements. Journal of Physics and Chemistry of the Earth, 2003, 8:75 – 88.

[3] Liang S. Narrowband to broadband conversions of land surface albedo – Algorithms. Remote Sensing of Environment, 2000(76): 213 –238.

[4] Menenti M., Choudhury, B. J. Parameterization of land surface evapotranspiration using a location – dependent potential evapotranspiration and surface temperature range. In: Bolle, H. J. et al. (Eds.), Exchange Processes at the Land Surface for a Range of Space and Time Scales. 1993, IAHS Publ. No. 212, pp. 561 –568.

[5] Peacock C. E., Hess T. M. Estimating evapotranspiration from a reed bed using the Bowen – ratio energy balance method. Hydrological Processes. 2004, 18: 247 –260.

[6] Su, Z. The Surface Energy Balance System (SEBS) for estimation of turbulent heat fluxes. Hydrology and Earth System Sciences, 2002, 6(1): 85 –99.

[7] Verhoef, W. Application of Harmonic Analysis of NDVI Time Series(HANTS), In: Azzali and Menenti (eds), Fourier analysis of temporal NDVI in the Southern African and American continents. Report of DLO Winand Staring Centre, Wageningen (The Netherlands). 1996.

分布式水文模型在渭河下游径流模拟中的应用

刘晓伟[1] 狄艳艳[1] 张芳珠[2]

(1. 黄河水利委员会水文局;2. 黄河水利委员会河南水文水资源局)

摘要:随着分布式水文模型的广泛应用,黄河水利委员会(黄委)近年来通过中荷项目在黄河河源区、渭河下游开展了分布式水文模型应用研究,取得了一些成果。采用的分布式水文模型包括坡面汇流和河道汇流两部分,模型输入为利用能量与水平衡系统将卫星遥感资料反演(亦可地面观测)的降水、融雪、蒸散发数据,以及水文站网观测的径流。应用该模型对2003年和2005年渭河下游咸阳、临潼、华县等主要水文站日径流过程进行了模拟,模拟效果较好,表明所采用的分布式水文模型基本能够反映该流域的逐日径流过程。

关键词:分布式水文模型　有效降雨　径流模拟　渭河下游

1　概述

近年来,黄委借助中荷合作项目"建立基于卫星的黄河流域水监测和河流预报系统",分别开发了黄河河源区径流预报系统(UPYRRS)和渭河下游洪水预报系统(WHFS),两个系统的核心均为分布式水文模型。该模型是项目合作方联合国教科文组织国际水利学院(UNESCO - IHE)研制的基于空间分布网格化的大尺度分布式水文模型[1]。模型的输入为该项目中的能量与水平衡系统(EWBMS)推演的降水、融雪、蒸散发及水文站网观测的径流,模型可用作径流(洪水)过程预报、模拟。采用的网格大小为5 km ×5 km。该模型已在黄河河源区(12.2 万 km^2)和渭河下游(1.96 万 km^2)径流模拟中进行了应用,取得了较好的效果。本文简要介绍该模型的基本原理及其在渭河下游日径流模拟中的应用情况。为了便于描述,称该模型为 WHFS 模型。

2　模型介绍

WHFS 模型将流域划分为 DEM 网格,每个网格作为一个计算单元。模型由坡面汇流和河道汇流模块构成。坡面模型用于计算各网格单元向河网的侧向流,河道模型则用于将汇入河川的水流演算至流域出口断面。模型参数具有明确的物理意义,直接以实测资料率定或间接地引用文献中介绍的其他流域类似研究的数值。

2.1 坡面模型

坡面汇流模型采用以二维侧向流模拟的单层网格结构。由于对表层结构及水力特性的了解不够精确,模型变量为每个网格节点的总出水量。这种方法应用于地形复杂的小尺度流域效果较好(Venneker,1996)。每一网格单元概念性地视为一个非线型水库,其水库地形以显式计算。地表部分的输入边界变量为降雨、融雪和实际蒸散发。这些变量是从与其网格空间尺度匹配的能量与水平衡系统 EWBMS 中获得的。水流传播采用扩散过程来模拟。

为了表示一个网格单元的总水量,我们定义每单位面积的水势 p 为

$$p = z + w \tag{1}$$

式中:z 为普通基准点以上的地表高程;w 为距地表饱和状态的缺水量。通常情况下 $p < z$,因此 w 的值是负的。网格单元之间的二维侧向水流重新分布水势,并由下式表示:

$$\frac{\partial}{\partial x}\left(D_x \frac{\partial p}{\partial x}\right) + \frac{\partial}{\partial y}\left(D_y \frac{\partial p}{\partial y}\right) = \frac{\partial p}{\partial t} + r - q_l \tag{2}$$

这里,D_x 和 D_y 分别为 x 方向和 y 方向上的水平扩散率,L^2/t; r 为净雨率,L/t;q_l 为从坡面单元流向河道的侧向流量,L/t;对于那些连接河网的单元,从坡面侧向流入河网的流量 Q_l(L^3/t)由下式表述:

$$Q_l = D_r(p - p_r) \tag{3}$$

式中:D_r 为河道与连接河道坡面单元之间边界处的扩散率;p_r 为河流的水位。

特别提醒的是,单层网格的二维表达式假定垂向过程的尺度远远小于水平过程的尺度。然而,沿垂向剖面的扩散率不是常数。此外,D 表示可能随着出水总量而变化的垂向聚集有效值。因此,D 随垂向水量变化而发生的变化由下列关系式表示:

$$D = D_0\left(\frac{w_m}{w_m + w}\right) \tag{4}$$

式中:D_0 是土壤刚刚饱和时的侧向扩散率,对于一个给定地点,它是一个常数;w_m 为 $D = 0.5D_0$ 时的缺水量。由于水势 p 随时间而变化,因而 w_m 和 D 也随时间而变化。w_m 控制着 D 随 w 的变化率。根据观测,其曲线的形状可因 w_m 的变化而显著变化。

扩散率的参数化(方程(4))与 TOPMODEL 中 (Beven 和 Kirkby, 1979; Beven, 2001)的导水率相似,侧向传输率 T 由下式给出:

$$T = T_0\exp(-M/m) \tag{5}$$

式中：T_0 为土壤刚刚饱和时的侧向导水率；M 为距饱和时的当地缺水量；m 为控制导水率沿土壤剖面的下降速率的模型参数。这里所用的方法（方程(4)）与TOPMODEL（方程(5)）的根本区别在于，方程(4)采用有理函数来表示水流传输的非线性，而TOPMODEL用的是指数函数。两种表达式的对比如图1所示，其中，用 w、M 替代 w_m、m。

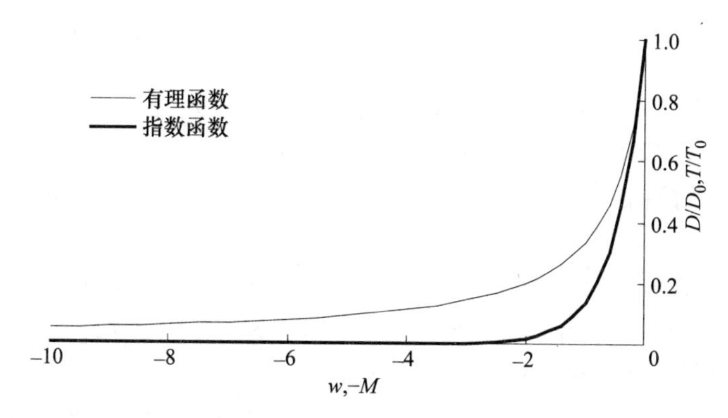

图1　D 或 T 的有理函数与指数函数的比较

采用中心差分法将扩散水流方程(2)进行离散化，从而求解各网格单元出水总量。

2.2　河道模型

河道汇流模型采用具有一维侧向流的马斯京根流量演算法（Cunge，1969）。该模型将河网从上游到下游离散成点，演算经过指定时间步长 Δt 后的流量。在一个河段中两个节点 j 和 $j+1$ 之间，从时间步长 n 到 $n+1$ 的水流传播由下式给出：

$$Q_{j+1}^{n+1} = C_0 Q_j^{n+1} + C_1 Q_j^n + C_2 Q_{j+1}^n + C_3 Q_l \tag{7}$$

式中：$Q(j,n)$ 为河网节点 j 处在时间步长 n 时的流量；Q_l 为坡面向河网的侧向入流贡献。方程的系数由下式给定（Ponce，1986）：

$$\left.\begin{aligned} C_0 &= \frac{-1+C+R}{1+C+R} \\ C_1 &= \frac{1+C-R}{1+C+R} \\ C_2 &= \frac{1-C+R}{1+C+R} \\ C_3 &= \frac{2C}{1+C+R} \end{aligned}\right\} \tag{8}$$

这里，C 是柯朗数（Courant）；R 是雷诺数（Reynolds）。其具体确定方法详见相关文献。

2.3 数据需求及模糊参数

除了来自 EWBMS 的边界数据外,该模型对数据的需求可以分为三类:基本数据、模型率定数据及验证数据、模型参数数据。

基本数据包括地面高程、河网和地形数据。高程数据 z 从 USGS 1 km×1 km DEM 中获取,并按 EWBMS 遥感网格重新组合。河网及子流域边界也是从 USGS HYDRO1k 获取。黄委拥有渭河下游干流数十个河道断面的测验资料(断面间距不足 10 km),11 处水文站逐日径流资料及 70 余处渭河流域雨量站逐日降雨资料。这些资料用于模型率定和检验。

模型参数数据指用于坡面和河道水流方程中的参数,尤其是用于坡面模型的扩散率和用于河道水流模型的曼宁糙率。曼宁糙率可用一些文献(Chow,1959)介绍的方法、经验判断及野外观测来估计(Maskey 等,2000)。扩散率的估计需要更细致些的处理。扩散率主要是土壤类型、植被、土地利用及地形的函数。黄委拥有整个黄河流域的土壤类型和土地利用空间信息数据库。这些信息可以描绘相似水文响应的区域,基于描绘的水文响应,可以对扩散率进行定量的估计。

水文模型中通常应用模糊逻辑方法,尤其是用于解决水文模拟中的不确定性问题(Maskey,2004;Maskey 等,2004)。模糊变量最适合于描述定量的变量。因此,将扩散率定义为模糊变量,也被定义为模糊参数,它是利用“Fuzzy-if-Then(模糊参数-如果-则)”的规则对土壤类型和土地利用得出的。为了进一步描述“Fuzzy-if-Then”的概念,将土壤和植被/土地利用特性化为:

土壤类型 $= \{S_1, S_2, \cdots\}$

植被/土地利用 $= \{V_1, V_2, \cdots\}$

扩散率 $= \{D_1, D_2, \cdots\}$

那么“Fuzzy-If-Then”规则好像是:如果土壤类型为 S_1,且植被类型为 V_1,则扩散率为 D_k。

用模糊隶属函数来定义模型参数的优点在于估计的参数值不是单值,而是给出一个值的范围,这个值可描述参数中不确定性的不同等级,这也使得对模型输出中的不确定性进行评估成为可能。

3 模型应用

3.1 渭河下游概况

模型应用区域为渭河下游,即泾河张家山、渭河咸阳、北洛河洑头至渭河口,面积约 1.96 万 km^2。属大陆性气候,年平均气温 6~13 ℃,多年平均降水量

500～700 mm，秦岭山区高达800 mm。暴雨通常发生在7～10月，大暴雨主要出现在7月，7～9月降雨量占年降水量的50%～60%。该区经常出现连续降雨，通常持续5～10天甚至更长，但降雨强度不大。该区干流南岸位于秦岭北坡，地势陡峭，植被较好，有九条较大支流加入，是该区间主要产流区。左岸大部分为渭北塬区，地势平坦，只有少部分山区和丘陵区，入渭水量较小。该区域的径流主要来自于张家山、咸阳以上以及区间南岸的支流，因此，张家山、咸阳为本区入流边界控制站。图2为流域示意图。

3.2 资料选取及处理

2003年8月下旬至10月中旬，黄河流域遭遇十几年来最为严重的"华西秋雨"天气，渭河接连出现6次洪水过程；2005年9月下旬至10月上旬，渭河流域受连续降雨影响，中下游地区发生了自1981年以来最大洪水。故选取这两年资料进行模拟。前面已经提到，WHFS分布式水文模型的输入为EWBMS推演降雨和蒸散发，因目前EWBMS在渭河流域的应用研究尚在同步进行，因而，这里选用的降雨资料为水文部门报汛雨量站所观测的降雨。为了便于空间降雨分析，共选取整个渭河流域103处雨量站，其中研究区域23处。径流资料选用张家山、咸阳、临潼、华县站逐日平均流量。另外，还有咸阳站蒸发皿逐日观测蒸散发资料。

由于模型的输入为"有效降雨"（即总雨量扣除蒸散发损失之后的"净雨"），或总降雨和蒸散发，而目前仅有咸阳一处蒸发皿观测资料可用，因此模拟之前需对降雨或蒸散发做些处理。这里采用了两种方法，一是采用降雨损失系数，根据降雨、径流及蒸发资料分析，其值在0.55～0.6之间，即总雨量的40%～45%为有效降雨，然后利用WHFS中的空间插值模块，将各站点的"有效降雨"插值到各网格单元中；二是根据咸阳站水面蒸发资料估算实际蒸散发，再分别将总降雨和估算蒸散发插值到各网格单元。

3.3 模拟结果与分析

根据估算有效降雨的方法不同，选取了下列三种情形来作为模型的输入：

方案1：降雨损失系数为0.55；

方案2：降雨损失系数为0.6；

方案3：总降雨和蒸散发。

在各方案中，再分为有、无控制边界。无控制边界是指完全由降雨模拟咸阳、张家山、临潼、华县站径流；有控制边界则指除降水输入外，还要以咸阳、张家山为入流边界，模拟临潼、华县站径流。

图3、图4分别为WHFS系统主界面和模拟结果显示界面。华县站径流模拟过程见图5～图14。

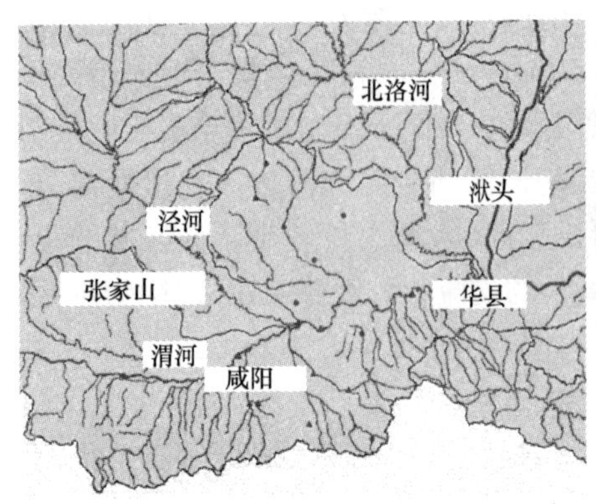

图 2　渭河下游示意图

图 3　WHFS 系统主界面图

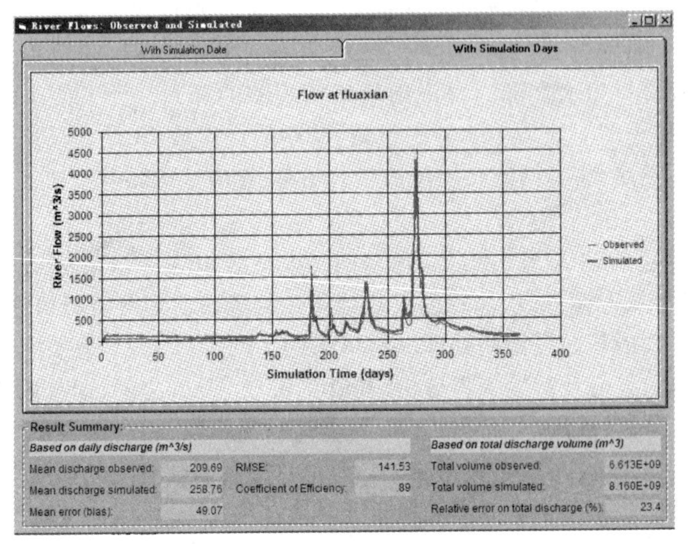

图 4　WHFS 径流模拟结果显示

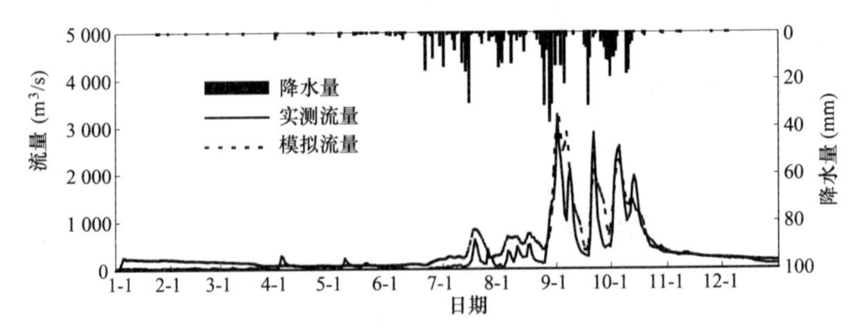

图 5　2003 年华县站径流模拟过程(方案 1,无控制边界)

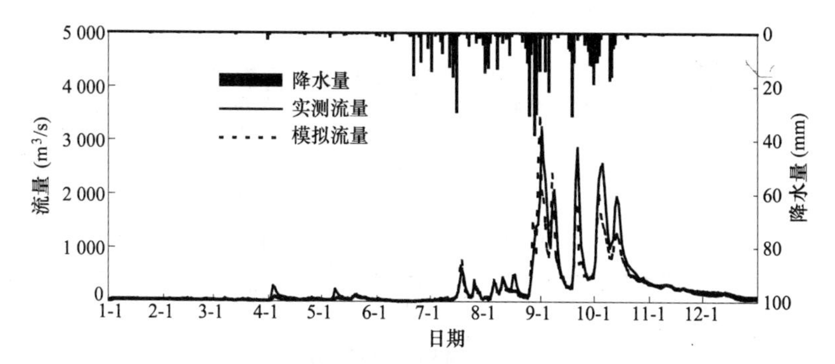

图 6　2003 年华县站径流模拟过程(方案 1,有控制边界)

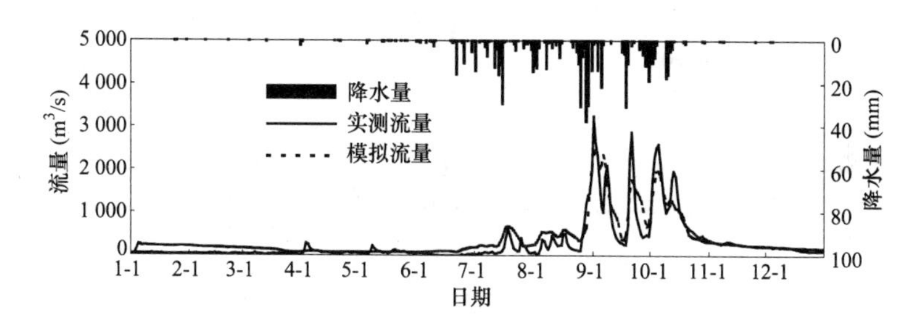

图 7　2003 年华县站径流模拟过程(方案 2,无控制边界)

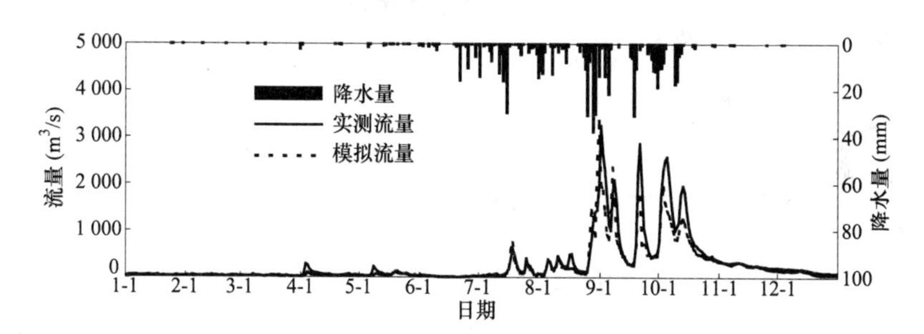

图 8　2003 年华县站径流模拟过程(方案 2,有控制边界)

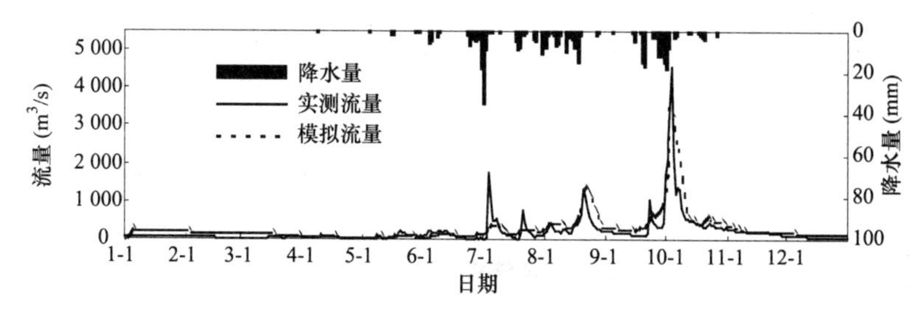

图 9　2005 年华县站径流模拟过程(方案 1,无控制边界)

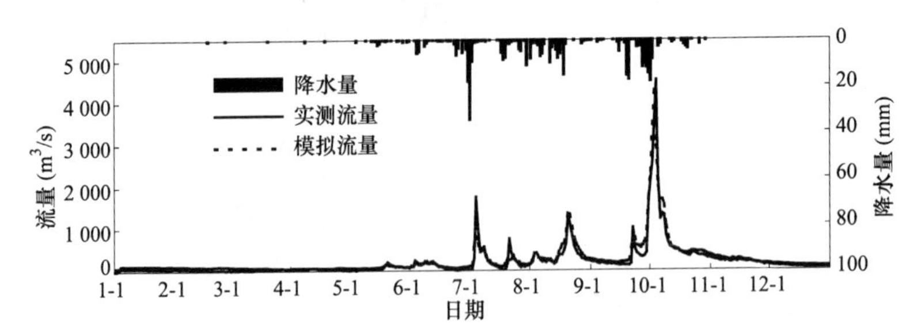

图 10　2005 年华县站径流模拟过程(方案 1,有控制边界)

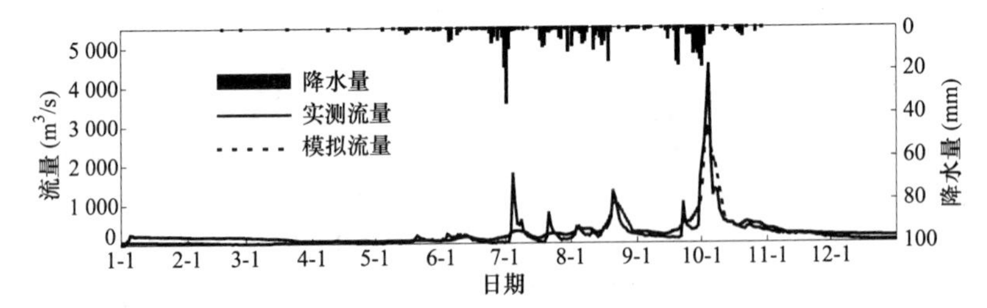

图 11　2005 年华县站径流模拟过程(方案 2,无控制边界)

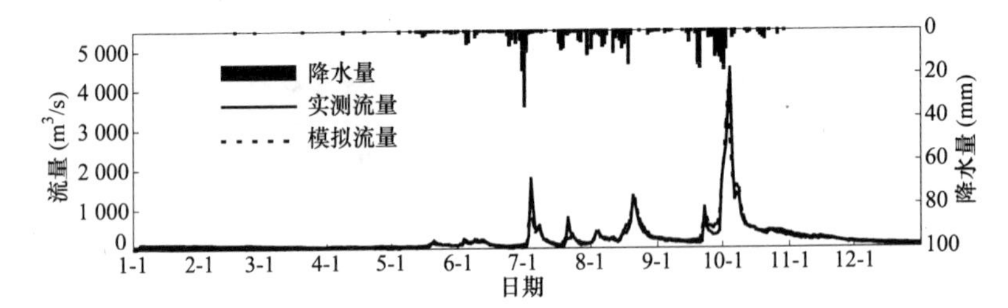

图 12　2005 年华县站径流模拟过程(方案 2,有控制边界)

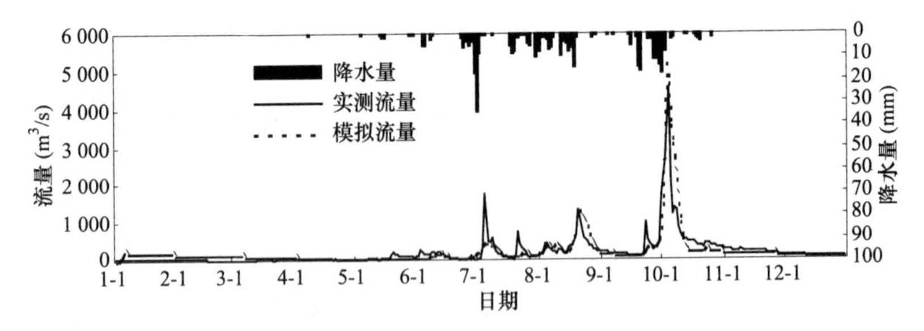

图 13　2005 年华县站径流模拟过程(方案 3,无控制边界)

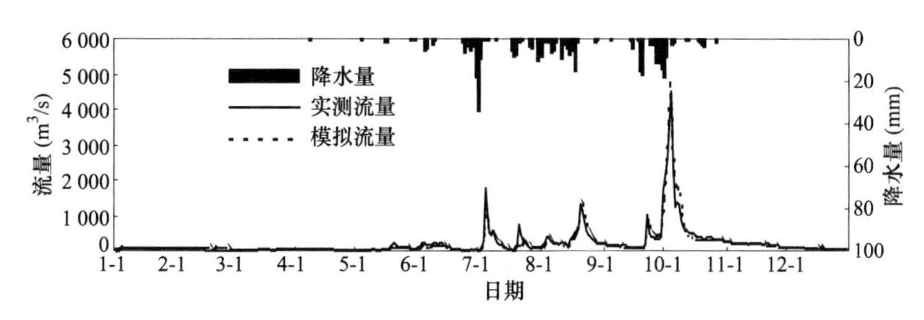

图 14　2005 年华县站径流模拟过程(方案 3,有控制边界)

由表 1 及图 5 ~图 14 看出,模拟效果较好,模拟的径流趋势较理想,峰现误差总体较小,较大峰值都能模拟出来,尤其是 2005 年模拟的几个洪峰与观测洪峰极为吻合,但是 2003 年部分较大的峰值,模拟效果并不十分理想,可能与该年连续洪水有关。单一洪峰的径流模拟好于连续洪峰的模拟。

表 1　2003 年和 2005 年径流模拟结果

年份	站名	确定性系数					
		方案 1		方案 2		方案 3	
		无控制边界	有控制边界	无控制边界	有控制边界	无控制边界	有控制边界
2003	咸阳	0.66		0.61			
	临潼	0.43	0.51	0.32	0.28		
	华县	0.80	0.74	0.70	0.80		
2005	咸阳	0.74		0.58		0.72	
	临潼	0.66	0.84	0.5	0.82		
	华县	0.74	0.89	0.70	0.74	0.81	0.9

无论哪种情形,华县站模拟精度都比较好,其确定性系数为 0.7 ~0.9。在同种降雨损失条件下,有控制边界较无控制边界模拟精度高(2003 年方案 1 除外)。几种方案,以方案 3 模拟最好,华县站有、无控制边界模拟的径流确定性系数分别为 0.81 和 0.9,其原因是方案 3 考虑了蒸散发的年内变化,而方案 1 和方案 2 降雨损失系数考虑的蒸散发全年用一个估计值,即年内各月蒸散发为一常数,实际上蒸散发在年内各月变化很大;方案 1 的径流模拟略好于方案 2 的径流模拟。临潼站 2005 年模拟结果远好于 2003 年,特别是 2005 年方案 1 和方案 2 有控制边界条件下,径流模拟确定系数分别达到 0.84 和 0.82。

4　结论

应用 WHFS 分布式水文模型对 2003 年和 2005 年渭河下游咸阳、临潼、华县等主要站径流模拟,模拟结果较好。表明该模型基本能够反映该流域的日径流过程,这对该区径流形成机理的认识和水循环的模拟具有非常重要的意义,同时也为分布式水文模型在该区洪水预报中的应用铺垫了技术道路。分布式水文模型对资料的要求较高,尤其是对降水、蒸散发等信息要求更高,本文中所介绍的模拟,采用的是地面观测降水,受雨量站点稀少及蒸散发资料缺乏等数据资料的限制,尽管分布式水文模型具有很多优点,也难以达到十分理想的模拟效果。随着 EWBMS 在渭河流域估算降水和蒸散发的应用研究取得成功,径流模拟精度可望有进一步提高。

参考文献

[1] Shreedhar Maskey, Raymond Venneker, Zhao Weimin. A Large-scale Distributed Hydrological Modelling System for the Upper Yellow River Basin Using Satellite-Derived Precipitation Data[J]. Proceedings of the 2nd International Yellow River Forum on Keeping Healthy Life of the River, 2005, VI, 66 - 74.

黄河下游洪水遥感监测系统分析设计

刘学工[1]　李跃辉[2]　李　舒[3]

（1. 黄河水利委员会信息中心；2. 黄河水利委员会国际合作与科技局；
3. 华北水利水电学院水利系）

摘要：黄河下游遥感监测系统以遥感工程化思想进行开发设计，基于地理信息系统，集遥感影像处理、洪水信息解译、工情灾情分析于一体，为黄河下游防洪决策提供强有力的支持。本文介绍了黄河下游洪水遥感监测系统的业务需求、工作流程和系统功能设计，并介绍了水面边线自动解译在该系统中的应用研究。

关键词：遥感应用　洪水遥感监测

黄河下游干流河长786 km，两岸大堤之间滩区面积4 240 km^2，其中滩地面积约为3 500 km^2。河南、山东两省黄河滩区耕地约为374万亩，村庄达2 030个，居住人口180余万人。由于下游河床逐年抬高，滩区洪水漫滩几率增大，每到汛期时常威胁着滩区居民的安全。利用遥感技术进行下游洪水监测，对于快速提供洪水淹没范围、准确估算滩区受灾状况，及时采取措施保障黄河下游滩区人民生命安全，避免和减少经济损失具有重大意义。

近几年我国遥感技术应用得到了快速发展，其特点是遥感数据多源化、遥感信息定量化、影像处理工具化、信息解译智能化、分析作业工程化。黄河下游洪水遥感监测系统作为“数字黄河”工程（李国英，2003）中黄河遥感中心建设的一期工程，以遥感工程化（戚浩平，2004）思想进行开发设计，基于地理信息系统，集遥感影像处理、洪水信息解译、工情灾情分析于一体，综合利用不受天气影响的雷达卫星、多光谱卫星以及航空、地面遥感资源，实现黄河下游全天候、全天时准实时的洪水遥感监测，快速进行滩区漫滩洪水灾情分析，为防汛决策提供科学依据。

1　业务需求分析

“黄河下游洪水遥感监测系统”将服务于防汛领导、防汛有关人员、遥感分析人员，通过遥感影像数据采集、影像处理、遥感分析解译、成果提交，形成防汛辅助分析环境的全过程，整个过程需要经过数据采集人员、影像处理人员、遥感分析人员的各个处理环节,最后到达防汛领导和有关人员的分析决策界面以及遥感监测信息查询界面,各个环节具有不同的任务和需求。

1.1 防汛决策领导的需求

防汛决策领导需要系统能够灵活、方便、直观、全局、局部、组合、分解、套绘等多种形式地展示遥感监测成果;能够与现行防汛决策辅助分析系统的信息无缝集成;能够以方便的形式适应不同场合的展示,用于会议、讨论等多种形式的信息服务;能够跨平台操作使用。

1.2 决策分析人员的需求

系统能够具有上述各种功能外,还能够进行遥感监测信息、水情信息、工情信息等多种综合信息的对比分析;能够进行多次洪水遥感解译成果及本底信息的具体对比分析;能够对专家知识进行增加、更新等操作。能够支持决策分析人员对遥感影像解译成果进行人机交互修正。决策分析人员对系统的要求即需要方便的 Web 方式的浏览操作,又需要功能强大的桌面方式的操作。

1.3 普通用户查询需求

普通用户查询遥感监测信息,达到一般性来了解当前防汛形势的需求,系统能够方便、灵活提供综合的遥感监测信息,一般需要 Web 方式的浏览操作。

1.4 信息服务人员的需求

信息服务人员的需求包括两类:第一类,洪水遥感监测成果提交;第二类,专题图服务和数据分发服务。对于前者,需要系统灵活的组合多种信息,将成果提交到用户,需要有较强的数据加工处理功能,一般需要在桌面系统下进行;对于后者,需要系统具有强大的功能,支持用户能够进行各种专题图制作、现有影像资料的输入,能够支持信息服务人员为数据需求人员进行数据分发,信息服务人员需要有较高的数据访问权限,其作业一般需要在桌面系统下进行。

1.5 遥感分析人员需求

遥感分析人员需要系统能够具有强大的功能支持作业人员进行遥感影像自动解译、人机交互辅助解译、计算机环境下的人工作业目视解译等遥感分析作业,需要系统有功能强大的商用软件系统和性能优越的硬件处理系统,其作业一般需要在桌面系统下进行。

1.6 影像处理人员需求

影像处理人员与遥感分析人员一样同样需要系统有功能强大的商用软件系统和性能优越的硬件处理系统,特别是,影像处理分析软件平台针对不同数据源具有专业及处理分析模块,以便最大限度地获取影像提供的各种数据,其作业一般需要在桌面系统下进行。

2 业务流程分析

分析目前黄河下游洪水遥感监测的现状和下游防洪对未来系统的要求，洪水监测的业务流程(如图1所示)主要有数据获取、影像处理、遥感解译、辅助分析、决策支持五个阶段，防汛业务内容将包括滩区灾情分析、河势趋势分析、工程险情分析等。

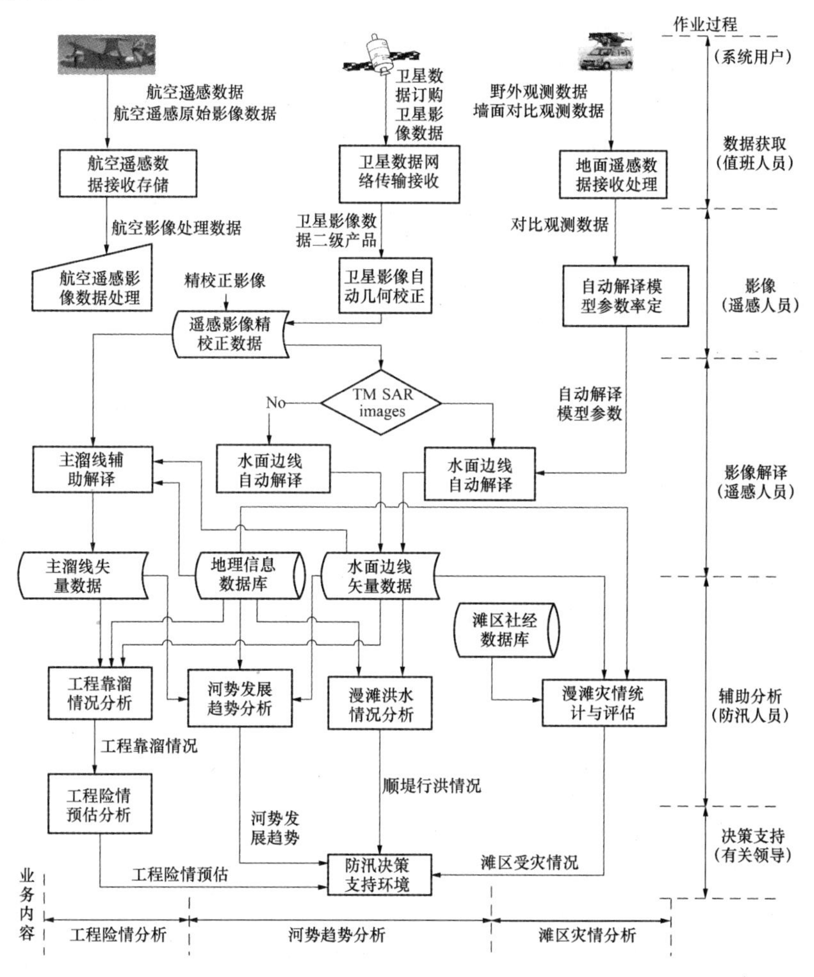

图1 黄河下游洪水遥感监测系统业务流程

2.1 业务过程的五个阶段

数据获取：包括卫星遥感数据获取、航空遥感数据获取、野外地面对比观测数据获取。卫星遥感数据通过数据供应商订购数据；航空遥感数据根据防汛具体情况确定进行航空飞行；地面对比数据通过野外车载地面遥感系统获得。

影像处理:对于航空遥感数据进行人工精校正;对于卫星影像数据进行辅助自动处理;对于地面对比数据人工进行模型参数率定产生自动解译模型的参数。

遥感解译:对于TM和SAR数据进行水面边线自动解译,对于其他影像进行人工水面边线解译;在水面边线解译成果基础上,进而进行人机辅助的主溜线解译;进行人机辅助的工程靠溜情况解译。

辅助分析:根据水面边线解译成果、主溜线解译成果、工程靠溜情况解译成果,进行滩区灾情、河势趋势以及工程险情分析。

决策支持:洪水监测辅助分析决策支持,相应生成河道水面边线、主溜线矢量图、工情靠溜情况,河势现状、演变分析图,河势现状概述、预估分析描述,工程现状概述、险情预估描述等分析报告,为防汛领导会商提供决策参考。

2.2 防汛业务内容

滩区灾情分析:根据水面边线解译成果,在遥感与地理信息集成环境下进行漫滩洪水灾情统计和灾害损失评估分析,为减灾救护决策提供支持。

河势趋势分析:根据水面边线、主溜线解译成果,进行河势现状、河势演变、河势发展趋势分析,为下游防洪决策提供支持。

工程分析:根据水面边线、主溜线解译成果,工程靠溜情况解译成果,进行工程险情预估分析,为下游防洪决策提供支持。

3 系统功能设计

黄河下游洪水遥感监测系统由数据获取、影像处理、遥感解译、辅助分析、决策支持等5个功能子系统组成,系统功能构成如图2所示。

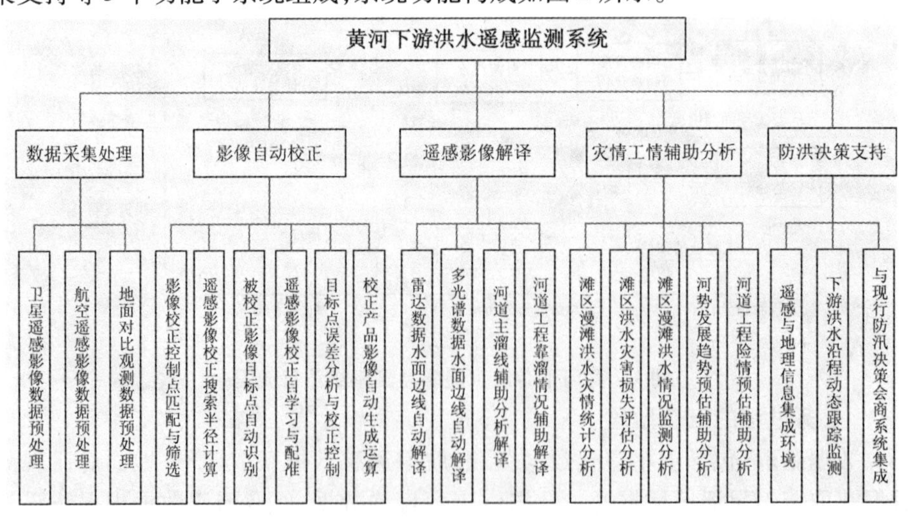

图2 黄河下游洪水遥感监测系统功能构成

3.1 数据采集及处理子系统

在网络条件下，实现高度自动化的卫星影像数据预处理，主要包括卫星影像数据预处理、航空遥感数据采集预处理、地面对比观测数据采集预处理。

3.2 影像校正处理子系统

在多源数据分析处理软件平台支持下，进行各种卫星遥感影像、航空遥感影像的处理，进行遥感分析。同时，开发基于控制点库的卫星遥感影像数据自动校正系统，提高遥感影像处理自动化的程度。

3.3 遥感影像解译子系统

实现遥感影像水面边线自动解译、河道主溜线辅助解译、辅助解译等遥感分析功能，为洪水监测分析提供遥感监测解译信息。

3.4 灾情工情辅助分析子系统

为防汛领导和有关人员提供进行滩区灾情分析、河势趋势分析、工程险情分析等洪水监测信息辅助分析环境，主要包括滩区淹没灾情统计损失评估分析、滩区顺大堤行洪情况分析、河势现状及发展趋势分析、河道工程险情预估分析等。

3.5 防汛决策支持子系统

为有关领导和防汛人员进行防洪决策提供信息服务，主要功能包括遥感与地理信息系统一体化集成环境、洪水动态跟踪监测、与现行防汛决策会商系统无缝集成等功能。

4 水面边线自动解译应用研究

在黄河下游防洪中，滩区淹没范围是防汛决策中的重要信息，遥感影像水面边线自动解译（刘学工，2007）是获得这些重要信息的关键技术。滩区水面边线，反映了漫滩洪水的淹没程度以及漫滩洪水在滩区的分布，是进行滩区漫滩洪水情况、漫滩洪水灾情统计、滩区受灾损失评估分析等的重要依据。

遥感影像对水体有敏感反映，水体在遥感影像上呈现与周围地物明显不同色调，与其他地表物体区别明显。对图像亮度值分布进行统计，横轴为亮度值，纵轴为每一亮度级的像素总数，可以看到具有两个明显的波峰，其中水体由于颜色深、亮度值较小，聚集在左边的波峰范围内，基于这一原理，采用数理统计、人工智能等计算方法，可以将分布于遥感影像上的水体分离出来，从而获得水面边线。

目前，开发人员利用遥感定量分析技术，对下游洪水进行了水面边线自动解译试验，取得了良好的效果。在试验中，通过采用雷达影像水体自动解译技术，对下游洪水进行水面自动解译，成果精度和速度都达到设计要求，以往手工作业解译一景雷达数据需要 3 ~5 小时，自动解译作业整个可在 5 分钟内完成。

5 结语

黄河下游洪水遥感监测系统是“数字黄河”工程的组成部分，是提高防洪决策能力的重要工具，得到了黄委有关领导和部门的高度重视，系统开发建设过程中通过与加拿大高达集团公司的技术合作，提高了洪水遥感信息自动解译的水平和3S一体化开发技术水平，该系统正在开发建设中，将在黄河下游防洪工作中发挥重要作用。

参考文献

[1] 李国英. 治理黄河思辨与践行[M]. 北京：中国水利水电出版社，郑州：黄河水利出版社，2003.

[2] 戚浩平，等. 高空间分辨率卫星遥感数据在城市交通规划中的应用研究[J]. 公路交通科技，2004.

[3] 刘学工. 多层感知神经网络在遥感影像解译中的应用[J]. 人民黄河，2007，29(1).

用户导向型流域管理通用工具的开发：德国易北河决策支持系统之实例

Rob Hermans　Bernhard Hahn

（知识体系研究院，荷兰马斯特里赫特）

摘要：过去几十年来，流域的管理变得愈发复杂化。社会上对于水体利用及保护的需求不断增加，有关流域管理政策制定的新观点与新策略层出不穷，客观上对流域管理工作提出了运用综合学科研究法的要求。鉴于这种综合学科研究法还不具备合适的方法论和工具，德国联邦水文研究院于2000年启动了这个名为“流域管理通用工具开发”的项目，重点在于为德国易北河流域开发一套综合性的决策支持系统。该项目的最终目的则是开发一种通用工具，帮助水资源管理者为流域管理工作制定政策，并帮助他们为实现政策目标而采取适当的措施。这种工具的软件被称为决策支持系统（DSS）或更加具体地被称为“综合流域管理决策支持系统”（IRBM-DSS）。

在本文中我们的重点将集中于以下两个问题：

（1）什么是通用性综合流域管理决策支持系统？

（2）从德国易北河综合流域管理决策支持系统的实例中我们可以吸取哪些教训？

关键词：通用工具　综合流域管理决策支持系统（IRBM-DSS）　易北河流域

1　什么是通用性综合流域管理决策支持系统

对这个决策支持系统，我们可以从多个不同的角度来进行描述和归类。

就我们的目的而言，只要分清楚了两种主要的决策支持系统就可以了，即数据导向决策支持系统和模型导向决策支持系统。数据导向决策支持系统主要涉及数据的获取、分析和显示；而模型导向决策支持系统则包括了模拟、目标的搜寻和优化等行为。综合流域管理以高度复杂和不断变化的物理及非物理过程系统为基础，进行了解并采取行动。决策支持系统以完整模型的方式展示了这个系统。尽管数据分析和显示也是综合流域管理决策支持系统中重要的功能，但它显然应该归类于模型导向决策支持系统。决策支持系统与较为简单的工程应用软件的区别在于，它能够处理原因不明的问题。

为了实现这一目的，决策支持系统通常会从专家形成的问题域中选取具有代表性的问题，以自己的知识库对其采用各种人工智能方法加以解决。综合流域管理系统为决策者提供了大量的可能性措施以及多个可能相互冲突的目标。有了这些来自于决策库中的措施和目标,决策者再利用决策支持系统所提供的模拟工具对该系统进行探索和操作。现在,政策制定者们比以往任何时候都更加需要在自己的决策过程中运用最新的科学知识。他们需要为自己的决策提供科学依据。

1.1 综合流域管理决策支持系统的范围和功能

1.1.1 分析

复杂的完整模型通过对自然系统和社会经济学系统之间的联系清晰定义,全面地展示了这一系统。总的来说,分析功能要求对系统的空间细节和时间范围做出恰当的描述。在实际运用中,分析也是决策支持系统中最为重要的功能之一。分析功能的重要性在决策系统的不同层面和要点中都有体现。首先,用户可能想对流域的现状进行分析。这种分析包括为决策过程提供有关流域的所有相关功能(比如社会经济功能和生态功能)。其次,对于在流域所采取措施的效果和影响要加以评估,分析是评估时不可缺少的。通过计算得出的预估状态必须与现状及期望状态进行比对。将预估状态和期望状态进行比较后,用户可以判断是否需要采取进一步的措施才能达到期望状态。

1.1.2 沟通

一套完整的综合流域管理决策支持系统可以为政策制定者与利益攸关方之间的沟通提供方便。这个完整模型的交互式模拟可以向利益攸关方显示,他们对于系统的不同观点是如何相互关联的。这个系统的透明性可以确保利益攸关方了解到自己的思想明确无误地体现在了系统中。因此,透明度及用户友好性是该系统在协作规划中发挥仲裁调停作用的关键因素。用户友好性还体现在该系统的响应能力及反应速度上,这在类似于头脑风暴的场合中尤为重要,因为用户希望能在探讨中研究各种不同的预案。

1.1.3 知识库

基于一个完整模型的综合流域管理决策支持系统可以发挥知识管理基础设施的作用。它将有关一个系统的现有知识搜集、排列并连接起来,起到了动态图书馆的作用;它可能暴露知识的不足之处,从而推动进一步的研究及数据的搜集。通过综合流域管理决策支持系统,系统的知识变得具有可操作性。综合流域管理决策支持系统可以成为参与机构存储及传递知识的公共基础设施,受益方还可能扩大到社会大众。

1.1.4 管理

管理是决策支持系统中的功能之一,它对评估一般性决策并将它们转变成可实行措施的用户而言尤为重要。这些用户必须从可能的措施中选择最适合目标的部分。当然财务因素必须予以考虑并加以评估。

1.1.5 学习

除了分析、沟通及上述其他功能外，决策支持系统还可服务于学习目的。总的来说，是指了解各个过程的、自然的和用户的功能之间的联系，这些联系构成了多重相互依赖的复杂系统网络。即便专家们对自己特别感兴趣的领域中的依存性非常熟悉，他们也可以利用决策支持系统来了解未知功能之间存在的联系。

1.1.6 一般性与灵活性

从某种程度上来说，一般性和灵活性可被视为基本的要求，因为它们决定了系统中其他要求的开发条件。

1.2 综合流域管理决策支持系统取得成功的关键性管理因素

(1)终端用户的高度积极主动，对决策支持系统目标领域既有丰富的想象，也持注重实际的态度。

(2)开发团队的高度积极主动，对应用领域、决策支持系统开发、形式化分析及知识表示法等抱有广泛的兴趣。

(3)一个由高度积极主动的软件工程师组成的小型团队，在知识工程、软件架构、用户界面设计、对象导向开发环境、分布式系统和标准等方面具有出色的能力。

(4)一个由非常熟练的模型专家组成的小型团队，在将不同的空间和时间尺度融合在一个模型中具有丰富经验。此外，这些模型专家应该对应用领域具有广泛的兴趣，在同软件工程师一起讨论技术问题的解决方案时应该采取务实的态度，必要时可以做出妥协。

(5)决策支持系统设计师，也许是整个过程中最为艰难的角色。和房屋设计师一样，决策支持系统的总设计师应该是个知识渊博的多面手，他对产品负总体责任，必须具备与参与过程的各方面专家及利益攸关方进行专业沟通的能力。

(6)项目经理。在小型项目中这个角色有时由决策支持系统的设计师来担当。这个项目经理应该具有管理跨学科项目的经验管理来自学术界、技术界以及公共管理系统参与者的经验。

(7)以充分的时间和预算高质量地做出系统的首个样品。样品的成功将提高终端用户的信心，最终为决策支持系统的开发带来进一步的投资。

(8)终端用户对开发的早期和持续的参与。

(9)对其他学科领域参与者的作用和知识表示出尊重。

(10)为开发出一个具有高度创意的产品做出大量实质性的努力，愿意并有能力承担预计风险。

1.3 IRBM-DSS 综合流域管理决策支持系统取得成功的关键性技术因素

(1)运用对象技术和基于构件的开发；

(2)利用现有的应用框架服务于空间决策支持系统；

(3)将 GIS 和数据库功能综合在一个构件层中；

(4)将前台(用户界面)与后台的工具、模型及数据库分开,提供清晰的界面;

(5)请记住,对现有科学模型的再次执行有时是一种更为有效且节约成本的方式;

(6)同时处理不同空间和时间尺度的技术是全新的,应该在试点阶段早些投入运行,以进行实验;

(7)为子模型提供模板及标准界面(模型积木);

(8)为跨应用领域的信息交换提供标准数据格式及协议;

(9)尽早并经常在现实条件下对完整模型的运行状态进行测试;

(10)对于试点项目,应在一般性和特性之间保持现实的平衡。

2 从德国易北河综合流域管理决策支持系统的实例中我们可以吸取哪些教训

2.1 易北河综合流域管理决策支持系统的背景

2002 年的洪灾过后,德国联邦政府启动了一项行动计划,旨在减少未来洪灾发生的风险并在洪灾出现时减轻灾害影响。大规模的沟堤移位、水渠开挖以及维护等各种河流工程纷纷进入了规划及执行阶段。通常而言,这类措施的实施都从地方或部门的角度出发,因此人们对于各种措施之间的相互作用及它们对漫滩的自然条件所产生的影响并不十分清楚。除此之外,气候变化及土地利用开发等不确定的未来因素也可能影响到预期效果。为审视河流、漫滩及流域可持续性管理的各种不同策略,德国联邦水文研究院启动了一个综合流域管理样品工具的开发项目,其功能性涵盖了内河航行、水质、洪水安全及漫滩植被生态等方面。该项目于 2002 年春季启动,2005 年年底完成,交付了易北河、其漫滩及集水处决策支持系统的样品。

开发团队中既有来自多所大学的研究人员,也有咨询顾问及软件开发工程师。自项目启动之初,开发者就非常重视终端用户对设计过程的参与。为了实现这一点,设计采取了反复进行的方式,为用户的定期反馈留足了空间,并始终强调设计的功能性。这种设计思想反映在标准、指标及方案的选择上。这个决策支持系统的第一个版本目前正在接受可能有兴趣的相关者、决策者以及易北河的研究者们审视。该项目的经验告诉我们,最主要的困难在于:要在科学标准、模型的实用性、特别是数据及用户的要求之间找到合适的平衡。用户及他们的要求在设计过程中都可能发生改变,如果这时数据和模型已经处于研发之中,那么整个设计过程可能会耗时数年。理想状况下,一个决策支持系统的设计要经历反复的过程,最后在技术功能、科学质量及用户参与之间达到最佳的平衡。如果设计中的上述几个方面被单方面过分强调,决策支持系统就会出现问题,需要反复进行设计。如果上述三方面中的一方面过分突出,则决策支持系统的可接受性就会大打折扣,如复杂的研究模型不易调整标准和预案,导致功能的灵活性不足。反之,简单和更具灵活性的模型缺乏足够的科学依据作为其基础。很显然,对于任何涉及多个用户和开发者的大型项目而言,实践的局限性及意外出现的问题总是一直围绕其左右。不过,如果对上述三难境地予以充分的重视,设计过程的效率及最终产品的接受程度都会得到提高。正如我们将会解释的那样,运用简单但适当的数据和模型,开发者与研究者及用户之间经常沟通,并且努力实现内部系统的一贯性,就可以做到这一点。

2.2 易北河综合流域管理决策支持系统的设计

易北河试点决策支持系统基于德国联邦教育和研究部资助的一个研究项目(Gruber 和 Kofalk, 2001)中所采集数据及现有模型的跨学科耦合。该系统的功能囊括水质(污染源的寻找及减弱)、漫滩植被、洪水安全及航行(测试阶段)。考虑到这个决策支持系统样品具有多重目标的特性,且各个模型和数据的比例有差异,研究者决定采用与三种比例水平相称的标准设计:集水处、主水道(包括漫滩)以及一段河道(Havelberg 镇附近长 20 km 的河道)。

决策支持系统的开发涵盖了三个不同的行为。在问题采集阶段,建立了与用户及利益攸关方的联系,并基本确定了相关的问题、指标以及试验性的措施。这一阶段的主要困难在于,用户身份尚不明确,且人们因为各自所处的地方、部门以及业务领域不同,所提到的问题有时候并不符合决策支持系统的战略目的。这一阶段中,更不明朗的是采用什么样的措施来解决问题。不过,还是可以就问题、指标以及相应的措施作出初步的选择。定性设计阶段涉及措施与指标之间的联系。实践证明,制作一份系统图表是实现开发团队内部与终端用户沟通的有效途径。系统图表的作用还在于,它构建了易北河决策支持系统用户界面及模型的基础。由于功能及用户强调的侧重点发生变化,系统图表的设计成了一个持续的过程,虽然大部分工作都在项目的前半阶段完成了。研究人员认为,将系统图表进行绝对的完美化是没有必要的。在进行了数次反复设计后,人们认为系统图表已经达到了连贯性的要求,此后只进行了有限的改动,因为随着项目逐渐迈向最后阶段,要考虑到与其他模型及用户界面之间的一致性,调整的难度就愈发增加。不过,更多的资源都耗费在了决策支持系统的定量设计阶段:现有模型和数据的收集,或新模型的构建,或额外数据的准备。由于现实的原因,这种设计尽可能地以现有模型和数据为基础。不过研究人员也发现,主水道的高程和堤岸数据当时被迫在项目进行过程中得以完成。事实证明,这些数据的完成从预处理的角度来说比预期的更为耗时和艰难。系统图表所体现的功能性与模型和数据的可用性在某种程度上出现了矛盾,成为了有待解决的瓶颈。将资源转移到项目的其他行为上只是暂时解决了这个问题。越是复杂的“研究”模型就越需要更加精确和昂贵的数据,并具有以科学、规律为导向的目的。而我们的一体化软件工具拥有多种功能:含系统图表的易北河决策支持系统用户界面;互动地图和对话框,以及部分的在线文件管理(如:蓄洪圩田).研究模型的运用带来了科学和技术上的双重挑战。科学的挑战在于,输入的不同类型和质量的模型发生了相互作用,而这个问题只能通过一些模型的聚合作用解决。在大量的情况下,模型和数据的一致性由不确定性和敏感度分析决定。例如,漫滩高程数据中的垂直精度及空间分辨率可以由采用高程数据作为信息输入的生态模型的敏感度推导出来。

技术上牵涉到一个问题,即“重型”模型是否应该直接或间接地合并在决策支持系统之中。如果要直接合并,则需要软件集成程序;反之,可以使用较为简单的模型(元模型)或模型结果代表。易北河决策支持系统的构建过程中这两种方法都有运用。例如,污染源定位模型 GREAT-ER (Matthies 等, 2001)和雨量-径流概念模型 HBV (Krysanova 等, 1998)就是运用了直接集成法,而水力模型 HEC-6 (HEC-6, 1992; Otte-Witte 等, 2001)就采用了评级曲线法。

WL | Delft 水利研究所的水动力模型 SOBEK1D2D™ 曾被研究人员用于多个不同的地点来模拟破堤,但合并在系统中的仅仅是模拟产生的结果。模拟仅局限于事先计算好的地点,不过在这个例子中并不是问题,因为地点是由用户选择的。尽管直接合并模型的优势在于可以让决策支持系统的用户完全利用其功能,但这样做的缺陷是,界面和架构需要进行调整。此外,直接合并会导致当决策支持系统在反复使用时计算负荷过度增加。较为简单的模型对于用户而言灵活性不够,但是当数据和测定需求总体较小时可以比较容易地转移或推广至新地点。在项目中的数个阶段,三种设计行为(问题采集、定性设计和定量设计)可以相互重叠,而且实践证明这种重叠也是必要的。例如,2002 年 8 月洪灾过后,研究人员决定拓展水道模块的功能,加上蓄洪圩田,这一变动不仅影响到了系统图表和模型基础,而且还影响到用户界面。在项目的以后阶段,主要由于组织和技术上的原因,导致此类的变动愈发难以实现。除了模型与数据的内部一致及可以为改动提供灵活性外,决策支持系统的可接受性更大程度上受益于开发者、用户以及研究者之间的有效沟通。与用户之间的沟通可以通过不同的形式进行。在项目开始前的可行性研究中,首先就必须明确用户的身份。也就是说,研究人员和大量对易北河的管理把有兴趣的机构和个人都进行了联系与咨询。咨询的结果就构成了问题采集的基础。主项目一开始,研究者就建立了一个领导委员会来观察项目的进展并对主要的进展作出反馈。当项目进行到一半时,可以将决策支持系统的试验性功能展示给选定的部分相关方。他们的反馈用来对设计进行调整和改进。项目开始时,人们的看法可能会比较空洞,甚至没

有什么积极作用,因为决策支持系统那时还缺乏直观和具体的实例。但这一点也再次证明,反复法是有根据的。除了与用户及利益攸关方沟通外,还必须根据分配给开发人员不同的但又相互依赖的任务来协调他们之间的行为。研究人员通过两个月一次的会议来进行这种协调,他们在会议上验证所取得的进展,讨论或防止问题的出现。这些会议很关键,它们可以确保不同的开发者所提供的模型和数据能够以一致的方式融合在一起。

2.3 需要吸取的教训

在设计决策支持系统的过程中,除了要与用户进行有效的沟通外,还应该对模型和数据的连贯性予以充分的重视。在决策支持系统的应用中,缺乏应对侧重点改变或功能需求变化的灵活性,可能会令该系统难以在更广阔的受众中得到认同。我们根据在设计易北河决策支持系统中所积累的经验做出如下建议:

(1)定期但不过度更新的定性系统图表是进行沟通的有效工具,而且可以构建用户界面设计的基础。

(2)有了模型和数据,并不能保证它们一定可以用于决策支持系统中,因为需要将并非为此目的设计的研究模型整合在一起。为减少问题的出现,除了可用性外,还应该验证适用性,并且在可能的情况下进行不确定性及敏感性分析,以确保模型之间以及模型与数据之间的一致性。

(3)在一些情况下,较大研究模型的直接(在线)合并可能不可行或者不必要。这种情况下,科学的挑战在于,要开发出更为灵活但简单的元模型,同时具备科学品质。

(4)项目进展中与用户之间的沟通应该定期进行,其目的在于既要让用户保持现实合理的期望,又要让他们在设计调整尚可能的阶段认真地投入。

(5)我们建议,在此类开发中既要设立一定的预算,也要将用户融合为伙伴。职责的明确(如数据的发送及用户界面的设计)可以确保决策支持系统被接受及其日后的维护。

致谢:

本文的作者感谢决策支持系统开发团队所提供的善意合作,并感谢德国联邦水文研究院、联邦教育和研究部以及联邦环境保护署的财政支持及数据提供。

黄河流域水资源多目标利用的柔性决策模式

彭少明[1,2] 黄 强[1] 杨立彬[2] 黄晓荣[2]

(1. 西安理工大学水利水电学院;2. 黄河勘测规划设计有限公司)

摘要:分析流域水资源多目标特征,建立了融合社会、经济与生态环境综合效益的黄河流域水资源多目标优化模型,在多目标柔性决策原理的基础上,提出了水资源多目标柔性分层决策方法,建立加速遗传算法(RAGA)的柔性决策模型,利用模型强大的搜索功能求解决策者满意的方案,实现流域水资源的优化分配。以 2010 水平年为例,求解了一套维持流域水资源和谐发展、高效利用的水资源多目标优化分配方案。

关键词:黄河流域 水资源 柔性决策 容忍值 满意度 隶属函数

单目标决策问题一般有唯一的最优解,它是由标量优化问题的“最优性”决定的;而多目标决策问题的解一般不唯一,由量化问题的“非劣性”支配很难同时对各个目标绝对最优,多目标问题的解在规划中通常称为折中解。鉴于此,诺贝尔经济学奖获得者赫伯特·西蒙提出了以满意准则代替传统的最优化准则,表明决策的最优化准则从刚性准则向柔性准则的转变。

1 水资源开发的多目标特征

在传统经济的发展模式下,水资源开发利用单纯地追求经济效益,不惜以牺牲环境质量和消耗水资源为代价,使人类活动对生态系统的负面影响相当突出,生态退化问题严重,甚至不惜牺牲部分地区的利益,造成很多涉及社会、经济、生态方面的问题。

水资源可持续利用要求,水资源开发利用目标不能单纯地追求“高”的经济效益,还应包括“好”的生态效益和社会效益,经济增长要打破原有的水资源供用关系,更高效地利用水资源、提供更大的环境容量,围绕水资源全属性(自然、环境、生态、社会和经济属性)的协调,促进社会、经济、环境可持续、协调发展。水资源利用的总目标应是:经济的持续协调发展、生态环境质量的逐步改善和社会健康稳定等多个目标,并至少包括以下 3 个层次。

(1) 经济效益、生态效益、社会效益协调优化,追求经济上的有效性、对环境的负面影响最小、维持社会稳定协调,保证经济、生态环境、社会发展的综合利用效率最高;

(2) 生活用水、工业农业灌溉用水、生态环境林草地用水等和谐;

(3) 区域配置合理,满足不同区间对水资源的需求,追求流域均衡发展。

2 黄河流域水资源多目标优化配置模型的建立

2.1 模型建立

黄河流域水资源利用涉及防洪减灾、生态环境和经济社会发展等,是典型的多目标决策问题。其总目标函数建立如下:

$$\max f(x)=f(S(x),E(x),B(x)) \tag{1}$$

(1)社会目标 $S(x)$:主要包括保证防洪和防凌安全、区域经济协调发展以及保障生活用水及粮食安全等。综合采用区域发展协调,即最小社会总福利的最大化作为目标:

$$\max\{\min U(s,j)\} \tag{2}$$

式中:$U(s,j)$为区域的社会福利函数,即社会发展的满意度。

(2)生态环境目标 $E(x)$:提供必要的生态环境用水,维持河流正常功能、流域生态系统平衡以及水环境达标。综合采用绿色当量面积最大和污染物 COD 排放量最小:

$$\max \sum_{s=1}^{m}\sum_{j=1}^{n} GREEN(s,j) \tag{3}$$

$$\min \sum_{s=1}^{m}\sum_{j=1}^{n} COD(s,j) \tag{4}$$

式中:$GREEN(s,j)$为区域生态综合评价指标"绿色当量面积",通过绿色当量找到生态系统各子系统生态价值数量的转换关系,将林草、作物、水面和城市绿化等面积按其对生态保护重要程度折算成的标准生态面积;$COD(s,j)$为主要排放废水所含污染物因子。

(3)经济目标 $B(x)$:流域国内生产总值之和(TGDP)最大为主要经济目标。

$$\max\{TGDP=\sum_{s=1}^{m}\sum_{j=1}^{n}GDP(s,j)\} \tag{5}$$

式中:$GDP(s,j)$为区域国内生产总值,j 为分区,$j=1,2,\cdots,n,s=1,2,\cdots,m$ 为经济部门。

2.2 主要决策属性

(1) 产业结构协调:

$$Y_{i\min}\leqslant(1-\alpha)QP_i\leqslant Y_{i\max} \tag{6}$$

式中：Y_{imin}，Y_{imax}分别是 i 产业发展的上下限约束；α 为生产技术系数矩阵；QP_i 为供水量。

（2）保证地区粮食供给，各地区粮食产量与规划需求偏差之和最小：

$$\min\{TFOOD=\sum_{s=1}^{m}\sum_{j=1}^{n}(TFOOD(s,j)-FOOD(s,j))\} \tag{7}$$

式中：$TFOOD(s,j)$、$FOOD(s,j)$ 分别是各节点的实际粮食生产总量和规划需求量。

（3）区域水环境达标：

$$\sum_{k=1}^{K}\sum_{j=1}^{J(k)}0.001\cdot d_j^k p_j^k(\sum_{i=1}^{I(k)}x_{ij}^k)\leqslant C_0 \tag{8}$$

式中：C_0 为区域水环境承载力；d_j^k 为 k 子区 j 用户单位废水排放量中重要污染因子的含量；p_j^k 为 k 子区 j 用户污水排放系数。

（4）满足河道内基本的生态需水：

$$Q(t)\geqslant Q_{\min}(t) \tag{9}$$

式中：$Q(t)$为断面下泄量；$Q_{\min}(t)$断面生态最小需求量。控制断面包括断面：河口镇、花园口以及利津等干流断面以及华县、河津等支流断面。

（5）水资源可承载

$$\sum_{i=1}^{n}\sum_{k=1}^{m}x_{ij}(t)\leqslant R(t) \tag{10}$$

式中：$x_{ij}(t)$为 t 时刻部门地区用水量，$R(t)$为 t 时刻流域水资源承载能力。

3 多目标柔性决策方法

由于多目标决策问题中各目标之间存在着相互冲突和不可公度性，很难找到一个绝对的最优解。多目标决策的最终手段是在各子目标间进行协调权衡和折中处理，以解决子目标之间的冲突性和属性传递关系的矛盾性，使各子目标尽可能地达到最优，以得到自己需要的 Pareto 最优解。因此多目标决策问题的关键在于如何根据决策者的偏好对目标函数进行集成。

3.1 决策指标满意度的隶属函数

设L_{i0}为各指标的容忍值，H_{i0}为各指标的理想值。对于指标越大越优的效益型指标（如经济效益、社会发展程度等），构造满意度隶属函数式如下：

$$u_i(x)=\begin{cases}\dfrac{r_i-L_{i0}}{H_{i0}-L_{i0}} & r_i\geqslant L_{i0}\\ <0 & r_i<L_{i0}\text{拒绝}\end{cases} \tag{11}$$

式中：$u_i(x)$为决策者对决策属性指标的满意度隶属函数；r_i 为决策指标的属性值。

而对于指标越小越优的成本型指标(如污染物排放、生态破坏程度等)满意度隶属函数式构造如下:

$$u_i(x)=\begin{cases}\dfrac{H_{i0}-r_i}{H_{i0}-L_{i0}} & r_i\leqslant H_{i0}\\ <0 & r_i\geqslant H_{i0}\text{拒绝}\end{cases}\tag{12}$$

由式(11)、(12)中可以看出,决策者对目标的满意程度 $u_i(x)$ 既是决策变量 x 的函数,又是决策容忍值 L_{i0} 和理想值的函数。如果 $u_i(x)<0$,则说明目标 $f(x)$ 没有达到容忍的范围,决策者不能接受;若 $u_i(x)=0$,则目标 $f(x)$ 达到容忍的下限,决策者处于勉强接受或不接收的临界状态;当 $u_i(x)=1$ 时,表明目标已经达到决策者所期望的效果;若 $u_i(x)\gg 1$,决策方案的某一属性得到很大满足,但由于其属性指标已超出了理想值对决策目标的满意度改善很小,则意味着资源浪费也是决策者所不能接受的。因此,$0\leqslant u_i(x)\leqslant 1$ 是决策者的决策区间。

3.2 流域总目标满意度函数集成

流域决策者的总满意度函数,是流域三大目标满意度协调耦合的线性集成,可进一步通过各特定地域、部门决策指标之间的满意度函数的集成来求得。若各特定地域或部门 k、目标 i 对分配方案的满意度 $u_{ki}(x)$,通过线性集成可构造流域总目标的满意度隶属函数:

$$\max U=\sum_{l=1}^{3}\lambda_l u_l(x)\text{或}\max U=\sum_{i=1}^{n}\sum_{k=1}^{m}\lambda_{ki}u_{ki}(x)\tag{13}$$

式中:U 为总满意度函数,$u_l(x)(l=1,2,3)$ 为三大目标的满意度,λ_{ki} 为目标 i 的满意度对总目标满意度贡献隶属函数的权重,$\sum_{l=1}^{3}\lambda_l=1$ 或 $\sum_{i=1}^{n}\sum_{k=1}^{m}\lambda_{ki}=1$,可以是协调专家所给系数也可以是相对重要性,表示一种利益的非冲突一致性。初始可设为等权重。

3.3 多目标协调与分层决策方法

根据黄河流域水资源利用的多目标、多层次的特征,模型求解采用三层柔性决策:

第一层决策,在三大部门之间协调实现流域水资源的可持续利用,结合流域经济、社会、生态环境三大目标及决策者对水资源管理要求,设定一初始分配方案。

第二层决策,协调各区域之间的利益冲突,得到比较满意的区域分配方案。

第三层决策,各区域内,各用水部门内通过竞争与协调的合理分配,得到比较满意的分配方案,实现地区、部门内部效益的优化。决策流程如图 1。

经过上述流程,多目标问题已转化为三层决策问题,通过层层推理求解

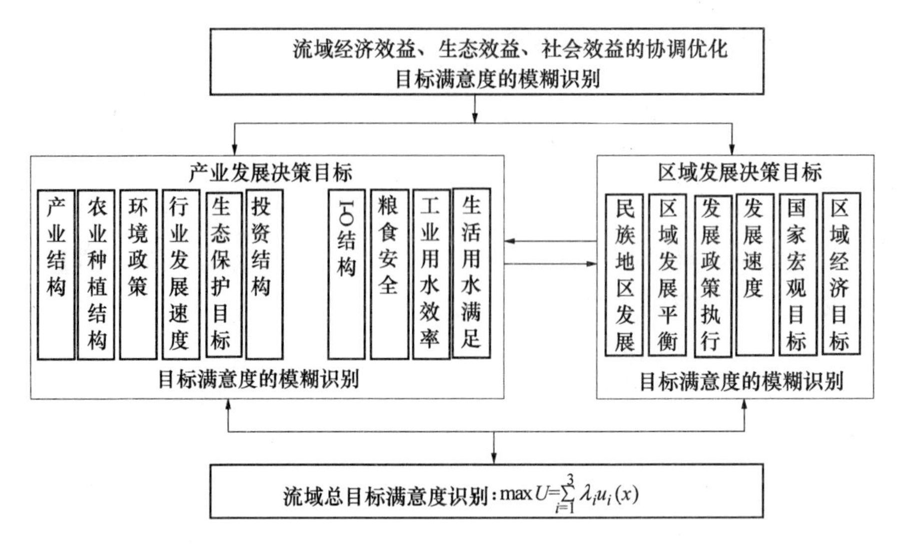

图 1　多目标分层决策流程图

式(13)规划问题可得全流域决策者的满意解。如果决策者都对结果比较满意,则终止计算;否则,修正各目标的决策权重,重复上述计算。

4　加速遗传算法的柔性决策模型

传统的遗传算法,即标准遗传算法(SGA)的编码方式通常采用二进制,其缺点是遗传运算的随机特征而使其局部搜索能力较差。实数编码遗传算法也称为加速遗传算法(RAGA)是较标准遗传算法搜索空间范围大、计算精度高的算法;可改善遗传算法的计算复杂性,提高运算效率;具有便于遗传算法与经典优化方法的混合使用,便于设计针对问题的专门知识的知识型遗传算子,便于处理复杂的决策变量约束条件等优点。

将基于加速遗传算法(RAGA)的柔性决策模型(FDM)应用到黄河流域水资源多目标优化上,具体步骤:第一步:构造总目标满意度函数,设置初权重;第二步:(RAGA)求解优化目标函数;第三步:优序排列推荐,决策者满意则终止,否则修改权重重新求解。

5　决策属性及其阈值

从实现的经济效果、社会效果、生态环境效果和水资源利用效率方面,选取以下 11 个指标作为黄河水资源开发利用调配的决策因子,见表 1。

各决策指标容忍值是维持黄河健康生命和流域持续协调发展,包括:

(1)维持黄河生命的水量。黄河的生命力从三个方面体现:一是安全排泄一定量级洪水的能力;二是抵御一定程度污染的能力;三是河道及河口生态系统具有抵御一定程度的扰动、维护生态平衡的能力。其容忍值的水量包括:河道冲沙减淤150亿 m^3,生态基流50亿 m^3,湿地生态需水10 m^3,总量为210亿 m^3。各主要断面下泄水量按照生态环境低限需求量设定决策容忍值。

表1 黄河流域水资源利用效果决策属性表

项目	指标名称	单位	指标含义
经济效果	国内生产总值	亿元	区域经济发展水平
	工业增加值	元/m^3	区域经济水平和工业化水平
	工农业缺水量	亿 m^3	经济效率
社会效果	区域发展协调度		体现以人为本,均衡发展
	人均粮食产量	kg/人	体现区域粮食安全策略
水资源利用效率	灌溉水利用系数		灌溉水利用的效率,体现区域农业节水潜力
	城市污水资源化率	%	清洁生产、达标排放构造人水和谐关系
	工业用水定额	m^3/万元	工业用水的效率
	边际产出	元	社会用水效率
生态环境效果	主要断面下泄水量	亿 m^3	遏制流域水土流失、维持生态平衡
	河道内生态环境水量	亿 m^3	河道内需水及其满足状况

(2)维持流域内各区域生存和发展需要的水量。农村城镇居民生存的生活需水量,应得到第一位的优先满足;为维护流域经济发展的最基本需求,区域工业需水量及维持区域粮食安全的农业需水量也应作为容忍值得到满足。区域发展协调度为流域内最落后区域与最发达区域人均GDP的比值,容忍度为0.5,达到1最优。灌溉水利用系数决策容忍值为现状的0.42。各经济属性的决策理想值选取主要参照国家、省(区)宏观战略发展规划和各地方经济规划,结合“黄河流域十一五规划”等的相关指标。

6 多目标优化结果分析

6.1 加速遗传算法(RAGA)的柔性决策模型

利用加速遗传算法的柔性决策模型,以2010水平年为例进行黄河流域水资源分配决策。黄河流域45年(1956~2000)系列径流资料,多年平均径流量为534.8亿 m^3,预测流域GDP总量将达到18 300亿元,总需水量566.1亿 m^3。

6.2 结果分析

模型主要决策参数是由8个省区(G_1 ~ G_8,四川河北不参与分配)和3大经济部门(G_9 ~ G_{11})的11个属性指标(r_1 ~ r_{11})构成的决策矩阵,见表2。利用模型的叠代和搜索功能,在决策的容忍范围内寻求优良种群,推荐满意度最高的方案,实现流域水资源优化分配。基于RAGA的柔性决策(FDM)计算,选择父代初始种群规模为 $n=400$,交叉概率 $P_c=0.80$,变异概率 $P_m=0.80$,$\alpha=0.05$,通过变化决策属性权值形成交互式决策,得到各属性的决策权值,(0.224,0.207,0.131,0.156,0.019,0.023,0.006,0.038,0.053,0.041,0.103),流域总满意度 $U=0.8291$ 为决策者满意解。结果表明,主要决策目标和指标值在决策者决策范围内,满意度在(0,1)区间,表明各项目标处于良性状态,见表2。

表2 黄河流域水资源利用效果决策属性指标矩阵表

决策对象	决策属性										
	r_1	r_2	r_3	r_4	r_5	r_6	r_7	r_8	r_9	r_{10}	r_{11}
G_1	0.490	0.207	0.255	1.000	0.578	0.570	0.163	0.650	0.695	0.728 3	0.568
G_2	0.604	0.226	0.263	0.794	0.672	0.602	0.178	0.650	0.286	0.734 2	0.599
G_3	0.798	0.387	0.264	0.629	0.767	0.652	0.305	0.950	0.695	0.741 7	0.619
G_4	0.830	0.623	0.268	0.422	0.800	0.660	0.491	0.950	0.286	0.738 5	0.677
G_5	0.604	0.528	0.258	1.000	0.651	0.604	0.416	0.650	0.695	0.743 0	0.535
G_6	0.625	0.471	0.259	1.000	0.669	0.611	0.371	0.650	0.695	0.746 6	0.529
G_7	0.730	0.510	0.266	0.794	0.755	0.640	0.401	0.650	0.286	0.750 1	0.561
G_8	0.898	0.740	0.267	0.629	0.837	0.686	0.583	0.950	0.695	0.753 0	0.588
G_9	0.928	0.981	0.271	0.422	0.871	0.693	0.772	0.950	0.286	0.748 4	0.645
G_{10}	0.646	0.430	0.261	0.928	0.690	0.616	0.339	0.650	0.695	0.826 9	0.525
G_{11}	0.745	0.526	0.267	0.722	0.768	0.644	0.414	0.650	0.286	0.835 5	0.558

FDM模型嵌套水资源调配模型,通过黄河干流水库调节、改善流域水资源时空分布,在满足汛期输沙需求的基础上对流域骨干水库实施联合调度减少无效水量的入海;合理安排流域经济规模和产业结构并灵活地进行调整、实施污水资源化、改善流域生态环境,实现了优化调配。分配结果黄河干流主要断面的下泄水量均能满足环境容量要求,见表3。利津入海水量为202.68亿 m^3,达到了黄河低限入海水量需求;流域居民生活全面得到满足,工业缺水率仅为2.9%,维持了区域粮食安全(人均粮食产量为433 kg);区域经济实现协调发展,流域发展协调度为0.58,流域经济年增长率10.4%的,流域内人均GDP最小的青海达到了1.21万元,年增长11.2%。黄河水资源多目标优化分配结果见表4。

表3 黄河主要断面下泄表

站名	控制流量(m^3/s)					控制水量(m^3)				
	河口镇	花园口	利津	华县(汛期)	河津	河口镇	花园口	利津	华县	河津
低限需求	250	150	100	285	20	197	180	200	53.6	5.7
调节下泄	272.3	156.7	99.9	288.3	21.2	202.3	188.9	2 021.6	57.4	6.1

表4　黄河流域水资源利用的多目标优化分配结果表　（单位：亿 m^3）

行政区	需水量			供水量	地下水开采量	分水量	供需平衡缺水量			
	农业	生活	工业、第三产业				工业	农业	小计	缺水率(%)
青海	1.32	18.44	4.57	21.61	3.26	11.36	0.68	2.04	2.72	11.2
四川	0.02	0.20	0.01	0.23	0.01	0.12	0	0		0.0
甘肃	5.03	34.28	16.65	48.60	5.67	28.16	0.53	6.82	7.35	13.1
宁夏	1.65	71.92	6.39	67.25	8.83	33.09	0.54	12.17	12.71	15.9
内蒙古	2.88	86.27	12.05	85.39	20.29	51.41	0.56	15.25	15.81	15.6
陕西	8.64	54.51	22.02	72.12	28.37	43.35	0.48	12.57	13.05	15.3
山西	5.98	40.85	12.13	55.79	21.14	39.08	0.3	2.87	3.17	5.4
河南	5.12	54.59	17.00	73.08	21.75	53.44	0.04	3.58	3.62	4.7
山东	2.35	66.50	14.73	79.77	11.58	67.24	0	3.81	3.81	4.6
津冀				5		5	0	0		
合计	32.99	427.56	105.55	508.84	120.90	332.25	3.13	59.11	62.24	10.9

7　结语

通过多目标柔性决策可兼顾各个决策目标及其相应的指标，实现流域经济、社会、生态环境与水资源系统的良性耦合，保障了水资源的高效、和谐、健康发展的流域水资源利用目标，最终可实现水资源可再生性维持和流域可持续发展。

参 考 文 献

[1] Carlsson C, Fullér R. Fuzzy Multiple Decision Making: Recent Developments [J]. Fuzzy Setsand Systems, 1996, 78: 139 – 153.

[2] Xu Z S, Da Q L. An over view of operators for aggregating ginformation[J]. International Journal of Intelligent.

[3] N. Becker. A Comparative Analysis of Water Price Support Versus Drought Compensation Scheme [J]. Agricultural Economics, 1999, (21): 81 – 92.

[4] 王济干，张婕，董增川. 水资源配置的和谐性分析[J]. 河海大学学报. 2003, 11: 702 – 705.

[5] 龚增泰，徐中民. 干旱区内陆河流流域水资源管理配置数学模型[J]. 2002, 8: 380 – 386.

[6] 刘玉龙. 区域经济分析 – 理论与模型[M]. 北京：中国科学技术出版社，1997.

基于卫星的黄河流域干旱监测研究

王春青[1]　邱淑会[1]　张芳珠[2]　Marjolein De Weirdt[3]

(1. 黄河水利委员会水文局;2. 黄河水利委员会河南水文水资源局;
3. 荷兰 EARS 公司)

摘要:干旱是指在一定区域内近地面生态系统水分不足的一种自然现象,是一种周期性发生的气候现象。产生干旱的直接原因是在较长的时段内降水量偏少,不能满足近地面生态系统水分的需求。旱灾是影响社会、经济和环境的最大的自然灾害之一,是农业生产的重要制约因素。为了减轻干旱灾害的影响和损失,利用有效手段及时了解旱情的发生、发展,开展干旱监测和预测工作是非常必要的。目前,对于干旱的监测和预测通常采用干旱指数法,如气象干旱指数、农业干旱指数、水文干旱指数以及遥感指数等。本文分别介绍了利用气象干旱指数和遥感指数两种方法对干旱进行监测,以及这两种方法在黄河流域干旱监测中的应用和验证。

关键词:黄河流域　干旱　指数　监测

1　概述

干旱是一个复杂的自然现象,它的形成以及强度是一个渐近和积累的过程,发生缓慢而不易被察觉。干旱通常可以理解为:水分的收与支或供与求不平衡而引起的水分短缺现象。干旱的发生包含了很多复杂的过程和因子,不仅与降水的多少和分配有关,还与蒸发、土壤含水量、径流量等多种因子有关。此外,干旱又与不同地区、不同农作物及作物的不同生长期直接相关。

长期以来,由于气候变化和降水时空分布的高度不均匀性,大范围的干旱在我国频繁发生。1949 年以来较严重的旱灾平均每两年出现一次,平均年受旱面积为 3 亿亩以上,因旱灾年均减收粮食约 50 亿 kg。显然,干旱已成为制约国家农业和整个国民经济持续发展的重要因素。近十几年来,随着社会经济的发展以及人类活动的影响,黄河流域的水资源供求矛盾也非常突出。干旱灾害的频繁发生,不仅给黄河流域农牧业生产,也给工业生产带来了严重的影响,造成严重的经济损失。干旱导致的缺水与高温,也极大地影响了人民的生产生活。同时干旱又对环境造成了破坏,加剧了部分地区土地的干化和河湖断流、干涸,加重了水体的污染,致使水环境恶化、土质的退化,也加剧了土地荒漠化的危害。

对干旱的监测主要有短期和长期两类，短期的时间尺度一般从旬到季，表示近期的干旱程度，要求实时性强，能快速反映干旱的发展变化；长期干旱的监测以年度为基本时间尺度，通过 1 ~ 3 年的降水变化表达水资源盈亏的状况。

目前对大范围的旱情除了可以利用降水量和其他天气资料进行间接判断，另外通过遥感资料也可以进行干旱监测。

2 降水距平指数

降水距平是反映某地区水分盈亏最基本和最直接的表示方法，计算过程为用实际降水量除以多年平均降水量（通常考虑为 30 年平均值）再乘以 100%。降水距平或距平百分比的优点是简单、直观，一般能反映变化和异常，对不同地区具有一定的可比性，即把干旱定义为月或年降水量低于多年平均值的距平百分比。反映的是短期气候异常状况。我国中央气象台规定，以连续三个月以上降水量比多年平均偏少 25% ~ 50% 定为一般干旱，偏少 50% ~ 80% 定为重旱，连续两个月降水量比多年平均偏少 50% ~ 80% 为一般干旱，偏少 80% 以上为重旱。一个地区的正常降水应为 100%。

由于受地区条件或季节条件的影响，以及在不同时间尺度上也会有所变化，单一的固定时段降水距平百分比值并不能很恰当地表示某地的干旱状况，一方面当前旱情与前期的干湿状态有关，另一方面干旱的时间尺度难以描述，而这是干旱的重要特征。为了更好地应用降水距平百分比，采用降水距平指数通过对其在时间尺度上的综合在一定程度上表达上述两方面的干旱特征，从而得到比一般的降水距平数据更多的信息含量，实现对干旱的客观有效监测。

降水距平指数（PAI）：综合考虑近 10 日内的降水距平以及前一个月和三个月的降水距平对当前的影响，适用于短期干旱的监测。

原理：单站 0 ~ 10 天、10 ~ 30 天、30 ~ 90 天三个时段的降水距平加权求和。

方法：降水距平指数（PAI）$=0.6R_1+0.25R_2+0.15R_3$

这里，R_1 是计算时刻开始过去 10 天累计降水量的距平百分率值；R_2 是计算时刻开始过去 10 天至前 1 月同天共 20 天累计降水量的距平百分率值；R_3 是计算时刻前 1 月开同天至前 3 月同天共 60 天累计降水量的距平百分率值。

降水距平指数与旱涝等级表见表 1。

3 遥感监测干旱指数

旱情的监测最初是利用气象数据，数据主要来源于气象站点。由于气象站点空间分布及其代表性问题，用其点上观测的数据代表面上的情况在有些区域不能较客观地反映实际情况。而遥感技术可以在时间上、空间上快速获取大面积

表1　降水距平指数与旱涝等级

PAI 值	旱涝等级
< -80	极端干旱
-80 ~ -45	严重干旱
-45 ~ -25	中等干旱
-25 ~ -15	轻微干旱
-15 ~ 20	正常
20 ~ 40	轻微湿润
40 ~ 75	中等湿润
75 ~ 120	严重湿润
> 120	极端湿润

的地物光谱信息,不仅能宏观地监测地表水分收支平衡情况,还能微观地反映由于水分的盈亏引起的地物光谱、地表蒸散变化。这是利用常规站网所无法达到的,其代表性远远高于常规数据。

相对传统方法,遥感技术宏观、客观、迅速和廉价的优势及其近年来的飞速发展,为旱情监测开辟了一条新途径。卫星系统以相当少的设备提供全球尺度上时间和空间连续的数据,基于卫星数据进行干旱监测的潜力明显增强。

目前国内采用遥感方法进行旱情监测的主要方法为利用 NOAA AVHRR 或 MODIS 数据进行植被绿度旱情监测、地表热特征旱情监测、植被状况与地表温度旱情监测、叶面含水量旱情监测等。

根据荷兰环境分析与遥感公司(EARS)利用能量与水平衡基本原理,开发的基于气象卫星(FY-2C)和地面降水资料进行反演降水与蒸散发的能量与水平衡系统(EWBMS)的计算成果,采用联合国防治荒漠化公约(UNCCD)定义的气候湿润指数(CMI)和土壤湿润指数(SMI),以及农业干旱中采用的蒸散发干旱指数(EDI)对干旱情况进行监测。

3.1　气候湿润指数

1994 年,联合国防治荒漠化公约中将气候湿润指数定义为

$$气候湿润指数(CMI)=降水量(P)/蒸散发能力(LE_P)$$

气候湿润指数指的是气候条件,为了得到较有意义的产品,最好产品的周期为一年。尽管也能生成短周期的产品,但要比较有意义的产品,建议处理的周期为半年。

面上的降水量可以通过云生命史法对气象卫星云图进行降水反演,利用地面站观测的降水量进行校正而得到。而蒸散发能力通过能量与水平衡原理,利用卫星云图资料反演得到。

3.2 土壤湿润指数

1994 年,联合国防治荒漠化公约中将土壤湿润指数定义为

土壤湿润指数(SMI) = 实际蒸散发(LE)/蒸散发能力(LE_P)

土壤湿润指数指的是实际地表的干旱状态,为了得到较有意义的产品,最好产品的周期为一年。尽管也能生成短周期的产品,但要比较有意义的产品,建议处理的周期为半年。

面上的实际蒸散发和蒸散发能力通过能量与水平衡原理,利用卫星云图资料反演得到。

3.3 蒸散发干旱指数

蒸散发干旱指数是农业干旱所采用干旱指数,农业干旱是发生在可用水量不能满足作物的生长需求时。蒸散发干旱指数不仅给出目前土壤含水量信息,而且也给出作物生长状态下土壤的物理结构和生物特性。作物生长情况和光合作用与给植物能提供的水量有直接的关系。影响蒸散发干旱指数的因素包括作物不同生长阶段、植物的生物特性和天气条件等。

蒸散发干旱指数定义为时间尺度基于两个月的相对蒸散发的平均值:

蒸散发干旱指数(EDI) = $\sum$(相对蒸散发(RET))/N

= $\sum$(实际蒸散发(LE)/LE_P)/N

这里:N 是两个月的天数。根据蒸散发干旱指数的值进行农业干旱的划分见表 2。

表 2 农业干旱分类

EDI 值	农业干旱分类
0.9～1	最佳可供水量
0.8～0.9	次最佳可供水量
0.6～0.8	轻度农业干旱
0.5～0.6	中度农业干旱
0.3～0.5	重度农业干旱
0.0～0.3	极度农业干旱

农业干旱指标给出作物所需可用水量的信息。农业干旱指标与土壤湿度和地表的实际干旱情况密切相关。可用水分是影响作物和植物生长的最重要的因子。蒸散发干旱指数的时间尺度选用两个月,是由于在作物生长期间进行评估作物生长状况和估算可能作物产量方面比较合适。

4 应用与验证

利用降水距平指数方法和原理,可以逐日制作黄河流域降水距平指数图。

图 1 所示为 2006 年 12 月 31 日的降水距平指数图。图 2 为 2006 年 12 月下旬(21 ~ 31 日)降水距平图。图 3 是 2006 年 12 月 1 ~ 21 日降水距平图。图 4 是 2006 年 10 月 1 日至 12 月 1 日降水距平图。从图 1 至图 4 可以看出,2006 年 12 月 31 日的降水距平指数图上在黄河流域山陕区间以及兰州以上相对较湿润,主要原因是 12 月下旬,山陕区间降水距平偏多 100% 以上,兰州以上 12 月中上旬降水距平偏多 100% 以上。由于降水距平指数是将最近 10 天的降水与前一阶段降水综合考虑的结果,因此对近期的干旱和湿润程度反应比较敏感,同时也更客观准确。

利用能量与水平衡原理,由气象卫星资料反演得到的面上的降水量和相对和实际蒸散发以及蒸散发能力,得到蒸散发干旱指数图和土壤湿度指数图,从图 5和图 6 中可看出,干旱和湿润的区域与降水距平指数图相比有相同的区域,也有不同的区域,这与干旱指数的侧重点和相应计算时段不同有关,但总体能反映出黄河流域的干旱和湿润的整体情况。

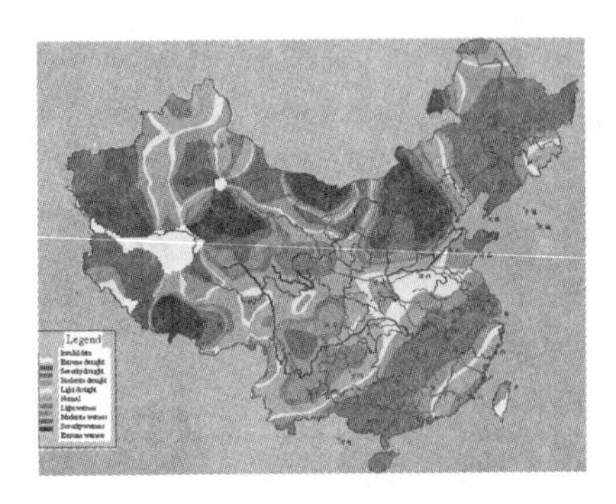

图 1　2006 年 12 月 31 日降水距平指数图

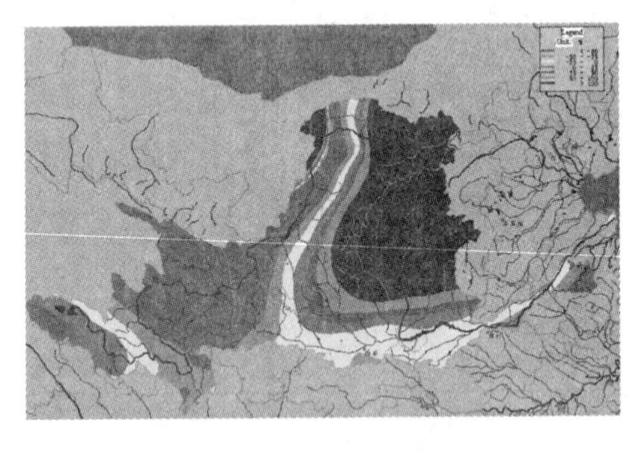

图 2　黄河流域 2006 年 12 月下旬降水距平图

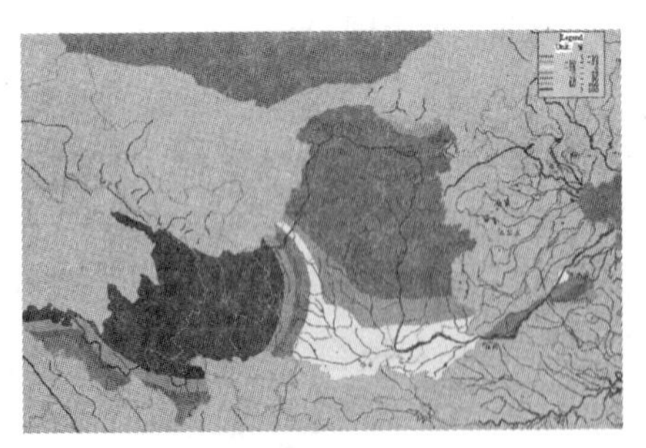

图 3　黄河流域 2006 年 12 月 1 ~ 21 日降水距平图

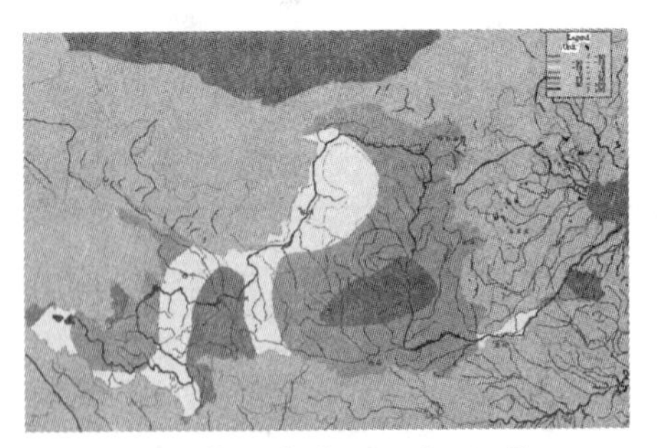

图 4　黄河流域 2006 年 10 月 1 ~ 12 月 1 日降水距平图

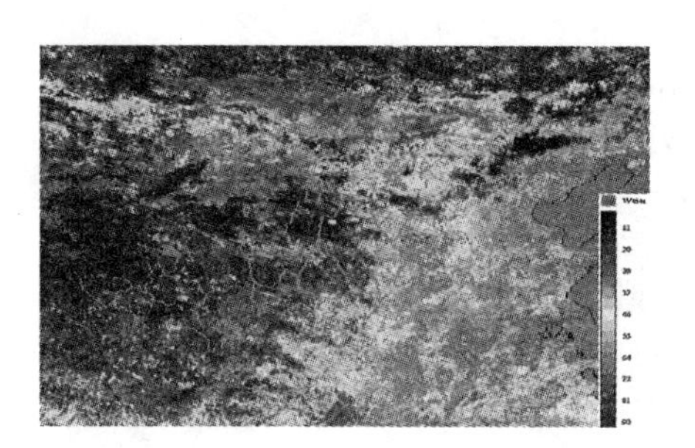

图 5　黄河流域 2006 年 10 月
1 日～12 月 1 日蒸散发干旱指数图

图 6　黄河流域 2006 年 10 月
1 日～12 月 1 日土壤湿度指数图

应用区域气候模型对黄河流域进行降雨模拟

马燮铫[1] Takao Yoshikane[1] Masayuki Hara[1]
Fujio Kimura[1,2] Yoshihiro Fukushima[3]

(1. 日本全球变化边缘科学研究中心;2. 日本筑波大学;
3. 日本人文与自然研究院)

摘要:为了评价黄河流域水资源的变化,利用天气观测与预报模型(WRF)对黄河流域1980~1997年的降雨情况进行了模拟。结果显示,在三门峡以上四个区域中,通过对比模拟值和利用雨量计观测的实测值,可以得到两种方法不同的降雨量。上游两个区域的模拟降雨与实际观测值是一致的,在中游的两个区域模拟值偏低。模型再现了整个流域的年内降雨分配,模型模拟的1980~1989年和1990~1997年两个时间段内降雨减少的数据与实测数据资料吻合。

关键词:区域气候模型 黄河流域 降雨模拟

1 引言

降雨作为一个主要的指标在水资源总量计算中起着重要的作用。黄河流域的降雨量变化很大,特别是1990年以来,降雨量呈下降趋势。因此,在黄河流域全面掌握降雨情况是全面了解水资源变化的关键。该文章利用了天气观测与预报模型(http://wrf-model.org)。该模型是一个第二代的中尺度数字天气预报系统,是由美国国家大气研究中心,美国国家海洋和大气管理局-美国国家环境预测中心/预测实验室(NOAA-NCEP/FSL),美国空军天气代理机构(AFWA)等单位联合开发的,既能服务于常规的预报,又能满足大气研究的需要。为了便于比较,选择三门峡水文站以上的四个区域作为研究范围。它们是,唐乃亥区域(W1),唐乃亥—兰州区域(W2),兰州—头道拐区域(W3)和头道拐—三门峡区域(W4)。从上到下,利用了1980~1997年雨量计观测的数据,经过0.1网格精度解析得出的降雨数据,依次比对与WRF模型的测定结果。

2 模型的建立

图1显示了该研究的研究区域,研究区域的中心点位于北纬35.5°,东经105°。水平解析精度为20 km,在x轴和y轴分别有160个和92个网格。美国国家环境预测中心(NCEP)重新分析了以6个小时作为时间间隔的数据库数据,这些数据被用来作为边界条件。通过敏感性实验检验了该模型在两个湿润年(1989、1992年)和两个干旱年(1986、1997年)的微观物理学和积云方案方面的性能。两个案例包括了整个时间段。模型在SGI Altix 4700系统下运行,运行时间间隔为60 s。

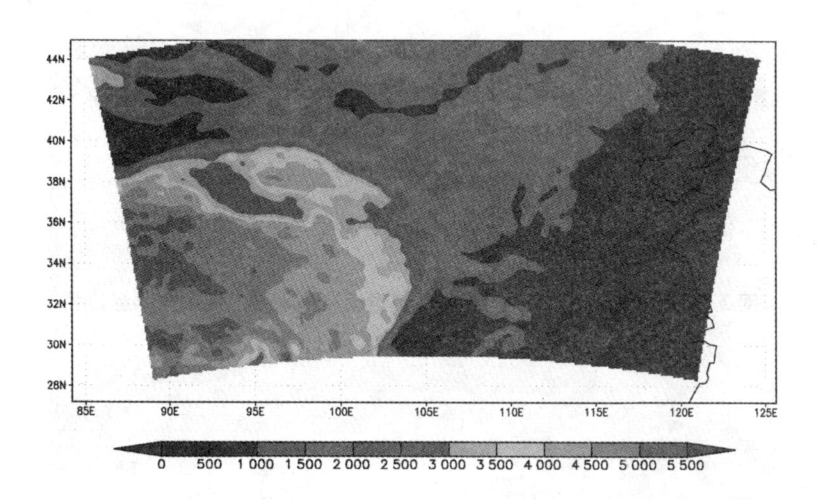

图1 本研究所选计算区域的海拔高度(单位:m)

3 结果

两种不同情况下模型的模拟结果如图2所示。在第一种情况下,对微观物理学和积云采用WSM-6类霰方案和Kain-Fritsch对流方案。在第二种情况下采用林氏(Lin)对流方案与Kain-Fritsch对流方案相结合。在本次研究中,采用基于雨量计的观测数据而得到的黄河项目(YRP)的产品之一0.1网格点上的降水量。

四个研究区域年内降水变化从图中可以充分体现出来。上游两个研究区域(W1和W2)的模拟降水量值和实际观测值一致,中游两个研究区域(W3和W4)的模拟降水量值低于实际观测值。整个黄河流域的年内降雨分配模拟值和实测值几乎是吻合的。1990~1997年和1980~1989年两个时间段降雨量减少区域的模型模拟值和实测值完全吻合(如图3所示)。

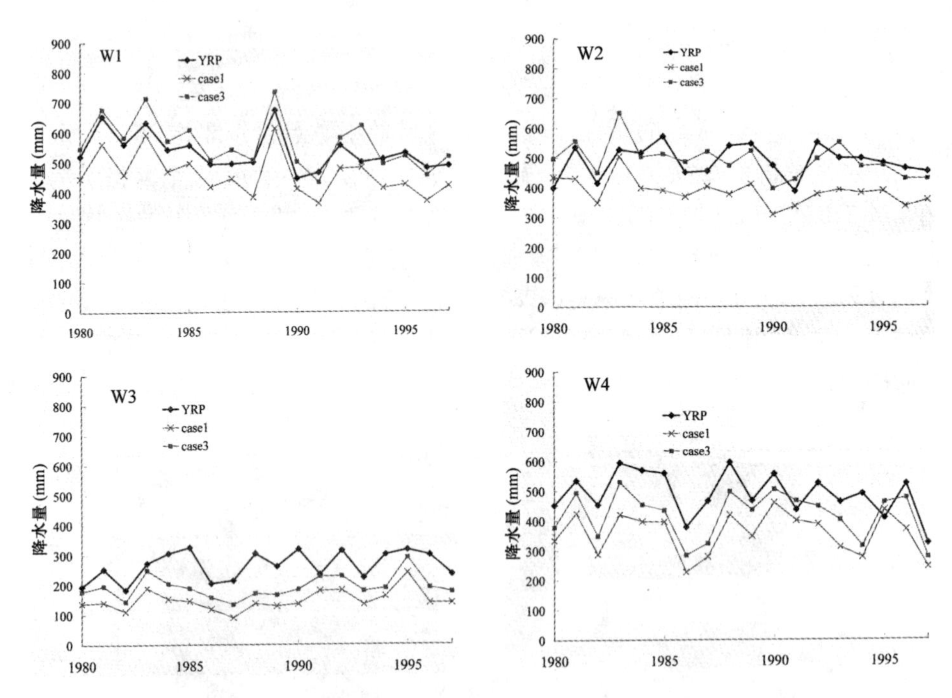

图2　1980～1997年四个研究区域模型模拟降水量与实测降水量比较

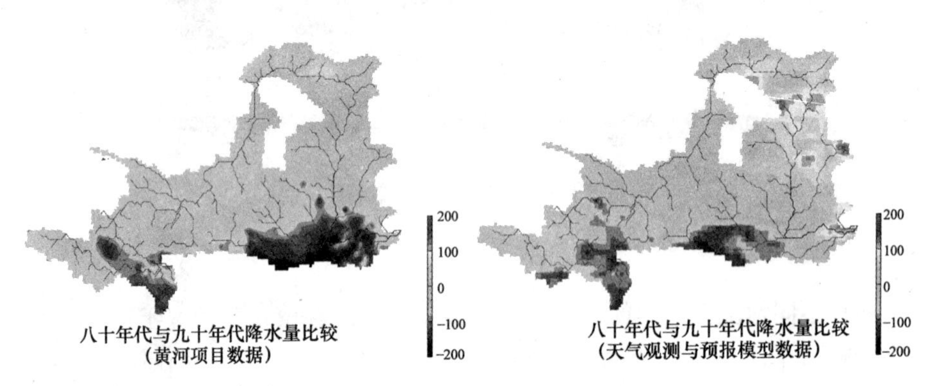

图3　1990～1997年和1980～1989年模型模拟降水量与实测降水量差异比较(单位:m)

就中游的两个研究区域W3和W4而言,还需要进行大量深入的调查,以便进一步完善降雨模拟结果的精确性。在不久的将来,一个集气候模型和水文模型为一体的综合性的水循环模拟系统将会运用。

中荷合作径流预报项目

Eric Sprokkereef[1]　Leonie Bolwidt[1]　刘晓伟[2]　陈冬伶[2]

(1. 荷兰国家交通、公共工程和水管理部水利总局内陆水资源管理与废水处理研究所;2. 黄河水利委员会水文局)

摘要:本文介绍了中荷合作建立黄河黑河子流域和莱茵河塞格子流域降雨径流预报模型项目背景、内容及技术路线。重点介绍了半分布式 HBV 水文预报模型和新安江模型,并对项目的开展进行了展望。

关键词:径流预报　莱茵河塞格流域　HBV 模型　黄河黑河流域　新安江模型

2005 年 10 月,第二届黄河国际论坛期间,荷兰国家交通、公共工程和水管理部水利总局(简称荷兰国家水利总局)的专家参加了论坛,期间访问了黄河水利委员会(简称黄委)水文局信息中心,与有关技术人员进行了技术交流。通过交流,发现黄河同莱茵河和马斯河采用的水文预报技术极其相似,双方均采用基于数据库的图形化用户界面作为输入的水文气象数据都来自地面观测站。同时,双方都计划在不久的将来采用雷达测雨作为模型输入数据。论坛期间,双方专家又以论文及现场演示的方式进行了交流与讨论。2006 年 4 月,黄委专家组应邀访问了荷兰国家水利总局,双方就径流预报问题进行了进一步深入的讨论,最终双方决定开展水文预报合作项目。

黄委和荷兰国家水利总局都承担着水文预报模型开发、流量及水位预报等工作,黄委主要负责黄河流域,荷兰国家水利总局负责莱茵河及马斯河流经荷兰境内的部分。中荷双方各自拥有自己的水文预报模型和一套刚刚升级为最新版本的水文信息传输和预警系统。双方希望通过合作互相学习,互相提高。在合作的初期阶段,主要是在莱茵河和黄河的子流域进行不同的降雨径流模型的适应性研究,以便更多地了解中荷的河流及所应用的水文学模型,同时检验彼此的水文预报模型是否可以在两个流域共享。

1　目标及方法

1.1　子流域的选择

经过讨论,双方决定选择具有代表性的中尺度子流域进行模型的检验工作,所选择的流域必须满足流域水文过程受人类活动影响较小(如堰、坝等),水文气象及地理信息数据充分等要求。基于以上考虑,最终选定莱茵河的塞格子流域和黄河的黑河子流域作为本项目的检验流域。

1.2 塞格流域简介

塞格流域是莱茵河的一个子流域,在康士坦茨湖下游660 km,德国和荷兰交界处上游大约200 km处从右岸注入莱茵河。流域面积2 861 km^2,河长150 km。塞格流域属山区性河流,坡降陡,水系发达,河道比降相当均匀,上游约为2.5 ‰,自上而下逐渐减小,河口附近比降约为1.0‰(图1)。

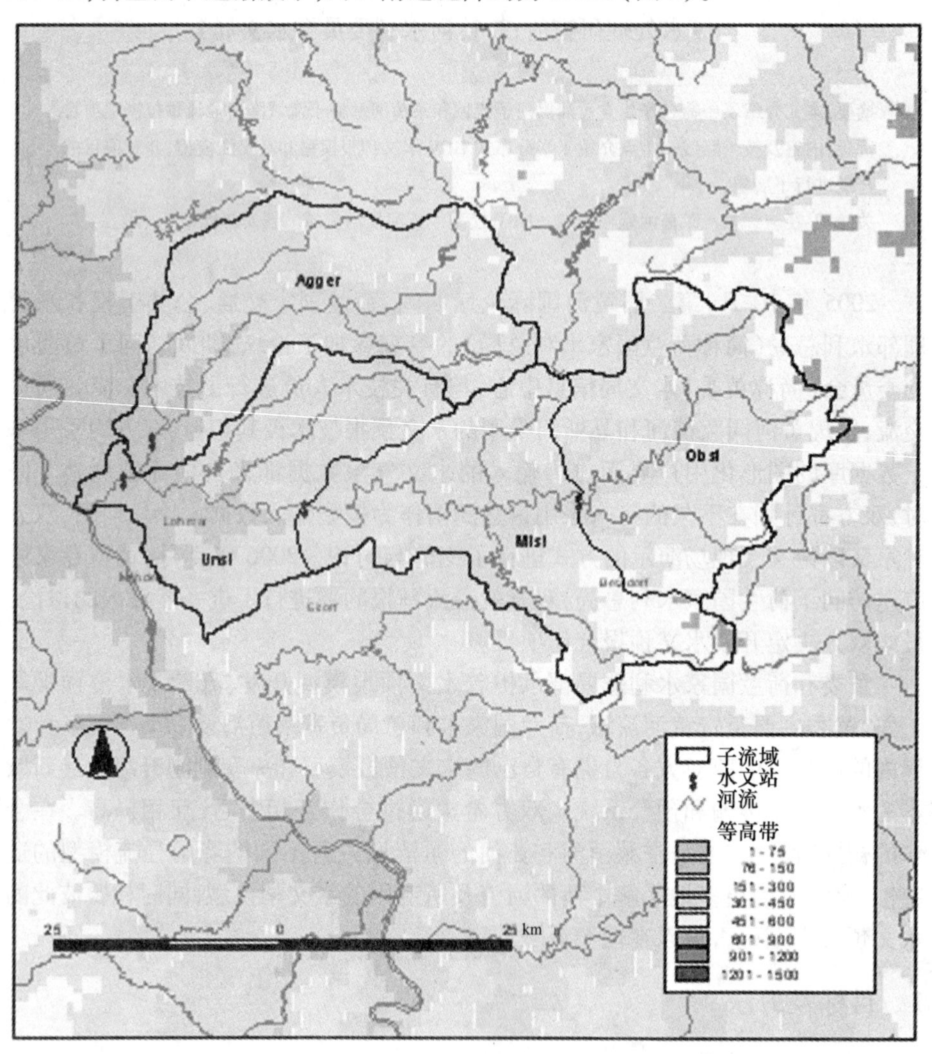

图1　塞格流域图

流域下垫面主要由低透水性岩石组成,洪水产流主要由坡面漫流和表层流形成,地下径流产洪量可忽略不计。流域植被主要是耕地和森林。

塞格流域洪水由不同天气形势形成,主要取决于季节。在夏季,对流雷暴可产生高强度局地性暴雨,易引发小流域严重洪水,但是只有当流域出现大范围暴雨时才可导致流域出口断面洪水。在冬季,大多数降雨是由锋面系统引起的,其降雨特点为范围大、历时长(通常为几天)、强度相对较小。由其产生的洪水在局部地区或许不是很重要,但可能导致流域出口断面甚至莱茵河大洪水。

流域年降水量为 800 ~ 1 000 mm,北部的 Agger 子流域由于降雨类型不同,年降水量高达 1 500 mm。大多数洪水发生在冬季。降雪对该流域水文过程可能是重要的,降雪每年都有规律地发生。理论上,降雪在气温升高及降雪期间很重要,但洪水波与降雨的关系远较与降雪的关系强。

塞格流域目前只有一小部分处于自然未开发状态。大约从 20 世纪初起沿河就建了一些大坝。沿干流两岸的淹没面积,由一场百年一遇的洪水淹没所致。流域上游建有 6 座水库,总库容大约为 1.23 亿 m^3。总的来说,水库对于洪水的影响较小。

1.3 黑河流域概况

黑河发源于秦岭北麓,是黄河最大支流渭河的一个支流,在咸阳水文站上游 20 km 处由右岸汇入渭河。流域总面积 2 250 km^2,河长 126 km。黑峪口水文站是流域的出流控制站,位于流域出口上游 35 km 处,控制面积 1 481 km^2。图 2 为黑河流域图。

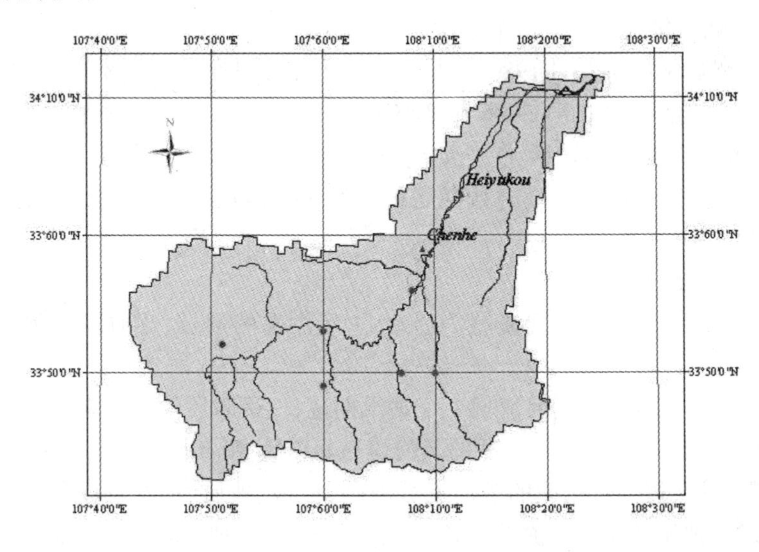

图 2　黑河流域图

黑河属山区性河流，坡降陡，水系发达，河床平均比降约为8.6‰，干流平均比降约为14.5‰。流域下垫面由较薄的岩石层组成，植被良好（植被覆盖率达85%以上）。下垫面透水性较差，洪水产流主要由坡面漫流和表层流组成，地下径流产洪量可忽略不计。

流域属大陆性气候，年平均温度约为13.1 ℃，多年平均降水量为700～900 mm，降雨集中在6～10月，大暴雨主要出现在7、8两月。7～9月的降雨量占全年总降水量的50%～60%。该流域经常出现范围大、历时长（通常5～10天，甚至更长）、强度低的连续性降雨。

黑河流域的洪水主要由高强度局地性降雨或大范围长历时降雨产生。黑峪口断面最大实测洪峰流量3 040 m^3/s（1980年），历史调查最大洪峰流量为3 620 m^3/s（1898年）。洪水特点主要表现为汇流快，洪量大。次洪径流系数为0.3～0.5。

黑峪口上游1.5 km处有座一中型水库，建于1987年，主要用于防洪、灌溉及供水。水库对黑峪口上游水文条件影响较小，但对黑峪口以下的洪峰及洪量影响较大。

2 资料系列

2.1 塞格流域资料系列

（1）气象资料包括：①1980年1月～1995年2月塞格流域20个站14场洪水逐时段气象资料；②1996～2006年塞格流域3个站6小时气象资料；③1961～2000年塞格流域3个站逐日气象资料。

（2）水文资料包括：①1980年1月～1995年2月塞格流域8个站14场洪水逐时段流量资料；②1961～2006年塞格流域3个站逐时段流量资料。

（3）地理信息资料包括：①土地利用资料；②来自欧洲土壤库的土壤类型资料；③75 m×75 m网格尺度的数字高程模型；④流域、河流、气象站及水文站的位置等数字资料。

2.2 黑河流域资料

（1）1990～2005年黑河流域7个站11场洪水的逐日、逐时段降雨资料（见表1）。

（2）2000～2005年黑河流域1个站汛期逐日、逐时段流量资料。

（3）从美国地调局网站下载的黑河流域90 m×90 m DEM、土地利用及土壤类型资料，取自黄委数据库的黑河流域河网、植被、地质、地貌及高程等资料，同时还通过各种途径获得了流域内各水文站、气象站的地理位置等资料。

表1 黑河流域资料

站名	资料类型	资料系列	说明
厚畛子	逐日、逐时段降雨	1990~1996，1999~2005	1997，1998年资料缺失
沙梁子	逐日、逐时段降雨	1990~2005	
板房子	逐日、逐时段降雨	1990~1996，1998~2005	1997年资料缺失
老水磨	逐日、逐时段降雨	1990~2005	
小王涧	逐日、逐时段降雨	1990~2005	
金井	逐日、逐时段降雨	1990~2006	
陈河	逐日、逐时段降雨	2000~2005	
	逐日、逐时段流量	2000~2005	
	实测流量	2002~2005	
黑峪口	逐日、逐时段降雨	2000~2005	
	逐日、逐时段流量	2000~2005	
	实测流量	2000~2005	
	逐日蒸发量	2000~2005	
	大断面资料	1991~2001，2005	

3 水文模型

3.1 HBV模型简介

HBV模型主要用于莱茵河流域的水文模拟。HBV模型是一个概念性半分布式降雨—径流模型，该模型是由瑞典水文气象研究所于20世纪70年代初开发的。

由于HBV模型属于概念性模型，只对产流过程进行了简单的描述。下面对模型的三个组成部分及相关参数作简单的介绍。

3.1.1 降雨及降雪模拟

HBV模型的降水输入分为降雨和降雪两部分，主要由临界温度控制，当温度低于临界温度（参数*tt*）时，做降雪处理；在一定的温度范围内（参数*tti*），可进行降雨到降雪的连续性转化。融雪量按度—日因子以气温指标法进行计算（融雪因子*cfmax*）。降雪分布根据海拔、植被的不同分别进行计算。

3.1.2 土壤含水量模拟

此模块主要用来模拟过剩水量即用于产流的水量、实际蒸发量以及土壤含水量。径流系数取决于实际土壤含水量与土壤持水能力之比（参数*fc*）以及动态出流指数（参数*beta*）。参数*lp*为实际蒸发量等于蒸发能力时的土壤含水量，蒸发能力作为输入数据，对于林地需要用校正系数（*cevpfo*）对蒸发量进行校正。同时，此模块也可对植物截流分林地及裸露地进行模拟（参数*icfo*和*icfi*）。

3.1.3 径流模拟

过剩水量的径流产生过程是通过响应函数来进行模拟的。响应函数由上层土壤含水带和下层土壤含水带两部分组成,上层土壤含水带用非线性水库进行模拟(参数包括 *khq*、*hq* 及 *alpha*),代表直接径流;下层土壤含水带用线性水库进行模拟(消退系数 k_4),代表基流,主要靠地下水补给。地下水补给量由土壤水渗透到地下水的最大水量(参数 *perc*)控制。径流的时空分布通过转换函数来模拟,其中用到滞留参数(*maxbas*);此过程是通过三角形权重分布实现的简单的滤波技术,如图 3 所示(SMHI,1996)。图 3 对 HBV 模型中径流的形成过程进行了简要的描述,包括模型中应用的主要参数及公式。

半分布式 HBV 模型以子流域作为空间计算单元,同时每个子流域又根据海拔及植被(仅区分林地和非林地)的不同划分成不同的带,每个带的面积与其特性在该子流域所占的比例成正比,但其在地理位置上是无法定位的。

模拟的整个流域称为区域,区域中的各个子流域通过马斯京根河道洪水演算连接到一起。

3.2 新安江模型简介

新安江模型是基于蓄满产流的半分布式降雨—径流模型,主要用于湿润半湿润地区。新安江模型的径流由三个部分组成,即地表径流、壤中流及地下径流,模型蒸散发采用三层土壤蒸散发模式进行模拟。在流域面积较小的情况下,通常采用集总式新安江模型;在流域内降雨分布不均匀的情况下,通常采用分散式新安江模型,即将流域划分为多个子流域,每个子流域称为一个单元流域,首先对每个单元流域作产汇流计算,得出单元流域的出口流量过程线,再进行出口以下的河道洪水演算,最终求得流域出口的出流过程。模型包含的参数较多,大部分参数都具有实际的物理意义,因而参数的率定并不难。新安江模型计算流程图如图 4 所示。

图 4 中方框内是输入、输出及状态变量,方框外是模型参数。

新安江模型的计算包括以下四个部分。

3.2.1 蒸散发计算

新安江模型的实际蒸散发是基于蒸散发能力及三层土壤含水量进行计算的,该部分应用的模型参数包括 *EK*,*UM*,*LM* 及 *C*。当上层土壤含水量满足蒸散发能力的情况下,各层土壤的蒸散发量计算如下:

$$EU = EK \cdot EM \cdot EL = 0.0, ED = 0.0$$

当上层土壤含水量不能满足蒸散发能力,但下层土壤含水量较充足的情况下,各层土壤的蒸散发量计算如下:

$$EU = WU, EL = (EK \cdot EM - EU)WL/LM, ED = 0.0$$

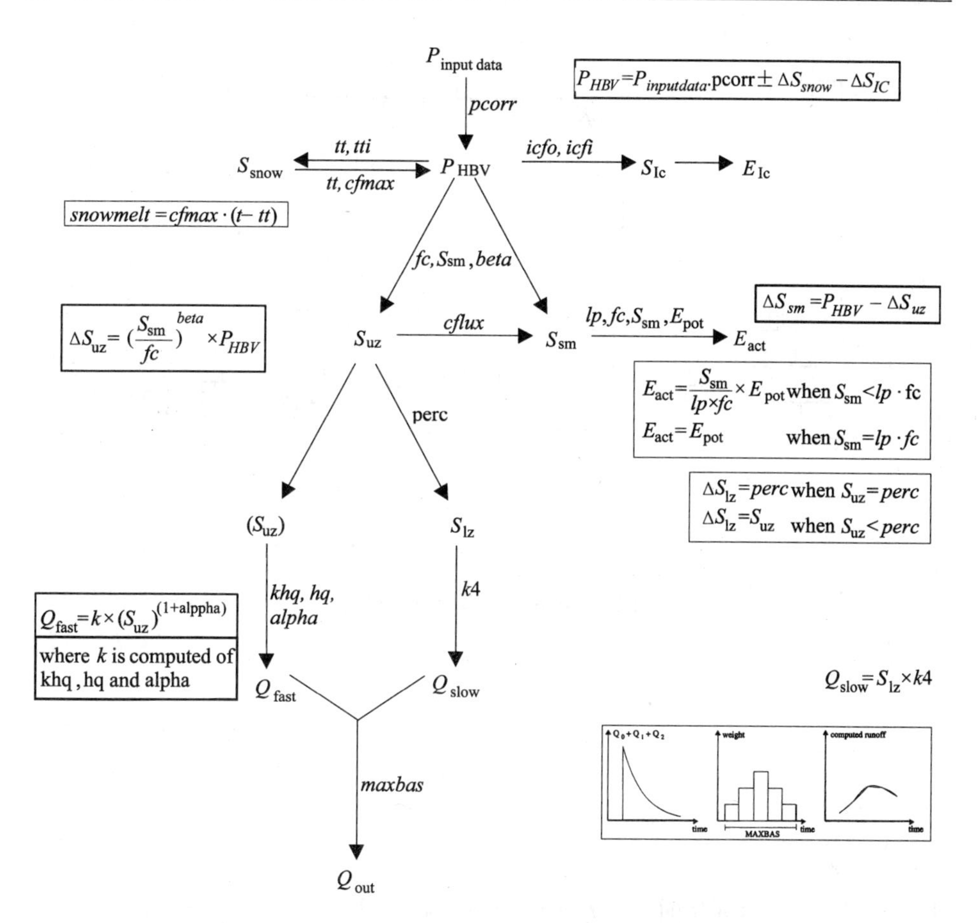

$P_{\text{input data}}$—输入实测降水；S_{sm}—土壤湿度；Q_{fast}—坡面径流；

P_{HBV}—HBV 模型有效降水；E_{act}—实际蒸散发；Q_{slow}—土壤径流；

S_{snow}—降雪量；S_{uz}—上层土壤含水量；Q_{out}—流域出口断面径流；

S_{I_c}—植物截留水量；(S_{uz})—剩余上层土壤含水量；E_{I_c}—植物截留部分蒸发量；

S_{lz}—下层土壤含水量

图 3　HBV 模型简化流程图

当下层土壤含水量不充足，但 $WL \geqslant C \cdot (K \cdot EM - EU)$ 时，各层土壤的蒸散发量计算如下：

$$EU = WU, EL = C(EK \cdot EM - EU), ED = 0.0$$

否则，当 $WL < C(K \cdot EM - EU)$ 时，各层土壤的蒸散发量计算如下：

$$EU = WU, EL = WL, ED = C(EK \cdot EM - EU) - EL$$

3.2.2　*产流量计算*

对于流域上的某一点而言，只有当有效降雨超过该点的蓄水容量的情况下

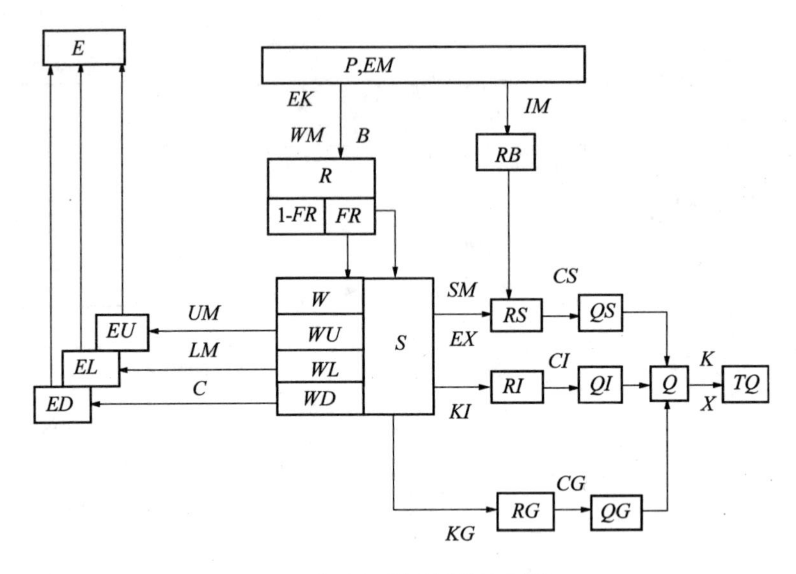

图4　新安江模型计算流程图

才产流。即：

$$A = MM[1 - (1 - \frac{W}{WM})^{\frac{1}{1+B}}]$$

$$MM = WM \cdot \frac{1+B}{1-IM}$$

当时 $P - E < 0$ 时，$R = 0$

当 $P - E + A < WM$ 时，$R = P - E - WM + W + WM(1 - \frac{P-E+A}{WM})^{(1+B)}$

否则有：

$$R = P - E + W - WM$$

3.2.3　分水源

$$SSM = (1 + EX)SM$$

$$AU = SSM[1 - (1 - \frac{S}{SM})^{\frac{1}{1+EX}}]$$

总的产流量 R 分为 3 个部分，即：RS—地表径流，RG—地下径流，RI—壤中流。

$$FR = \frac{R - IMP(P-E)}{P-E}$$

$$RG = S \cdot KG \cdot FR$$

$$RI = S \cdot KI \cdot FR$$

当 $P - E < 0$ 时，$RS = 0.0$

当 $P-E+AU<SSM$ 时,$RS=[P-E-SM+S+SM(1-\frac{P-E-AU}{SSM})^{1+EX}]FR$

否则,有:

$$RS=(P-E+S-SM)FR$$

3.2.4 汇流计算

汇流分为坡面汇流和河道汇流两部分,到单元流域出口断面的汇流通常采用单位线法,或滞后演算法进行计算,当然也可以用马斯京根汇流演算法进行计算。但马斯京根法通常用于河道汇流计算。

4 项目开展情况

目前项目正在进行中,黄委水文局已经开始应用新安江模型对塞格流域进行模拟,荷兰国家水利总局提供了模型运行所需的塞格流域的资料。同时,荷方也开始了利用 HBV 模型对黑河流域的模拟,黄委也提供了模型运行所需的所有资料。双方的合作开始于 2006 年底在郑州举办的项目启动会,项目初步成果将于 2007 年第三届黄河国际论坛期间展示。

本项目主要对 HBV 模型在黑河流域的适用性及新安江模型在塞格流域的适用性进行检验。两个流域都建立了空间模拟结构,同时对所获得的资料系列进行了分析,模型参数的率定及检验将采用不同的资料系列。

利用 WMS(流域模拟系统)软件对 MAROON 河水库坝区实时洪水预报系统的检验报告

Baghalnezhad Arash

(Karoon 河流域水库大坝规划组,伊朗阿瓦士)

摘要:坝型水库的最佳开发需要短期和长期的逐步规划。一般来讲,坝型水库的开发取决于河流的径流量。在不同的水文与气候条件下,入库的水量也许不同。本研究课题所主要关注的是描述 Maroon 河水库断面处的实时洪水预警系统。流域模拟系统(WMS)软件被用来筹备一套洪水预警系统,总体上我们需要通过两个基本步骤来提出洪水预警系统,包括基于所记载的历史资料(包括河道流量、降水及气温等)的流域模型的校准和利用水力学及水文方法所进行的河流不同断面的洪水演算。

关键词:河道径流分析 洪水预警系统 坝型水库最佳开发

1 引言

考虑到人口增长、人类活动、地球水力变化等因素,伊朗作为一个地处干旱区、降雨不足的国家,有必要着眼于长远发展,制定一些能使水资源利用得以最优化的计划,并且这一需求也比以往任何时候都显得更为迫切。

如果想制定一个合理的方案并满足开发产生的对有限水资源提取量的增加,那么所要做的最重要的努力就是在运用和获取准确的统计结果与水资源信息调查的基础上进行创新。

如今,由于技术的发展、先进科技的运用及实用电子仪器的合理利用,不仅统计的精度得以提高,转化的速度也得到了相应的提高。

统计的精度与转化的速度越高、越快,水资源研究方面的决策就越理性、越具有经济效益。

因此,在水资源探索与研究领域所获取的成果已成为制定经济与社会目标所需要的重要依据，伊朗已从中获益匪浅。

从流域的观点来看待伊朗全国的地表水，Khuzestan 省还是很有潜力的。Maroon 河流域（Maroon 河坝型水库所在地）面积 3 824 km^2，位于东经 49′50″～51′10″，北纬 30′30″～31′20″之间，海拔与 Behbahan 市相同。

Maroon 河流域被流经 Khuzestan、Kohkiloye 和 Boyerahmad 三省的 Zohre 河与 Karoon 河所环绕。Maroon 河由 Loadab、Absaghaveh、Abshoor、Abcharusagh 和 Abghellat 河的主要支流汇集而成，流经 Maroon 大坝后，流入 Behbahan 平原，灌溉着这一平原流入狭窄的斜坡地带。

在向山脉方向行进 45 km 后，Maroon 河开始向西北流去，并进入狭窄的 Jayzan 平原。

流经 Jayzan 平原后，还有些别的支流汇入 Maroon 河，之后 Maroon 河便与 Allah 河汇合形成了 Jarahi 河，灌溉着 Khalafabad 平原，并继续流向 Shadegan 平原。

洪水到来时，该河便大范围地扩散到了 Shadegan 平原四周，并最终汇入波斯湾。

Maroon 水库控制面积的 71% 位于 1 500 m 以上的高度。由于特殊的气候环境，该地区被划归为了潮湿的扎格罗斯高地的一部分，并且降水量较大，是 Maroon 河水资源的主要来源地。不同海拔的地表面积分布如表 1 及图 1 所示。

表 1　不同海拔的地表面积分布

序号	海拔范围（m）	平均海拔（m）	流域地表面积		地表面积百分比	
			部分（km^2）	累计（km^2）	部分（%）	累计（%）
1	360～500	430	29	29	0.8	0.8
2	500～1 000	750	720	749	19.1	19.9
3	1 000～1 500	1 250	955	1 704	25.3	45.2
4	1 500～2 000	1 750	980	2 684	26.0	71.2
5	2 000～2 500	2 250	825	3 509	21.9	93.1
6	2 500～3 000	2 750	240	3 749	6.4	99.5
7	3 000～3 415	3 028	21	3 770	0.6	100.0

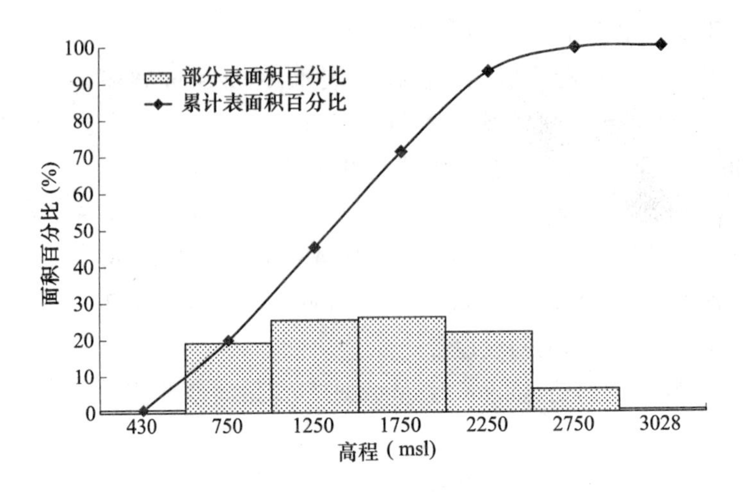

图 1　Maroon 河流域测高法所得高程与地表面积百分比柱状图及曲线

2　Maroon 河特定水文测站区自然地理特征概述

此项调查在 Maroon 河流域，以及 Idenak、Behbahan 和 Chamnezam 子流域已完成。表 2 显示了特定子流域的简明自然地理特征。

表 2　特定子流域的简明自然地理特点

站点	河流	流域形状及地表面积			等效矩形			流域海拔		河流线性概况		
		表面积（km^2）	周长（km）	凹陷系数	长（km）	宽（km）	斜度（%）	最低（m）	最高（m）	长度（km）	毛斜度（%）	净斜度（%）
IDENAK	MAROON	2 754.0	314.9	1.68	136.4	20.20	2.05	610	3 400	97.5	1.72	1.13
BEHBAHAN	MAROON	3 824.2	413.0	1.68	185.5	20.62	1.66	325	3 400	146.3	1.33	0.99
CHAMNEZAM	MAROON	5 401.0	493.4	1.68	227.8	23.71	1.41	195	3 400	201.3	1.03	0.61

3　Maroon 河水文测站均匀度检验

在分析、处理资料之前，水文学家有必要确定一下统计资料的质量及完整性，如果少了这一步评估，那么最后所完成的统计分析结果将不准确。我们可以通过多种方式来了解所分析的资料和图表是否均一。这些方法可被分为两组：

图解的和无图解的。

本研究课题中均匀度检验运用了无图解的方式。通过检验，Idenak、Behbahan 和 Chamnezam 水文测验站的资料在 5% 的置信水平上是均一的。

表 3 显示了 Idenak 水文测验站资料的均匀度检验（Alizadeh Amin，2001）。

表 3　Idenak 水文测验站平均流量均匀度检验（1976～2000 年）

序列号	以平均序列为基础	序列号	以中值序列为基础	年平均流量（m^3/s）	年份
1	a	1	a	27.61	1967
	a		a	40.05	1968
1	b	1	b	89.79	1969
2	a	2	a	23.01	1970
	a		a	30.76	1971
2	b	2	b	58.75	1972
3	a	3	a	22.28	1973
	a		a	44.94	1974
	a		a	46.89	1975
3	b	3	b	108.60	1976
4	a	4	a	30.89	1977
4	b	4	b	69.31	1978
5	a	5	a	41.12	1979
5	b	5	b	78.24	1980
6	a	6	a	42.81	1981
	a		a	41.99	1982
	a	6	b	51.41	1983
	a	7	a	28.00	1984
	a		a	41.99	1985
	a	7	b	51.18	1986
6	b		b	88.68	1987
7	a		b	48.69	1989
	a	8	a	35.52	1990
7	b	8	b	67.75	1991
8	a	9	a	44.96	1992
8	b	9	b	90.23	1993
	b		b	115.28	1994
9	a	10	a	18.10	1995
9	b	0	b	74.87	1996
	b		b	63.91	1997

续表 3

<table>
<tr><th>序列号</th><th>以平均序列为基础</th><th>序列号</th><th>以中值序列为基础</th><th>年平均流量(m³/s)</th><th>年份</th></tr>
<tr><td>10</td><td>a</td><td>11</td><td>a</td><td>32.69</td><td>1998</td></tr>
<tr><td>10</td><td>b</td><td rowspan="2">11</td><td>b</td><td>85.64</td><td>1999</td></tr>
<tr><td rowspan="2">11</td><td>a</td><td>b</td><td>46.67</td><td>2000</td></tr>
<tr><td>a</td><td>12</td><td>a</td><td>24.06</td><td>2001</td></tr>
</table>

中值　均值　na = 11　　nb = 11

45.82　53.14　nb = 12　　nb = 12

u = 7 − 19　　u = 7 ~ 19

4　完善 Maroon 河水文测站的统计数据

Idenak 水文测验站在 1967 ~ 1999 年之间的统计存在漏洞，主要与 1986 ~ 1987 年的水文年度有关。

因此，完善被选年的统计结果非常有必要。考虑到 Behbahan 水文站的月统计结果较为完善，于是建立起了两站之间相应的联系，其结果显示如下（见图 2）：

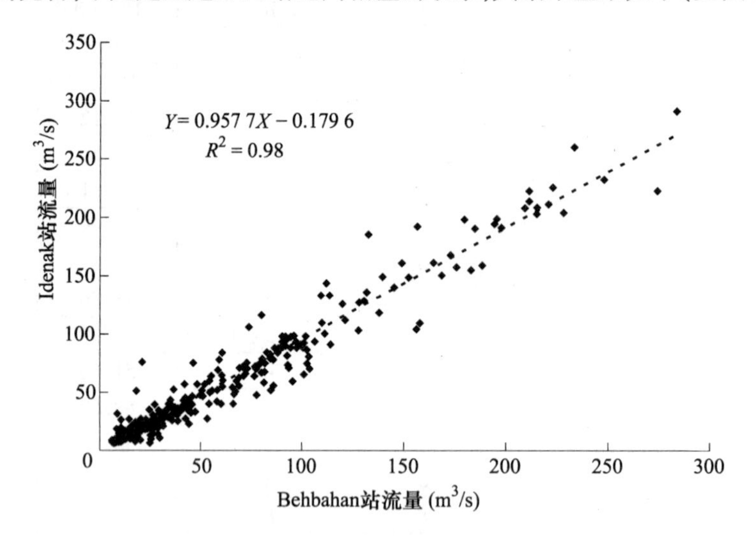

图 2　Maroon 河 Idenak 站和 Behbahan 站断面实测流量关系（1967 ~ 1999 年）

$$R = 0.98$$

$$Y = 0.957\,7X - 0.179\,6$$

$$N = 323$$

在此关系中，X 表示 Behbahan 水文站月流量(m^3/s)；Y 表示 Idenak 水文站

月流量(m^3/s)。

5 特定水文测站洪水分析

前面已经提到过,调查自 1977 年、1956 年及 1987 年在 Idenak、Behbahan 和 Chamnezam 三个水文站依次实施是可行的。在这三个站,多数洪水发生在 11 月。例如,对 Idenak 子流域已发生洪水进行分析的结果如图 3 所示。

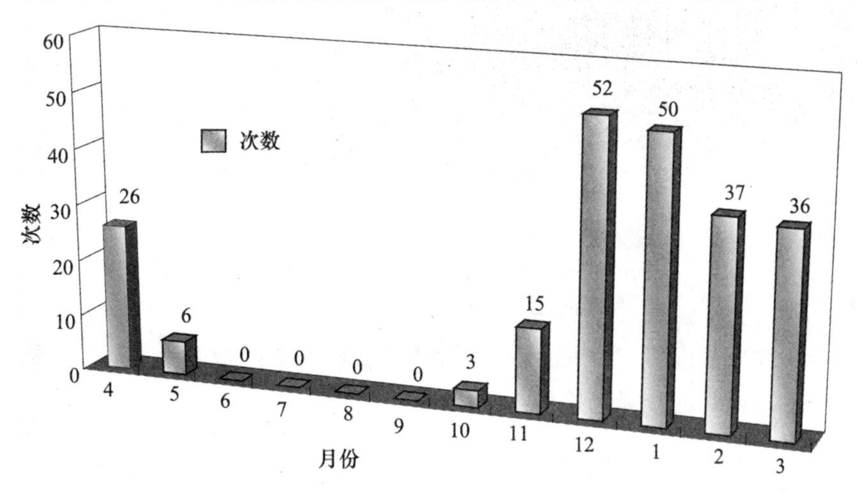

图 3 4 月至来年 3 月 Idenak 水文测站发生洪峰的频率(1967 ~ 2000 年)

同样的情形也发生在 Behbahan 和 Chamnezam 站。

6 Maroon 雨量站及大坝断面降水分析

Idenak 雨量站位于其水文站附近,海拔 560 m。自 2000 年以来的 Idenak 雨量站降水统计数据均可用。1973 ~ 1974 年水文年度的降水信息完整并且通过与 Behbahan 雨量站之间的相应关联得以延长。其关系如下:

$$R = 0.94$$

$$Y = 0.5403X$$

$$N = 323$$

其中,X 表示 Idenak 水文气象站月降雨量;Y 表示 Behbahan 水文气象站月降雨量。如图 4 所示。

另外,在相关流域的径流—降雨校准过程中,运用了小时的降水统计结果。

Behbahan 雨量站位于 Maroon 河大坝附近,海拔 333 m。自 1966 年以来的 Behbahan 雨量站降水统计数据均可用。Chamnezam 雨量站位于其水文站附近,海拔 190 m。

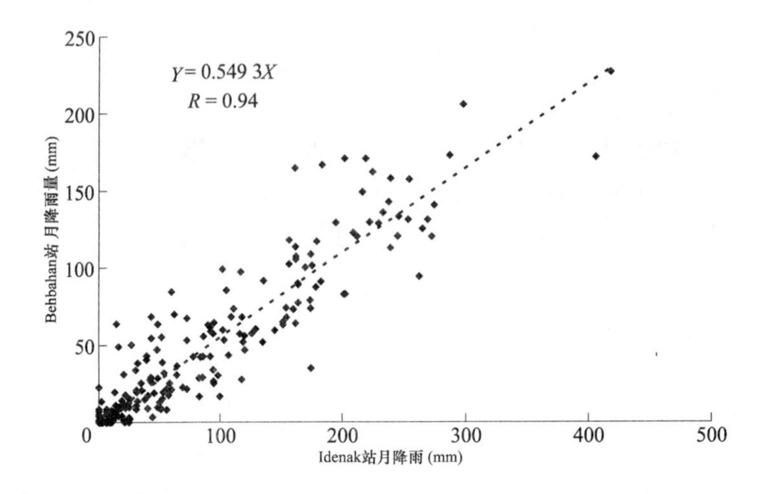

图 4　观察统计时段(1970～2000 年)Idenak 与 Behbahan 雨量站之间的降水相关关系

自 1977 年以来的 Chamnezam 雨量站降水统计数据均可用。该站与 Behbahan 雨量站的月降水关系如下：

$$Y = 0.924\,7X$$

$$R = 0.90$$

$$N = 235$$

其中，Y 表示 Behbahan 水文气象站月降水量；X 表示 Chamnezam 水文气象站月降水量。

7　Maroon 河流域积雪情况

如今，在 Dez 和 Karoon 流域有很多测雪点，通过这些测点，每年的降雪厚度、等效水深及降雪因素被依次测量出来。

遗憾的是，直到现在该项技术在 Maroon 河流域还无法实现，还没有测雪站被建成。所以，必须从靠近 Maroon 河的 Khuzestan 河流域(Karoon 河的主要支流之一)内的可用站点上提取统计信息，这一举措对于确定 Maroon 河降雪量很有帮助。

由于同样的原因，我们利用从 Lordegan 及 Yasooj 气象站获取的统计结果来确定哪些天是降雪天。

值得一提的是，利用从互联网上获得的 1989 年以来的卫星云图，Maroon 及 Karoon 流域的积雪率被计算了出来。如图 5、图 6 所示。

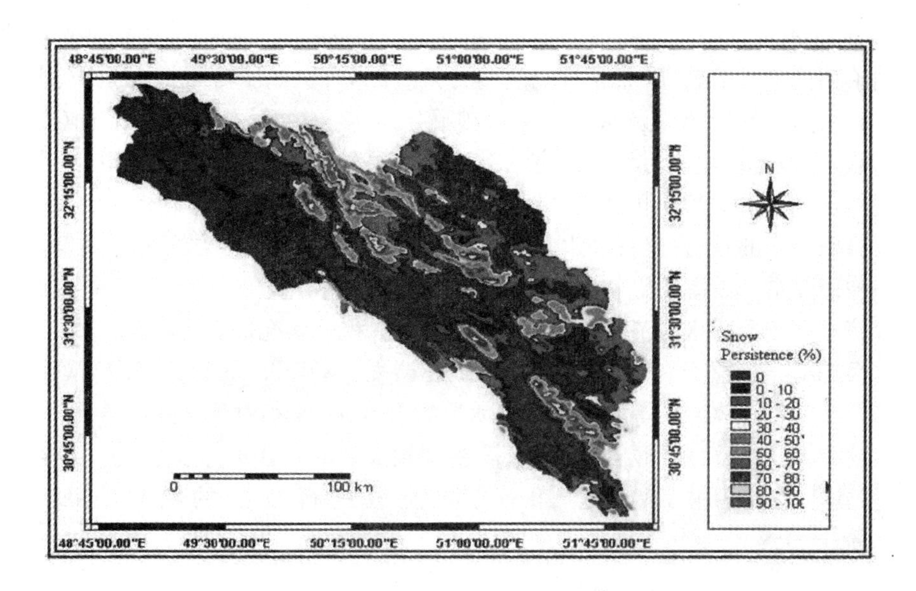

图 5　1989 ~ 2003 年 Karoon 河积雪地区及这些地区的降雪面积百分比

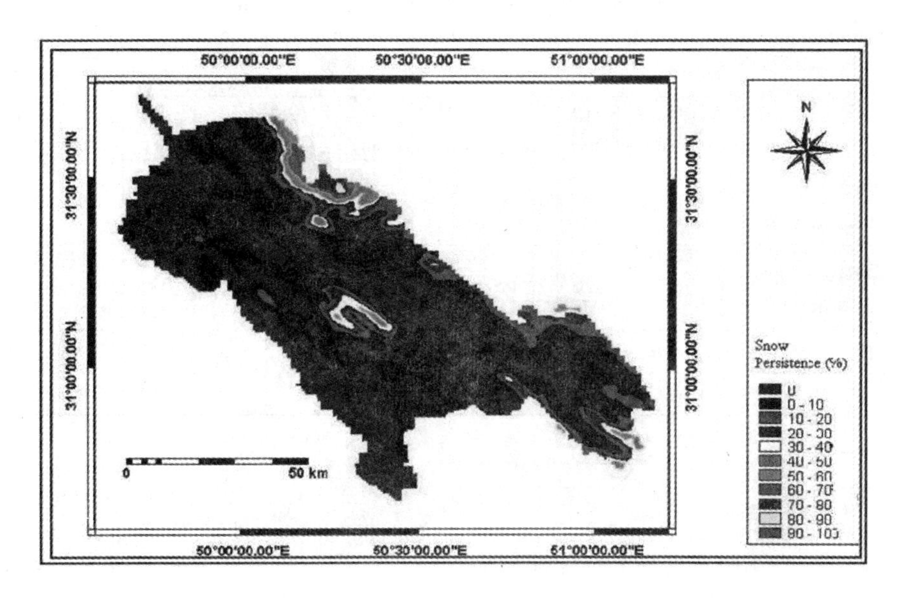

图 6　1989 ~ 2003 年 Maroon 河积雪地区及这些地区的降雪面积百分比

8　径流校准过程及不同断面洪水演算模拟参数

利用 WMS 软件,本调查已获得成功。该软件以单一事件的方式模拟洪水。其步骤为,在被选来用于校准的流域内选定一些主要洪水(例如,本研究课题选取了29场洪水以校准Idenak、Behbahan和Chamnezam子流域)。每场洪水都被分别单独地定义给软件,然后流域模型的某些部分,例如子流域地表面积、水文测站和雨量站的经纬度及水量偏差等被确定下来。接着,计算降水损耗(如渗透和蒸发)及单位水文过程线的方法被定义。另外,为了进行融雪模拟,还需要为软件定义洪水的起止日期、流域积雪海拔及高空气象站温度。

需要说明的是,在进行降水径流模型校准时,可通过两种方式来运用WMS:第一种情况是当没有积雪状况信息可用时,我们可利用已记载的降水量大小及流量信息来校准降水径流模型;第二种情况是有积雪状况信息可用时。

为确定气温下降比率,我们可从诸如WWW. IGES. ORG、WWW. ACCUWEATHER. COM等网站获取降水次数及未来24小时预计降雨量。

演算Maroon河不同断面的洪水需要利用MUSKINGUM水文方法。表4清楚地显示了利用WMS对Maroon河流域进行校准的结果(NEWAR Engineering)。

表4 利用WMS软件最终计算出的三站降水、融雪、单位水文过程线及MUSKINGUM演算方法参数

水文测站	渗透					融雪		KLARK单位水文过程线		MUSKINGU	
	STRKR (mm)	DLTKR (mm)	RTIOL (mm)	ERAIN (mm)	RTIMP (%)	STRKS (mm)	RTIOK (mm)	TC (h)	R (h)	K (h)	X
有融雪的IDENAK	4.20	10.61	1.79	0.46	0	5.28	1.77	2.69	9.11	0.91	0.45
无融雪的IDENAK	4.04	10.00	1.79	0.46	0	—	—	3.25	6.82	0.91	0.45
BEHBAHAN	1.16	2.48	1.83	0.50	0	—	—	5.01	5.52	0.90	0.35
CHAMNEZAM	0.72	3.17	3.06	0.50	0	—	—	14.11	6.97	0.91	0.45

9 结论及结果比较

如今,发达国家已在其河流流域内安设了有用的机械装置及检查人员以记录发生的重大事件,以及尽可能地避免难以应对的意外(灾难),如洪水、雪崩的发生。流域内所指派的检查人员可以记录降水量、温度、某一高度上的可用有效积雪深度,以及河流内不同断面处的水深和雪凝情况。

运用这些软件,可使流域管理向统一化的方向发展,因此我们便可以防止一些损失的发生。表5显示了在一场选定洪水中(1983-01-24)三个子流域内运用软件得出的结果对比。计算错误率低于10%。

表5　在三个水文测站利用 WMS 得出的 1983-01-24 洪水最大流量及发生时间差异率计算结果

水文站	实际洪峰最大流量 (m^3/s)	计算出的最大洪峰流量 (m^3/s)	差异 (m^3/s)	偏差比率 (%)	计算出的洪峰最长持续时间 (h)	实际洪峰最长持续时间 (h)	差异 (h)	差异率 (%)
IDENAK	697.00	635.00	62.00	9.76	15.00	15.00	0	0
BEHB AHAN	732.00	710.00	22.00	3.10	15.00	16.00	-1.00	-6.25
CHAM NEZAM	1 060.00	980.00	80.00	8.16	21.00	22	-1.00	-4.55

致谢：

感谢 Khuzestan KWTA 大坝电力中心研究与标准办公室的大力支持。

参 考 文 献

[1] Alizadeh, Amin. Hydrology. Iran: Imam Reza (Peace Be Upon Him) University,2001.

[2] NEWAR Engineering Co. Khuzestan Province The Encyclopedia Of Natural & Climatological Calamities Of Khuzestan Province, The Climate Of Khuzestan Province.

[3] Vols. Ahwaz:Khuzestan Province The Centeral Office Of Meterology,2003.

分布水文模型在宁蒙灌区水资源研究中的应用

王 欣 李 兰 武 见

（武汉大学水资源与水电工程国家重点实验室）

摘要:水资源是社会发展的重要资源。由于人类活动和气候变迁的影响,水资源的时空分布发生了较大的变化,传统的水文模型已经很难胜任目前在环境变化下的水资源研究的要求。对此,我们采用LL-Ⅲ分布水文模型来研究流域的水资源及其分布状况,分析气候变化和人类活动带来的影响。LL-Ⅲ模型中利用了GIS、遥感、DEM、土地利用、土壤结构、土地覆盖等信息来模拟流域水文过程。利用模型对宁蒙灌区日径流进行了18年的连续模拟和分析水资源的时空变换和分布,并在此基础上分析人类活动尤其是农业灌溉对水资源量和分布的相互影响。结果表明,LL-Ⅲ模型反应了水循环机理,且其可以应用于干旱半干旱地区的水资源研究。

关键词:分布水文模型 水资源 宁蒙灌区 LL-Ⅲ GIS

1 引言

水资源是社会发展的重要资源,是流域规划和可持续发展的基础。水资源研究包括水循环模拟和水资源评价等。以往大多采用水量平衡式或概念性模型（如新安江模型）或半分布水文模型（如SWAT模型）对流域水资源进行评价。但由于人类活动和气候变迁对水文过程的影响,必然导致流域水资源时间和空间分布的变化,为了得到流域更加详细的水资源状况,我们在采用有物理基础的分布水文模型来研究流域水资源研究方面作了一些探索研究。

有物理基础的分布水文模型能准确的描述水文过程的机理,充分考虑水文参数在空间的变化。随着信息技术的快速发展,分布水文模型与数字化信息和雷达测雨技术能够紧密集成,有效利用地理信息系统和遥感技术提供的数字高程、土地利用、土壤质地等空间信息,以及各种水利工程和洪泛区的调洪、蓄水、调水等信息,描述流域特征和人类活动影响在时间和空间上的变化,考虑流域的时空变异性。

2 模型

2.1 模型简介

LL-III 分布水文模型是一个发展成熟的全分布水文模型，1977 年武汉大学李兰教授结合中国丰满水库的洪水预报问题在中国率先自主创建了有物理基础分布水文模型（简称 LL-I 分布水文模型），该模型的网格高程和网格剖分采用手工输入技术，LL-I 分布水文模型包括产流模型和汇流模型，根据山坡水文学的野外试验结果和流域的界面理论来建模，土壤湿度计算采用二维对流扩散模式。2001 年李兰教授在 LL-I 分布水文模型基础上，与 3S 技术结合建立了 LL-Ⅱ分布水文模型。LL-Ⅱ模型在建模和编程的部分技术上做了重要改进，如采用 ARCINFO 技术进行数字化信息处理，并编制了建立流域网格拓扑关系的接口程序，所提出的 3 点链接技术可以解决数字计算和汇水网络汇流复杂问题和高维数值解问题，重新推导出土壤水和地下水的对流扩散方程改进了壤中流和地下径流的汇流演算方法，蒸发分为裸地、植被两种类型考虑水循环和能量平衡等。LL-I 和 LL-Ⅱ分布水文模型主要用于解决洪水预报和小时径流预报问题。2003 年，李兰教授在 LL-Ⅱ分布水文模型基础上做了重大改进推出 LL-III 模型，增加了冰情预报模型、降雨融雪模型、灌溉水估算模型、工农业用水模型、植被生态模型、水库调度模型等，截留和蒸发分为高植被、低植被、裸地、不透水、建筑、水体共 6 种类型分别计算水循环和能量平衡等，并在黄河流域水资源预报和评价方面进行探索研究。本文是作者应用 LL-III 模型在黄河流域宁蒙灌区水资源评价中的实际应用成果介绍。

LL 分布水文模型在中国 14 个水库的防洪调度系统和 8 个流域洪水预报中有成功的研究或应用，先后应用的流域范围是 30 ~ 11 900 km^2 的流域，目的是检验 LL 分布水文模型在洪水预报和水资源预报及评价中的效果和预报精度，根据检验说明该模型具有很高精度，完全满足国家防办的要求标准。2002 年 LL 分布水文模型参加美国气象局主办的“国际分布模型比较计划”，分别对美国的 BLUE 流域和 Baron Fork River（简称 BFR）流域进行了洪水模拟和验证。

2.2 模型结构

土壤—植被—大气系统包括水分的垂直运动、垂直方向上的能量平衡以及植被生态系统水循环，相应模型称为产流模型。在黄河流域宁蒙灌区水资源评价中，产流模型由降雨融雪子模型、灌溉水估算子模型、植被生态水循环子模型、能量平衡子模型、蒸发子模型、截留子模型、下渗子模型、产流子模型等组成。在垂直方向上考虑山坡水文学各种产流成分，采用土壤—植被—大气的多层模式进行计算，共分为 7 层，其结构见表 1。

表1　模型垂直分层结构

层	名称	层	名称
1	林冠层,包括林冠和林下植被	6	浅层地下水
2	枯落物层	7	深层地下水
3～5	土壤层变动层		

汇流模型包括冰情预报子模型、壤中流汇流子模型、地下水汇流子模型、坡面流汇流子模型、河流汇流子模型、工农业调水子模型、水库调度泄流子模型等。在水平方向上,先采用GIS软件(ArcGis8.3,ESRI)处理流向、流路,再排列出网格单元、子流域优先计算顺序,根据优先计算顺序再用水动力学连续和动量方程依次演算到每一层的各个空间网格节点上,采用数值差分格式求解。图1为模型系统示意图。

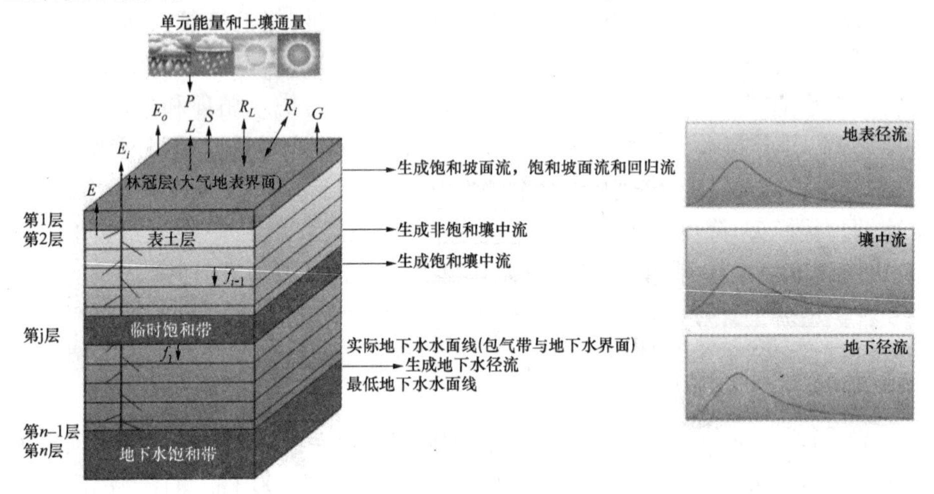

图1　LL-III模型系统示意图

3　研究流域概况

本次研究流域为黄河宁夏引黄灌区,是黄河流域的一个子流域。宁夏引黄灌区包括青铜峡灌区和卫宁灌区两部分,其中青铜峡灌区面积7 061 km^2(包括倾斜平原),约占引黄灌区总面积7 983 km^{2}的88.5%,构成宁夏引黄灌区的主体。黄河宁夏引黄灌区在地质构造上隶属于银川平原和卫宁平原。

本流域地处内陆,位于我国季风气候区的西缘,冬季受蒙古高压的控制,为寒冷气候南下要冲,夏季处在东南季风西行的末梢,形成较典型的大陆性气候。流域面积为56 185.63 km^2,流程397 km,占黄河全长的7%,多年平均入境水量317亿m^3,出境水量294亿m^3。流域降水稀少,蒸发强烈,干燥度大。降水量由北至南递增,变幅在170～800 mm。降水量年变化剧烈。年蒸发能力1 309.02

mm,为降水量的6.88倍,其变化趋势与降水量相反,由北向南递减。上述两个相反的趋势决定了流域的干旱指数南北差异十分悬殊,由南至北,其变化在1~9之间,大部分地区为3~9。

4 数据前处理

流域地形、植被和土壤结构分布、土地利用等可以从GIS和遥感数据中获得,通过对相关信息的前处理过程可以得到模型所需要的数据。前处理包括:

(1)利用DEM,通过水文分析获得单元网格的坡度、面积、高程以及河网、流域面积、流向和流路,并生成坡地网格、河道网格和子流域的划分文件。此次研究中,网格定位5 km,且整个流域划分为29个子流域(见图2)。

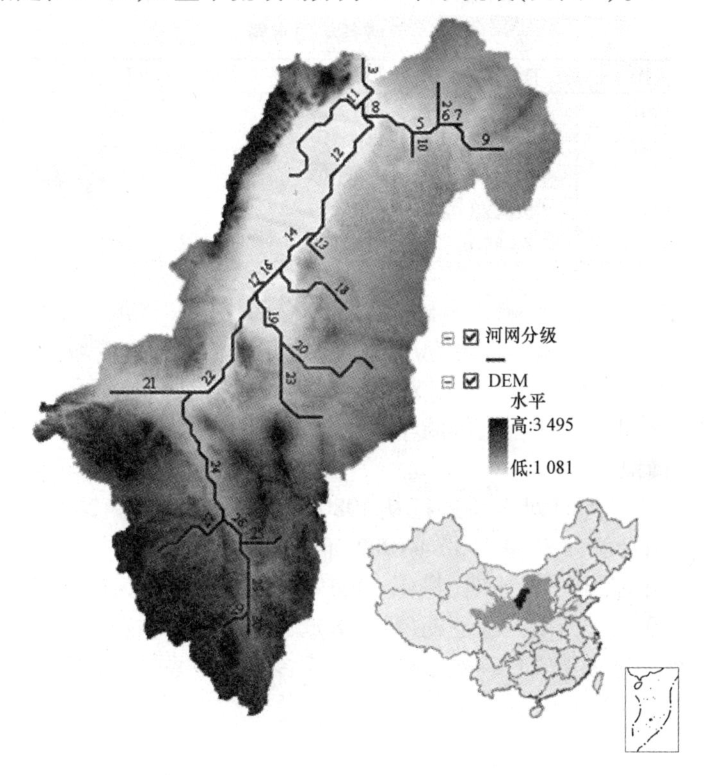

图2 DEM和河网分级

(2)从流域土壤结构数据中提取流域土壤类型的分布。整个流域存在44种土壤类型,在模型中将其概化为4种主要土壤类型,分别是:钙土、风沙土、黏土和荒漠土。土壤特征值如下渗能力、渗透系数、导水率等可以根据土壤类型确定。

(3)提取土地利用遥感数据,获取6种不同的土地利用类型分布。模型中考虑了人类活动耗水量,包括生活、工业和农业活动用水,根据土地利用中城镇、农村和灌区的分布来计算网格内的耗水量。

(4)研究流域内存在 108 个雨量站,采取基于 DEM 的趋势面法将雨量数据在空间上插值,得到整个流域的雨量分布。

5 结果和分析

5.1 用水分析

流域用水见表 2。从表中可以看出灌溉用水占据整个流域用水的大部分,其余部分还包括生活、工业、林业、牧业和渔业用水。90 年代总用水量是 80 年代的 5 倍,从表中可以知道由于其他用水量的增长,灌溉用水在总用水量中所占的比例呈下降趋势,而 90 年代工业用水是 80 年代的 49 倍。

表 2 流域各年用水量 (单位:万 m^3)

年份	生活用水	工业用水	灌溉用水	林业、牧业和渔业用水	总量
1980	1 719	802	133 838	2 430	138 789
1985	2 123	1 216	130 025	13 741	147 105
1990	6 868	45 214	698 189	79 984	830 255
1995	11 895	58 288	699 436	76 336	845 956
2000	16 091	45 870	673 091	86 903	821 956

流域用水对径流的影响是明显的。比较总的出流和入流水量可以知道,其差值在 80 年代是 23.5 亿 m^3,在 90 年代是 20 亿 m^3,则所有流域产生的水资源量被人类活动消耗,而剩余部分则来自于上游入流水量。灌溉水量与总用水量比较见图 3。多种用水所占比例的年变化趋势见图 4。

5.2 日径流模拟

本次研究以日为时间步长进行从 1980 ~ 1986 年,1990 ~ 2000 年两个阶段共 18 年的模拟计算。其中 1980 ~ 1982 年的 3 年取为模型校正期(见图 5),1983 ~ 1986 年作为第一验证期(见图 6),1990 ~ 1994 年作为第二验证期(见图 7),1995 ~ 2000 年作为第三验证期(见图 8)。模拟期多年效率系数 92.82%;第一验证期多年效率系数 93.64%,第二验证期多年效率系数 84.21%,;第三验证期多年效率系数 81.63%。

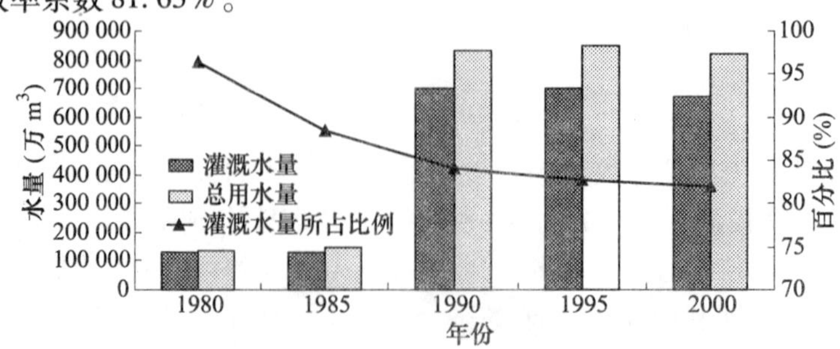

图 3 灌溉水量与总用水量的比较图

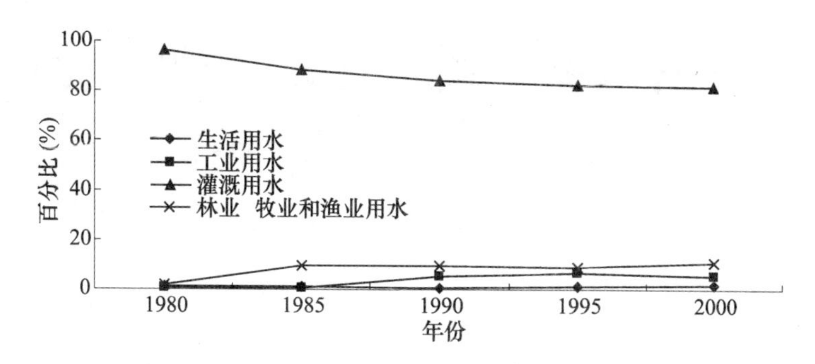

图 4 各种用水所占比例的年变化趋势图

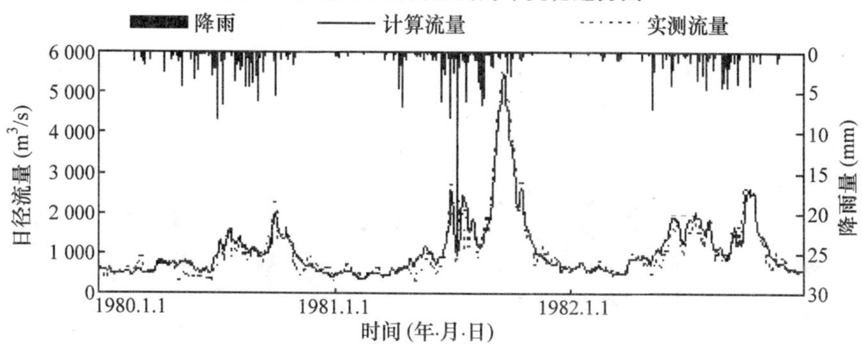

图 5 模拟期过程线图

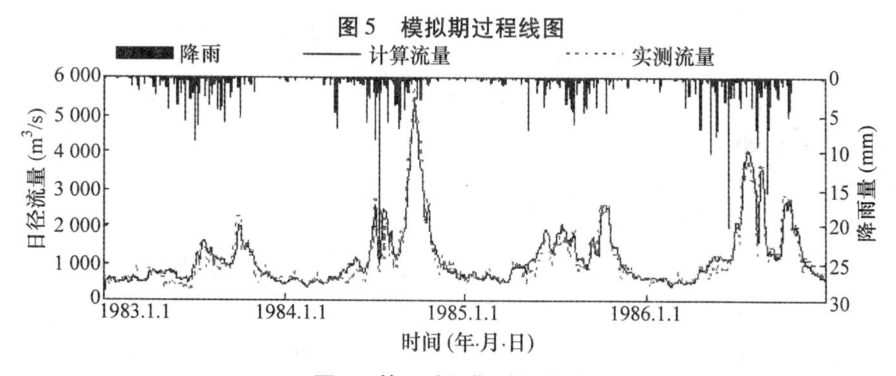

图 6 第一验证期过程线图

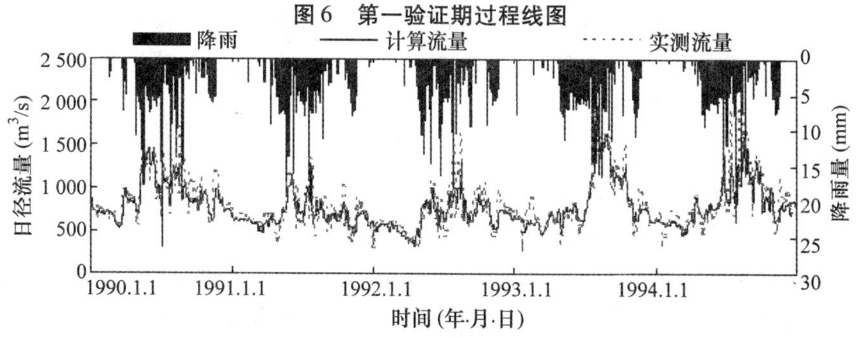

图 7 第二验证期过程线图

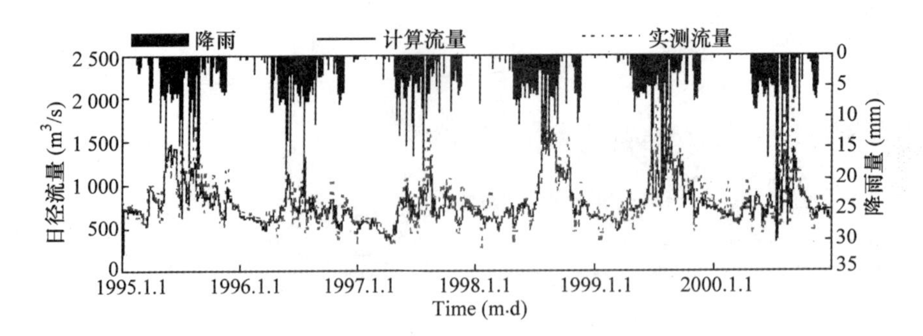

图 8 第三验证期过程线图

5.3 水资源评价

根据日径流模拟的结果，结合流域的用水数据，对流域水资源进行评价，图 9 为流域降雨、径流和蒸发的年变化过程图。

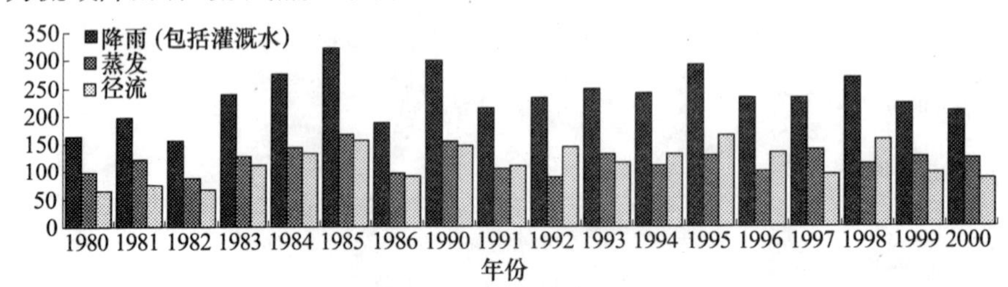

图 9 降雨、蒸发和径流年变化过程图

受到黄土高原气候影响，流域降水量一直呈下降趋势。根据流域内 1980 ~ 1986 年和 1990 ~ 2000 年两阶段共 18 年的统计分析，多年平均降水量 187.9 mm。80 年代 7 年平均降水量为 200.75 mm，而进入 90 年代后这一平均值降为 179.67 mm，较 80 年代减少了 10.5%。因为本流域有大面积灌区，灌水量大，因此在模型中将灌溉用水以降水形式分配到单元网格上，所以实际降雨是叠加灌溉水量。从其趋势可以看出流域降雨量在逐渐减少。根据趋势面法，将降雨量在流域范围内进行插值，图 10 为流域降雨日平均分布图，从图中可以看出，降雨的分布由南至北递减，而降雨量最小的区域集中在青铜峡灌区，在加入灌溉水后，其分布变化发生较大变化，说明灌溉活动在较大程度上改变了流域的水资源空间分配。

流域多年平均蒸发量为 119.43 mm，占流域实际降雨量的 51%，80 年代年平均蒸发量是 120.14 mm，90 年代年平均蒸发量为 118.98 mm。图 7 是蒸发趋势图。可以看出，流域年蒸发量趋势呈水平变化。

我们根据土地利用资料将流域下垫面分为水体、高植被、低植被、裸土、建筑区和不透水面积区，各类型下垫面蒸发在总蒸发中所占比例见表 3，图 11 为日蒸发分布图。

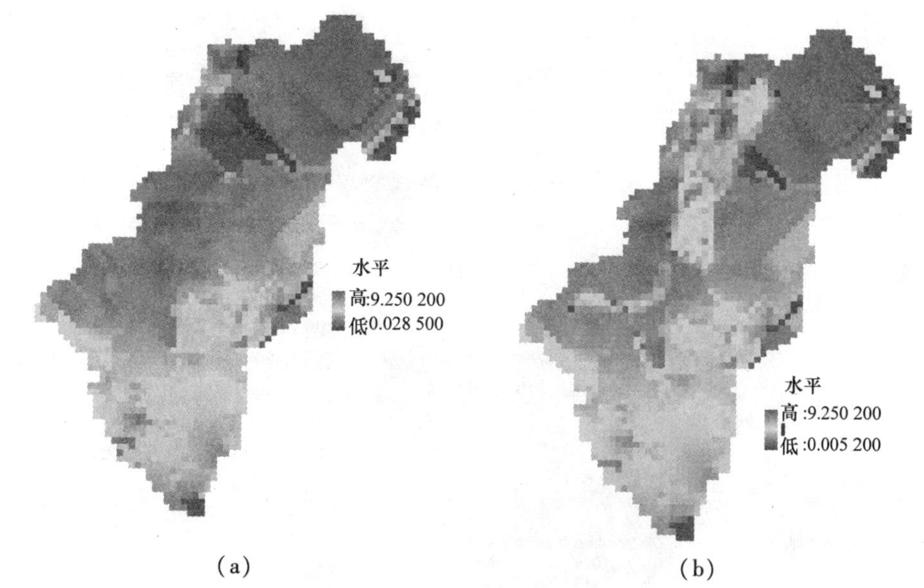

(a) (b)

图 10 多年日平均降雨量(含灌溉水)分布图

表 3 各类型下垫面蒸发在总蒸发中所占比例

名称	水体	高植被	低植被	裸土	建筑面积	不透水表面
比例(%)	83.88	0.91	0.49	3.25	4.6	6.87

根据模拟结果,流域多年平均径流深为 114.8 mm,占降雨量的 49%,80 年代径流深为 99.7 mm,90 年代径流深为 124 mm。80 年代 7 年平均年径流入流量 281.47 亿 m^3,90 年代 11 年平均年径流入流量 220.7 亿 m^3,90 年代的径流量明显减少 21.6%。

在模型中径流被分为多种成分,包括坡面流、地下径流、壤中流等。根据模拟结果,绘制坡面流和地下径流分布图(图 12 和图 13)。流域地形式从南至北由山区向平原过多,所以,图中地下径流和坡面流的分布正好相反。山区的下渗强度低于平原,则更多的降雨转化成坡面流。在平原地区,特别是灌区,灌溉活动时的土壤更容易下渗并抬高浅层地下水的水位,那么更多的降雨和灌溉水量补充到地下径流中。

根据以上的各项模拟结果,对流域水资源进行了统计,表 4 是流域水资源总量统计表。

6 结论

LL-III 模型在本次研究中结合 DEM、遥感、土壤结构等数字化资料,提取土壤质地特性信息、土地利用遥感信息和地貌信息,对流域水资源进行研究。

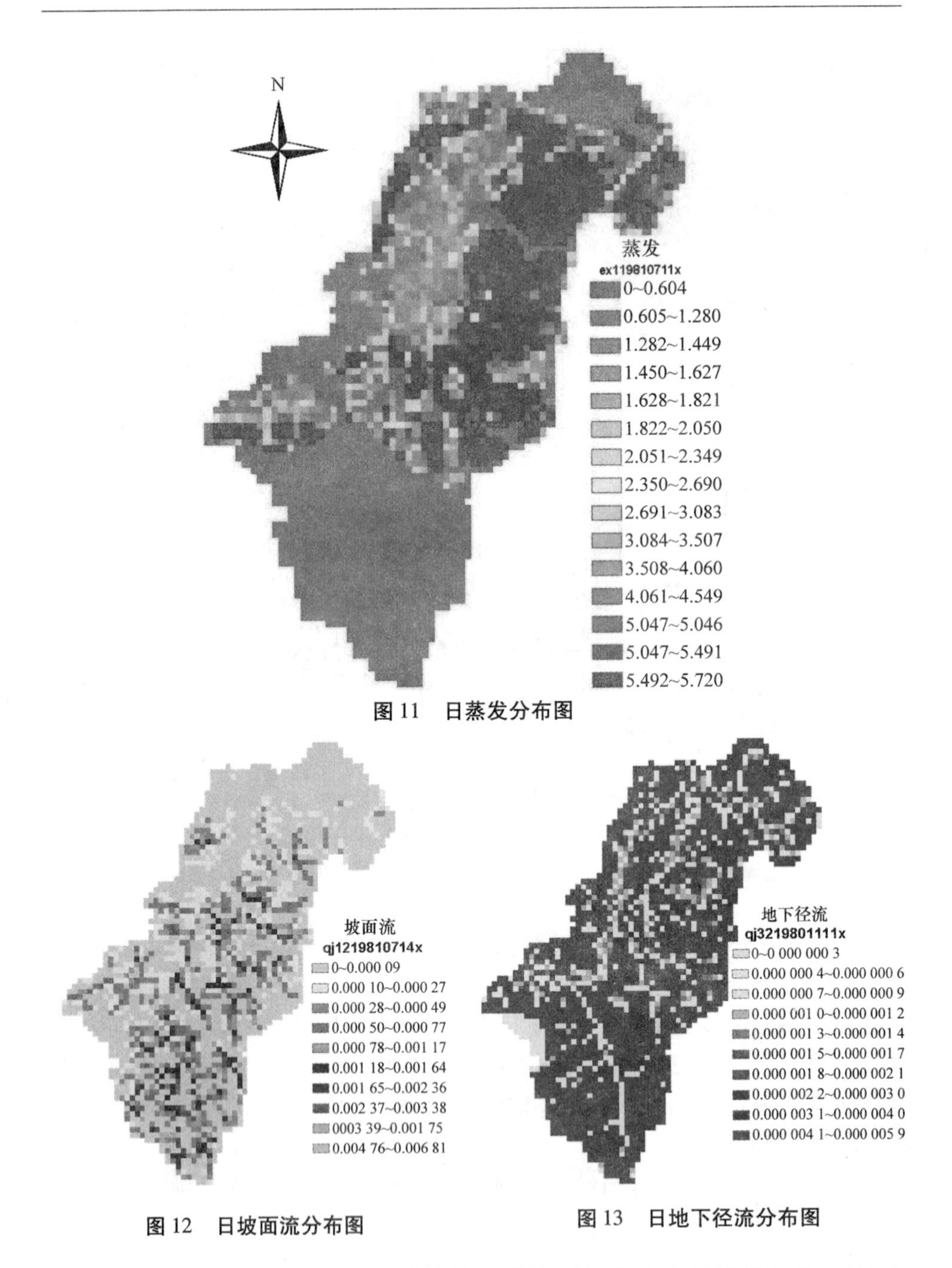

图 11　日蒸发分布图

图 12　日坡面流分布图

图 13　日地下径流分布图

根据模型需要，在前处理中，将流域土壤资料提取出来并将其概化；提取土地利用信息和分布将其划分为 6 种下垫面类型；利用 DEM 进行水文分析获取流域地形数据；将雨量在空间上插值获得雨量的分布数据。在此工作基础上，对流

表4　水资源总量　（单位：面积，km²；水量，万 m³）

年份	地表水资源量	地下水资源量	降雨入渗补给量	水资源总量
1980	11 619	20 727	1 695	29 372
1981	13 825	24 833	2 365	34 949
1982	12 295	21 917	1 932	31 083
1983	20 164	41 689	1 986	50 974
1984	23 855	51 040	1 977	60 305
1985	24 719	53 298	1 944	62 491
1986	16 479	32 470	1 942	41 658
1990	27 985	61 654	1 899	70 747
1991	19 733	40 397	2 079	49 886
1992	25 906	56 763	1 732	65 491
1993	17 290	34 269	2 057	43 710
1994	23 545	50 274	1 969	59 522
1995	29 714	65 610	2 088	75 118
1996	24 081	51 589	1 987	60 876
1997	17 056	33 615	2 085	43 117
1998	31 907	71 197	2 068	80 662
1999	19 095	38 454	2 230	48 273
2000	15 532	29 721	2 104	39 265

域日径流进行 18 年连续模拟并获得了理想的精度。日径流模拟验证了模型对流域水循环机理描述的真实性，则根据模拟结果结合流域用水数据对流域水资源进行评价，得到了流域水资源的时空变换趋势。结果表明，LL-Ⅲ分布水文模型适用于干旱半干旱地区的水资源研究。

参 考 文 献

[1]　赵人俊．流域水文模型[M]．北京：水利电力出版社，1984.

[2]　S. L. NEITSCH, J. G. ARNOLD, et al. (2002) Soil and Water Assessment Tool Theoretical. Documentation: Version 2002. Texas Water Resources Institute, College Station, Texas TERI Report TR－191.

[3]　张东方，李兰．丰满水库区间三个小流域产汇流动态模拟计算[J]．吉林水利，2002(2)：5－8.

[4]　Beven, K. J., Kirkby M. J. (1979) Toward a simple physically-based variable contributing area of catchment hydrology. Working paper No. 154. School of Geography, Univ Leeds, UK.

[5]　李兰，钟名军．基于 GIS 的 LL-Ⅱ分布式降雨径流模型的结构[J]．水电能源科学，2003(3).

[6]　王欣，李兰等．宁蒙灌区水资源研究[J]．人民黄河，2005(6)27－29.

[7]　谢新民，赵文骏，秦大庸．宁夏水资源优化配置与可持续利用战略研究[M]．郑州：黄河水利出版社，2002：1－2.

“数字建管”工程维护管理系统的研究与应用

张厚玉[1] 陈润霞[2] 何艳霞[3]

(1. 黄河水利委员会建设与管理局;2. 黄河工程咨询监理有限责任公司;
3. 山东黄河河务局)

摘要:工程维护管理系统是黄河“数字建管”的一个子系统。系统构建了工程维护标准和工程数据库。以GIS系统为依托实现了对工程信息的统计、查询、分析并能快速制定出常见病险工程的维护方案策略,实现工程维护投资效益的最大化。

关键词:数字建管 维护管理 系统 标准化模型 黄河

1 项目背景

黄河下游河道高悬于两岸地面,堤防是在历代民埝基础上逐步加高培厚修筑而成的,由于其填筑质量差,新老堤面结合不良,以及历代人类和动物活动等原因,堤身存在许多裂缝、洞穴等隐患,尤其是历史上曾决口的老口门堤段,存在堵口时的淤泥、秸料等杂物,为最薄弱堤段,洪水漫滩后易发生滑坡、坍塌和管涌等险情。加之河道仍在继续抬高,黄河下游悬河的状况在相当长时间内依然存在,堤防仍存在决口的可能。

1998年长江大洪水以后,国家加大了对黄河治理的投入力度。除增加基建投资外,还利用亚行贷款进行“黄河洪水管理项目”建设。2001年8月,国际咨询公司对黄委编制的《亚行贷款项目黄河下游防洪工程建设可行性研究报告》进行了评估,根据评估意见,黄委亚行贷款项目办公室编制了设计任务书,要求有关单位抓紧编制设计报告及项目实施。为此,黄委建管局与黄委信息中心联合组织相关专业技术人员,开展黄河水利工程维护管理系统的研究和应用。2003年底系统初步建成运行,经过近3年后续开发,系统功能逐步完善。系统在黄河下游水利工程维护管理中发挥了重要作用。

2 系统功能

(1)对工程维护的基本资料按照工程维护标准和要求进行采集整理,并存储到数据库中。

(2)以 GIS 系统为依托实现对工程信息的统计、查询、分析并快速制定出常见病险工程的维护方案策略,实现工程维护投资效益最大化。

(3)通过布设监测仪器和监视设备,实时采集水位、渗流、沉降、位移、视频等数据,实现实时安全监测及可视化监视。

(4)通过自动监测控制处理系统及在线实时监测数据和监视图象光缆传输,实现数据自动入库和在线安全报警。

3　系统建设内容

工程维护管理系统是“数字建管”系统建设的五个应用系统之一,并将其作为“数字建管”系统建设的一期工程。其建设内容主要包括防洪工程基础信息采集系统、防洪工程数据库、防洪工程信息管理系统、信息服务系统、工程安全监测系统和工程维护标准化模型的研究与应用。通过项目的实施,建成以空间数据管理为基础平台的工程维护管理系统,实现有关工程基础信息的快速查询和统计分析,实时掌握防洪工程的运行状态,自动生成工程维护方案,提高工程管理现代化水平。

4　标准化维护模型建设及其应用

4.1　模型开发的内容

“工程维修养护标准化模型研究”根据工程设计、建设、验收和工程运行管理的标准与要求,针对黄河堤防、河道整治、水闸工程以及附属工程维修养护工作的特点,对维修养护工作过程中人工管理决策的内容与过程进行研究、总结和提炼,用统一规范的格式和标准化语言描述出来,以便于实现计算机智能化处理。

标准化模型内容包括工程维护优先级排序、维护方案策略生成和工程维护预算 3 个模型。

(1)工程维护优先级排序模型。该模型的主要功能是对工程维护进行优先级排序。险情抢护后维护的优先级按工程类别排序,依次按涵闸、堤防、险工、控导、其他附属工程等顺序进行。

(2)维护方案策略生成模型。该模型对“水沟浪窝回填”、“天井回填”、“坝垛险情抢护”以及工程日常维护等内容指定维护方案策略。

(3)工程维护预算模型。该模型针对上述各类工程维护策略,分别计算相应工作量和工程量,按照定额及有关取费标准生成用工用料数量及投资预算。

4.2　模型子模块功能

(1)实施方案目录树查询模块。针对堤防工程、河道整治工程、水闸工程、附属设施维修养护实施方案进行多级目录树信息呈现。通过后台双向关联数据支持,用户可以根据需求随意点选任何一级维修养护类别,进入具体实施方案。

(2)实施方案查询模块。在用户选取具体维修养护方案后,方案实施规程中间件将通过后台数据库提取针对此方案的条目化操作流程,指导用户对此维修养护项目进行贴合实际的流程化处理。

(3)投资预算智能生成模块。此模块针对维修养护方案具体实施流程,完成如下功能:投资条目解析、工程预算智能生成、工程预算智能匹配。

(4)定额标准智能拟订模块。根据具体方案关联显示相应的定额标准单价分析表,针对不同用户级别可加以修改的管理操作。为防止并行操作时,不同县局用户具体方案定额标准冲突,后台数据库提供规范化定额模板加以界定。

(5)预算投资统计模块。该模块可以根据管理单位分级管理(黄委、省局、市局、县局)、维修养护项目类别、维修养护项目生成时段,分类统计维修养护项目主要工程量(土方、石方、人工)、总投资等信息。

(6)优先排序模块。该模块提供两种分类查询优先排序模式:基本分类排序、模糊分类排序。

基本分类排序。按照维修养护业务中纵向级别化项目分类,通过后台数据库按照用户操作进行实时化信息提取分配,并以下拉菜单形式实例化集群呈现;后台以触发式同步机制,将对应项目类别下的方案信息进行汇总优先排序,并以表格形式呈现。

模糊分类排序。按照维修养护业务中横向级别化项目分类,智能化提取共同点后,通过后台数据库按照用户操作进行信息提取分配,并以下拉菜单形式实例化集群呈现;后台以触发式同步机制,将对应项目类别下的方案信息进行汇总优先排序,并以表格形式呈现。

(7)用户权限管理模块。此模块是模型上层最为重要的业务处理中间件,直接决定呈现于用户的系统业务范围及功能界面。系统按照用户群级别分配需求,分为黄委、省局、市局、县局 4 级金字塔结构。根据维修养护业务流程,县局用户可以进行定额标准的维护、维修养护方案生成等操作;黄委、省局、市局高级用户更多的进行统计查询、优先排序等操作。

4.3 模型系统的设计原则

(1)先进性和实用性相平衡原则。单方面强调先进性,会造成资源浪费,而单方面强调实用性,又有可能无法适应业务和技术发展的需求,将来改造和更新工作频繁,导致重复投资,同样也会造成投资浪费。系统设计和建设时应在综合考虑各方面因素的基础上,充分论证,找出先进性与实用性的平衡点。

(2)系统开放性原则。遵循“先进实用,高效可靠”的原则。系统设计要采用先进技术并充分考虑到信息技术的发展,保证系统的开放性和兼容性,使系统具有较长的生命周期。

(3)可扩展性原则。系统设计考虑到远期应用的适用性,即考虑到具体业务发展可能出现的新的需求,要求系统具有可扩展性。

(4)标准化与规范化原则。在系统建设过程中,对信息格式、业务流程、控制流程等的规范化和标准化有着严格的要求,实现网络的互联互通和信息的共享。

(5)安全性原则。保证系统的安全性必须考虑两个方面的问题:①数据不被非法访问和破坏:系统安全性首要的是数据的安全性,系统必须具备足够的数据安全控制措施,以保证数据不被非法访问、窃取和破坏。②系统操作安全可靠:系统同时应该具备安全权限,不让非法用户进入系统;同时要具备足够容错能力,以保证合法用户操作时不至于引起系统出错,充分保证系统运行的可靠性。

4.4 模型的应用效果

"工程维修养护标准化模型"自从投入运用以来,在工程维修养护实践中发挥了重要作用。它以其实用性和便捷有效的方式指导着工程的维修养护工作。模型的主要特点表现在能够节约大量的资金、时间和劳动力,提高工作的效率,降低了劳动强度,节约了投资成本,提高了决策的科学性。例如,对于堤破裂缝的处理,按照以往的处理方式,必须对裂缝的性质、大小、危害程度、处理方案等进行必要的分析后才能进行决策,为处理提供依据。"黄河水利工程维修养护标准化模型"能够依据裂缝数据(由一线人工采集),进行自动化分析,提出裂缝处理的方式,并依据所提供的数据进行定性分析,提出裂缝处理所需要的投资概算,这样为决策者提供了重要的科学依据。通过模型的运用,基层职工节约了大量的人工计算,而且模型计算的结果更加合理可靠,为裂缝的处理提供了决策支持。

5 系统主要创新点

(1)借助计算机网络系统,实现了工程管理维护的信息化管理,从而使黄河工程管理水平发生了质的飞跃。

(2)率先编制发布了《黄河工程管理数据库表结构及数据字典》,该标准内容全面,结构单元划分科学,建成了权威的黄河防洪工程基础数据库,能够快速、准确地对各类工程及运行状态进行分类统计汇总。

(3)设计了"智能化"的录入格式和水管单位自动识别系统,借助局域网与因特网实现了工程基础数据库网上数据智能录入。

(4)率先利用"数字黄河"标准建成了黄河工程基础信息权威数据库。

(5)首次在堤防、水闸工程上设计安装了安全监测仪器设备,实现工程安全实时监测。

(6)率先采用了“数字黄河”工程要求的 ArcSDE 空间信息数据存取技术,实现了工程基础信息的集中管理与信息共享。

(7)系统开发采用了面向对象的地理空间信息和属性信息一体化技术,提高了系统的可维护性,加快了系统开发进度。

6 应用效果评价

工程维护管理系统运行 3 年来,在工程维护管理工作中发挥了重要作用。实现了基于地理信息系统的具有可视化特点的网上信息查询、网上智能数据录入、远程视频监视、远程实时安全监测及工程维护方案自动生成等功能,大大提高了工程基础信息采集和查询的时效性,实现了试点工程实时安全监测,增强了工程维护管理决策支持能力,实现了黄河水利工程管理手段的现代化突破。截至 2006 年底,工程维护管理系统已在黄河系统内的山东、河南河务局及黄河小北干流山西、陕西河务局得到了广泛应用并取得了良好效果。

7 结语

工程维护管理系统是黄河工程管理走向信息化的重要标志。通过系统建设,大大提升了黄河工程管理的现代化水平。系统以其信息便捷、准确、全面和智能化的特点在黄河系统工程管理单位得到广泛应用。随着计算机科学的不断发展,工程维护管理系统也将不断得到完善,系统的内涵会更加丰富,系统的功能会更加智能化,黄河工程管理的信息化水平会迈上新的台阶。

水环境非点源污染模型研究进展及趋势

李强坤[1]　孙　娟[1]　丁宪宝[2]　胡亚伟

（1. 黄河水利科学研究院；2. 黄委会三门峡库区水文水资源局）

摘要：国外非点源污染模型研究可概括为三个阶段：集总模型阶段、分布模型阶段及RS、GIS与非点源污染模型结合阶段，国内非点源污染模型可划分为经验分析统计模型和机理探讨类模型两大类。近期非点源污染模型研究呈现出综合化、耦合化、实用化与现代化的趋势。结合中国国情，开发具有一定机理基础的适用于大中型流域尺度的非点源污染模型是今后我国的研究重点。

关键词：非点源污染　数学模型　机理

水环境污染是点源和非点源污染共同作用的结果，当点源污染控制水平达到一定程度后，非点源污染必然成为水环境污染的主要因素。根据美国、日本和我国学者的研究，非点源已经成为水环境的重要污染源，甚至首要污染源。已有研究表明，即使点源污染得到全面控制，河流、湖泊、水库等地表水水质达标率也仅为42% ~65%。相对于点源污染而言，非点源污染具有发生随机、来源和排放地点不固定、污染负荷时空变化幅度大等不确定性特点，因此非点源污染的监测、控制和处理困难而复杂。几十年来，人们一直借助于数学模型对这一复杂问题进行描述。

1　模型的结构和分类

非点源污染的形成和迁移与自然界的水循环密切相关，非点源污染模型一般包括降雨径流、土壤侵蚀和泥沙输移、污染物迁移转化、受纳水体水质四级子模型。降雨径流的淋洗和冲刷是非点源污染形成的源动力，因此降雨径流子模型是整体研究的基础；土壤侵蚀和泥沙输移子模型研究流域内的土壤侵蚀、产沙及其输移问题；污染物迁移转化子模型确定污染物（包括液态和固态）在径流形成过程中的转化和迁移过程，是非点源污染研究的核心内容；受纳水体水质子模型研究非点源污染负荷对受纳水体的影响，是非点源污染研究的目的。由于水质模型研究的历史要比非点源污染长得多,并且模拟技术也日益成熟,因此多数情况下受纳水体水质子模型并不包括在非点源污染模型当中。

按照对研究区的处理方法不同,可以把非点源污染数学模型分为两类:集总参数模型(集总模型)和分散参数模型(分布模型)。集总模型把研究区域作为一个整体来考虑,假定研究区内特性均匀、条件一致;而分布模型首先将研究区划分成许多较小的具有均一特性的单元,对每个单元分别进行模拟,最后通过叠加的方法得到总输出。

2 国外研究进展

国外从20世纪70年代开始系统地研究非点源污染模型。回顾这30余年的研究进展,可以大致划分为三个阶段:20世纪70年代初期至80年代中期的集总模型研究阶段、80年代中期至90年代中期的分布模型发展阶段以及20世纪90年代以来非点源污染模型与GIS、RS等先进技术相结合的近期发展阶段。

2.1 集总模型研究阶段

20世纪60年代,人们就已经认识到了非点源污染的潜在危害,但由于缺乏有效的定量评估手段,往往依据因果分析和统计分析的方法建立污染负荷与流域土地利用或径流量之间的统计关系,以简便地计算出流域出口处的污染负荷。1971年,Hydrocomp公司开始为USEPA(美国环保局)研制农药输移和径流模型PTR以及最初的城市暴雨水管理模型SWMM。1972年,《美国水污染控制法修正案》的制订和实施是非点源污染研究的重大转折,由此进入了非点源污染模型的大发展时期,很多模型相继问世。例如,Hydrocomp公司开发的非点源污染系列模型PTP - HSP - ARM - NPS,以及SWMM、STORM、ACTMO、UTM、LANDRUN等。20世纪70年代后期至80年代,是非点源污染数学模型发展的又一个高潮期,其中由美国农业部农业研究所开发的CREAMS(Chemicals Runoff and Erosion from Agricultural Management Systems)模型奠定了非点源模型发展的"里程碑",它首次对非点源污染的水文、侵蚀和污染物迁移过程进行了系统的综合。并在此基础上发展了一系列结构特征类似的模型,如农田小区模型EPIC (Erosion Productivity Impact Calculator);用于模拟农业活动对地下水影响的GLEAMS (Groundwater Loading Effects on Agricultural Management Systems)模型等;这些模型均由径流子模型、产沙子模型和水质子模型三部分组成,其中径流计算应用概念法、SCS(美国农业部土壤保持局曲线数)法和下渗模型,产沙计算采用USLE(通用土壤流失方程)和概念模型,污染物负荷计算采用统计模型和概念模型。在模型的应用方面,CREAMS模型主要用于研究土地管理对水、泥沙、营养物和杀虫剂的影响,EPIC主要用于计算侵蚀对农作物产量的影响,而 GLEAMS 用来模拟地下水中的杀虫剂负荷影响。

在集总模型发展阶段,非点源污染研究从简单的经验统计提高到复杂的机理模型分析,是非点源污染模型的一大发展。但是由于这些模型对各种资源要求很高,并且多数模型仅能适用于很小的集水面积,例如适用面积仅为 0.1 km^2,因而限制了模型的进一步推广和使用。

2.2 分布模型发展阶段

针对以上缺陷,结合分布式水文模型的发展,用网格划分流域、模拟时空变异、适用于较大尺度流域的非点源污染分布模型被提出。20 世纪 80 年代中期至 90 年代中期,是分布模型研究的高潮。本阶段的代表性模型有 ANSWERS (Areal Nonpoint Source Watershed Environment Response Simulation)、AGNPS (Agricultural Nonpoint Source)、HSPF (Hydrological Simulation Program - Fortran)、SWRRB (Simulator for Water Resources in Rural Basins)、SWAT (Soil Water Assessment Tool)、WEPP(Water Erosion Prediction Project)等。在计算方法上,这些均采用网格或子流域划分流域,使得研究范围扩大。但在单元网格内,仍然采用集总模型中的一些方法计算径流、沙量和污染物含量。网格单元之间流量、沙量和污染物含量的汇集则采用河网汇流、河道泥沙和污染物输送的方法进行计算。其中,ANSWERS 是一个基于降水事件的分布模型,通过模拟土地利用方式对水文和侵蚀响应的影响,对非点源污染进行控制;AGNPS 主要用于评价农业对非点源污染的影响,模型包含水文、侵蚀和泥沙输送、氮磷和 COD 的输移等内容。这两个模型的共同缺点是不能模拟融雪过程,也不能模拟杀虫剂,营养物在输移过程中的转移和损失。

ANSWERS 和 AGNPS 模型都属于单事件模型,不能用于模拟汇流过程和污染物的输移过程,而之后的 HSPF、SWRRB 以及由 ANSWERS 和 AGNPS 模型而来的改进版本 ANSWERS - Continuous、AnnAGNPS 则克服了这一缺陷。HSPF 是以前许多模型(SWM、HSP、ARM、NPS、SERATRA)的综合与发展,将模拟地段分为透水地面、不透水地面、河流或完全混合型湖泊水库 3 部分,分别对 3 种不同性质的地表水文和水质过程进行模拟,3 个大模块下面又可以分为若干子模块,实现对泥沙、BOD、DO、氮、磷、农药等污染物的迁移转化和负荷的连续模拟,该模型目前已发展了 Windows 界面,并被 USEPA 所开发的整合式集水管理系统(BASINS)整合到其系统下;SWRRB 模型主要用于判断农作物轮作、种植和收获日期、化学物质的施用日期和用量等管理因子对非点源污染的影响,组成成分包括:天气、亚表面横向流、池塘和水库贮水量、植物生长、迁移损失和泥沙的运动成分、由 CREAMS 改进而成的营养物和杀虫剂的运动成分、农业管理成分等;ANSWERS - Continuous 模型是从 ANSWERS 模型发展而来的,是一个连续模拟的模型,增加了基于 GLEAMS、EPIC 等模型的模拟营养物转移和损失的组件;AnnAGNPS (Ann Agricultural Nonpoint Source)模型是 AGNPS 模型的最近升级版本,可以用来连续模拟水文、泥沙侵蚀和沉积物、营养物、杀虫剂的转移,主要用来评价以农业占主导的流域的最佳管理措施。

HSPF 与 SWRRB 模型虽然时间连续,但缺乏对空间的详细描述。20 世纪 90 年代,人们开始致力于反映空间信息的时变模型的研究,相继建立了 SWAT 和 WEPP 模型。客观地说,SWAT 和 WEPP 模型都是在原有模型的基础上改进创新的。SWAT 模型吸收了 CREAMS、GLEAMS、EPIC、SWRRB 等模型的优点,尤其是 SWRRB 的许多方法,不仅可应用于较大的流域尺度,还可用于地下水质模拟,并可长期预测土地管理措施对于具有多种土壤、土地利用和管理条件的大面积复杂流域和水文、泥沙和农业化学物质对水质的影响。模型自 20 世纪 90 年代初期开发以来,根据研究需要多次进行改进,历经 SWAT94. 2、SWAT 96. 2、SWAT98. 1、SWAT99. 2、SWAT2000。目前,模型的最新版本为 SWAT2005。WEPP 模型则继承了 CREAMS 中的稳态泥沙连续方程、EPIC 的河道径流量计算方法、SWRRB 模型中土壤含水量和植物蒸腾损失的某些计算方法,计算下渗时采用 Green & Ampt 方程,预测径流时使用有效传导率,侵蚀模型根据水力学计算,并增加了对融雪、残余物降解、灌溉等空间变量的描述。

在分布模型发展阶段,非点源污染模型从长期负荷输出或单场暴雨分析上升到连续的时间序列响应分析,再上升到反映空间信息的时变模型,是非点源污染模型发展史上的一次大的飞跃。分布模型虽然擅长于发现区域局部的影响与异常,可较好地反映土地的区域变异情况,但其缺点在于模型操作较复杂,为了提高模型的数据处理能力和应用价值,需要大量的输入数据以描述景观或土地利用类型的差异。

2.3 近期发展阶段

近年来,随着 RS、GIS 等先进技术的发展,非点源污染分布模型输入数据量大、信息不足等问题得以解决。RS 在收集自然地理数据方面具有速度快、宏观性强、精度高、可重复等优势,这些数据和信息可以用于非点源污染过程的分析、计算。GIS 尤其是它强大的处理 DEM 数据的功能可以给模型的使用者提供一个新的数据管理与可视化的平台,两者结合可使得 GIS 用户超越单纯数据处理和管理的阶段,而通过模型化的技术对非点源污染发生的复杂机制进行描述和模拟。应用较多的 GIS 软件有 Arc/Info、GRASS 等。如 Rewerts 等将 GIS 应用到 ANSWERS 模型中;He 等利用 GIS 较强的数据处理功能,将 GRASS 和 AGNPS 结合在一起;Engel 发展了 GRASS 和 AGNPS 及 ANSWERS 的界面;Line 等使用 AGNPS 和 GRASS (GIS)模拟了卡罗莱纳州以北奶牛场的泥沙和营养物质的输出;Liao 等将 GISArc/Info 与 AGNPS 连接起来,并用它模拟了爱荷华州一流域的污染负荷。

在 RS、GIS 与非点源污染模型结合过程中,利用 GIS 建立流域非点源污染数据库是最基础的层次,也是实现 GIS 与模型集成的基础性工作;将 RS、GIS 与模型实现集成是 RS、GIS 与非点源模型结合的第二层次,将来自于 RS、GIS 的空间信息和属性信息用于模型的参数估计、率定及模型的检验,以 GIS 为主要技术平台,实现模拟结果的可视化,采用 GIS 技术来定义表达模型研究的区域单元等;在此基础上,以 GIS 为平台,以 RS 为重要的数据源建立综合性的集成系统是 RS、GIS 与非点源污染模型结合的第三层次,意味着 RS、GIS 与非点源模型的联系从一般结合向综合集成方向发展。USEPA 开发的 BASIPNS (Better Assessment Science Integrating Point and Nonpoint Sources)系统组件包括:基础信息、数据库评价工具、流域非点源模型(HSPF)和水质模型(QUAL2E)、后处理系统等,这些组件构成了一个统一的软件系统。DePinto 等开发了 GEO - WAMS (Geographically based Watershed Analysis and Modeling System)系统,在其框架内除了实现流域非点源负荷模型与 Arc/Info 的结合外,还包括一个地下水输运模型和一个改进的 WASP4.0 水质模型,系统的设计、可行性及应用效果通过其原型系统在布法(Buffalo)河流域的应用而得到验证。

近年来,将以数据库、模型库、知识库三库集成为主体,以方案选优为主要特征的基于 GIS 的空间型决策支持系统(Spatial Decision Support System, SDSS)技术引入非点源污染的管理与控制成为一种新的发展趋势。Negahban 等开发了一个名为 LOADSS(Lake Okeechobee Agricultural Decision Support System)的奥基乔比(Okeechobee)湖农业决策支持系统,针对由雨水冲刷引起的磷负荷对湖泊造成的环境问题,考虑了非点源控制、点源控制及综合性的流域控制;Lam 等开发了 RAION(Regional Analysis Information System)系统,更加强调决策支持和专家系统。Leon 等将 AGNPS 模型与 RASION 相结合,建立 SDSS 以实现对非点源污染的模拟,并对计算结果进行可视化的统计分析。因此,引入 SDSS 是 RS、GIS 与非点源污染模型结合新的发展阶段和趋势。

3 国内研究进展

我国从 20 世纪 80 年代开始非点源污染方面的研究工作。1983 年天津引滦入津工程环境影响评价中首次监测了 3 场暴雨洪水的水质水量同步过程资料,并建立了水质—水量相关关系。在此后的 20 余年内,天津于桥水库、西安黑河流域、云南宝象河、汉江、丹江、杭嘉湖平原、四川清平水库、巢湖流域、关中渭河水体、苏南太湖流域、密云水库、滇池、大理州洱海流域、抚仙湖、潘家口水库、武汉东湖、黄河中游泾河、洛河等也相继开展了非点源污染研究。另外,在城市非点源污染方面也开展了一些研究,如北京、南京、上海、武汉等。总结国内非点源污染模型方面的研究总的可概括为两个方面:一是经验统计类分析模型,二是机理探讨类模型。

经验统计类分析模型以研究区监测的水文参数、水质参数甚至景观参数为基础,不考虑从降雨到径流的中间形成过程以及非点源污染的内在迁移机制,应用统计分析方法建立以污染物输出为目标的经验关系模型。由于模型简单,因而应用非常广泛。如:刘枫等通过对天津于桥水库非点源污染的研究,提出了流域非点源污染的量化识别方法;朱萱等通过研究农田暴雨径流污染特征及污染物输出规律提出了基于统计技术的区域径流—污染负荷模型;陈西平提出了降雨产流和径流水质相关子模型;王宏将改进的水质模型和非点源污染模型相结合,应用统计模型计算污染物负荷,建立了用于流域优化管理的综合水质模型;李定强等分析了杨子坑小流域主要非点源污染物氮、磷随降雨径流过程的动态变化规律,建立了降雨量—径流量、径流量—污染物负荷输出量之间的数学统计模型;李怀恩等基于对3个典型流域降雨径流污染的监测和代表性土壤总磷、总氮的测定,提出平均浓度法、土地利用关系法和污染负荷—泥沙关系法3种新方法;洪小康根据监测资料将年径流分割为地表径流与地下径流,建立了水质—水量相关模型;张春玲等应用水质—水量相关法、平均浓度法分别对汉江、丹江非点源污染负荷进行了研究。

相对而言,我国关于考虑降雨、径流形成过程以及非点源污染物迁移路径机制的机理类模型则研究较少,李怀恩等把流域概化为河网系统,以逆高斯瞬时单位线模型为基础,建立了一套具有机理性质的流域非点源污染数学模型,该模型完整包括流域产流模型、汇流模型、产污模型及非点源污染物迁移模型,应用结果表明该模型具有较好的实用性;张建云通过描述土壤侵蚀的物理过程,分析了影响土壤侵蚀过程的主要因素,提出了包括降雨径流模型、土壤侵蚀模型和畜禽污染模型的非点源污染模型(NPSP);郝芳华等充分借鉴统计性经验模型和机理性模型的优势,结合我国在非点源污染调查工作中的实际情况,以满足水资源综合规划需求为目的,建立了具有非点源污染产生、迁移转化机理的大尺度非点源污染负荷估算方法;程红光等应用大尺度非点源污染负荷估算方法体系估算、分析了黄河流域非点源污染负荷的时空分布特征和规律,阐述了黄河流域非点源污染类型的差异,并提出了应用模型确定非点源污染负荷入河系数的计算方法。

另外,在对国外模型的改进应用方面,蔡明等通过考虑降雨因素影响和污染物在迁移过程中的损失,对 Johnes 的输出系数法进行改进,并应用于渭河流域总氮负荷量的估算;胡远安结合分布式非点源污染模型 SWAT 的应用,讨论了连续模拟非点源污染模型中水文模块的计算;张占斌等对 AGNPS、ANSWERS 模型结合实际情况进行了改进应用。

近年来,随着 RS、GIS 技术在非点源污染模型中的应用,我国有关学者也进行了这方面的探讨。董亮等应用 GIS 建立了西湖流域非点源污染信息数据库;王云鹏建立了基于 RS 和 GIS 的非点源信息系统;王少平等将模拟试验、GIS 技术和非点源污染模型相结合,探讨了苏州河流域的非点源污染负荷及时空演变规律;王宁等将 GIS 用于流域径流污染物的量化研究;史志华等运用数学模型及其与 GIS 相结合研究了汉江中下游农业非点源污染负荷及分布规律;郝芳华等利用 RS 和 GIS 技术对北京官厅水库流域不同典型水文年的非点源污染负荷进行了模拟计算研究。

4 结论

综观国内外 30 余年非点源污染模型研究进展,近期呈现出以下趋势:

(1)综合化,即考虑流域整体管理的需要,突出人类活动、土地利用变化的影响;耦合化,与流域内的主要生态系统、社会经济系统等相联系;实用化,以大、中型流域为研究对象;现代化,与 RS、GIS 等现代技术紧密结合。

(2)模型开发十分重视对非点源污染控制管理措施的定量评价,如 AGNPS、ANSWERS 模型等都具有类似的功能。

(3)由早期的偏重机理的仅适应于小流域的模型,发展到开发具有机理概念的大中型流域预测模型。

(4)非点源污染对地下水的影响预测与评价成为近年来的研究热点之一。

(5)由于模拟中不可避免地会存在多种误差,结果也常常是不确定的,因此在模型研究中加入模糊理论、不确定分析、风险评价和风险管理也是一大趋势。

20 世纪 80 年代以来,虽然我国在非点源污染研究方面已经取得很大进展,但模型研究仍然存在许多不足:经验统计类模型多,机理性模型少;改进应用国外模型多,自主研发模型少;模型对局域资料依赖性强,难以大范围推广应用等。这种情况是由多方面的原因造成的,如资料基础差、研究积累不足等。迄今为止,我国尚未将非点源污染纳入常规监测范围,多数地区的非点源污染研究仍是空白。国内外大量水污染控制实践的经验与教训已经证明,要解决好水环境问题,必须同时考虑点源与非点源污染。因此,结合我国现状实际情况,积极开发具有机理基础、适用于大中型流域尺度的非点源污染模型、开发适用于缺少资料地区、甚至无资料地区的非点源污染负荷估算模型等将是相关科研工作者的一项迫切任务。

参考文献

[1] Bao Quansheng, Mao Xianqiang, Wang Huadong. Progress in the research in aquatic environmental nonpoint source pollution in China[J]. Journal of Environmental Science, 1997,9(3):329 -336.

[2] 鲍全盛,王华东. 我国水环境非点源污染研究与展望[J]. 地理科学,1996,16(1):66 -72.

[3] 沈晋,沈冰,李怀恩,等. 环境水文学[M]. 合肥:安徽科学技术出版社,1992:52 -53.

[4] Johson M G,Berg N. A Frame Work for Nonpoint Pollution Control in the Great Lakes Basin [J]. Soil and Water Cons. 1979,34(4):68 -73.

[5] Williams J R, Renard K J and Dyke P T. EPIC, A Method for Assessing Erosion's Effect on Soil Productivity[J]. Soil and Water Cons. 1983,38(5):381 -383.

[6] Leonard R A,Knisel W G and Still D A . GLEAMS: Ground water Loading Efects of Agricultural Management Systems[J]. Transactions of the ASAE,1987,30(5):1403 -1418.

[7] Beasley D B, Huggins L F and Monke E J. ANSWERS: A Model for Watershed Planning [J]. Transaction of the ASAE,1980,23(4):938 -944.

[8] Young R A, et al. AGNPS, Agricultural Nonpoint Source Pollution Model for Evaluating Agricultural Watershed[J]. Journal of Soil and Water Conservation,1989,44(2):164 -172.

[9] Bicknell B R,et al. Hydrological Simulation Program - Fortran (HSPF) User's Manual, Version 12. http://www. epa. gov/ceampubl/swater/hspf/. 2004.

[10] Wiliams J R, Nicks A D and Annold J G. Simulation for Water Resources in Rural Basins [J]. ASCE Journal of HydraulicE ngineering,1985,111(6):970 -986.

[11] Arnold J G,Srinivasan R,Muttiah R S,Williams J R. Large Area Hydrologic Modeling and Assessment. Part 1: Model Development [J]. Journal of the American Water Resources Association,1998,34(1):73 -89.

[12] Flanagan D C and Nearing M A . USDA - Water Erosion Prediction Project(WEPP)[M]. NSERL Report No. 10, USDA - ARS National Soil Erosion Research Laboratory, West Lafayette,Indiana,1995.

[13] Bouraoui D B,Huggins L F. ANSWER -2000:Nonpoint sourcs nutrient transport model[J]. Journal of Environmental Engineering,ASCE,1999,42(6):1723 -1731.

[14] Grunwald S,Norton L D. AnnAGNPS - based run off and sediment yield model for two small watersheds in Germany[J]. Transactions of ASAE,1999,42(6):1723 -1731.

[15] Srinivasan R, Engel B A. A Spatial Decision Support System for Assessing Agricultural Nonpoint Source Polution [J]. Water Resources Bulletin, 1994,30(3):441 -452.

[16] He C,Riggs J F and Kang Y T . In tegration of Geographic Information Systems and a Computer Model to Evaluate Impacts of Agricultural R unof on Water Quality[J]. Water Resource Bulletin,1993,29 (6):891 -900.

[17] Engel B A, et al. Non - point Source Pollution Modeling Using Models Integrated with Geographic Information Systems[J]. Water Sci. Te chnol. ,1993,28:685.

[18] L iao H H and Tim U S . An Interactive Modeling Environment fo r Non - Point Source Pollution Control[J]. A m. Water Resour. A ssoc. ,1997,33:591.

[19] 马蔚纯,陈立民,李建中,等. 水环境非点源污染数学模型研究进展[J]. 地理科学进展, 2003,18(3):358 - 366.

[20] De Pinto Joseph V, Atkinson Joseph F, Calkins PaulJ, et al. Development of GEO - WAMS: A modeling support system to integrate GIS with watershed analysis models[A]. In: Goodchild M F, Steyaert L T, Park B O, eds. GIS and Environmental Modeling: Progress and Research Issues[C]. USA: Fort Collins, 1996. 271 - 276.

[21] NegahbanB, Fonyo C, Campbell K L, et al. LOADSS: A GIS - based decision support system for regional environmental planning[A]. Goodchild M F, Steyaert L T, Park B O, et al. GIS and Environmental Modeling: Progress and Research Issues [C]. USA: Fort Collins, 1996. 277 - 282.

[22] Lam D C, Mayfield C I, Swayne D A, et al. A prototype information system for watershed management and planning[J]. Journal of Biological System, 1994, 2(4):499 - 517.

[23] Leon L F, Lam D C, Swayne D A, et al. Integration of a nonpoint source pollution model with a decision support system[J]. Environmental Modelling&Software, 2000, 15:249 - 255.

[24] 薛金凤,夏军,马彦涛. 非点源污染预测模型研究进展[J]. 水科学进展,2002,13(5): 649 - 656.

[25] 贺瑞敏,张建云,陆桂华. 我国非点源污染研究进展与发展趋势[J]. 水文,2005,25(4): 10 - 13.

[26] 刘枫,王华东,刘培桐. 流域非点源污染的量化识别方法及其在于桥水库流域的应用[J]. 地理学报,1988 43(4):329 - 339.

[27] 朱萱,鲁纪行. 农田径流非点源污染特征及负荷定量化方法探讨[J]. 环境科学,1985, 6(5):6 - 11.

[28] 陈西平,黄时达. 涪陵地区农田径流污染输出负荷定量化研究[J]. 环境科学,1991, 12(3):75 - 79.

[29] 李定强,王继增,等. 广东省东江流域典型小流域非点源污染物流失规律研究[J]. 土壤侵蚀与水土保持学报[J]. 1998,4(3):12 - 18.

[30] 李怀恩. 估算非点源污染负荷的平均浓度法及其应用[J]. 环境科学学报,2000,20(4): 397 - 400.

[31] 李怀恩, 蔡明. 非点源营养负荷—泥沙关系的建立及其应用[J]. 地理科学,2003, 23(4):460 - 463.

[32] 李怀恩,沈晋. 非点源污染数学模型[M]. 西安:西北工业大学出版社,1996:22 - 68.

[33] 张建云. 非点源污染数学模型研究[J] . 水科学进展,2002,13 (5):547 - 551.

[34] 郝芳华,步青松,程红光. 大尺度区域非点源污染负荷计算方法[J]. 环境科学学报, 2006,26(3):375 - 383.

[35] 程红光,岳勇,杨胜天,等.黄河流域非点源污染负荷估算与分析[J].环境科学学报,2006,26(3):384-391.

[36] 程红光,郝芳华,任希岩,等.不同降雨条件下非点源污染氮负荷入河系数研究[J].环境科学学报,2006,26(3):392-397.

[37] 蔡明,李怀恩,庄咏涛,等.改进的输出系数法在流域非点源污染负荷估算中的应用[J].水利学报,2004,7:40-45.

[38] 董亮,朱荫谓,王坷.应用地理信息系统建立西湖流域非点源污染信息数据库[J].浙江农业大学学报,1999,25 (2):117-120.

[39] 王云鹏.基于遥感和地理信息系统的面源信息系统及初步应用[J].科学通报,2000(1):2763-2767.

[40] 王少平,俞立中,许世远,等.苏州河非点源污染负荷研究[J] .环境科学研究,2002,15(6):23-27.

[41] 王宁,徐崇刚,朱颜明.GIS用于流域径流污染物的量化研究,东北师大学报(自然科学版) [J].2002,34(2):92-98.

[42] 史志华,张斌,蔡崇法,等.汉江中下游农业面源污染动态监测信息[J].遥感学报,2002,16(5):123-127.

信息技术在水利工程建设管理中的应用

张增伟　范清德　毋芬芝

（河南黄河河务局）

摘要：当前，社会各领域都在深化应用信息技术，它使得人们的生产、生活面貌发生了日新月异的变化，水利工程建设管理也不例外。本文从信息技术在水利工程建设管理中应用的几个阶段、黄河水利工程建设管理系统的开发应用入手，阐述了信息技术对水利工程建设管理的重要性。

关键词：信息技术　水利工程　建设管理

1 引言

20世纪中叶以来，信息技术的快速发展与广泛应用对全球经济和整个人类社会发展产生了重大影响，引发了全球性的经济结构大调整，并引领人类社会从工业社会开始向信息社会转变。迄今为止，信息技术已在我国国民经济和社会发展各领域得到了很大程度的深化应用。2006年1月9日，胡锦涛主席在全国科学技术大会上的讲话中指出："进入21世纪，世界新科技革命发展的势头更加迅猛，正孕育着新的重大突破。信息科技将进一步成为推动经济增长和知识传播应用进程的重要引擎……"水利工程作为我国国民经济基础设施和基础产业，必须充分运用现代的信息技术，提高信息化水平，才能在21世纪实现更大的繁荣和发展。

2 什么是信息技术

凡是能扩展人的信息功能的技术都是信息技术。它主要是指利用计算机、网络及通信手段实现信息的采集、录入、存储、传输、处理、分析和管理等的相关技术，是当代社会最具潜力的新的生产力。

3 信息技术在水利工程建设管理中应用的三个阶段

3.1 部分利用通信技术

20世纪70年代至80年代末，水利工程建设主要采用人员进行管理，人工采集信息,利用纸介质进行文字数据信息的存储、处理、分析和管理。仅在信息传递中以通信电话(后期还借助于传真)为载体,管理人员劳动强度高、效率低,工作受人为因素制约,极易造成数据分析错误或交流传递失误。

3.2 结合利用计算机和通信技术

20世纪90年代,随着计算机和通信传真的推广普及,广大水利工作者可以利用计算机、传真进行建设管理信息的采集、存储、处理、分析、管理和传递,信息分析、处理能力有所增强,并在一定程度上减少了沟通传递失误和对纸介质的依赖,管理水平和工作效率得到了较大提高。并且,此时的计算机已可以生成图形和图像,建设管理可视化技术成为可能。

3.3 充分利用现代计算机网络

90年代末期以来,计算机网络逐步进入各行各业,为水利工程建设管理提供了发展的契机。水利系统相继开通了Internet,建立了网站、局域网、电子政务系统、数据库、项目管理系统等网络体系和信息管理平台,不仅可以快速、有效、自动而有系统地发布、储存、修改、查找及分析处理大量的建设管理信息,而且能够对建设管理中的各个环节进行跟踪管理。并且数码相机和扫描仪等现代电子产品的应用使建设管理信息形式更加丰富、直观,建设管理可视化技术基本成熟,各种文字、表格、图形、图片、声像信息让建设管理工作变得更加有声有色,这些电子化的信息可以被光速传输、无限复制、长久保存和资源共享。通信技术的发展也为我们带来了极大方便,无线联系、短信群发,使水利工程建设管理更加如鱼得水。这些意味着水利工程建设管理真正进入了“数字化”和“信息化”时代。

为更好地解决黄河水利工程建设的信息化管理,加强沟通、协作,最大化地实现信息资源共享,不断提高建设管理水平和效率,2006年4月,黄河水利委员会结合自身工作实际,创新管理方式,开发了黄河水利工程建设管理系统(见图1),将信息技术在水利工程建设管理中的应用又向前推进了一大步。

4 黄河水利工程建设管理系统的开发和应用

黄委独立开发的黄河水利工程建设管理系统设置了基础信息、质量管理、进度管理、造价管理、合同管理、数据维护等11个功能模块及若干个子功能模块,每个功能模块均对应着特定的字段信息和管理任务,涵盖了黄河水利工程建设管理中的各个环节。该系统可以安全、高效地进行数据存取、分析、处理,自动计算,生成各种图形、表格,并且实现了建设信息资源的完全共享,除数据维护模块外,各用户可以在登录后非常方便、快捷地进行所需信息的访问和信息检索、查询。

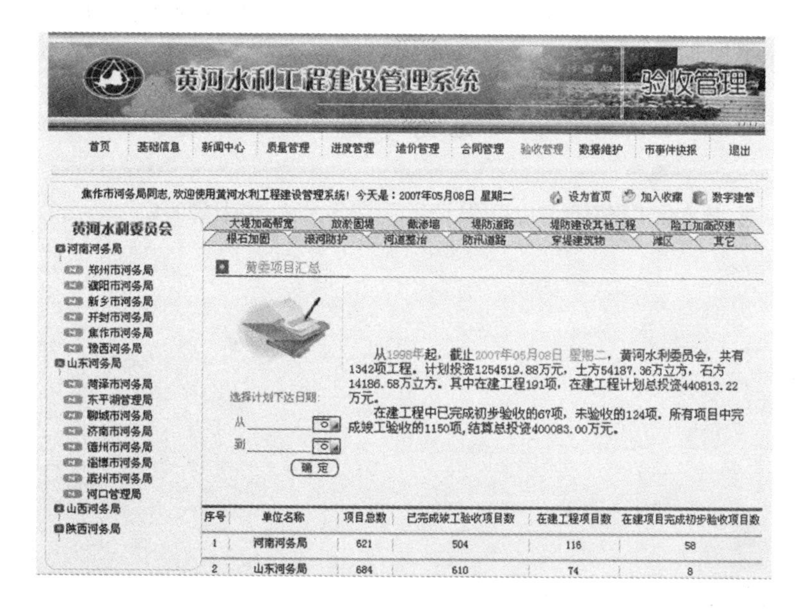

图 1　黄河水利工程建设管理系统

系统采取了模块添加管理权限授权与信息分级控制,数据维护模块的各个子模块的相同字段可以继承,避免了同一数据的重复录入,各授权用户可根据权限随时对数据信息进行新增、修改和补充。子模块字段设计中将规划计划、合同、财务、建设管理等岗位的日常工作与数据采集进行了紧密结合,提供了一个交互工作平台,使各单位各岗位管理人员在处理日常事务的同时即可进行建设管理信息的采集和录入,这样就不但有效地解决了数据采集及动态更新问题,而且实现了系统信息采集的畅通、准确、完整和高效。

自然,为了保证系统的安全和可靠,设计中采取了用户身份识别,用户只有通过授权才能对相关数据进行修改、新增。利用该系统,任何人均可以在很短的时间内了解掌握黄委系统 1998 年以来已建或在建的工程全部情况,提高了黄河水利工程建设管理工作的透明度,这在以前是根本不可想象的。该系统的开发和应用为黄河水利工程建设管理提供了有力支撑,带动了黄河工程建设管理的信息化和现代化。

5　结语

综上可以看出,信息技术已融入水利工程建设管理中的各个环节,并取得了很大的应用成效,但这仅是一个开端,现代水利工程建设项目多、任务重,形成文件多,参与人员多,信息量大,只有充分利用先进的信息技术,才能优化管理程序、提高工作效率,增进领导决策的科学性和时效性,从根本上提高水利工程建设管理的整体水平。

参考文献

[1] 潘明惠.信息化工程原理与应用[M].北京:清华大学出版社,2004.

荷兰 St. Maarten 岛暴洪预警系统开发与研究

金 伟 唐景云

（长江水利委员会长江勘测规划设计研究院）

摘要：本文介绍了利用现代信息通信技术，包括移动通信、短信发送、地理信息系统、互联网、数据库等，并结合水动力学模型（HD）如 MIKE11，构建暴洪预警系统（FFWS）的一个案例。该案例以荷兰位于加勒比海的属岛 St. Maarten 为研究对象，在洪水信息发布方面组建了三个系统，分别为基于网页地理信息系统（Web-GIS）发布的洪水信息系统、基于短信/彩信（SMS/MMS）发布的洪水预警系统以及基于移动无线应用协议（Mobile-WAP）暴雨综合管理信息系统。

关键词：暴洪预警系统 危险地图 危险等级 预制 中心数据库 MIKE-11 Web-GIS SMS/MMS Mobile-WAP J2SE J2ME waterRIDE

1 引言

在所有与气候有关的自然灾害中，最为常见并广泛分布的是洪水。据报道，由洪水导致的自然灾害，在数量和所造成的经济损失上占所有自然灾害的1/3。洪水可分为河道洪水、海岸洪水、城市洪水、冰凌以及暴雨洪水（暴洪）。暴洪主要是由缓慢移动而重复经过某地的雷暴雨以及飓风和热带风暴导致的大雨所形成的。

单纯依靠工程措施或非工程措施无法解决洪水问题，为了有效控制和减轻洪涝灾害，工程措施与非工程措施必须综合加以应用。作为重要的非工程措施之一，FFWS 在过去的十多年里得到研究人员的极大关注。

本案例以位于加勒比海中部链岛上的荷兰属岛 St. Maarten 作为研究对象，构建其暴洪预警系统。St. Maarten 是世界上最小的岛屿，目前为荷兰和法国共有已长达 350 年之久。

1.1 问题的提出

对洪水综合管理系统而言，FFWS 作为其重要组成部分通常集成在洪水管理的决策支持系统（DSS）内。然而，对于一个较小的区域，如 St. Maarten 岛，其位于荷兰侧的总面积仅 3 380 hm^2,FFWS 可以工作于独立运行模式。

独立运行的 FFWS 具备三个基本功能:洪水预报、预警和响应。在 FFWS 案例演示中,可划分为三个步骤:首先,远程获取气象数据,并进行预处理,运行水动力学模型预测暴雨洪水;其次,从实时模型结果或预制模型库中选取信息(如洪水危险地图、安全区域提示、撤退路由及交通控制等);最后,将洪水预警信息发布给公众。

在实施上述三个步骤之前,需要考虑与洪水相关的三个问题:

第一,据美国垦务局(USBR)统计数字显示,增加洪水预见期至 90 min 或更长,可以减少 90% 以上的洪水灾害损失。因此,获得尽可能早的降雨预报对一个有效的 FFWS 设计是极其关键的。

第二,气象雷达的发展和应用提高了降雨预测的准确性与预见期,降雨预见期可达 50 min 至 2 h 或 3 h。但是,水动力学模型的输出结果由于不直观,并不能为大众所直接理解利用,并且不同的受众需要的信息也不尽相同,要使大众在第一时间获得准确有用的信息,还必须考虑信息发布的对象及相应的描述方式。

最后,也是最为重要的,即如何把形成的预警信息迅速发布给社会公众。

1.2 研究目的

利用现代信息技术如移动通信、GIS、数据库、互联网及 JAVA 应用,构建 FFWS 的概念设计框架。

提供客户机/服务器方案,使社会公众(终端用户作为客户端)通过 PC 或移动手机/PDA 的浏览器从暴洪信息中心(服务器端)获取洪水相关信息。

提供信息发布方案,实现暴洪信息中心通过 SMS/MMS 方式,直接给相关受害区域的终端移动用户发布洪水预警信息。

1.3 研究方法

输入降雨数据,利用已建的水动力学模型预测洪水。应用工具:ArcGIS, MIKE 11。

组建中心数据库。应用工具:Microsoft Access。

模型输出结果处理,生成实时或预制的洪水危险地图。应用工具:ArcGIS, waterRIDE, Microsoft Access。

洪水预警信息发布。应用工具: ArcIMS, ArcGIS, IIS6, J2SE SDK1. 6, J2ME WTK25, JBuilder。

调用商用 SMS/MMS 网管 API(Clickatell or Bulk),实现 SMS/MMS 发送。

2 FFWS 框架设计

FFWS 设计包括数据获取和模型模拟、模型结果分析以及信息发布三个部分(见图1)。

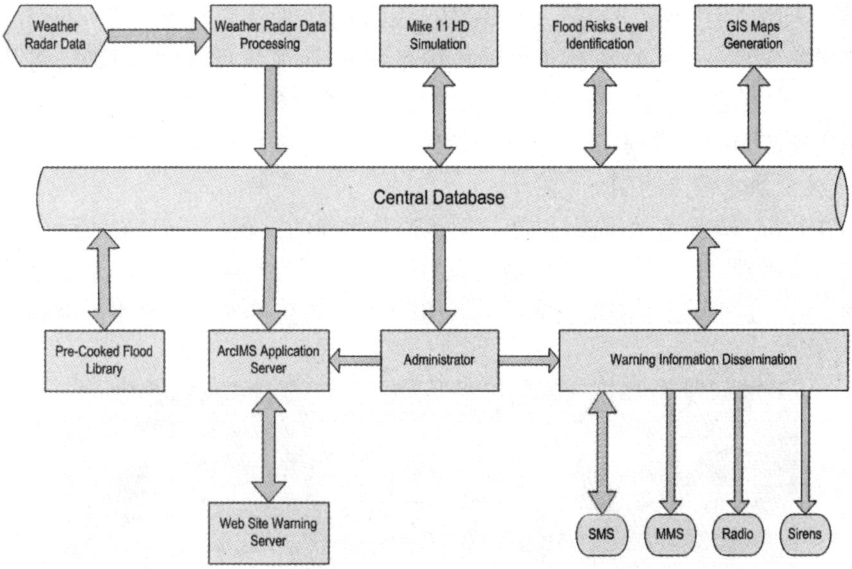

图1 FFWS概念设计框图

2.1 数据获取和模型模拟

通过气象卫星或雷达获取降雨信息,将降雨信息输入已矫正的水动力学HD模型,通常是MIKE11(对于乡村及河流地区)或MOUSE(城市地区);运行模型并生成一维HD结果,包括水深、流量、流速等。

FFWS设计中,HD模型运行时间一般较长,这对于提供实时的暴洪预警信息是非常不利的。因此,较为可行的方案是利用历史洪水记录和降雨资料预先组建暴洪信息库。在本案例中,即根据不同频率的历史降雨数据,预先运行HD模型生成洪水数据系列,并将之存储于中心数据库。

2.2 模型结果分析

HD模型运行输出的结果为二进制数据,不加以处理无法直接应用于洪水预警。因此,还需运用专用的基于GIS的软件包,如waterRIDE、ArcGIS,来分析和展示HD模型的输出结果。

2.3 信息发布

针对不同的受众,提供相应的多种信息发布方式。

本案例着重对如何实现洪水信息发布的问题进行阐述。

3 FFWS测试及演示

围绕信息发布,本案例组建了三个系统,分别是基于地理信息系统网页

(Web - GIS)的洪水信息系统、基于短信/彩信(SMS/MMS)的洪水预警系统和基于移动无线应用协议(Mobile - WAP)的暴雨综合管理信息系统。第一和第二个系统可集成为一个总的基于 Web 的应用系统,但为了方便介绍其功能,将其分成两个系统单独进行描述。第三个系统与终端用户相关,需要在移动终端设备中预先安装 Midlet 小程序,以实现与信息发布中心实时的信息传递。

3.1 生成洪水危险地图

在分析 HD 模型的模拟结果时,用流速和水深的乘积($V \cdot D$)来表示不同的洪水危险级别,并用不同的颜色对其危险级别大小加以区分,最后生成洪水危险地图,这一过程可以用澳大利亚的 waterRIDE™软件包来实现。洪水危险地图见图 2。

图 2 90 mm/h(50 年一遇)洪水危险地图

3.2 基于 Web - GIS 的洪水信息系统

该系统采用 Web - GIS 技术,提供了一个与洪水信息相关的发布平台。系统工作于客户机/服务器模式;客户端用户利用浏览器和因特网接入 Web 服务器获取所需的详细洪水信息。

工作流程:根据雷达提供的降雨预测,从预制的暴雨洪水库中检索到类似的降雨强度事件。本案例利用历史降雨资料预制的洪水信息库中录入了 5 个不同频率的暴洪事件。下面以 90 mm/h,50 年一遇的降雨事件为例,描述如何使用 Web - GIS 洪水信息系统浏览洪水危险地图,以及预测处于不同危险等级的建筑物和路段,见图 3。

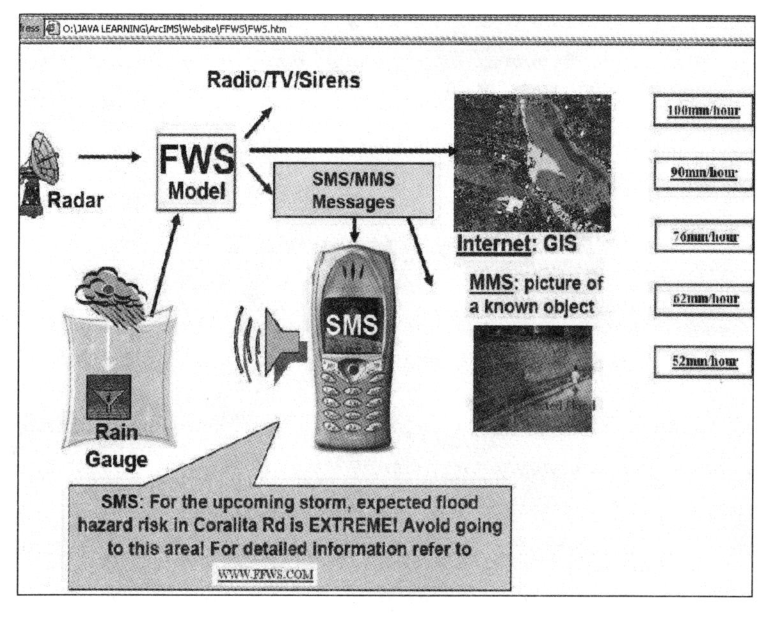

图3 基于 Web - GIS 洪水信息系统

点击左侧工具栏中的查询图标，输入查询字符串：HAZARDMIN = "2. V High"，于是危险等级在"Very High"至"Extreme"的区域被高亮度显示，即可获得危险等级位于"Very High to Extreme"的洪水危险地图（详见图4～图6）。应用类似的方法可以获得"High to Very High"、"Medium to High"、"Low to Medium"等不同危险级别的洪水地图。

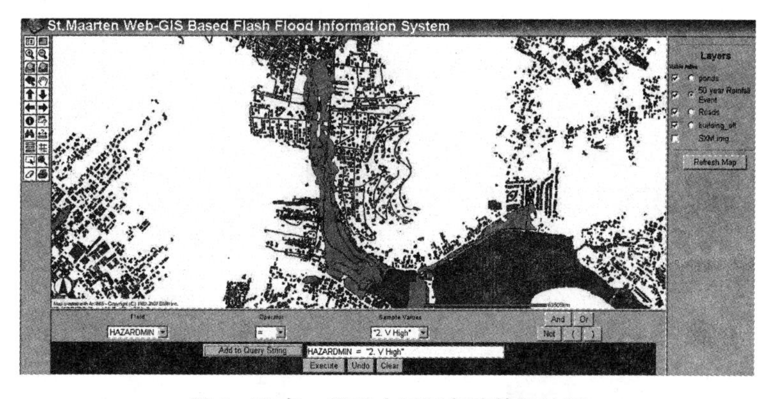

图4 50年一遇洪水不同危险等级地图

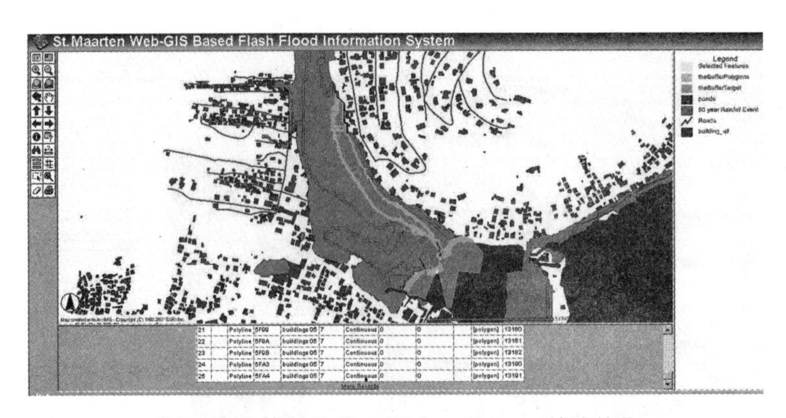

图 5　危险等级为 Very High to Extreme 的建筑物

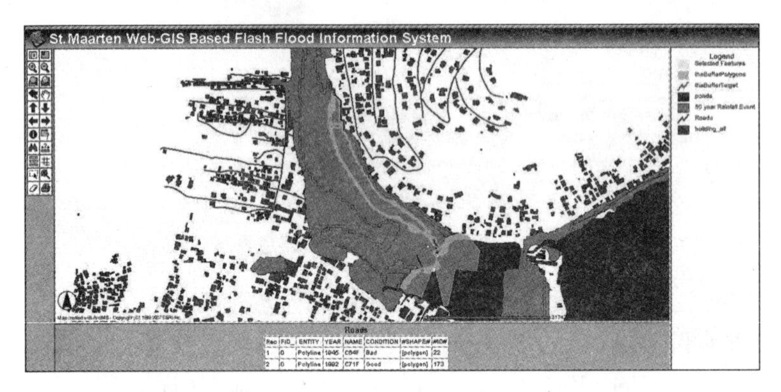

图 6　危险等级为 Very High to Extreme 的路段

3.3　基于 SMS/MMS 的暴洪预警系统

该系统实现利用 SMS/MMS 技术直接向终端用户发送洪水预警信息的功能。系统主要由四部分组成：SMS/MMS 服务控制中心(SMSCC)、政府及重要部门预案(GCFP)、数据处理(DP)及测试。

图 7 中，左下角的梳状列表用于从数据库选择不同的降雨事件；相临的梳状列表用于选择不同的危险等级。当以上两个选择分别做出后，处于相应降雨事件和危险等级的建筑物及路段信息将由中心数据库中自动检索出来，并显示在上方表格中。

在数据库中，建筑物和路段数据可以按照不同的字段属性进行排序。排序的同时，选中危险等级的相应建筑物预先存储于数据库的手机号码也自动从中心数据库中检索出来，并显示在电话列表中，该电话列表用于 SMS/MMS 发送的目标地址。按照不同危险等级，将自动生成相应的 SMS 内容并显示于右侧 SMS 内容文本编辑框内，详见图 8 ~ 图 10。

图 11 所示为调用来自南非 Clickaell 公司提供的 SMS/MMS 网关 API 后(该

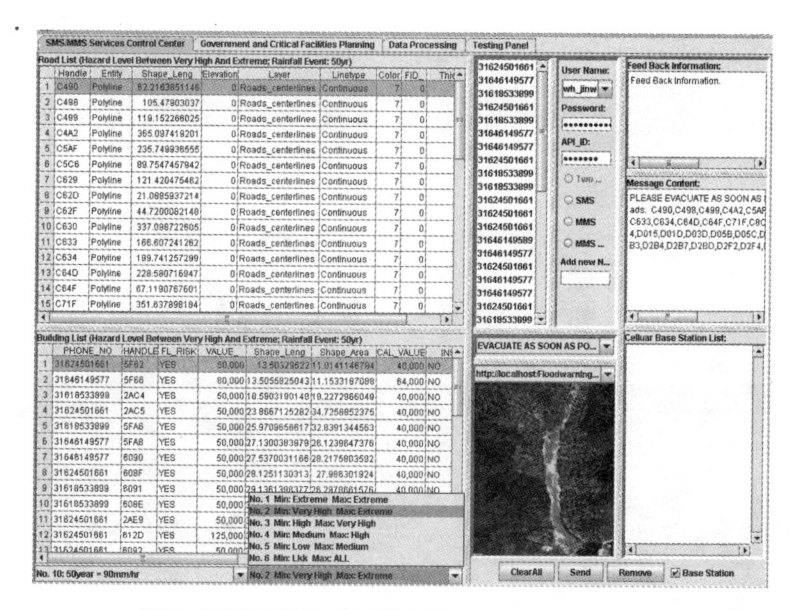

图 7　SMSCC 操作:危险等级为 Very High to Extreme

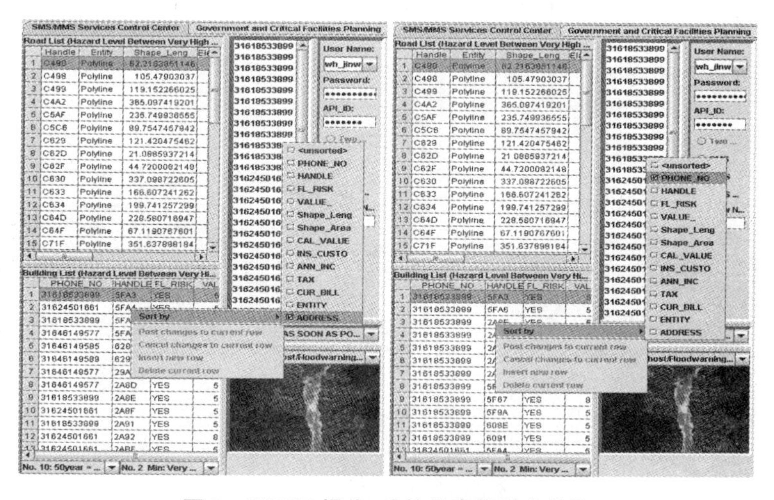

图 8　SMSCC 操作:建筑物表格弹出菜单

网关可提供近 200 多个国家的短信发送业务),洪水预警信息短信成功发送至荷兰的移动终端,反馈信息窗口中已给出正确发送的提示。该系统同样提供 MMS(彩信)发送,但需要当地移动公司及手机用户均支持 MMS 功能。在荷兰,绝大多数无线网络提供商均支持 SMS/MMS 业务。

图 12 所示为选择不同的降雨事件,政府及重要部门中与该等级洪水处理相关的人员信息自动由中心数据库中检索出来,并显示在屏幕信息框中,利于政府及重要部门在暴洪预案中及时发挥其职能。

图 9　SMSCC 操作:SMS 信息内容编辑

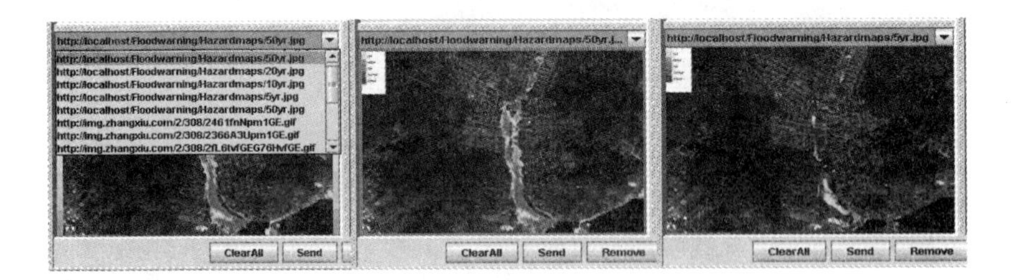

图 10　SMSCC 操作:MMS 图片选择

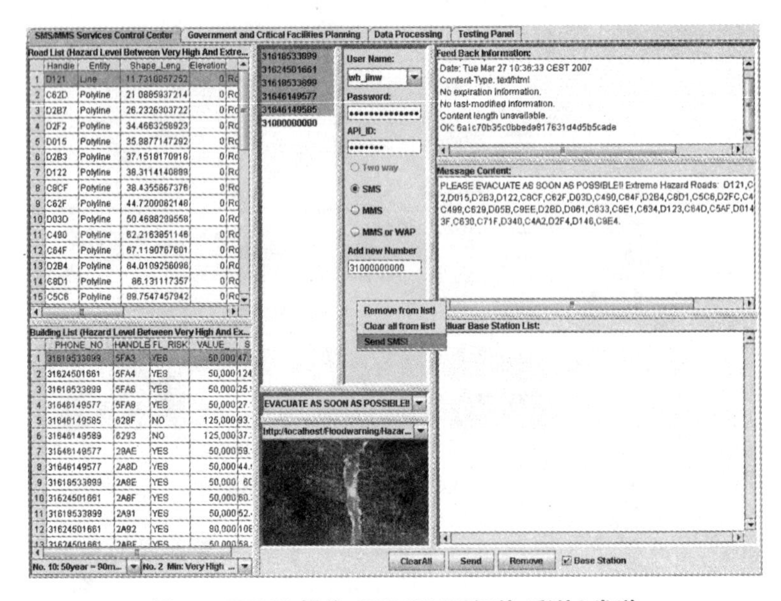

图 11　SMSCC 操作:SMS/MMS(短信/彩信)发送

3.4　基于 Mobile - WAP 的综合暴雨管理信息系统(MW - ISMIS)

MW - ISMIS 提供给终端用户利用手机或 PDA 主动获取暴雨洪水信息的功能,该系统同样以客户机/服务器模式进行工作。当移动用户终端安装暴洪预警系统的 Midlet(由 JAVA 编写)小程序后,即可借助无线应用协议访问 Web 的技

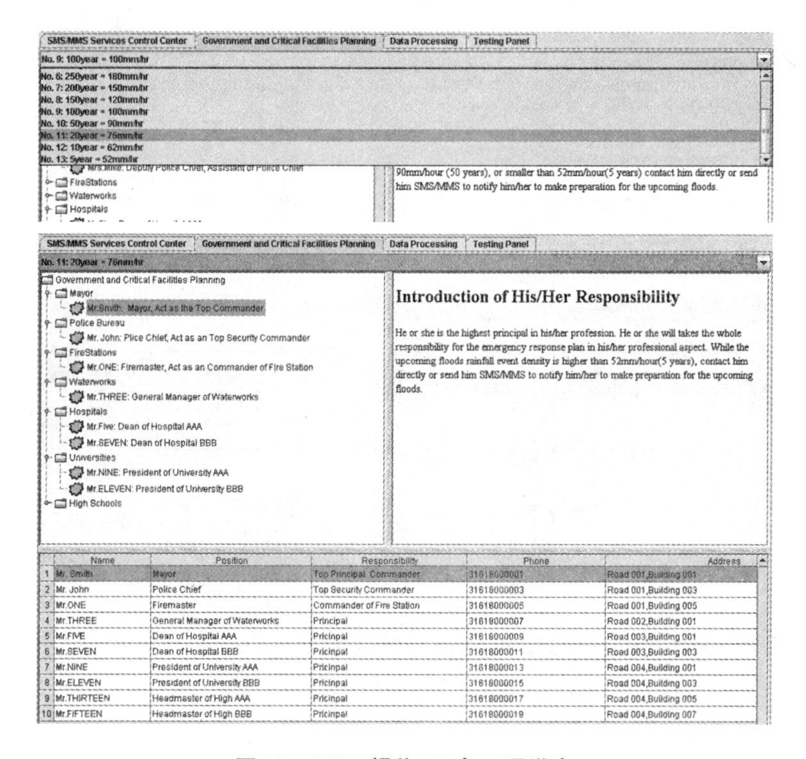

	Name	Position	Responsibility	Phone	Address
1	Mr. Smith	Mayor	Top Principal Commander	31618000001	Road 001,Building 001
2	Mr. John	Police Chief	Top Security Commander	31618000003	Road 001,Building 003
3	Mr.ONE	Firemaster	Commander of Fire Station	31618000005	Road 001,Building 005
4	Mr.THREE	General Manager of Waterworks	Principal	31618000007	Road 002,Building 001
5	Mr.FIVE	Dean of Hospital AAA	Pricinpal	31618000009	Road 003,Building 001
6	Mr.SEVEN	Dean of Hospital BBB	Pricinpal	31618000011	Road 003,Building 003
7	Mr.NINE	President of University AAA	Pricinpal	31618000013	Road 004,Building 001
8	Mr.ELEVEN	President of University BBB	Pricinpal	31618000015	Road 004,Building 003
9	Mr.THIRTEEN	Headmaster of High AAA	Pricinpal	31618000017	Road 004,Building 005
10	Mr.FIFTEEN	Headmaster of High BBB	Pricinpal	31618000019	Road 004,Building 007

图 12　GCFP 操作:20 年一遇洪水

术,向 Web 服务器发送请求;在 Web 服务器内,由被称做 Servlet(由 JAVA 编写)的程序自动处理用户请求,并最终将结果发送至移动终端。如此,终端用户可选择查询感兴趣的信息,而不必受自动发送的 SMS/MMS 信息内容的局限。

服务器授权后的用户,其移动终端可以浏览查询主窗口,见图 13。选择"Flood Warning Information",可看到标题为"Flash Flood Warning"的菜单及另两个菜单条。选择以下菜单条:Principle,Flooding_Warning,Hazard_Level,Hazard_Areas,Hazard_Roads,Safe_Areas,Escape_Routes and Other_Information,菜单旁的屏幕可显示简单的文本信息和提示。图 14 显示的为暴洪预警信息。

移动终端每个窗口的底部通常会提供一些链接,如 www. ISMIS. com 等,供用户利用 PC 访问具有详细洪水信息的网站。

由于本案例中的 St. Maarten 岛暂时未能提供来自当地气象部门的热带风暴预测,因此图 15 显示的为纽约地区风暴预测信息。图 16 显示的为天气预测。

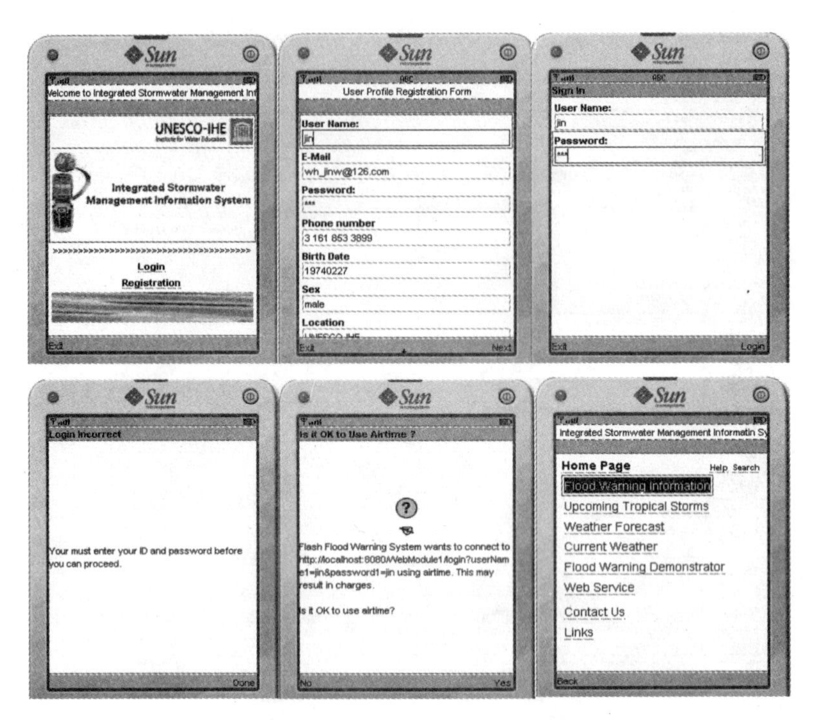

图 13　MW－ISMIS 操作:登陆和注册

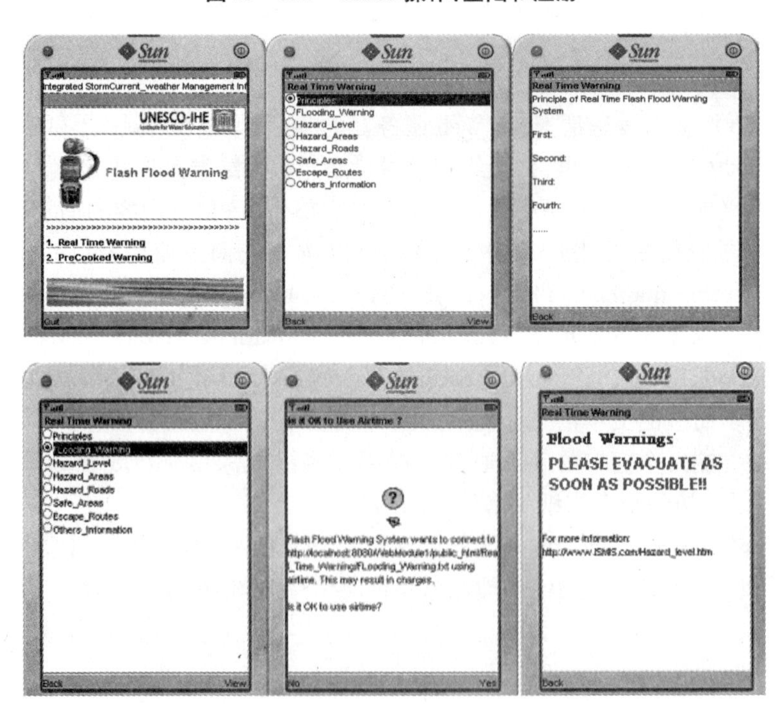

图 14　MW－ISMIS 操作:暴洪预警信息

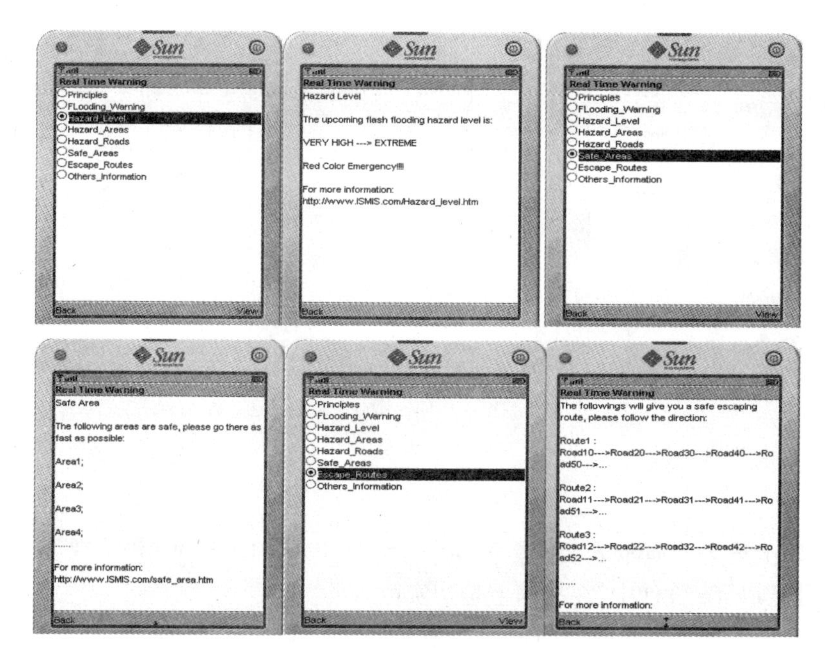

续图 14

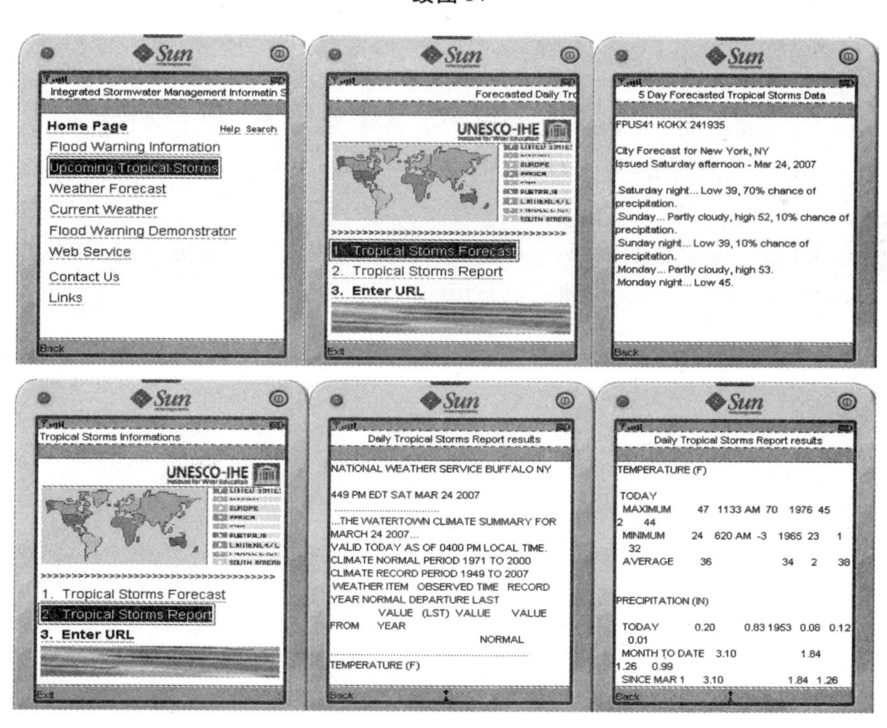

图 15　MW－ISMIS 操作:热带风暴信息

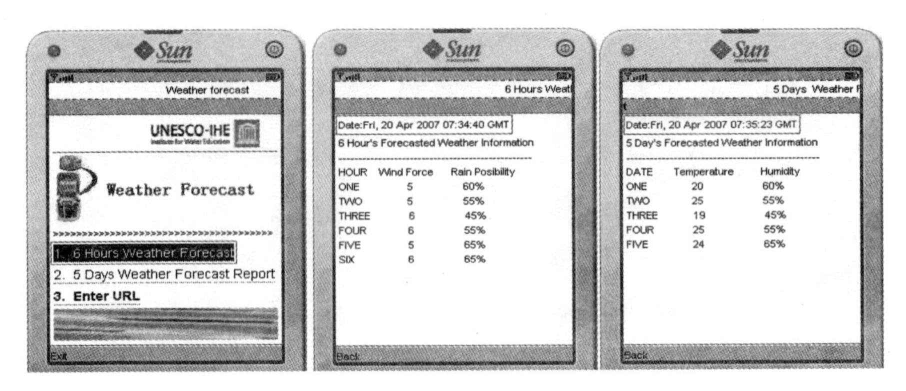

图 16　MW－ISMIS 操作:天气预测

4　结语

(1)上述案例演示表明,将 Web-GIS-SMS/MMS-Mobile-WAP 等现代信息技术应用于 FFWS 设计中,在技术上是切实可行的。

(2)随着信息技术(ICTs)的快速发展,以及 IT 领域竞争的不断加剧,不仅在发达国家而且在大多数的发展中国家,PC、移动电话甚至 PDA 在社会公众中正逐步普及;互联网访问也越来越流行,为实施和推广如本案例演示的 FFWS 提供了条件。

(3)本系统借助于 SMS 和互联网 Web 技术,提供双向交互式信息传递,有助于把日益广泛接受的 Web-GIS-SMS/MMS-Mobile-WAP 技术应用于洪水知识教育。

(4)实施一个完整的 FFWS,并使其发挥最高效用需要多方部门,如政府机构、水利相关部门和专家、移动通信公司的广泛合作。

黄河水库河道淤积测验体系信息化建设

李白羽[1] 张彦丽[2] 孔德志[2] 刘小春[3]

(1. 黄河水利委员会中游水文水资源局;2. 黄河水利委员会水文局;
3. 信息工程大学测绘学院)

摘要:文章概括了近几年来黄河水库河道淤积测验体系信息化建设取得的成就:主要是平/高控制测量、淤积断面测量以及测验数据管理方面的信息化建设;介绍了与此相关的信息化技术发展的新方向。

关键词:GPS 全站仪 三角高程测量 断面测量 GIS

黄河水库河道泥沙淤积测验是一项常规的、重要的工作,它为研究黄河水库河道泥沙淤积的形成、分布及其变化规律提供重要依据,也是防汛预报、水库水量调度等工作的重要前提和保障。近几年来,随着计算机技术、电子技术、"3S"技术的发展及广泛应用,黄河水库河道测验体系的建设与管理已迈入信息化进程。黄河水库河道淤积测量已经大规模引进使用 GPS、全站仪、回声测深仪等先进的数字化测量仪器,基本实现了测量数据的自动观测、自动记录、自动处理;内业数据管理也逐步引入 GIS 平台,数据的处理分析也趋于规范化、自动化、可视化。

1 平面控制测量技术的信息化建设

在平面控制测量方面,自 1995 年 8 月,中芬合作的黄河防洪减灾系统项目首次引入 GPS(Global Positioning System,全球定位系统)以来,GPS 以其全天候、高精度、实时、快速等诸多优点,很快在黄河上得到推广使用。利用 GPS 控制网进行平面控制测量,不需要各观测站之间相互通视,只需在各站布设 GPS 接收机,同步观测卫星数据即可,观测数据自动存储在 GPS 接收机内,内业数据处理及控制网的平差、精度估算均由专用的 GPS 后处理软件完成,具有传统三角测量无可比拟的优势。

小浪底水库泥沙淤积测验项目中,断面桩的平面控制测量工作大部分由

GPS 测量完成。黄河干流及黄河入海口地区也纷纷建立了 GPS 控制网,黄河中下游已经完成了禹门口到黄河口的 GPS 网布设观测工作,中游的万家寨水库也采用了 GPS 控制测量,GPS 平面控制测量技术已在黄河上广泛应用。

2 高程控制测量技术的信息化建设

由于硬件技术的发展,全站仪、数码水准仪等先进测量仪器的引入,高程控制测量技术也有了很大的提高。尤其是全站仪快速高程测量系统的开发使用,较好地解决了山区的高程测量问题,并且具有测量成果准确、作业速度快、自动化程度高的特点,因此在小浪底库区我们广泛地采用了全站仪快速高程测量系统,并取得良好的效益。

2.1 全站仪快速高程测量系统的基本原理及施测方法

利用全站仪测得两点间的距离和垂直角(俯角或仰角),计算出两点间的高差,如图 1 所示。

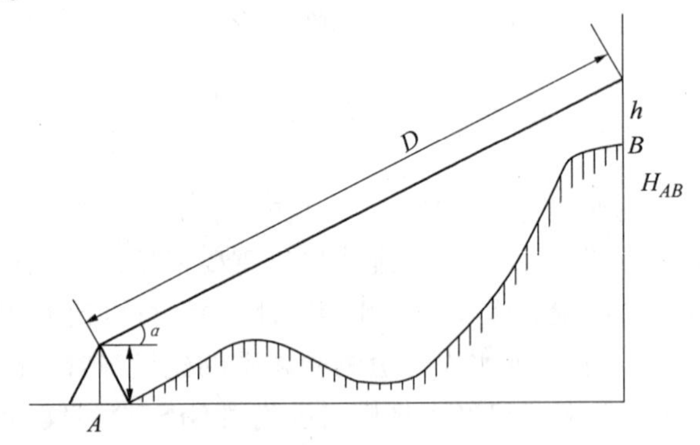

图 1 高差测量示意图

A、B 两点之间的高差计算公式为

$$H_{AB} = D \cdot \sin\alpha + i - h \tag{1}$$

考虑到地球弯曲度和大气折光的影响,经改正后,A、B 两点间的高差计算公式为:

$$H_{AB} = D \cdot \sin\alpha + \frac{1-k}{2R}[D \cdot \cos\alpha]^2 + i - h \tag{2}$$

式中:α 为观测垂直角;R 为地球平均曲率半径;i 为仪器高;h 为觇标高;k 为大气折光系数;D 为经过各项改正后的斜距。以上各距离参数均以 m 为单位。

外业测量方法有隔点设站法和每点设站法两种。隔点设站法仪器安放在两觇标中间,逐站施测,两觇标交替前进,作业模式类似于几何水准测量。每点设站法在前进路线上限定距离内每点均设置仪器观测,并需进行往返测量。观测的实施按照电子手簿的提示进行,电子手簿自动完成记录、计算、制表,并可通过电缆打印成果。

2.2 数码水准仪测高

我们还引进了高精度数码水准仪 NA3003,可以用于精密水准测量,还可用于断面测量、沉降观测等方面。用户只需按下按钮,即可实现自动照准标尺、自动测量、测量数据自动记录在 REC 模块中,通过 GIF10 或 GIF12 接口可以将数据传送到 PC 机中去,用专用软件即可进行数据处理。

3 淤积测量技术的信息化建设

黄河水库河道淤积测量一般采用断面法,即沿水库、河道布设一定数量的固定断面,来进行陆地和水下地形测量,传统的断面测量采用六分仪定位,用测深锤和测深杆测量水深,这种作业模式需要在断面上建造觇标并布设基线,耗资较大,并且定位不准,测深精度也不够高。随着全站仪、GPS、回声测深仪的引进,淤积断面测验技术发生很大革新。

3.1 用全站仪进行断面测量

全站仪集精密测距与测角于一体,具有自动观测、自动记录等功能,可以即时得到斜距、平距、水平角、垂直角、三维坐标等数据,其观测数据存储于 PCMCIA 卡上,内业利用简单的程序处理便可得实测大断面成果表,全站仪断面测量技术因其精确高效已经在黄河上大规模推广使用。

3.2 GPS · RTK 断面测量

GPS 用于河道断面测量时所采用的模式是 RTK(Real-Time Kinematic),即实时动态定位,通过 GPS 屏幕导航,可以精确导航至断面位置,精确测量并记录测点的三维坐标,并能实时查看测点的起点距和高程。RTK 测量最大允许误差:平面为 $10\ \text{mm} + 2D \times 10^{-6}$,垂直方向为 $20\ \text{mm} + 2D \times 10^{-6}$($D$ 为观测边长),当使用 GPS · RTK 作实时动态定位测量时,需要将 GPS · RTK 所观测的大地高转换为正常高。通过试验证明,将 RTK 测量高差通过布尔莎模型转换及高程拟合消除高程异常后,所得正常高可以达到五等水准精度,满足水库、河道测量的精度要求。

3.3 水深测量

水深测量方面,我们使用回声测深仪,作业时回声测深仪安装到测船上,配合 GPS 联合作业,可以连续测量水深,并确定水底三维坐标。由于 GPS · RTK 实时测得三维坐标,因此在进行水深测量时,无须进行水位观测。水底测点的高程可用以下公式计算:

$$H_i = H_{天} - (H_{声} + \Delta H) \tag{3}$$

式中：H_i 为水底点高程；$H_{天}$ 为 GPS 天线相位中心高程；$H_{声}$ 为回声测声仪测得水深；ΔH 为换能器探头至 GPS 天线相位中心距离。

新型断面测量方法省时省力，并且观测精度高、资料整理方便。如果以传统手段完成小浪底水库一次淤积测量需要 40 天左右，而现在只需 15 天左右。

4 数据管理与成果利用方面的信息化发展

4.1 地理信息系统概述

地理信息系统（Geographic Information Systems，GIS）是描述、存储、分析和输出空间信息的理论与方法的一门新兴的交叉学科；是以地理空间数据库（Geospatial Database）为基础，采用地理模型分析方法，适时提供多种空间地理信息和动态地理信息，为地理研究和地理决策服务的计算机技术系统。

4.2 GIS 软件的开发使用

随着数据库技术、GIS 技术及相关的计算机应用水平的发展，对数据管理和处理分析增加了一些新的要求，为此，我们和有关部门合作开发了“河道断面分析系统”和“小浪底水库水文泥沙信息管理系统”。

这两套系统均充分利用了数据库技术，具有输入、编辑、查询、浏览、统计、制表、输出等数据操作功能。河道断面分析系统存储对象是河道实测大断面资料有关的数据，分析计算出断面特征数值，如深槽、深泓点、主槽及滩地的边界位置及其高程。并计算出断面面积、断面宽度、冲淤面积、冲淤体积以及实测断面套绘图等，并以 Excel 格式输出。

小浪底库区水文泥沙信息管理系统主要以 1∶10 000 库区地形图数字化数据及实测断面数据为基础，加上库区塌岸、漏斗等局部地形观测数据，形成较完整的库区地形空间属性数据库。能够实现库容与冲淤量的计算与分析，断面演变分析、漏斗和塌岸计算分析、三维地形显示等；并可以进行水文要素查询、水沙因子分析、水沙量计算以及整编成果表输出等水文信息的查询分析。为小浪底库区泥沙淤积信息管理的自动化、智能化提供了技术平台。

5 黄河水库河道淤积测验体系信息化前景

5.1 “3S”技术结合

“3S”技术即全球定位系统（GPS）、遥感技术（RS）、地理信息系统（GIS）相互结合和集成，“3S”技术的结合使用将对水库河道水文泥沙淤积测验体系信息化建设起到更好的推动作用。GPS 和 RS 是 GIS 重要的数据源和数据更新手段，GIS 是处理和分析数据的强有力的技术保证。“3S”集成系统不仅具有自动、实时地采集、处理和更新数据的功能，而且能够智能地分析和运用数据，为各种应用提供科学决策咨询,并回答用户可能提出的各种复杂问题。

5.2 建立无缝空间数据库

GIS 起步之初,提供给用户的空间范围是有限的,目前能管理多比例尺的、海量数据的无缝空间数据库已经成为 GIS 研究与应用的重点。无缝空间数据库的管理意味着 GIS 管理的数据不再是单一的图幅,而是范围更加广阔的区域,甚至是整个流域。目前许多系统采用将空间数据分块存储于数据库中,并提供图块之间的接图信息及拼接手段,保障了空间数据在使用上的空间连贯性,即数据在使用上是无缝的。为实现多尺度缩放,目前许多系统采用的是在数据库中独立地存储不同比例尺的地图数据。最理想的模式是在 GIS 数据库中只存储最大比例尺度的空间数据,在图形显示时,实时自动地从空间数据库中获取与显示比例自适应的空间数据,完成图形的绘制,真正实现 NS - GIS(No - Scale GIS, 无尺度 GIS)。

5.3 真三维和时态 GIS

传统 GIS 只能处理平面 X、Y 二维坐标数据,空间分析基于二维数据进行,因此被称之为 2DGIS。在 2DGIS 中把高程 Z 作为属性数据来处理,将其投影到二维平面上表示,造成同一位置的多个属性值不能清楚表达,因此被称为 2.5DGIS,它实际是以二维形式来表示三维内容。

一个三维 GIS 应该能够模拟、表示、管理、分析与三维实体相关的信息,并提供决策支持。3DGIS 的核心问题是三维空间数据模型的建立,目前各种三维数据模型的研究还处于理论探索阶段,其描述能力及实际应用都存在一定局限性。

在 GIS 中考虑时间的变化,原有的 3DGIS 加入时间维,这样便产生了时态 GIS(Temporal GIS,T - GIS)或 4DGIS。T - GIS 关键问题是建立合适的时间与空间联合的数据模型——时空数据模型,目前有实用意义的是基态修正模型。T - GIS 研究重点主要在:设计并建立一个有效的数据库结构来存储时空数据、根据数据库中大量的时间序列数据和空间数据进行包括时间推理和空间推理在内的数据分析、时空数据库管理系统、时空数据的可视化研究等四个方面。

5.4 虚拟现实地理信息系统

虚拟现实(Virtual Reality,VR),又称虚拟空间、人造现实等,是一种模拟人在自然环境中视、听、动等行为的高级人机交互技术,这种模拟具有最基本的特征,即"3I"特征:Immersion(沉浸)-Interaction(交互)-Imagination(构想)。VR 和 GIS 结合使 GIS 能在可交互的虚拟场景中进行实时数据查询和可视化分析,二者技术结合主要是通过虚拟现实建模语言(Virtual Reality Modeling Language, VRML)把 GIS 信息转移到 VR 模块中表示。因此,VR - GIS 是一个合成的综合系统。目前,VR - GIS 数据库仍采用传统的 GIS 数据库,VR 主要用于增强 GIS

的显示功能。

6 小结

在信息化浪潮的影响下,黄河水库河道淤积测验体系的建设与管理已迈入信息化进程,与传统测验手段及数据管理方式相比具有无可比拟的优势。但是信息化建设是一个不断深化的过程,我们应抓住发展契机,研究应用信息化的前沿技术,使信息化技术在水库河道淤积测验工作中发挥更大的社会经济效益。

参考文献

[1] CHB2.9－95 军用电磁波测距高程导线测量规范[S].

[2] 邬伦,张晶,赵伟.地理信息系统[M].北京:电子工业出版社,2002.

[3] 袁峰,周涛发,岳书仓.时态 GIS 初探.地质与勘探,2003,39(1).

[4] 朱晓华,肖彬.地理科学中的虚拟现实技术及其应用.南京师大学报(自然科学版),1999,22(3).

利用线性矩法所得正常降水百分比进行干旱频率分析

M. Akbarpour[1] A. Motamedi[1] R. Rostami[2] D. Baharlouee[1]

(1. 库兹斯坦省水电局大坝和水库调度处,伊朗阿瓦士;
2. 麦都布省农业教育中心,伊朗乌麦)

摘要:在任何气候条件下,具有破坏性并且不可避免的干旱危害可以利用精心制定的管理程序来控制与缓解。本文利用伊朗西南部 Khuzestan 省的雨量站测得的正常降水百分比来研究这一现象。通过把整个省划分为三个不同地区,利用 Ward 聚类法来确定该省内的均匀区域。三个地区的各向异性指数用 Hosking 和 Wallis 计算得出,而区域性频率分布参数利用线性矩比率来评估。为了确定最佳分布的频率,采用了适合度检验和线性矩图,并且计算出不同回归期的干旱指数。

关键词:干旱 正常降水百分比(*PN*) 线性矩 频率分析

1 概述

干旱是一种潜在重现的自然灾害,其危害直到后期才显现出来。尽管对这一现象有不同的学术定义,但其出现通常是由于长期的,比如整个季节的低降水率。干旱在气象学上被定义为具有非正常干旱气候特性的时期,如果这种状况延续,久而久之会导致某一区域缺水乃至水文循环不平衡。Palmer(帕尔默)提出干旱最可能出现在所观测到的水分供给比正常状况严重减少的时期,因此它会对任何地区或气候产生影响。

基于上述正常降水百分比被全球化接受的降水分析,文献提出了多个指数。其中相对于长期平均降雨值的降水指数用百分比表示。简化、数值易于解译、对统计分布和其他计算的适应性等诸多优点使得这一指数广为工程人员使用,并在水资源开发和规划中发挥关键作用。

由于流域内气候、地质、土壤、植被和形态的变化,不同的区域会呈现出多种多样的水文响应。把一个具有延迟和间或冲突特性的区域划分为均匀组,与将整个区域作为一个整体相比,将会使模型建立更加精确有效。

从统计学的角度讲,空间各向同性出现在,当一个均匀区域内的水文气象事件呈现出可接受的统计相似性和几乎相同的响应方式的时候。

2 正常降水指数百分比

为了研究以指数方式的平均水资源减少变化来表示水资源的稳定性,应采用具有以下特性的指数:

(1)能确定任何平均供水不足的变化,因为干旱通常定义为相对于正常状况的现有水量波动。

(2)应独立于区域性平均供水,以便于不同区域正常值的任何差异都不会影响它们变化比较的结果。

供水与区域性长期平均降水的比值用百分点表示,并被认为是一种适合于比较平均降水区内供水减少浮动的标准。由下式确定:

$$PN_i = \frac{P_i}{\overline{P}} \times 100 \tag{1}$$

式中:PN_i 为 i 年内正常降水百分比;P_i 为 i 年内年降水量;$\overline{P}$为长期平均年降水量。

3 线性矩

Hosking(1990)于近年定义了线性矩。线性矩与原点矩类似,并可以根据顺序统计的线性组合来表示。线性矩基本上是概率权重矩(PWMs)的线性方程。与原点矩类似,线性矩及概率权重矩的目的是概括理论分布和观测样本。Greenwood 等于 1979 年总结了概率权重矩理论并将其定义为:

$$\beta_r = E\{X[F_X(x)]^r\} \tag{2}$$

式中:β_r 为第 r 阶概率权重矩;$F_X(x)$为 X 的累计分布方程。

前四阶概率权重矩的无偏样本估计量由下式给出:

$$\beta_0 = m = \frac{1}{n}\sum_{j=1}^{n} X_j \tag{3}$$

$$\beta_1 = \sum_{j=1}^{n-1}\left[\frac{n-j}{n(n-1)}\right]X_{(j)} \tag{4}$$

$$\beta_2 = \sum_{j=1}^{n-2}\left[\frac{(n-j)(n-j-2)}{n(n-1)(n-2)}\right]X_{(j)} \tag{5}$$

$$\beta_3 = \sum_{j=1}^{n-3}\left[\frac{(n-j)(n-j-1)(n-j-2)}{n(n-1)(n-2)(n-3)}\right]X_{(j)} \tag{6}$$

式中:$X_{(j)}$表示分别以 $X_{(1)}$ 和 $X_{(n)}$ 作为最大值和最小值而分级的 AMS。前四阶线性矩如下:

$$\lambda_1 = \beta_0 \tag{7}$$

$$\lambda_2 = 2\beta_1 - \beta_0 \tag{8}$$

$$\lambda_3 = 6\beta_2 - 6\beta_1 + \beta_0 \tag{9}$$

$$\lambda_4 = 20\beta_3 - 30\beta_2 + 12\beta_1 - \beta_0 \tag{10}$$

前四阶线性矩的无偏样本估计量通过将方程(2)中的概率权重矩的无偏样本估计量代入方程(11)而得出。第一线性矩 λ_0 等于 X 的平均值。

$$\lambda_{r+1} = (-1)^r \cdot \sum_{k=0}^{r} P_{r,k} \cdot \alpha_k = \sum_{k=0}^{r} P_{r,k}\beta_k \tag{11}$$

最后,线性矩比率计算如下:

$$L - C_V = \tau_2 = \frac{\lambda_2}{\lambda_1} \tag{12}$$

$$L - \gamma = \tau_3 = \frac{\lambda_3}{\lambda_2} \tag{13}$$

$$L - k = \tau_4 = \frac{\lambda_4}{\lambda_2} \tag{14}$$

4 实例研究

研究区域位于伊朗西南部 Khuzestan 水务公司管辖范围内,该区域被限定在由北部和东部的 Zagros 山,南部的 Persian 海湾以及西部与伊拉克的边界所围成的范围之内,面积 74 960 km^2。由于高程的变化以及 Zagros 山对区域气候的影响,导致了气候的差异。通常,Khuzestan 西南部天气温暖,降雨少,而其北部和东北部基本上属于温和至寒冷气候,降水较多。

5 研究方法

数据采集基于研究区域内雨量站的位置、各自降雨历时、随机性检测和均一性检测。选定了 78 个满足 1967 ~2003 年 37 年历时的指示站。

5.1 确定均匀区域

为确定均匀区域,Hosking 和 Wallis 推荐使用 Ward 法,这是一种基于使每一类中站点特性空间内欧几里得距离最小化的分级聚类方法。本次研究为每站选定的站点特性包括:纬度(LAT)、经度(LON)、高程(AL)和雨量站的年降水量。

基于以上方法,研究区域被划分为三个均匀区域,然后利用 Hosking 和 Wallis 各向异性准则来确定每一区域的各向异性。三个均匀区域如图 1 所示。

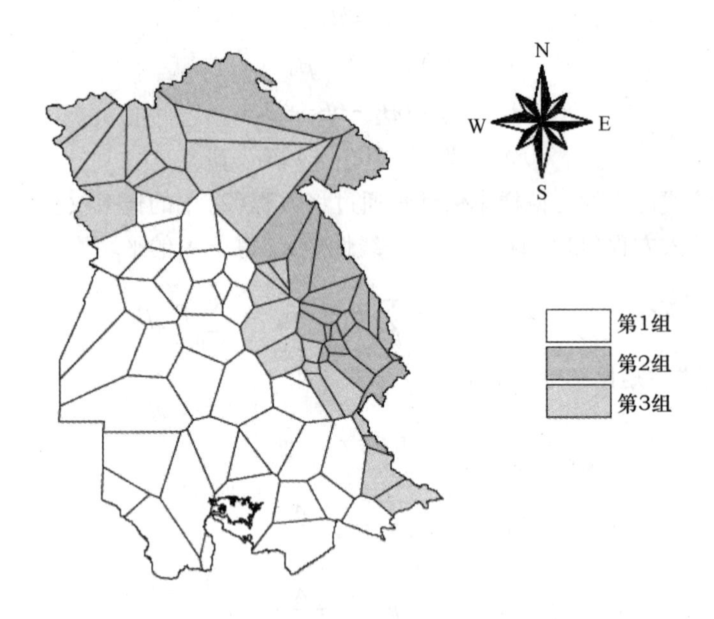

图1 本研究所采用的区域划分

5.2 均一性检测

Hosking 和 Wallis(1997)提出了一种基于线性矩比率的统计检测,用于检测目标区域的各向异性。这种检测将站点间样本的线性变异系数(L－CV)的变化和均匀区域的预期变化相比较。该方法用一个4参数的卡巴分布来拟合区域性平均线性矩比率。估算的卡巴分布用于生成500个总体参数等于区域性平均样本线性矩比率的均匀区域。模拟的均匀区域的属性通过下式与样本线性矩比率比较:

$$H=(V_1-\mu_{V_1})/\sigma_V \tag{15}$$

式中,μ_V 是模拟的 V_1 值的平均数;σ_V 是模拟的 V 值的标准偏差。

对样本和模拟的区域分别而言,V 用下式计算:

$$V=\left\{\sum_{i=1}^{N}n_i(t^{(i)}-t^R)^2/\sum_{i=1}^{N}n_i\right\}^{\frac{1}{2}} \tag{16}$$

式中,N 是站点个数;n_i 是站点 i 记录长度;$t^{(i)}$ 是站点 i 的样本线性变异系数(L－CV);t^R 是区域性平均样本线性变异系数。

如果 $H<1$,区域被认为是“可接受的均匀”, $1\leqslant H<2$ 是“可能的均匀”,而 $H\geqslant 2$ 是“明确的不均匀”。

三个区域的均匀值列于表1。

表 1　三个区域的均匀值

区域	1	2	3
均匀值 H	-0.7	-0.4	-0.01

5.3　线性矩比率图

由线性峰度和线性偏斜所组成的线性矩比率图将无量纲比率的样本估计值与其一定统计分布范围内的总体配对进行比较。所采用的统计分布包括：普通对数（GLO）、普通极值（GEV）、普通正态（GNO）、皮尔逊Ⅲ型（PE3）和普通帕雷托（GPA）。线性矩图用于对具有相同降雨频率行为的站点进行分组，并鉴别足以描述这种行为的合适统计分布。因为样本线性矩是无偏的，因此样本点分布应当上下都不超出某种合适分布的理论线（见图 2）。

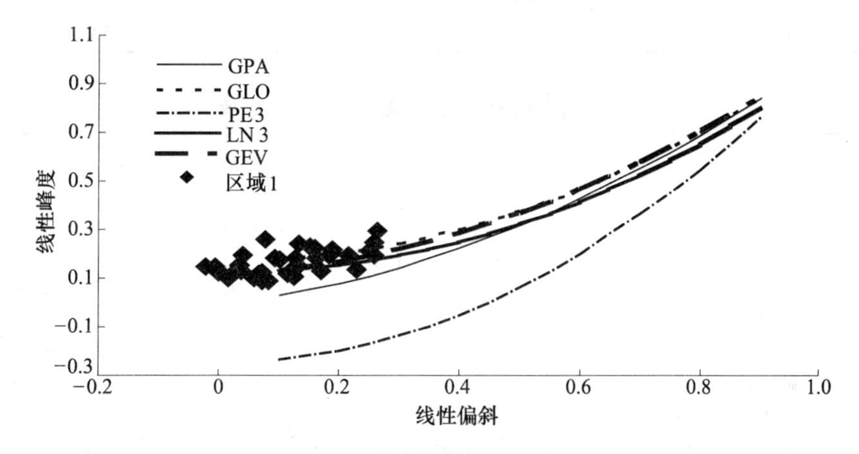

图 2　区域 1 的线性矩比率图

上图显示 GLO 分布最适合于区域 1。

5.4　适合度检验

Hosking 和 Wallis（1997）所论述的适合度检验基于比较不同分布的样本线性峰度和总体线性峰度。以 Z^{DIST} 为依据的检验统计式如下：

$$Z^{DIST} = (\tau_4^{DIST} - t_4^R + B_4)/\sigma_4 \tag{17}$$

式中，$DIST$ 指侯选分布；τ_4^{DIST} 是选定分布的总体线性峰度；τ_4^R 是区域性平均样本线性峰度；σ_4 是区域性平均样本线性峰度的标准偏差。

一个 4 参数的卡巴分布被用来拟合区域性平均样本线性矩比率。卡巴分布被用来模拟 500 个与观测区相似的区域，并通过这些模拟来估算 B_4 和 σ_4。如果 Z^{DIST} 足够接近于零，便可断言拟合充分 $|Z^{DIST}| \leqslant 1.64$，是一个做适当选择的合理标准。

5.5 干旱频率分析

利用具有90%可信度水平的最佳区域性概率分布,计算出来指数具有2年、5年、10年、20年、50年、100年回归期的正常降水百分比指数值,结果如表2、表3所示。

表2 不同区域的正常降水百分比适合度值

分布	适合度值(Z)		
	区域1	区域2	区域3
普通对数	-0.43	3.51	3.47
普通极值	-5.27	-0.65	-1
普通正态	-4.92	-0.35	-0.65
皮尔逊Ⅲ型	-5.49	-0.83	-1.15
普通帕累托	-15	-9.02	-9.96

表3 不同回归期的正常降水百分比指数值

区域	测站数量	回归期T(年)					
		2	5	10	20	50	100
1	36	96.34	126.7	146.68	166.71	194.53	217.11
2	19	96.67	124.97	141.94	157.21	175.89	189.28
3	23	96.22	127.26	145.94	162.81	183.49	198.36

6 结果与结论

(1)基于高度、纬度、经度和年降水特性,运用Ward分级聚类方法,Khuzestan省被划分为3个区域。

(2)通过计算各向异性标准,第3区域被确定为最均匀的区域,在该区测站的不一致性比其他区域低,较低的不一致性可以降低各向异性标准。

(3)运用适合度和线性矩图,确定区域1的最佳分布为概化的对数分布,区域2和区域3的最佳分布为概化的正态分布。

(4)为分析Khuzestan省干旱频率,最佳区域性概率分布被用来为所有具有90%可信度的区域确定2年、5年、10年、20年,50年和100年回归期的正常降水百分比指数值。

(5)研究区域的干旱指数还被确定为是一个地形区域性的函数,因此在东北部山区(区域2)的干旱指数值比南部地势低、降雨少的区域(区域1)和中间区域(区域3)都要低。

(6)对短回归期而言,3个研究区域的干旱指数均无明显变化;然而,对20

年的回归期而言，干旱指数变化较大乃至超出了限值。

致谢：

作者由衷地感谢 Amin Jazayeri 先生对准备本文所提供的帮助。

参考文献

[1] Hayes, M. . "Drought indices" in drought happens、climate impacts specialist, national drought mitigation center, 1999.

[2] Hosking, J. R. M, Wallis, J. R. . Regional frequency analysis an approach based on Lmoment、Cambridge University press, 1997.

[3] Hosking, J. R. M, Wallis, J. R. . A comparision of unbiased and plotting position estimators of L-moment. Water Resources Research, 31, pp. 2019 – 2025, 1995.

[4] Hosking, J. R. M. . Approximations for use in constructing L-Moment ratio diagram. Res Rep. RC 16635, IBM Research Divition, Yourktown Heights , NY 10598, 1991.

一种用户友好的决策支持工具

——促进联合使用在渠道管理中应用

A. Upadhyaya　A. K. Sikka　A. K. Singh　P. R. Bhatnagar

（东部地区ICAR综合研究中心，ICAR Parisar，印度）

摘要：在印度采纳并在实践中推广联合使用方法还是个先例。这主要由于渠道水和地下水的使用费用有着很大的差别。为了让农户了解与确信联合使用方法及其经济效益，我们开发了一个友好的用户界面决策支持工具，此工具基于可视化的平台，具有汉语版和英语版，可以互动计算以下内容：①管井与渠道灌溉的年度固定投资及运行费用；②产出与生产的总费用；③与渠道灌溉相比，管井灌溉所引起的额外费用；④用以补偿管井灌溉的额外费用所需的增产。这个工具可以适用于三种用户：管井的拥有者、租用水泵来运行管井者及管井水的购买者。

结果表明，如果使用水户确信由增产所取得的经济效益可以补偿灌溉所引起的额外费用，此联合使用方案可以得到推广。分析表明，与自己拥有管井相比较，买水是最经济可行的方案，其次是租借水泵设施进行管井灌溉。

关键词：联合使用　决策支持工具　渠道　管井灌溉　费用

1　概述

世界范围内农业经济的发展在很大程度上依靠水土资源的可持续使用。印度的水土资源丰富，但是随着过去30～40年间人口的快速增加，人均资源量持续减少。从全球角度看，仅占总耕地16%的灌溉农业却产出总粮食产量的36%。这证明灌溉是提高生产效率的最有潜力和最有效的方法。然而我们意识到水是一种短缺的资源，存在着许多竞争和冲突的过程，为合理利用，需要制定综合规划。个人开发水土资源不仅对作物生产和环境可持续发展产生了不利影响，而且提高了农业灌溉的能量使用。同时，不同渠道管理机构间的频繁灌溉造成了大水漫灌和盐碱化问题，使得土壤生产力下降；而在一些地方，地下水的过度开采导致地下水位下降、井的出水能力下降、海岸区的海水入侵、泉水和潜水井的干涸、提水费用的增加等。因此，把水视为一种资源，而不考虑其来源，雨水、地表水还是地下水都是有利的。联合使用的规划需要对水资源管理的过程和原则有个基本的了解。一个好的联合使用规划必须考虑当渠道供水不足以满足灌溉需求时,要通过其他水源满足枯水期农作物的灌溉需求。另外,还必须考虑雨水资源保护及通过补给增加地下水储量。

因此,联合使用管理可定义为以协调的方法管理多种水资源,以便一个时期的协调系统总用水量超出不协调系统单个组成部分的用水总和。这反映了一些存在水资源管理问题的地区对联合使用规划有很高的需求,需要在农户、项目和地区等各级有一个的合理规划。

早期开发的联合使用模型可归类为模拟模型、动态程序模型、线性程序模型、分层的优化模型、非线性的程序模型以及 2005 年 Vedula 等提到的其他模型。不同研究人员,如 Bredehoeft 和 Young(1983), Latif 和 James (1991), Belaineh 等(1999),Marino(2001),Barlow 等(2003),Rao 等(2004)开发和使用的联合使用模型可归类为上面所提到的单一模型种类或几种模型的组合。2005 年 Vedula 等尝试开发联合使用模型在渠道集中的地区制定一种优化分配地表水和地下水的稳定可行的政策。

1977 年,Lakshminarayana 和 Rajagopalan 运用线性程序模型,研究了优化作物模式及印度 Bari Doab 流域渠道和管井水的问题。该模型是确定性,不考虑地下水含水层的动态变化。当前在印度所实行的大多数联合使用程序并没有真正地实现雨水、地表水和地下水的优化使用(Prasad, 1993)。尽管开展了许多研究工作和成立了一些机构,一些发达的科学技术得以传播,但是目前并没有制定出一个可行的灌溉项目联合使用规划。

回顾过去,我们发现没有一个灌溉项目是基于联合使用的原则进行规划、设计和运行的。由于没有解决的技术问题、缺乏方法框架、政策约束和社会经济因素等,联合使用原则能把机构主体、大范围代表参与和水资源开发的政策框架等方面的社会经济因素与渠道管理的一些技术方面结合起来。2004 年 Upadhyaya 等基于农民面临的一些约束条件和他们自己得到的一些机会,开发了一个决策支持系统的理论框架。

本论文介绍了通过调查和与农户互商所发现的联合使用的一些约束条件,探讨和促进了在互动决策支持工具的帮助下,联合使用方案在渠道管理中的应用。

2 研究区域

为了了解与联合使用有关的约束条件和探讨其推广的可能性,比哈尔的 Sone 渠道体系的巴特那主渠道的第 V 级支渠 RP 被选作研究区域(见表 1)。尽管该地区长期缺乏渠道水,但雨水、地表水和地下水的联合使用却很不发达。管井灌溉主要集中在渠道水缺乏的第Ⅴ级支渠RP的末端。虽然存在许多井和管井，但农民却很少使用。

表1　Ⅴ级支渠RP的井和泵站设施

河段	井的数量			水泵设施	
	敞口的井	管井	敞口＋管井	发动机	柴油机
上游	57	26	2	—	28
中游	69	46	4	2	45
末端	131	101	14	17	98

根据井的位置、供水时间和供水量，管井水的费用从每小时40 Rs到70 Rs，根据农作物的种类，渠道水的费用从从每公顷217 Rs到370.5 Rs（换算单位：1美元＝45 Rs），表2给出了渠道供水的费用。

表2　渠道供水的费用（每个作物季节 Rs/hm^2）

编号	作物	1985～1995	1995～2001	2001～2002
1	大米	89.41	172.9	217.36
2	小麦	51.13	148.2	185.25
3	糖类和蔬菜	157.59	296.43	70.50

渠道水较低的费用误导种植者避免使用其他昂贵的水源。因此，他们避免利用井或管井取水，并认为当有渠道水或雨水时，利用井水或管井水是不必要的。因为渠道水是不充足、不规则、不及时的，许多农民开始持观望态度，等到他们愿意买水时，已经太迟了，造成了农作物减产。

3　联合使用中存在的约束条件

在以渠道水灌溉为主的地区进一步推广联合利用雨水、地表水和地下水之前，对当地农民进行了问卷调查并对其反映进行了分析。农民所反映的联合使用中的一些主要约束条件如下：

（1）没有进行土地整合。Ⅴ级支渠RP的上游地区55%的农民、中游35%的农民、下游32%的农民反映：土地数量少，地块分散，缺少土地整合等是自己拥有管井和地下水、渠道水和雨水联合使用中存在的主要问题。

（2）需要的启动资金较高。所有的农民都反映由于初始启动资金大约在Rs 25 000～Rs 40 000之间，这取决于选取的泵站、发动机和其他附属设施，地下水利用昂贵。然而，虽然渠道水是没有规律、难以确保的，但费用比较低。

（3）很高的重复费用支出。所有的都认为由于柴油价格的上涨，造成了重复费用的增加,使得他们不愿意利用地下水。

(4)停电频繁。乡村的供电是完全没有保证的,频繁的断电限制了发动机的使用,农民被迫运用柴油发动机而不是电力发动机。

(5)缺乏选取泵站等设施的相关知识。60% 的农民不知道如何选取泵站、发动机以及其他的设施,他们购买这些设备是根据其他农民的经验或是供应商的建议。因此,他们并没有获得预期的效果,面临着由于早期故障而出现的问题。

(6)不能有效地操作、维护泵站等和其他附属设施。所有的农民都反映,由于缺乏价格合适,受过培训且高效的技工。泵站不能得到适当地维修,浪费时间和金钱。

(7)交通运输比较困难。一些农户在田地里钻了井口却没有泵站设施,而另一些农户有泵站设施却没有钻孔。由于设备比较沉重,运输起来比较困难。

4 联合使用的优点

当询问关于联合使用的优点时,农户反映地下水具有供水保障,可以根据农作物的需求,有效地、节约地使用。上游 63% 的农民、中游 60% 的农民、下游 95% 的农民正在运用地下水,他们反映,仅在生长期使用地下水就帮助他们获得了高产。农民要求演示能使他们经济上受益的联合使用的情况。

5 联合使用的决策支持工具

可视的互动决策支持工具有英语版和汉语版。这里给出了英语版的图示见图 1。

该工具可计算:

- 年度的管井和渠道灌溉的固定和运行费用;
- 产出和费用;
- 管井灌溉超出渠道灌溉的费用;
- 为了弥补管井灌溉的额外费用,所需增加的收成。

该工具被演示给用水户,数据是以固定的格式从 150 户农民手中收集而来的(上、中、下游各 50 户)。该工具做出所需要的分析,并使农民确信能运用该工具在面临的约束条件下,做出利用地下水的决定。三种情况下管井灌溉的经济可行性分别与渠道灌溉做了对比分析,以了解联合灌溉在该地区不普遍的原因:

- 自己拥有管井;
- 租用泵站设施来运行管井进行灌溉;

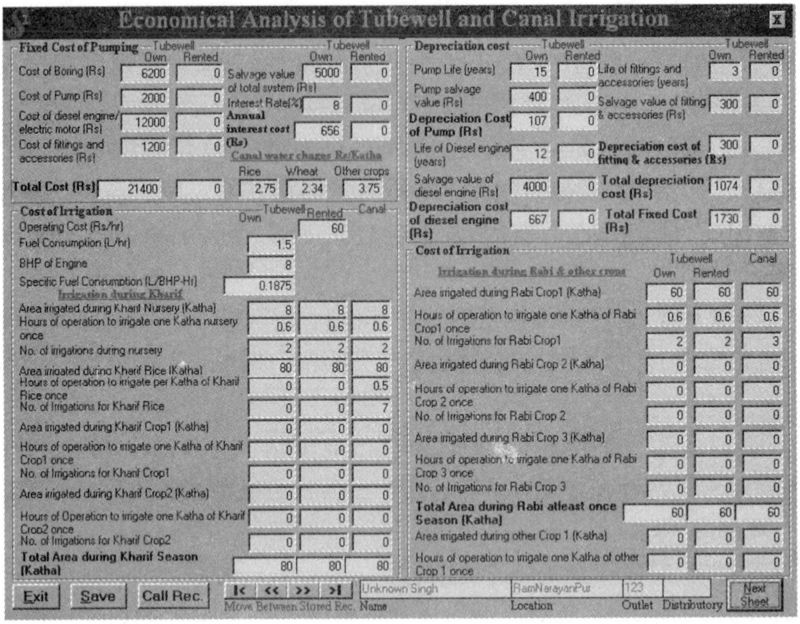

图 1

注:Katha 是当地最小的面积,1 hm^2 =80 Katha。

- 从管井拥有者手中买水。

分析结果显示,农民分别在大米的育苗期和秋收季节应用以上提到的方案(2)和(3),对于自己拥有管井的用水户,弥补管井灌溉的额外费用所需增加的产量分别是上游地区 0.069 ~ 1.28 t/hm^2,中游地区 0.067 ~ 1.51 t/hm^2,下游地区 0.13 ~ 1.32 t/hm^2。对于租用泵站设施来运行管井进行灌溉的用水户,弥补管井灌溉的额外费用所需增加的产量分别是上游地区 0.078 ~ 0.8 t/hm^2,中游地区 0.052 ~ 0.81 t/hm^2,下游地区 0.16 ~ 0.78 t/hm^2。对于从管井拥有者手中买水的用水户,弥补管井灌溉的额外费用所需增加的产量分别是上游地区 0.13 ~ 0.26 t/hm^2,中游地区 0.16 ~ 0.35 t/hm^2,下游地区 0.18 ~ 0.52 t/hm^2。结果显示:与自己拥有管井相比较,买水是最经济可行的方案,其次是租用泵站设施来运行管井进行灌溉的方案。

6 结语

联合使用,定义为以一种能提高产出的方式运行地表水和地下水。长期以来,研究人员和规划者正努力在以渠道灌溉为主的地区和盐碱化地区建议联合使用。在过去开展了许多理论研究,但目前为止,由于许多限制以及渠道水和地下水费用上的巨大差异,在用水户中采纳并推广联合使用,缺乏足够的证据。由于渠道水比较便宜,用水户并不倾向利用地下水,除非他们感觉到缺乏水将造成生产大量减少。

我们开发了一种支持印度语和英语,以可视化平台为基础的用户互动决策支持工具,并对用水户演示了该工具,以提高应用联合使用的意识和探索其应用的可能性。农民发现该工具有助于理解和分析联合使用的概念以及帮助在主要限制条件下采取合适的决策。

致谢:

该文章是由英国国际发展部资助发展中国家项目的研究结果。作者感谢在R-7830项目中,来自DFID,NRSP,U.K的经济资助。

参考文献

[1] Barlow, P. M., Ahlfeld, D. P., Dickerman, D. C. 2003. 河流-地下含水层可持续产出的联合管理模型. 水资源规划管理, 129(1): 35-48.

[2] Belaineh G., Peralta R. C., Hughes, T. C. 1999. 水资源管理的模拟/优化模型. 水资源规划管理. 125(3): 154-161.

[3] Bredehoeft J. D., Young R. A. 1983. 联合使用地下水和地表水进行农业灌溉:不愿意承担的风险. 水资源, 19(5): 1111-1121.

[4] Lakshminarayana V., Rajagopalan P. 1977. 印度流域农作物种植模式的优化[J]. 灌排工程, ASCE, 103 (1): 53-70.

[5] Latif M., James L. D. 1991. 联合使用不同水源以控制大水漫灌和盐碱化. 水资源规划管理, ASCE, 117(6): 611-628.

[6] Marino M. A. 2001. 地表水和地下水的联合管理. Issue 268, IAHS-AISH Publication, pp. 165-173.

[7] Prasad R. K. 1993. 地表水和地下水的联合使用. 关于开展优化水资源利用的行动的国家研讨会会议论文, WAPCOS, 新德里, 印度: 33-49.

[8] Rao S. V. N., Bhallamudi S. M., Thandaveswara B. S., et al. 2004. 沿海和三角洲地区的地表水和地下水的联合使用. 水资源规划管理, 130 (3): 255-267.

[9] Upadhyaya A., Singh A. K., Bhatnagar P. R., et al. 2004. 联合使用是一个可行措施吗? 一个共同评估地下水开采的简单工具. 关于实现潜能研讨会的海报: 生活,贫穷和治理 at NASC Complex, Pusa 校园, 新德里,8 月 3-4,2004.

[10] Vedula S., Majumdar P. P., Chandra Sekhar G. 2005. 多种作物灌溉的联合使用模型. 农业水资源管理,2005(73):193-221.

大尺度水文模拟在渭河流域流量预报中的应用

马政委[1] 于志波[2] 朱云峰[1] 李中军[1] 葛爱春[1] 王秀霞[1]

(1. 山东德州黄河河务局；2. 山东黄河信息中心)

摘要:本研究的目的是开发一种适用于渭河流域流量预报的大尺度水文模型。渭河是黄河最大的支流,流域面积136 000 km^2,流域内地质构造、水文气象条件和人类活动复杂多变。本研究是基于联合国教科文组织水教育学院(UNESCO - IHE)开发出的一种分布式流域模拟系统,所需数据分为两类:一类是基本数据,包括数字高程地图(DEM)、土地利用数据、土壤类别数据、河网与河道几何尺寸;另一类是时间序列数据,包括逐日降雨量、径流和实际蒸发量。

数据准备主要包括流域概化、逐日面降雨量和实际蒸发量计算。流域概化包括DEM的导出、土地利用和土壤类别地图数字化、河道断面概化及子流域描绘。逐日面降雨量和实际蒸发量的计算基于1980~1983四年站点实测逐日降雨和逐月蒸发皿蒸发量。具体而言,在每一个4.5 km×5.5 km栅格单元内,逐日降雨量利用一个基于反距离权重法的空间内插工具(Hykit)来生成;而每一栅格单元内逐日实际蒸发量按顺序逐步得出:首先,利用适合的蒸发皿系数和地图的季节性变化作物系数,从蒸发皿蒸发量求出潜在蒸发量;其次,利用Thornwaite型逐月水量平衡模型法来估算出逐月实际蒸发量;最后,参照1980~1983年的晴天及雨天水面蒸发变化,得到逐日实际蒸发量。

模型参数化通过设置河段几何尺寸、曼宁糙率、扩散率和初始缺水量来完成。随之,结合模型校准,实施了1980~1983四年流量模拟。模型运作评估表明,当前模型具有很强的大尺度流域水文模拟能力。然后,在校准好的模型上实施了1983年汛期的流量预报并根据实测流量进行了验证,结果表明,通过结合上游站的实测流量,模型非常适用于1日流量预报。

关键词:大尺度水文模拟　流量预报

1　概述

继一种分布式流域模拟系统在黄河上游成功应用后,本研究在黄河的最大支流——渭河流域实施。本研究的动机是通过对一个具有显著的地形差异、土壤类别、植被空间和温度、降雨、蒸发时间变化,以及人类活动的影响等方面更具挑战性的区域研究,进一步检验与提高模型在黄河流域的适用性。

研究的总体目标是,开发一种适用于渭河流域流量预报的大尺度水文模型。本研究按照不同的步骤依次实施。包括:数据采集与分析、流域概化、面降雨量和蒸发量计算、模型参数化与校准、模型运作评估、敏感性分析及模型性能评价。

2 研究区域

渭河流域位于东经 103.5° ~ 110.5°和北纬 33.5° ~ 37.5°之间，干流长度 818 km，流域面积 136 000 km²，流域内有甘肃省、宁夏自治区、陕西省的 13 个地区 86 个县。渭河流域概图如图 1 所示。

渭河流域位于干旱—半干旱区，属大陆季风性气候。多年平均温度 6 ~ 14℃，东部和南部温度高而西部和北部温度低。多年平均降雨量 450 ~ 700 mm，主要集中于 7 ~ 10 月份，其间降雨量占全年雨量的 60%。多年平均径流量 102 亿 m³，60% 以上的径流发生于 8 ~ 11 月。多年平均水面蒸发量 700 ~ 1 200 mm，最大蒸发量出现在 6 月。

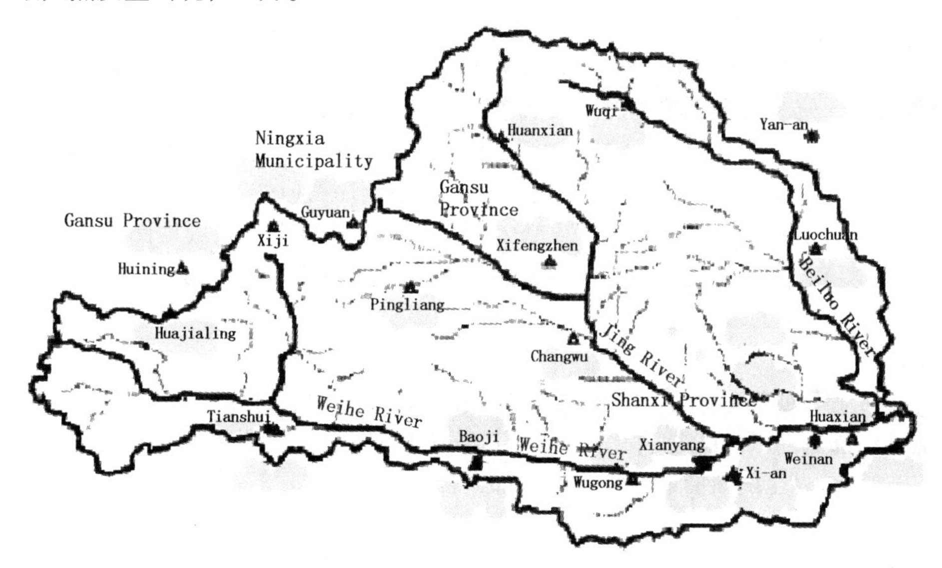

图 1 渭河流域概图

渭河流域基本土地覆盖类型主要由农田、草地、灌木和森林组成，分别占整个流域面积的 49%、31.6%、10.2% 和 8.5%。渭河流域地质地貌复杂，包括秦岭山区和陕北、陇东黄土高原及渭河谷地。地形西高东低，海拔在 330 ~ 3 322 m之间变化。渭河流域大部分地区被深厚的黄土覆盖，质地疏松、且多孔隙，垂直节理发育，富含碳酸钙，易被水蚀。

3 数据准备

3.1 所需数据及可用性

本研究所需数据主要包括两类：一类是基本数据，包括数字高程地图

(DEM)、土地利用数据、土壤类别数据、河网与河道几何尺寸;另一类是时间序列数据,包括逐日降雨量、径流和实际蒸发量。研究区域内可用的数据有:75 个水文测站的河道断面、65 个良好分布的雨量站、85 个水文测站和 39 个蒸发站在 1980 ~ 1983 年间的逐日降雨量、径流及逐月蒸发皿蒸发量。其他的基本数据作为中荷黄河合作项目的一部分,在联合国教科文组织水管理学院(UNESCO - IHE)水文中心完成。

3.2 流域概化

3.2.1 DEM 导出

渭河流域 0.05°(G55 栅格排列)DEM,出自穿梭机雷达地形测量任务高程数据(Farr 和 Kobrick, 2000)、30(rad · s)数据序列、版本 2(SRTM30),并被用于描绘流域边界。通过观察个别的凹陷位置周边并与纸印地图比较,对 G55 DEM 进行某些手工修正以确保适当的水系连接。最后得出的渭河流域水系网共包含 47 条一级河流和 5 415 个栅格单元(Venneker 和 Maskey, 2006)。

3.2.2 土地利用和土壤类别地图数字化

关于整个渭河流域的土地利用和土壤类型空间信息数据,前者出自全球国际地圈生物圈计划(IGBP)内的全球土地覆盖数据序列(1992 年 4 月 ~ 1993 年 3 月);后者出自联合国粮农组织(FAO/UNESCO)数字化世界土壤地图数据序列(1995 年)。获取的数据序列被重新采样以得出模型所需要的具有 4.5 km × 5.5 km分辨率的数字地图。

3.2.3 断面概化

河流断面在实测断面的基础上被概化为梯形断面。首先,基于最高水位选定概化范围;然后,在电子表格中利用试算法并观察比较原始断面和概化断面来实施概化,直至两断面的面积和形状都适合。

3.2.4 子流域描绘

整个流域被划分为 5 个子流域,这些子流域被用来设置某些模型参数的空间变化,如扩散系数和初始缺水率。

3.3 面雨量和蒸发量的计算

3.3.1 HYKIT 工具的应用

HYKIT 工具是一个在 UNESCO - IHE 水文中心组基于反距离权重法开发出的空间内插工具。反距离权重法的插值程序由下式给出(You 等,2004):

$$P' = \frac{\sum_{i=1}^{n} W_i P_i}{\sum_{i=1}^{n} W_i} \tag{1}$$

其中,P'是估算值,P_i 是在第 i 个周围站的实测值,而权重方程 W_i 从目标站和第

i 个周围站之间距离的倒数得出。

$$W_i = \frac{2}{d_i^n} \tag{2}$$

其中，d 是目标站和第 i 个周围站之间的距离，n 是距离指数，最常用的是 $n=2$。

HYKIT 的典型界面如图 2 所示。

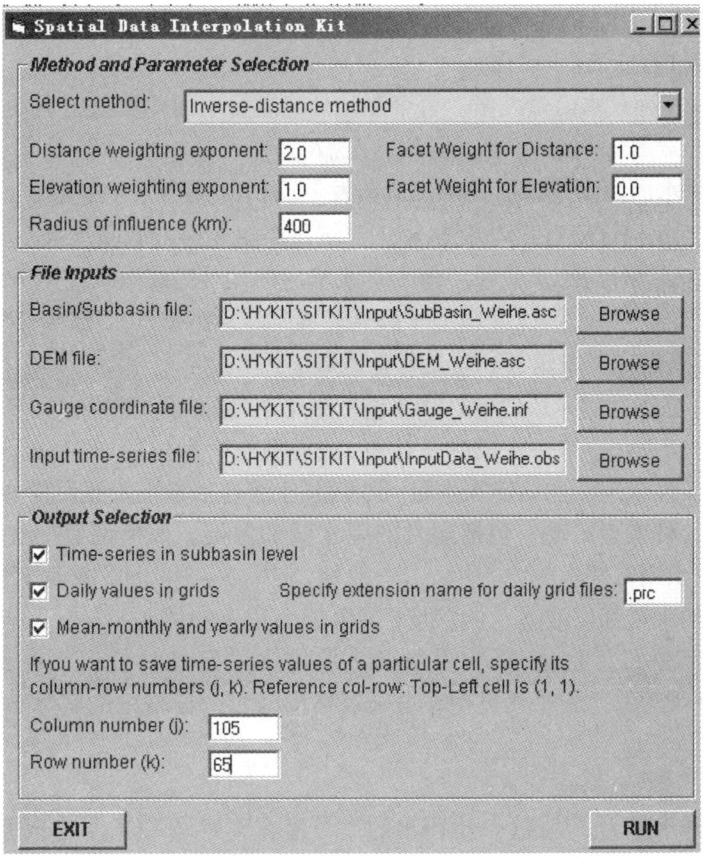

图 2　HYKIT 工具界面

距离权重指数 n 和影响半径应在界面上给定。对渭河流域，这两个参数通过黄河流域降雨量和蒸发量图（黄河水利委员会，1989）验证确定。最终结果表明，$n=2$，半径 $=400$ km 以及 $n=1$，半径 $=600$ km 分别最适于降雨量和蒸发量内插计算。

HYKIT 的输入要求 4 个 ASCII 格式的文件，它们是：流域/子流域文件、DEM 文件、测站坐标文件（以基于栅格的行号和列号表示）以及时间序列文件。HYKIT 所提供的输出包括子流域级的时间序列，以及每一栅格内的逐日、月平均值和年平均值。

3.3.2 计算逐日面雨量

基于65个雨量站的实测逐日降雨量,利用HYKIT工具,生成整个流域每一单元格(4.536 km×5.547 km)内的逐日面雨量,并可直接用于模型输入。

3.3.3 计算逐日面实际蒸发量

基于39个测站的实测逐月蒸发皿蒸发量,在整个流域每一单元格内的逐日实际蒸发量按顺序逐步得出。

(1)计算逐月水面蒸发量。每个测站处的逐月水面蒸发量用下式计算:

$$E_0 = E_{pan}K_{pan} \tag{3}$$

其中,E_0是水面蒸发量,E_{pan}是蒸发皿蒸发量,而K_{pan}是蒸发皿系数。

然后,利用HYKIT工具,得出整个流域每个单元格内的逐月水面蒸发量。

(2)计算逐月潜在蒸发量。每个单元格内的逐月潜在蒸发量用下式计算:

$$PET = E_0K_c \tag{4}$$

其中,PET是潜在蒸发量,而K_c是作物系数。

(3)计算逐月实际蒸发量。整个流域每个单元格内的逐月实际蒸发量利用Thornwaite型逐月水量平衡模型来计算,该模型是一种可用于模拟流域或区域内稳态季节性或连续性的输入水量、积雪量、土壤含水量以及蒸发量的集总概念化模型。这种模型的输入包括逐月的降水量和温度。该模型有一个典型的参数:区域内土壤的储水能力$SOIL_{max}$,一般地,$SOIL_{max}=100$ mm或者150 mm。模型中所有的水量都以液态水的深度(每单位面积上的体积)来表示。所有的输入和输出都是每月总量,而积雪量和土壤储水量是月末值(Dingman,2002)。Thornwaite型逐月水量平衡模型在电子表格中对每个栅格内的实际蒸发最进行了计算。

步骤1:数据输入

逐月降水量P_m,从式(4)中得出的逐月潜在蒸发量PET_m,基于黄河流域温度图(黄河水利委员会,1989)的逐月温度T_m被输入模型。

步骤2:计算融化系数F_m

用于划分降水的融化系数用下式计算:

如果 $$T_m \leqslant 0\ ℃:\ F_m = 0 \tag{5}$$

如果 $$0\ ℃ < T_m < 6\ ℃:\ F_m = 0.167\ T_m \tag{6}$$

如果 $$T_m \geqslant 6\ ℃:\ F_m = 1 \tag{7}$$

步骤3:将降水划分为降雨和降雪

逐月降水P_m被划分为降雨$RAIN_m$和降雪$SNOW_m$,其中:

$$RAIN_m = F_mP_m \tag{8}$$

$$SNOW_m = (1 - F_m) P_m \tag{9}$$

步骤 4:计算积雪量 $PACK_m$

第 m 个月末的积雪量计算式为:

$$PACK_m = (1 - F_m)^2 P_m + (1 - F_m) PACK_{m-1} \tag{10}$$

其中,$PACK_{m-1}$是第 $m-1$ 个月末的雪水量。

步骤 5:计算逐月融雪量 $MELT_m$

逐月融雪量 $MELT_m$ 由下式确定

$$MELT_m = F_m (PACK_{m-1} + SNOW_m) \tag{11}$$

步骤 6:计算水量输入 W_m

根据定义,水量输入 W_m 为:

$$W_m = RAIN_m + MELT_m \tag{12}$$

步骤 7:计算土壤含水量 $SOIL_m$

考虑了两种情况:首先,如果 $W_m \geqslant PET_m$,土壤含水量应当不会超过区域内土壤的储水能力 $SOIL_{max}$,因此:

$$SOIL_m = \min \{ [(W_m - PET_m) + SOIL_{m-1}], SOIL_{max} \} \tag{13}$$

再者,如果 $W_m < PET_m$,利用以下表达式来模拟土壤含水量的减少:

$$SOIL_m = SOIL_{m-1} \exp\left(-\frac{PET_m - W_m}{SOIL_{max}} \right) \tag{14}$$

其中,$SOIL_m$ 和 $SOIL_{m-1}$分别为第 m 个和第 $m-1$ 个月末的土壤含水量。

步骤 8:计算逐月实际蒸发量 ET_m

如果 $W_m \geqslant PET_m$,ET_m 按其潜在蒸发率发生,即:

$$ET_m = PET_m \tag{15}$$

如果 $W_m < PET_m$,ET_m 等于水量输入与从土壤储水量中蒸走水量的总和,即:

$$ET_m = W_m + SOIL_{m-1} - SOIL_m \tag{16}$$

最后,平均每月剩余水量按 $W_m - ET_m - (SOIL_m - SOIL_{m-1})$ 计算,这部分水量可用于补给径流。

(4)计算逐日实际蒸发量。逐日实际蒸发量的计算基于两个假设:①逐日实际蒸发量与逐日水面蒸发量成正比。②某一个月内的逐日实际蒸发量仅由晴天和雨天所区分的两种数值组成。

基于一组千河子流域内,1980~1983 年每月的晴天及雨天日均水面蒸发量数据序列,以及根据逐日降雨数据序列统计出的每月内晴朗及阴雨天数,平均逐日实际蒸发量可由此根据方程(17)和方程(18)计算出来:

$$ET_{\mathrm{R}} = \frac{ET_{\mathrm{m}}}{D_{\mathrm{R}}}\left(\frac{E_{\mathrm{OR}}D_{\mathrm{R}}}{E_{\mathrm{OR}}D_{\mathrm{R}} + E_{\mathrm{OS}}D_{S}}\right) \tag{17}$$

其中,ET_{R} 是雨天的平均逐日实际蒸发量,ET_{m} 是逐月实际蒸发量;D_{R} 和 D_{S} 是某一个月内的阴雨和晴朗天数;E_{OR}和 E_{OS}是所参照的雨天及晴天平均逐日水面蒸发量。

$$ET_{\mathrm{S}} = \frac{ET_{\mathrm{m}}}{D_{\mathrm{S}}}\left(\frac{E_{\mathrm{OS}}D_{\mathrm{S}}}{E_{\mathrm{OR}}D_{\mathrm{R}} + E_{\mathrm{OS}}D_{\mathrm{S}}}\right) \tag{18}$$

其中,ET_{S} 是晴天的平均逐日实际蒸发量。

至此,逐月实际蒸发量被合理地分配为每一栅格单元内,可直接用做模型输入的逐日实际蒸发量。

4 模型描述

本研究中所用的模型,是一种集总竖向过程描述的空间分布式模型,它是一种居于完全分布式物理模型和集总概念化模型之间的折中模拟方法,适用于大流域的流量预报。模拟系统示意图如图 3 所示。

径流模拟过程由两部分来描述:①陆地部分,②河流部分。陆地部分被结构化为单层栅格,在其上对侧向水流进行二维模拟,传输被模拟为扩散过程。一维的河道水流部分基于有侧向汇流的马斯京根 - 康吉(Muskingum - Cunge)演进方法。更多的详细信息可参考"一种用于大流域流量预报的分布式水文模拟方法"(Maskey 和 Venneker, 2006a)。

模型输入要求 ASCII 格式的文件。数据序列可被划分为三类:①基本数据;②时间序列数据;③模拟控制和校准参数数据。模型生成的主要输出是在河段每个断面上,以及被定义的测流站处的模拟流量时间序列。

运行模型的一般程序为:①打开菜单窗口;②定义校准参数(可选,也可在文件中定义);③定义模拟控制参数;④模拟数据准备;⑤运行模拟;⑥预览及保存结果。模型的菜单窗口如图 4 所示,更多的详细信息可参考"黄河流域上游大尺度水文模拟,用户手册第 2 版"(Maskey 和 Venneker, 2006b)。

5 模型应用

5.1 模型参数化

(1)河段几何尺寸输入。基于由底宽、左右边坡组成的概化梯形断面,其他断面的几何尺寸被内插出来,所得结果被用于模型输入。

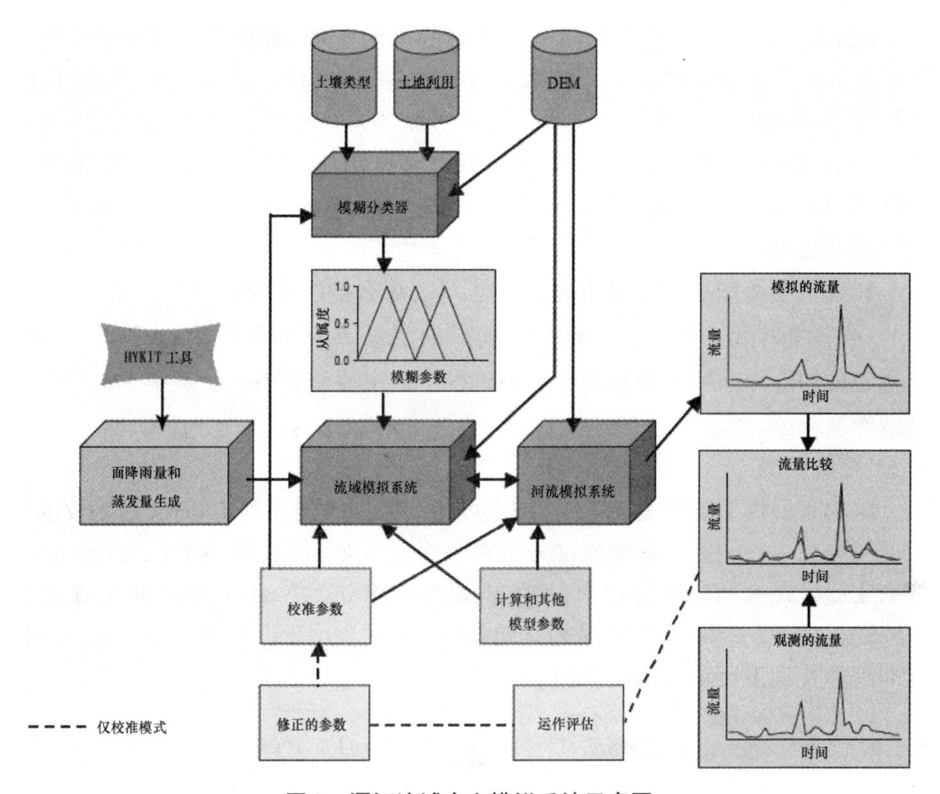

图 3　渭河流域水文模拟系统示意图

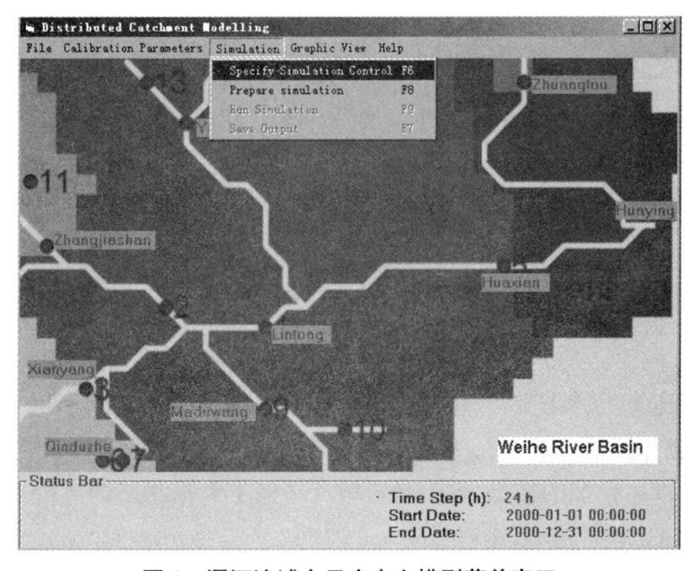

图 4　渭河流域大尺度水文模型菜单窗口

(2)曼宁糙率的确定。利用渭河流域的可用文献,对整个河网内所有河道断面处的曼宁糙率进行估算。最终,以 1 000 m 高程为界,对曼宁糙率赋给 0.04 和 0.03 两个数值。

(3)扩散率估算。扩散率通过与研究区域内土壤类型(ST)和土地利用(LU)有关的模糊—如果—那么准则来定量估算。模糊—如果—那么准则的一般外观形式为:

如果土壤类型是 ST_{i},且土地利用是 LU_{j},那么扩散率为 $D_{0,\mathrm{k}}$。

(4)动态模型参数的初步赋值。初始缺水量 In_{lw}、修正常数 b_1 和扩散率修正所考虑的降雨前期天数是模型校准过程中的主要调整参数。其中,In_{lw}是随子流域而变化的。

5.2 模型校准

因为有的模型参数是动态的,加之可用的数据时间序列不够长,模型校准和验证结合在一起实施。模型校准分别对每个子流域,通过评估出口站处的适合度来实施。在模型校准过程中,均方根误差($RMSE$)、Nash - Sutcliffe 效率系数(COE)、日均误差(e)和总流量相对误差(E)被联合用于评估适合度。每一种标准的表达式如下所示(Hall, 2001):

$$RMSE = \sqrt{\frac{1}{n}\sum_{i=1}^{n}(Q_{\mathrm{obv}_i} - Q_{\mathrm{sim}_i})^2} \tag{19}$$

其中,Q_{obv_i} 是实测的逐日流量;Q_{sim_i} 是模拟的逐日流量;n 是测值的个数。

$$COE = 1 - \frac{\sum_{i=1}^{n}(Q_{\mathrm{obv}_i} - Q_{\mathrm{sim}_i})^2}{\sum_{i=1}^{n}(Q_{\mathrm{obv}_i} - \overline{Q}_{\mathrm{obv}})^2} \tag{20}$$

其中,$\overline{Q}_{\mathrm{obv}}$ 是逐日观测流量的平均值。

$$e = \frac{1}{n}\sum_{i=1}^{n}(Q_{\mathrm{obv}_i} - Q_{\mathrm{sim}_i}) \tag{21}$$

$$E = \frac{V_{\mathrm{sim}} - V_{\mathrm{obv}}}{V_{\mathrm{obv}}} \times 100\% \tag{22}$$

其中,V_{sim} 是总模拟水量;V_{obv} 是总观测水量。

5.3 模型运作评估

根据校准后模型的输出,每一出口站及某些主要控制站的 $RMSE$、COE、e 和 E,以及出自散点图的相关系数 R 汇总列于表 1。

表1　子流域 1、2、4 不同评估标准统计

子流域	测站	*RMSE* (m^3/s)	*e* (m^3/s)	*E* (%)	*COE*	*R*
1	魏家堡(4)	222.65	76.33	68.75	0.61	0.82
	咸阳(2)	225.41	59.78	38.03	0.70	0.85
2	张家山	58.98	-4.65	-8.21	0.51	0.74
3	洑头	37.67	0.48	1.73	0.34	0.58
1、2、4	临潼	272.96	29.19	11.44	0.71	0.85
	华县	255.61	22.20	8.31	0.75	0.87

综合比较五项评估标准，以华县站为体现的子流域 1、2、4 呈现出最佳拟合，该子流域同一坐标系下的雨量图及模拟与观测流量过程线如图 5 所示。

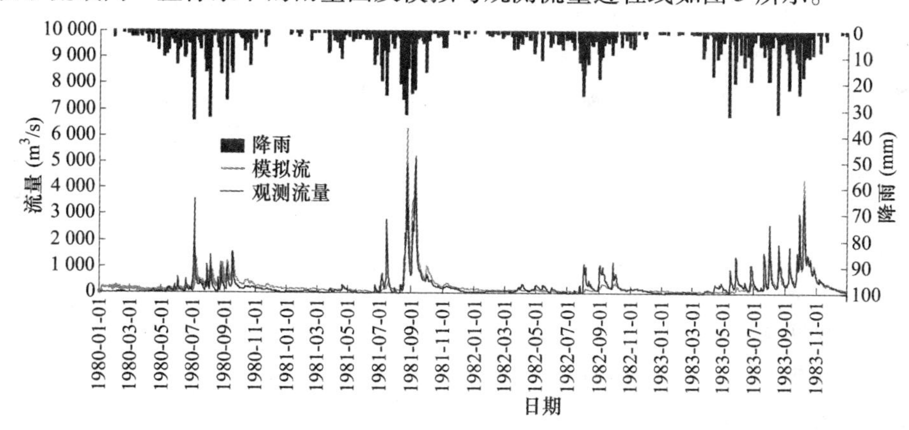

图5　子流域 1、2、4 观测与模拟流量比较图

为使流量模拟更加精确，在另外一种以可用上游站观测流量为强制边界(FB)的情形下实施了模拟。这些选定上游站的基本情况列于表 2，它们的位置可以在图 3 上找到。

表2　强制上游边界到出口的距离

子流域	1		2	3			4	
出口站	咸阳(2)		张家山	洑头			华县	
上游 FB 站	甘谷(2)	秦安	杨家坪(2)	刘家河	张村峄	交口河	马渡王	耀县
FB 站到出口距离(km)	318	293	110	192	114	81	71	83

表 3 根据模型输出，列出了有强制上游边界情况下的 *RMSE*、*COE*、*e*、*E* 和 *R* 值。

表 3　子流域 1、2、4 有强制上游边界时不同评估标准统计表

子流域	测站	*RMSE* (m^3/s)	*e* (m^3/s)	*E* (%)	*COE*	*R*
1	魏家堡(4)	180.05	60.00	54.04	0.68	0.85
	咸阳(2)	189.75	43.39	27.60	0.73	0.86
2	张家山	41.85	-1.49	-2.62	-0.74	0.87
3	洑头	16.75	-4.31	-15.57	0.61	0.81
1、2、4	临潼	218.78	25.19	9.88	0.78	0.89
	华县	203.66	16.62	6.23	0.81	0.91

表 3 显示，基于上游子流域 1 和子流域 2 出口站模拟的提高，以及子流域 4 内的强制上游边界，最佳拟合仍然出现在华县站。

当前华县站流量模拟与无强制上游边界情形下流量模拟比较的结果列于表 4。

表 4　添加强制上游边界后华县站评估标准的改善情况

子流域	测站	*RMSE*(-)	*COE*(+)	*e*(-)	*E*(-)	*R*(+)
1、2、4	华县	20.32%	8.00%	25.14%	25.03%	4.60%

注：+ 表示增大；- 表示减小。

表 4 显示，华县站的模拟结果因选定的强制上游边界而大大改进，原因在于强制上游边界能够减小如引水、水库调节等沿途人类活动的影响。

应用强制上游边界条件后，华县站同一坐标系下的雨量图及模拟与观测流量过程线如图 6 所示。

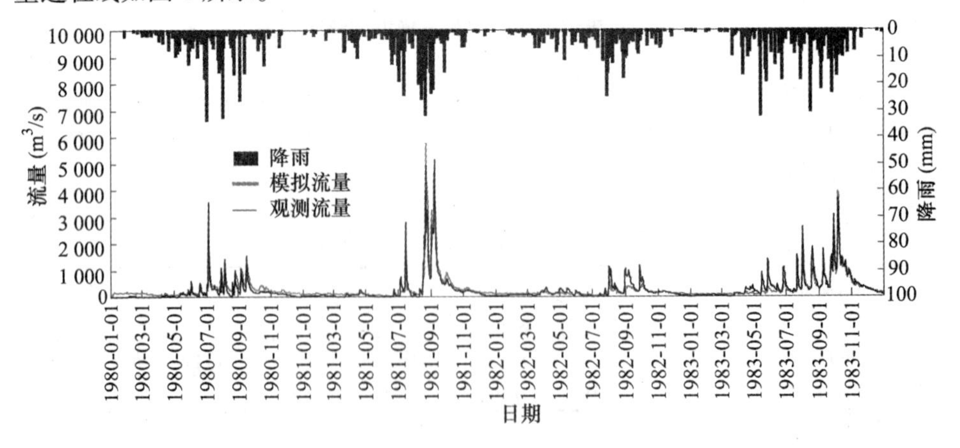

图 6　子流域 1、2、4 观测与模拟流量比较图

5.4 敏感度分析

模型不确定性依赖于模型结构、模型参数和输入数据。当前预测模型不确定性的常用方法是敏感度分析,而敏感度分析的一种简便常用方法是干扰分析。即当模型运算时,其中某个系统参数有一个微小的变化,而其他参数保持不变,输出变化率与参数变化率的比值叫做敏感度。其表达式如下(Jia,等,2006):

$$I=\frac{\Delta y/y_0}{\Delta x/x_0}=\frac{(y-y_0)/y_0}{(x-x_0)/x_0} \tag{23}$$

其中,I 为敏感度,是一个无量纲的数值,其特性为:数值越大,敏感度越高,反之亦然;x_0 为某个参数的初始输入值;x 为该参数的另外一个输入值;y 和 y_0 分别为相应于 x 和 x_0 的输出值。

在此执行了一种简化的后向法,将初始输入值和模型参数按相同的比率减小 5% 后,在校准后模型上的运行结果,按子流域列于表 5。

表 5　输入数据和模型参数对于模型输出的敏感度

子流域	子流域 1	子流域 2	子流域 3	子流域 1、2、4
逐日降雨量	2.78	2.46	2.48	2.67
逐日实际蒸发量	-1.66	-1.47	-1.48	-1.60
初始缺水量	-0.03	-0.71	-0.81	-0.17
曼宁糙率	-0.003	-0.004	-0.001	-0.003

通过比较敏感度的绝对值可概括出:模型输出对逐日降雨量和逐日实际蒸发量都非常敏感,且逐日降雨量是最敏感的模型输入。对模型参数来说,模型输出对初始缺水量比对曼宁糙率更敏感。

5.5 模型性能评价

5.5.1 流量模拟能力评价

为了进一步了解模型进行流量模拟的能力,利用下式计算了相对模拟误差:

$$RSE=\left|\frac{Q_{\mathrm{sim}}-Q_{\mathrm{obv}}}{Q_{\mathrm{obv}}}\right|\times 100 \tag{24}$$

其中,Q_{obv} 是观测的逐日流量,Q_{sim} 是模拟的逐日流量。

华县站相对模拟误差—观测流量图如图 7 所示。该图明确显示,极大的相对模拟误差仅出现在小流量区间,对于大流量而言,相对模拟误差相对较小且均匀。基于上述分析可总结出:该模型在渭河流域应用时更适于大流量的模拟。

5.5.2 流量预报能力评价

为了评价模型的流量预报能力,对 1983 年 7 ~ 10 月这一典型汛期实施了两天滚动流量预报。基于两种假定情形:情形 1,假定未来两天的降雨、蒸发和上游流量与今天相同;情形 2 假定在未来两天,蒸发和上游流量与今天相同,但没有降雨。对于情形 1,在利用咸阳(2)、张家山、马渡王和耀县 4 个上游站作为强制边界时,华县站未来一天流量预报的验证结果如图 8 所示。

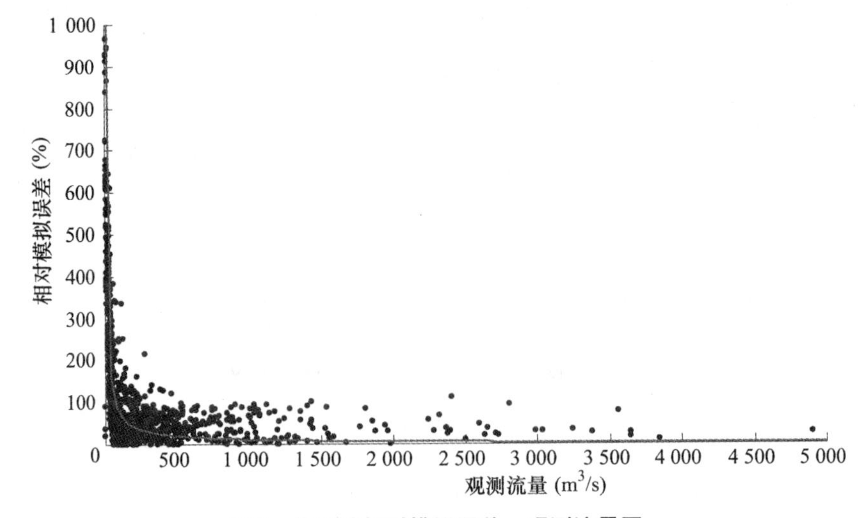

图 7　华县站相对模拟误差—观测流量图

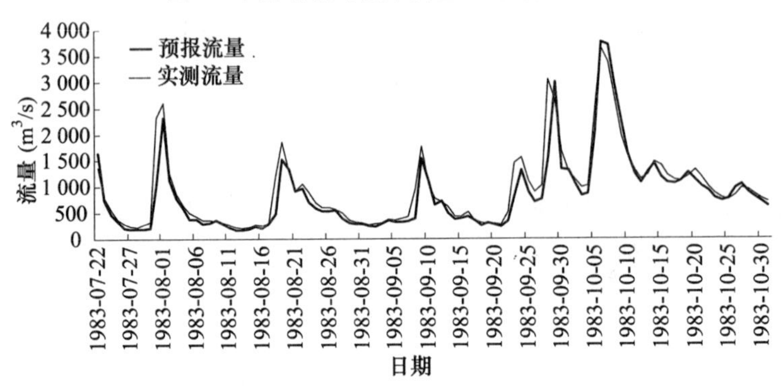

图 8　第一种情形下华县站实测与预报流量比较图

情形 2 得到了与情形 1 非常相似的结果。基于模型输出和实测流量值,评估适合度的各种标准被计算出来并列于表 6。

直观检查实测与预报流量过程线叠绘图可看出在整个汛期两者始终良好吻合,表 6 中所有的标准表明:基于假定的输入数据,模型在 1983 年汛期执行了一次非常吻合实际的一日流量预报。

6 结论与建议

基于当前研究，可得出以下结论：

（1）流量模拟运作评估显示，华县站的模拟结果一直比其他小子流域的结果好，这表明当前模型尤其适合于大尺度水文模拟。

表6 两种情形下模型运作评估标准统计

序号	标准	情形1	情形2
1	实测逐日流量平均值(m^3/s)	931.95	931.95
2	预报逐日流量平均值(m^3/s)	834.21	830.34
3	效率系数	0.87	0.86
4	均方根误差(m^3/s)	260.49	263.09
5	日均误差(m^3/s)	97.74	101.61
6	相关系数	0.942	0.941
7	总流量相对误差(%)	-10.72	-11.14

（2）在诸如引水、水库调节等人类活动影响下，模型能够利用强制上游边界将这些影响结合到模拟过程中，依此提高了下游站的流量模拟精度。

（3）汛期足够精确的流量预报运作表明，模型非常适用于渭河流域流量预报。可以预见，通过提高水文气象数据预报技术和优化预报网络设计，模型的潜力可得到进一步发挥。

建议针对以下方面开展进一步研究：

（1）本研究中所用的1980～1983年时间序列数据不够长，对于进一步研究，最好使用较长的时间序列数据，以便设置更加合适的模型参数和初始值。

（2）为进一步提高渭河流域水文模拟结果，应收集更多与人类活动有关的数据和信息并结合到模拟过程中。

（3）有必要基于数据同化技术，对开发渭河流域流量预报策略开展进一步研究。

参考文献

[1] Abbot M. B., J. C. Refsgaard (1996). Distributed hydrological modelling. Water Science and Technology Library. Kluwer, Dordrecht, pp 321.

[2] Aerts J. C. J. H., L. M. Bouwer (2002), Stream Krishna, A hydrological model for the Krishna River in India. RIKZ / Coastal Zone Management Centre, The Hague.

[3] Allen R. G. L. S. Pereira. D. Raes, M. Smith (1998), Crop evapotranspiration - Guidelines for computing crop water requirements. FAO Irrigation and drainage paper 56.

[4] Angela S. , S. Uhlenbrook (2005). Sensitivity analysis of a distributed catchment model to verify the model structure. J. Hydrol. Vol. 310, pp216 – 235.

[5] Cunge J. A. (1969), On the subject of a flood propagation method (Muskingum method). J. Hydraul. Res. ,7(2):205 – 230.

[6] Dingman S. L. (2002), Physical Hydrology. Second edition. Prentice hall, Upper Saddle River, New Jersey 07548.

[7] Graham L. P. , S. Bergström (2000), Land surface modelling in hydrology and meteorology lessons learned from the Baltic Basin. J. Hydrol. Earth System Sci. , Vol. 4, pp 13 – 22.

[8] Güntner A. , A. Bronstert (2004), Representation of landscape variability and lateral redistribution processes for large – scale hydrological modelling in semi – arid areas. J. Hydrol. , Volume 297, pp 136 – 161.

[9] Hall M. J. (2001), How well does your model fit the data? Journal of Hydro – informatics, 03.1, pp 49 – 55.

[10] 和宛琳，徐宗学.（2006），渭河流域气温与蒸发量时空分布及其变化趋势分析. 北京师范大学学报，42(1):102 – 106.

[11] Jia Y, H. Wang, Z. Zhou, et al. (2006), Development of the WEP – L distributed hydrologicalmodel and dynamic assessment of water resources in the Yellow River basin. J. Hydrol. , Vol. 287.

[12] Maskey S. (2007), HYKIT – Hydrological data processing and analysis toolkit. UNESCO – IHE.

[13] Maskey S. R. Venneker, W. Zhao (2005). A large – scale hydrological modelling system for the upper Yellow River basin using satellite – derived precipitation data. 2nd International Yellow River Forum, 21 – 24 October, Zhengzhou, China.

[14] Maskey S. , R. Venneker (2006a), A distributed hydrological modelling approach to flow forecasting of a large river basin. 7th International Conference on hydroinformatics, HIC 2006, Nice, France.

[15] Maskey S. , R. Venneker (2006b). Large – Scale Hydrological Model of the Upper Yellow River Basin, User's Manual Version 2. UNESCO – IHE Institute for Water Education, Delft, The Netherlands.

[16] Maskey, S. , V. Guinot (2002), Improved first – order second moment method for uncertainty estimation in flood forecasting. Hydrological Science – Journal, 48 (2), pp 183 – 196.

[17] 彭随劳.（2002），千河流域水文特性分析. 西北水资源与水工程，第 13 卷，第 2 期，p58 – 61.

[18] Ponce V. M. (1986), Diffusion wave modelling of catchment dynamics. J. Hydraul. Eng. , Vol. 112, No. (8), pp 716 – 727.

[19] Saltelli A. (2000), Fortune and future of sensitivity analysis. Wiley, Chichester, pp421 – 426.

[20] Sau F. F. X. López – Cedrón, M. I. Mínguez (2000), Reference evapotranspiration: choice of method. Universidad de Santiago de Compostela.

[21] Singh V. P. (2002). Mathematical Models of Large Watershed Hydrology. Water Resources Publications, LLC.

[22] Venneker R., S. Maskey (2006). Creation of the Topographic Structure for the Weihe Hydrological Model. LSHM Doc 0605, 2006 – 07, UNESCO – IHE.

[23] Venneker, R. G. W. (1996), A Distributed Hydrological Modelling Concept for Alpine Environments. PhD Dissertation, Vrije Universiteit Amsterdam.

[24] 王德芳,柴平山,李静.(1996),黄河流域的水面蒸发观测及水面蒸发规律.人民黄河,18(2):19 – 20.

[25] 王远明,张讳,李成荣.(1999),宜昌站水面蒸发折算系数分析.人民长江,30(1):41 – 42.

[26] You J. K. G. Hubbard, S. Goddard (2004), Comparison of Air Temperature Estimates from Spatial Regression and Inverse Distance Method. High Plains Regional Climate Center, University of Nebraska.

[27] 黄河水利委员会.(1989).黄河流域地图集.上海:地图出版社.

[28] 张艳玲.(2002),陕西省渭河流域水文特性分析.西北水资源与水工程,13(2):62 – 64.

浅谈《水利工程维修养护经费预算系统》的开发

谢志刚[1] 王仲梅[1] 杨达莲[2]

(1. 黄河水利科学研究院; 2. 黄河水利委员会水文局)

摘要:《水利工程维修养护经费预算系统》是面向水管单位财务预算人员,依据《水利工程维修养护定额标准》(试行)开发的进行财务预算的自动化管理软件。其开发主要以建立水利工程数据库、维修定额标准库和水利工程维修养护经费预算数据库为基础,通过设立灵活的权限定义、准确可靠的计算功能和丰富、方便的查询功能,实现维修养护经费测算和预算业务的电子化、自动化管理。

关键词:水利工程维修养护 经费预算 管理系统

1 开发《水利工程维修养护经费预算系统》的必要性

随着我国社会经济的发展和市场经济体制的建立与完善,现行的水利工程管理体制已不能适应新形势的要求,为解决水利工程管理中存在的突出问题,国务院于2002年9月17日出台了《水利工程管理体制改革实施意见》(以下简称《实施意见》),针对水管单位普遍存在的一些难点和关键问题,按照建立社会主义市场经济体制的要求,提出了切合实际的改革目标和政策措施,为水利工程强化管理、安全运行、良性发展提供了可靠的政策保障。

《实施意见》规定为确保水利工程管理体制改革的顺利实施,各级财政部门应保证经核定的水利工程维修养护资金足额到位,水利工程日常维修养护经费数额由财政部门会同同级水行政主管部门依据维修养护定额标准确定。2004年7月水利部、财政部以水办[2004]307号文印发了《水利工程维修养护定额标准》(试行)(以下简称《定额标准》)。水管单位工程维修养护经费纳入各级财政预算并逐步到位。为提高维修养护资金使用效益,必须对维修养护经费预算编制和使用加强管理,使经费预算编制准确、合理。要达到科学编制预算的目的,必须及时掌握有关工程维修养护数据和科学的编制方法。

由于依据《定额标准》手工进行维修养护经费测算时存在计算工作量大、计算周期长、统计分析困难等问题,有必要在建立分类的水利工程数据库的基础上,依据《定额标准》开发一套用于水利工程维修养护经费预算编制、审核、汇总、批复和查询的自动化管理软件,从而借助计算机的强大功能,快速、准确地完成水利工程的维修养护经费预算的管理工作。由此,黄河防汛抢险技术研究所联合河南星网科技有限公司依据《定额标准》、《软件开发规范》(GB8567)共同开发了《水利工程维修养护经费预算系统(中央版)》(以下简称《系统》)。

2 系统设计

2.1 《系统》开发目标

(1)系统应具备较好的完整性,符合维修养护经费预算的工作流程,集工程数据收集、查询到经费计算及汇总、上报、审核、批复等管理业务为一体。

(2)系统界面应具有友好、灵活的特点,便于各级财务人员使用。

(3)经费计算编制简单、快捷、可靠。

(4)系统的接口设计合理,保证系统各模块之间数据迅速传递。

(5)强调系统功能的实用性,同时具备安全性、可扩展性、易于维护。

(6)满足系统需求的条件。

2.2 《系统》开发环境

2.2.1 软件环境

(1)开发环境。①操作系统:采用 Windows 操作系统。②数据库服务器系统:数据库要求采用 ACCESS、MS SQLServer 2000 或以上版本。③系统技术平台:选用 Microsoft. NET 技术平台。

(2)应用环境。操作系统平台采用 Microsoft Windows98/2000/XP 等中文操作系统;数据库平台采用 Microsoft SQlServer 2000 、Microsft MSDE2000。

2.2.2 硬件环境

配置相当于 PⅢ或者以上处理器;建议 256 MB 内存(至少 128 MB);建议 1 GB 硬盘空间(至少 500 MB);真彩色 800 × 600 或者更高分辨率的显示器,可读写光驱,激光打印机以及其他辅助外设。

2.3 《系统》设计原则

(1)系统基于 C/S 架构。

(2)系统开发基于组件。

(3)采用模块化设计思想。

(4)应用任意组合。

(5)具有较强的可扩展性。

2.4 《系统》功能设计

系统具有比较完善的功能,主要包括以下几个方面(图 1):

(1)系统支持 Oracle、MSS－SQlServer、Sybase 等大型数据库。

(2)支持单机或局域网用户使用。

(3)可以自定义单位隶属关系。

(4)具有灵活的权限定义功能。

(5)预置有相关工程的定额标准,使得计算更精确。

(6)各类工程数据通过权限设定,有权限的单位和人员可以方便地增加、删除、修改相应的工程数据。

(7)维修养护经费计算功能调用相关定额标准、工程数据可快速地测算出相关工程的维修养护经费。

(8)系统内容丰富,可采用组合条件查询系统。

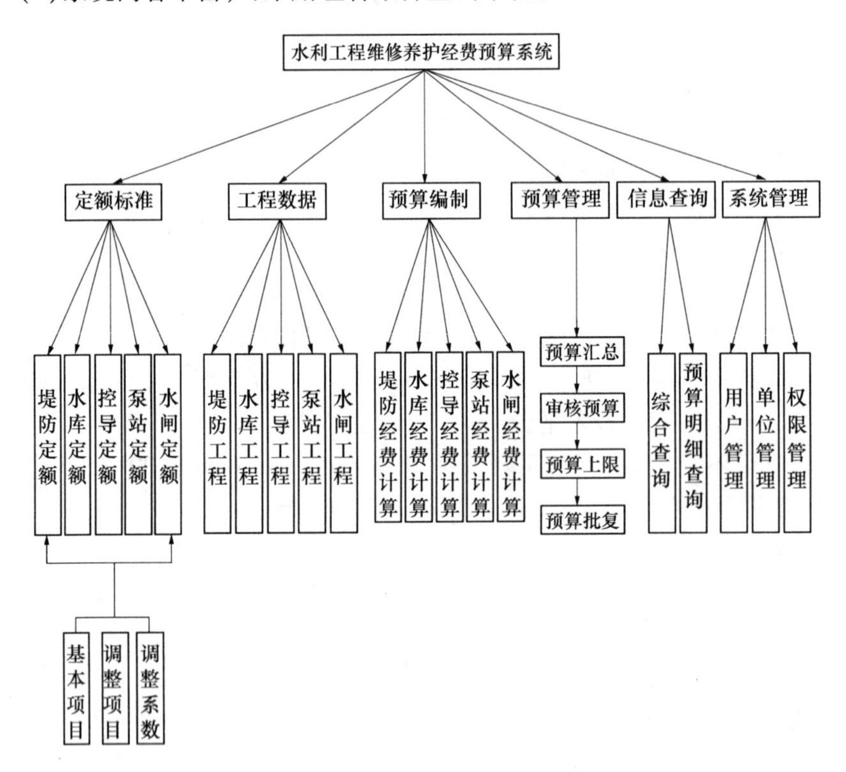

图 1　水利工程维修养护经费预算系统结构功能

3　系统主要功能

3.1　《定额标准》的查询与修订

本系统是依据《定额标准》开发的,能够方便地查询定额标准是其应具备的基本功能。由于定额标准目前还处在试行阶段,考虑到今后标准修订后系统的升级问题,在系统中增加了定额标准的修订功能,并设定了修订权限,规定只能由财政部有权进行修订。由此为系统升级提供了便捷的方式。

3.2 工程数据库

维修养护经费的测算需要依靠《定额标准》和工程基础数据,建立工程基础数据库是进行预算编制的基础。工程基础数据库按堤防工程、控导工程、水库工程、水闸工程和泵站工程分成五类(因为本系统是应用于中央直属水利工程,所以没有包含灌区工程)。每类工程按照定额标准所列项目并增加预算年度、管理单位等数据要素设计数据表,相应设置增加、修改和删除等功能,以适应工程数据变更和定额标准修定。工程数据一次录入后就可建成数据库,工程数据的修改也设置了相应的权限,由特定部门负责数据更新。数据库供管理单位浏览和查询所属单位的工程基础数据。

3.3 预算编制

此功能是系统组成的主要部分,为了达到操作方便,用户只要选取不同的单位,系统就自动列出该单位的所有工程信息列表,供用户选取所需的工程进行计算,并能及时查看计算结果。

计算过程描述如下:系统采取根据用户选择的工程,根据工程提供的信息循环依次计算各工程预算经费。根据工程数据各字段值去判断选取该工程定额标准值,再根据取出基本项目,调整项目的调整系数的要求去设置不同计算公式函数,依次调整计算各经费预算,最后保存计算值。

3.4 预算管理

此功能是处理各单位数据汇总上报及上级单位审核批复,根据要求对上级单位和下级单位分别汇总,分工程汇总数据,形成所需业务报表。通过设立预算管理功能,实现了水利工程维修养护经费预算管理的电子化和自动化,能够有效地提高工作效率。

3.5 信息查询

查询功能分为综合查询、预算明细查询和工程数据查询。综合查询为本模块特色,用户可以根据工程数据字段信息灵活组合查找到自己想要的数据信息;预算明细查询主要是针对经费预算值进行分类别详细查询;工程数据查询针对各单位工程数据信息查询。

3.6 系统管理

系统管理分为用户管理、单位管理和权限管理。用户管理主要对使用这个系统的用户信息资料维护;单位管理主要对使用单位基础信息的维护;权限管理主要是针对各单位使用功能权限进行分配,达到控制单位使用不同功能保证数据的准确性、安全性。

4 结语

(1)各级水利主管单位的财务预算人员使用《系统》,能够摆脱繁杂的手工计算,使用计算机快速、准确地进行水利工程维修养护经费预算编制和管理工作。

(2)《系统》通过建立和集成水利工程数据库、水利工程维修养护定额标准库、水利工程维修养护经费预算数据库三个数据库,实现了基础数据的高度共享,统一了各类工程的计算标准和计算公式,为预算管理工作打下了良好的基础。

(3)《系统》具有灵活的权限定义,通过给预算单位人员分配操作权限,使得责权明晰、各司其职、各负其责。

(4)《系统》的开发为维修养护经费预算实现规范化、电子化管理作出了有益的探索。

黄河下游一维非恒定流水质模型研究与应用

张防修[1,2] 史玉品[3] 王艳平[2]

（1. 河海大学环境科学与工程学院；2. 黄河水利科学研究院泥沙研究所；
3. 黄河水利委员会水文局）

摘要：建立黄河下游一维非恒定流水动力学数学模型，并在此基础上耦合一维水质模型，采用有限体积法（TVD格式）离散基本方程，通过时间二阶之预测－校正二步格式对离散方程进行求解。该求解方法具有守恒性好、算法简单、通用性强，在预测一般洪水及溃坝洪水波演进方面有较好的实用性，并能对黄河下游突发性污染事件进行初步模拟。

关键词：黄河下游　TVD　突发性污染事件

随着流域经济和社会的发展，排入黄河水系的废污水和污染物量与日剧增，废污水挟带的污染物进入黄河干流后，对水体造成的污染程度、污染特点、污染规律以及污染物的迁移转化和归属等，均与黄河干支流的流量、含沙量、流速、径流的时空分布规律以及水化学特性等密切相关。由于黄河水环境化学、水环境动力学异常复杂，许多问题在短时期内难以解决，而目前已有的水质模型研究成果主要建立的是稳态条件下的相关经验模型、黑箱模型及一维恒定流模型，主要用来解决部分常规条件下的水污染问题，在应用中存在一定的局限性，不能描述断面水质变化过程，不能完全满足实际需求。特别是近期突发性污染事件频繁发生，要对突发性污染事故瞬时排放可溶性有毒有害物及难溶性有毒有害液体污染物的水环境行为进行模拟和预测，要求能够快速预测污染物到达下游环境敏感目标的时间、污染团历经过程和污染物浓度分布，这就要求建立基于一维非恒定流水动力学基础上的水质模型，满足突发性水污染事件水质预警预报需要。本文在前人研究成果基础上建立了黄河下游一维非恒定水质模型，构造具有高分辨率的TVD格式来求解带有源项的非齐次守恒方程，通过对2006年调水调沙期间白鹤—夹河滩河段洪水演进验证，并在此基础上模拟了黄河下游白鹤—利津河段突发性污染事件污染物输移过程。

基金项目："十一五"国家科技支撑计划重点项目2006BAB06B02，国家自然科学基金和黄河研究联合基金项目50439020。

1 控制方程及其数值求解

1.1 水动力学控制方程

天然河道中的水流按准一维流动处理,守恒形式的圣维南方程为

$$\frac{\partial A}{\partial t}+\frac{\partial Q}{\partial x}=0$$

$$\frac{\partial Q}{\partial t}+\frac{\partial}{\partial x}\left(\frac{Q^2}{A}+P\right)=gA(S_0+S_f)+R \tag{1}$$

式中

$$S_f=\frac{n^2Q|Q|}{A^2R^{4/3}} \tag{2}$$

$$P=g\int_0^{h(x,t)}(h(x,t)-\xi)b(\xi,x,t)\mathrm{d}\xi$$

$$R=g\int_0^{h(x,t)}(h(x,t)-\xi)\frac{\partial b(\zeta,x,t)}{\partial x}\mathrm{d}\xi \tag{3}$$

式中:A 为断面面积,m^2;Q 为断面平均流量,m^3/s;S_0 为河底比降;S_f 为摩阻坡度(根据曼宁公式估算);ξ 为相对河底的高度,m;b 为相对于 ξ 的过水断面宽度,m;P 为过水断面相对于水面高程的面积矩;R 为单位长度河床对水体的反作用力在水流方向上的投影。

黄河下游断面形态变化剧烈,将河槽加以概化后进行计算,由于河底很不规则,$\frac{\partial h}{\partial x}$与$\frac{\partial Z_b}{\partial x}$项的数量级远大于$\frac{\partial Z}{\partial x}$及方程中其他项,为了避免方程离散带来过大的误差,将压强项与河床比降及河床反力合并为水面比降,动量方程可以简化为:

$$\frac{\partial Q}{\partial t}+\frac{\partial}{\partial x}\left(\frac{Q^2}{A}\right)=-gA\left(\frac{\partial Z}{\partial x}+S_f\right) \tag{4}$$

1.2 水动力学控制方程求解

将方程式(1)和式(4)写成一阶拟线性非齐次方程$\frac{\partial U}{\partial t}+\frac{\partial F}{\partial x}=Sou$,其一阶TVD 守恒显格式可以写成以下形式:

$$U_i^{n+1}=U_i^n-\frac{2\Delta t}{\Delta x_{i+1/2}+\Delta x_{i-1/2}}(f_{i+1/2}^n-f_{i-1/2}^n)+Sou_i\Delta t \tag{5}$$

式中:n、$n+1$ 表示时间步长;下标 i 为断面编号;$\Delta x_{i+1/2}=x_{i+1}-x_i$,$\Delta x_{i-1/2}=x_i-x_{i-1}$为时空比;$U$ 为守恒变量;F 为物理通量;Sou 为源汇项;$f_{i+1/2}^n$、$f_{i-1/2}^n$为数值通量,可采用以下形式:

$$f_{i+1/2}^{n}=\frac{1}{2}\left[F_{i}+F_{i+1}-P(a_{i+1/2})\Delta_{i+1/2}U\right]$$
$$f_{i-1/2}^{n}=\frac{1}{2}\left[F_{i}+F_{i+1}-P(a_{i+1/2})\Delta_{i+1/2}U\right] \tag{6}$$

式中：$F_i=F(U_i)$，$\Delta_{i+1/2}U=U_{i+1}-U_i$，$\Delta_{i-1/2}U=U_i-U_{i-1}$；$P(\cdot)$为数值黏性函数，其值：

$$P(z)=\begin{cases}|z| & |z|\geqslant\varepsilon\\(z^2+\varepsilon^2)/2\varepsilon & |z|>\varepsilon\end{cases} \tag{7}$$

其中，自变量 z 可以为 $a_{i+1/2}$或 $a_{i-1/2}$，相应的计算方法：

$$a_{i+1/2}=\begin{cases}\dfrac{F_{i+1}-F_i}{U_{i+1}-U_i} & \Delta_{i+1/2}U\neq0\\\left(\dfrac{\partial F}{\partial U}\right)_i & \Delta_{i+1/2}U=0\end{cases}$$

$$a_{i-1/2}=\begin{cases}\dfrac{F_{i}-F_{i-1}}{U_{i}-U_{i-1}} & \Delta_{i-1/2}U\neq0\\\left(\dfrac{\partial F}{\partial U}\right)_i & \Delta_{i-1/2}U=0\end{cases} \tag{8}$$

将具有二阶精度的 TVD 格式推广来求解带源项的拟线性非齐次方程，其方法是先将源项考虑进去采用改进的欧拉方法求解，这里包含了预测步和校正步（预测步采用后差分、校正步采用前差分）。最后一步为将由预测校正步所得进行守恒的数值耗散修正。其步骤为：

$$u_i^{(1)}=u_i^{(n)}-\lambda\delta_x^{-}f_i^{n}+\Delta tS_i^{n} \tag{9}$$

$$u_i^{(2)}=\frac{1}{2}\left(u_i^{(1)}+u_i^{(n)}-\lambda\delta_x^{+}f_i^{(1)}+\Delta tS_i^{(1)}\right) \tag{10}$$

$$u_i^{n+1}=u_i^{(2)}+(\phi_{i+\frac{1}{2}}^{(2)}-\phi_{i-\frac{1}{2}}^{(2)}) \tag{11}$$

$$\phi_{i+\frac{1}{2}}=\frac{1}{2}(\Psi(\gamma_{i+\frac{1}{2}})-\gamma_{i+\frac{1}{2}}^{2})\times(\Delta_{i+\frac{1}{2}}-\hat{Q}_{i+\frac{1}{2}}) \tag{12}$$

其中：

$$\gamma=\lambda a,\ \lambda=\frac{\Delta t}{\Delta x},\ \Delta_{i+\frac{1}{2}}=u_{i+1}-u_i \tag{13}$$

$$\hat{Q}_{i+\frac{1}{2}}=\min\ \mathrm{mod}(\Delta_{i+\frac{1}{2}},\Delta_{i-\frac{1}{2}})+\min\ \mathrm{mod}(\Delta_{i+\frac{1}{2}},\Delta_{i+\frac{3}{2}})+\Delta_{i+\frac{1}{2}} \tag{14}$$

$$\hat{Q}_{i+\frac{1}{2}}=\min\ \mathrm{mod}(\Delta_{i-\frac{1}{2}},\Delta_{i+\frac{1}{2}},\Delta_{i+\frac{3}{2}}) \tag{15}$$

$$\hat{Q}_{i+\frac{1}{2}}=\min\ \mathrm{mod}(2\Delta_{i-\frac{1}{2}},2\Delta_{i+\frac{1}{2}},2\Delta_{i+\frac{3}{2}},\frac{1}{2}(\Delta_{i-\frac{1}{2}},\Delta_{i+\frac{1}{2}})) \tag{16}$$

当取 $Sou=0$,方程为常系数情况,且 $\phi_{i+\frac{1}{2}}$是取在 $u^{(n)}$ 点上,而不是 $u^{(1)}$ 点上,这一求解方法具有 TVD 性质。对非线性情况难以证明这一结论,但一维和多维数值试验表明,数值解确有类似的 TVD 特性。

1.3 水动力学控制方程边界条件处理

为了便于流动的物理解和边界处理,通常将一维非恒定流方程组表示为等价的特征形式,采用特征格式处理进口和出口边界(见图 1、图 2)。

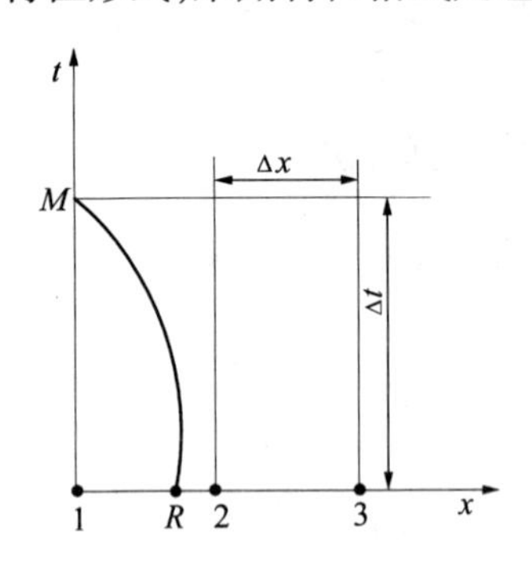

图 1 进口边界条件计算

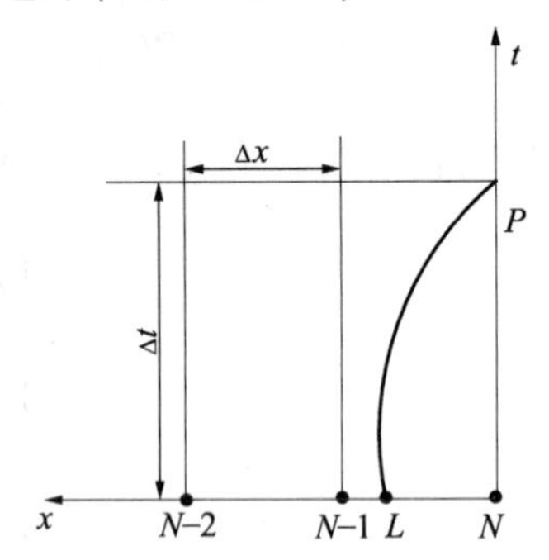

图 2 出口边界条件计算

$$\begin{cases}\mathrm{d}(u\pm E)=g(S_0-S_f)\\ \dfrac{\mathrm{d}x}{\mathrm{d}t}=u\pm C\end{cases}\tag{17}$$

式中:$u\pm E=R$ 为黎曼不变量,E 为 Escoffier 水位变量, $E=\int_0^h\sqrt{g\dfrac{B(\eta)}{A(\eta)}}\mathrm{d}\eta$,其中:$B(\eta)$、$A(\eta)$分别为相应于水深 η 处的断面宽和过水面积。引入 Escoffier 水深 $h_E=E^2/4g$,则 $R=u\pm2\sqrt{gh_E}$。

由特征线方程:

$$\frac{\mathrm{d}x}{\mathrm{d}t}=\lambda_{\pm}=u\pm C=u-c\tag{18}$$

一维明渠中 $C=\sqrt{g\dfrac{A}{B}}$,其中 A 为断面面积,B 为水面宽。则单位时间 Δt 内

$$\omega=\frac{L_R}{L_2}=\frac{\dfrac{\mathrm{d}x}{\mathrm{d}t}\cdot\Delta t}{\Delta x}=|\lambda_{\pm}|\Delta t/\Delta x\tag{19}$$

$$x_R=x_1+\omega\Delta x\tag{20}$$

R 点相应水力参数:

$$Z_R^n=Z_R^n+\omega(Z_2^n-Z_1^n)\tag{21}$$

$$Q_R^n = Q_R^n + \omega(Q_2^n - Q_1^n)$$

(1)进口给定 M 点流量过程 Q_M，推求 M 点面积，根据面积反求 M 点水位。

$$A_M = \frac{Q_M - Q_R - \Delta t\left[gA(S_0 - S_f)\right]_R}{(u+c)_R} \tag{22}$$

(2)出口给定 L 点水位流量过程 Z_LQ_L，仿给定流量过程推求 L 点水位，再根据水位流量关系推求 L 点流量，然后进行流量迭代。

1.4 水质控制方程

假定垂向和横向是均一的，则一维形式的水质方程为

$$\frac{\partial AC}{\partial At} = -\frac{\partial QC}{\partial x} + \frac{\partial}{\partial x}\left(AE_x\frac{\partial C}{\partial x}\right) + A(S_L + S_B) + AS_K - kC \tag{23}$$

式中：C 为水质组分的浓度，mg/L；E_x 为污染物纵向弥散系数；S_L 为直接和分散的负荷率，g/(m^3 · d)；S_B 为边界负荷率(包括上、下游，底质、大气来源)，g/(m^3 · d)；S_K 为总的动力学反应速率，正为源，负为漏；k 为降解系数，1/d。方程右面五项分别为对流输送项、扩散输送项、负荷项、反应项和降解项。

黄河中下游的实测资料显示，对硝基氯苯这类化学毒物是该河段的主要污染物之一。本文选取对硝基氯苯作为黄河下游突发性污染事件污染因子。根据污染因子的特性、突发性污染事件排放时间和地点具有的不确定性及其瞬时排放浓度较大的特点，本文忽略横向掺混过程和泥沙对污染物的吸附与释放过程。方程可以简化为：

$$\frac{\partial AC}{\partial At} = -\frac{\partial QC}{\partial x} + \frac{\partial}{\partial x}\left(AE_x\frac{\partial C}{\partial x}\right) - kC \tag{24}$$

1.5 水质控制方程的求解及边界条件

采用显式求解方法对水质方程进行求解：

$$(AC)_i^{(n+1)} = (AC)_i^{(n)} - \frac{2\Delta t}{\Delta x_{i+1/2} + \Delta x_{i-1/2}}\left(f_{i+1/2}^{(n)} - f_{i-1/2}^{(n)}\right)_C + \left[AE_x\left(\frac{\partial^2 C}{\partial x^2}\right)_i - k_1 C_i\right]\Delta t \tag{25}$$

其中 $f_{i+1/2}^{(n)}$ 求解方法参考式(6)：

$$\frac{\partial^2 C}{\partial x^2} = \frac{C_{i+1} - 2C_i + C_{i-1}}{\Delta x^2} \tag{26}$$

弥散系数 E_x 与水流流速、水面宽度成正比，与水深成反比，常采用下面的经验公式：

$$E_x = \alpha C_0 \theta^2 q \tag{27}$$

式中：$C_0 = c/\sqrt{g}$，是无尺度谢才系数，其中 c 为谢才系数；$\theta = B/h$ 为宽深比；q 为

单宽流量;$\alpha=0.011$ 为经验常数。

模型出口边界条件为:

$$dC/dn=0 \tag{28}$$

1.6 水质模型测试案例

一均匀河段稳定排放含酚废水,起始断面河水含挥发酚的浓度为 $c_0=20$ mg/L,河水的平均流速 $u=40$ km/d,弥散系数 $E_x=1$ km^2/d,酚的衰减速率系数为 $k=2$/d。

酚的沿程变化解析解和数值解对照如表 1 所示,可以看出数值解和解析解基本吻合,最大误差为 0.994%。所以,可以用该水质模型来模拟河道污染物水环境行为。

表 1 污染物沿程变化解析解和数值解对照

距离(km)	10	20	30	40	50
解析解(mg/L)	12.138 3	7.366 9	4.471 1	2.713 6	1.646 9
数值解(mg/L)	12.140 7	7.369 6	4.472 8	2.711 7	1.630 5
误差分析(%)	0.194	0.037	0.039	0.069	0.994

2 黄河下游白鹤—夹河滩河段洪水演进模拟

建立黄河下游一维非恒定流数学模型,对 2006 年调水调沙期间黄河下游白鹤—夹河滩河段(河段全长 209.67 km)洪水演进模拟。图 3 为调水调沙期间白鹤断面实测流量过程图,以白鹤断面为进口断面对下游洪水波演进进行模拟。

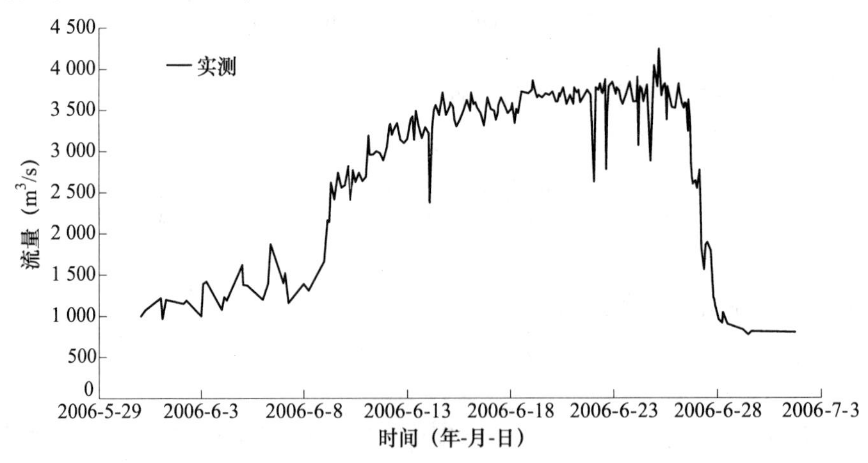

图 3 白鹤断面流量过程

黄河花园口断面(距离白鹤断面 108.87 km)流量过程验证如图 4 所示,水位过程验证如图 5 所示;夹河滩断面流量过程验证如图 6 所示,水位过程验证如

图 7 所示。对流量和水位验证分析,模型计算水量过程守恒,水位过程和洪水传播时间较为合理。

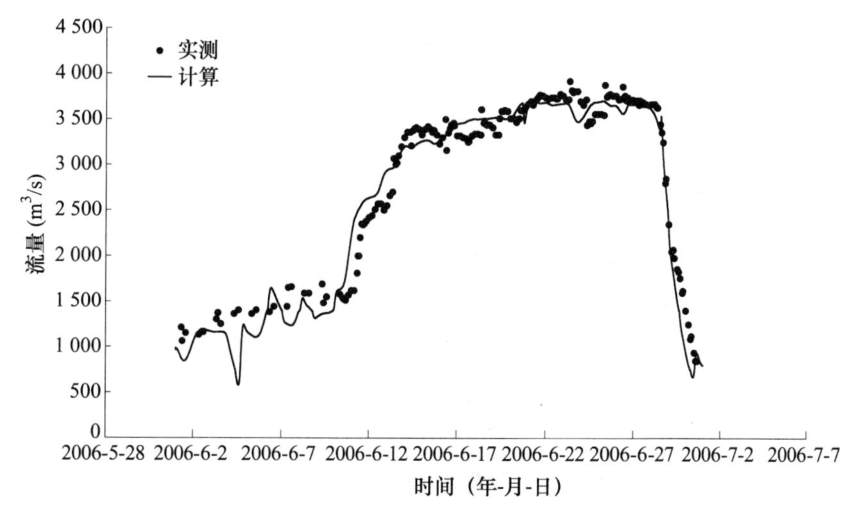

图 4　花园口断面计算和实测流量过程

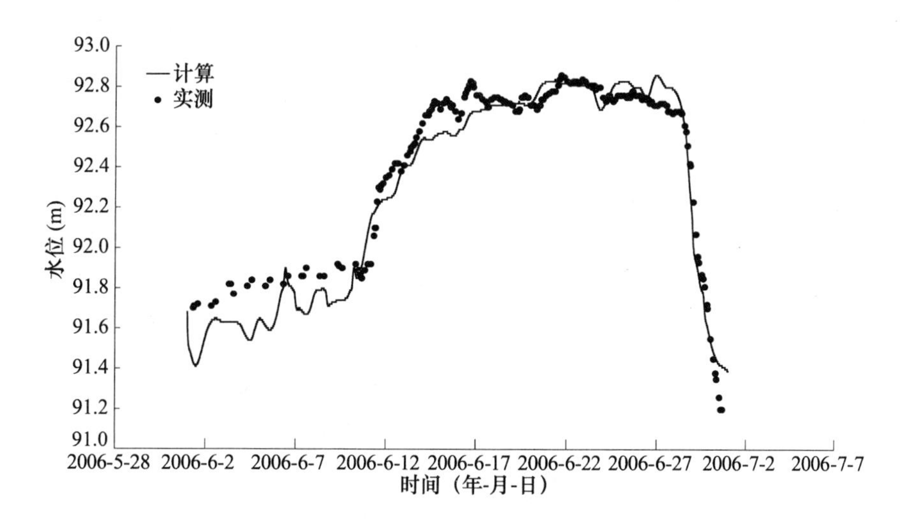

图 5　花园口断面计算和实测水位过程

3　黄河下游白鹤—利津河段突发性污染事件初步模拟

突发性污染事件具有突发性、随机性和瞬时水质变化速率大等显著特点。对不漫滩流量下黄河下游突发性污染事件进行初步模拟。在黄河下游伊洛河口断面(距离白鹤断面 50.37 km)发生突发性污染事件,排放高浓度的含硝基氯苯的可溶性污染物质,排放时间持续一个小时,在排放断面均匀混合,混合浓度为

260 mg/L。不考虑河流的自净作用，降解系数取为 $k=0/\mathrm{d}$。

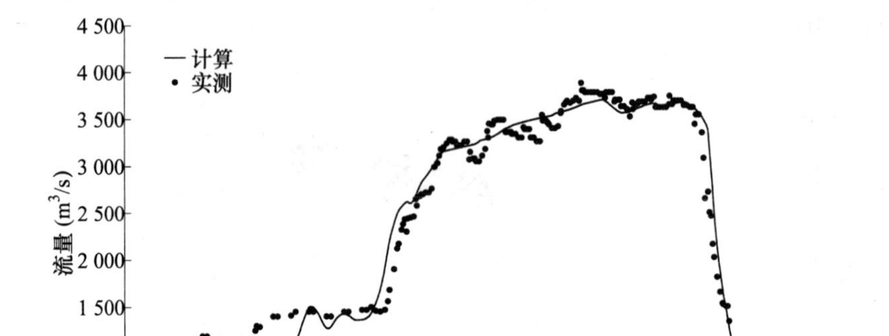

图 6　夹河滩断面计算和实测流量过程

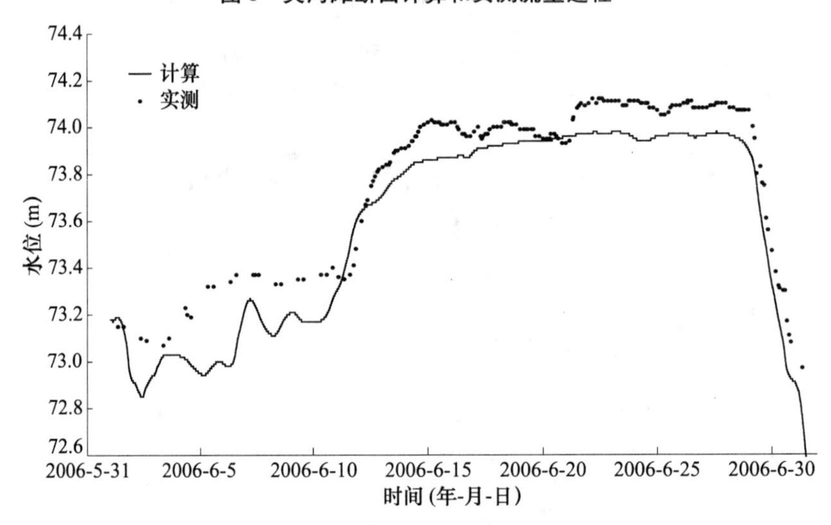

图 7　夹河滩断面计算和实测水位过程

污染物随时间的输移过程如图 8 所示，排污 12 个小时后污染物峰值出现在距离白鹤断面 108.87 km 的花园口断面；排污 24 个小时后污染物峰值出现在距离白鹤断面 156.57 km 的陡门断面；排污 72 个小时后污染物峰值出现在距离白鹤断面 359.48 km 的石菜园断面。花园口断面（距离白鹤断面 108.87 km）和夹河滩断面（距离白鹤断面 209.67 km）的浓度变化过程如图 9 所示，在花园口断面距离排污 3 个小时后已经有浓度检出为 0.062 9 mg/L，12 个小时出现了本断面的最大浓度 17.686 mg/L，43 个小时后检出浓度为 0.144 mg/L，污染物在本断面历时过程基本结束;在夹河滩断面距离排污 16 个小时后已经有浓度检出为 0.119 mg/L,37 个小时出现了本断面的最大浓度 9.137 mg/L,82 个小时后检出浓度为 0.117 mg/L,污染物在本断面历时过程基本结束。

通过计算分析,可以得到污染物带沿河道的迁移过程、污染物到达每个断面时间和最大污染浓度到达断面时间。

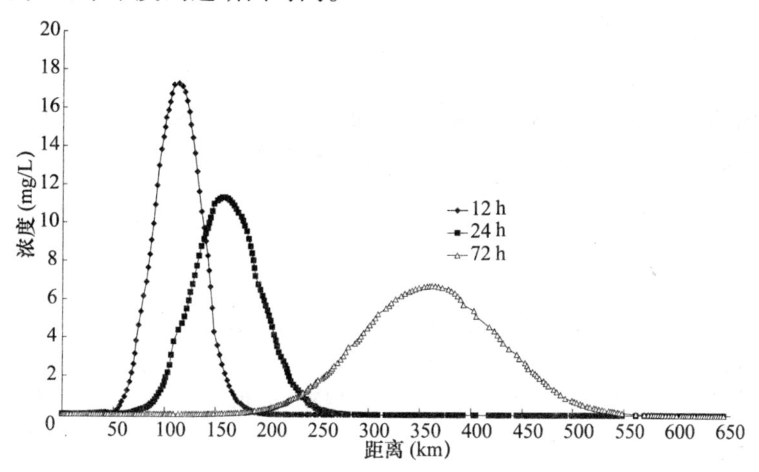

图 8　污染物输移沿程浓度变化图

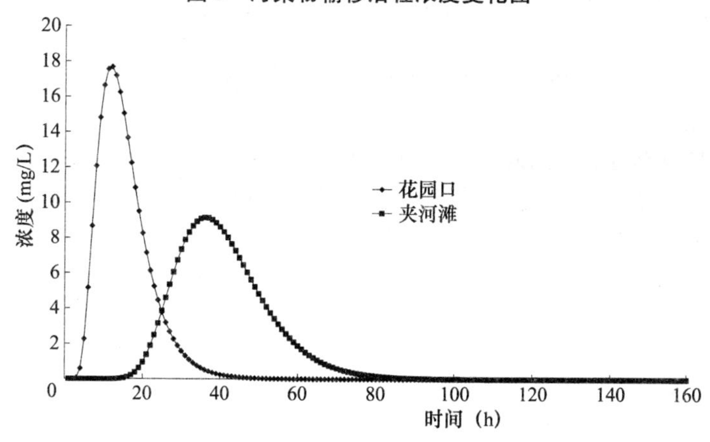

图 9　不同断面污染物过程图

4　结论与讨论

TVD 格式在间断两侧能够自动满足跳跃条件,使得能够有效地处理出现间断的流动问题,本文很好地模拟了黄河下游洪水传播并取得了较高的精度。

通过一维水质模型,定量分析了黄河下游突发性污染事件污染团历经过程和污染物浓度分布。由于黄河下游污染物测验数据较少,特别对于突发性污染事件的同步监测资料缺乏,对水质模型中的参数确定和模型的验证带来较大的困难。

另外,黄河下游污染物迁移转化规律的研究尚需加强。黄河含沙量大,泥沙对黄河水质影响巨大,对人为排入黄河的众多污染物具有显著的吸附效应而成为污染物的载体。泥沙对水质的影响已经成为河流研究的重要内容,国内外很多著名专家、学者在这个领域已经取得了一定成果,但是,与在生产实践中的应用仍然存在一定的距离,也没有形成一个完整的理论体系。本文对突发性污染事件的模拟没有考虑泥沙对污染物影响,但基本上能够满足黄河下游突发性水污染事件水质预警预报需要和建立应急处理机制的需要。

参 考 文 献

[1] 赵沛伦,申献辰,等. 泥沙对黄河水质影响及重点河段水污染控制[M]. 郑州:黄河水利出版社,1997:72 - 76.

[2] 水鸿寿. 一维流体力学差分方法[M]. 北京:国防工业出版社,1998:407 - 417.

[3] 谭维炎. 计算浅水动力学 - 有限体积法的应用[M]. 北京:清华大学出版社,1998:239 - 242.

[4] 钟德钰,彭杨,张红武. 多沙河流的非恒定一维水沙数学模型及其应用[J]. 水科学进展,2006,15(6):706 - 710.

[5] 谭维炎,胡四一. 天然河道一维不恒定流计算的守恒格式[J]. 水科学进展,1990,1(1):22 - 32.

[6] 傅德薰. 流体力学数值模拟[M]. 北京:国防工业出版社,1993:225 ~ 226.

[7] 傅国伟. 河流水质数学模型及其模拟计算[M]. 北京:中国环境科学出版社,1997:225 - 226.

[8] 韩龙喜,周毅,朱党生. 小浪底水库水环境预测研究[J]. 水资源保护,2002(1):23 - 25.

基于 GIS 的郑州生态水系概念规划

杜河清[1] 张会言[1] 何豫川[1] 王 彤[1] 吴海亮[1] 林卫东[2]

(1. 黄河勘测规划设计有限公司; 2. 郑州市水利设计院)

摘要:目前,城市规划、建设、管理与服务追求的目标是高起点的规划、高标准的建设、高效率的管理和高质量的服务。同时,城市又必须走可持续发展的道路,制定城市发展战略不仅需要信息支持和信息服务,同时更需要基于信息的科学决策支持。同时随着城市化进程的加快,将给城市 GIS 技术带来新的机遇。城市 GIS 将进一步由技术推动转向应用牵引,面向应用将是 GIS 的生命。郑州生态水系概念规划中,以水系的现状、防洪排涝、水资源规划及水源方案作为规划服务的目标和切入点。GIS 为水系规划提供技术支撑,为决策提供依据。

关键词:城市 生态水系 GIS 技术

1 郑州市水系概况

水系规划范围包括郑州市城市建成区、规划区内的金水河、贾鲁河等河流,尖岗、常庄等 12 座水库,龙湖、龙子湖和西流湖等 3 座湖泊,以及与其上、下游相连的水系,规划范围 1 010 km^2。

2 水系存在的问题

(1)流域下垫面混凝土化。郑州城市化进程加剧造成流域下垫面混凝土化,改变了城市流域水文循环过程,形成城市热岛效应,阻断了地表水和地下水之间的转换,加大了洪涝灾害风险频率,破坏了生态系统结构。

(2)防洪排涝减灾体系能力不足。郑州市市区内的河道,行洪断面小,淤积严重,防洪标准很低。

(3)水质污染严重。除饮用水源水质状况良好外,河道、水库、地下水均受到不同程度的污染,多数断面水质超过 V 类水标准。

(4)河道生境多样性退化,滨水景观的美学功能丧失。河岸硬化,河流水环境质量的下降和水生态系统的受损,使生物赖以维持生存的生境消失或质量降低,而生物多样性大大减少。人水关系疏远,河流的景观功能消失殆尽。

(5)水系管理亟待向现代化转变。

3　水系规划与 GIS 的关系

目前,城市规划、建设、管理与服务追求的目标是高起点的规划、高标准的建设、高效率的管理和高质量的服务。同时,城市又必须走可持续发展的道路,制定城市发展战略不仅需要信息支持和信息服务,同时更需要基于信息的科学决策支持。

社会各类信息资源中约有 80% 与空间位置有关,水利部门的大多数信息也与空间位置紧密联系。GIS、RS 技术使得人们在获取大视野或难以到达的困难地区、危险地区等的空间信息方面掌握了主动权。

就城市 GIS 而言,必须与其最终服务目标统一起来才能真正发挥作用。地理信息系统作为一种特殊的以空间数据为基础的信息管理系统将水利专题属性数据与空间位置直观而紧密地联系起来,进行空间数据与属性数据的综合分析,为水利信息可视化表达和高效处理分析提供强有力的技术手段。

4　规划的理念及原则

郑州城市生态水系规划理念:安全、健康、生态、和谐。

规划原则:规划应统筹考虑城市总体布局与水系功能的关系,妥善处理城市景观、环境保护、市政工程之间的关系,遵循整体性原则。城市生态水系规划兼顾水体、岸线、滨水空间,体现生态优先原则。城市生态水系规划要充分尊重地方历史文化氛围,以城市空间景观塑造等为手段,融汇中原历史文化的厚重底蕴,营造中原崛起的时代氛围,凸显地域特色。

通过引源、治污、生态修复及节水给河流以水清流畅,还河流健康生命,实现人水和谐相处,为郑州市社会持续发展提供有力支撑。

5　生态水系规划

5.1　水系现状

郑州北有黄河,南有南水北调总干渠,贯穿城区的河流有贾鲁河、金水河、东风渠、熊耳河等。用 GIS 对水系进行直观的描述,对郑州水系形成整体的认识,为整体规划打好基础。

规划涉及城市生态水系所面临的水资源配置、水污染防治、河道生态修复、滨河堤岸治理、水体循环、水生生态构建、雨水利用、中水回用、亲水景观、水工建筑物、运行管理系统等各个因素。

5.2　防洪排涝

利用 GIS 强有力的空间分析功能,可以建立流域地面数字模型,结合预测和实测的水雨情信息以及地表渗透情况,通过产汇流模型的运算,模拟不同级别洪水可能的演进过程,直观显示不同地区可能的淹没范围,进行全面的抗洪排涝规划,为防洪决策提供快速调度预案。同时结合遥感实时监测的灾情情况和 GPS 定位信息,能提高防洪调度指挥的效率和准确性。

涝灾风险分区:根据地形、水系分布、市政建设等因素,将郑州市的涝灾风险分区划分为 3 个极度风险区 3 个高风险区、7 个中风险区以及 3 个低风险区。极度风险区的涝水主要通过金水河、熊耳河入七里河注入贾鲁河。

5.3 水资源配置规划

水资源实时动态监测在水利信息化中非常重要,因为只有掌握瞬时变化的供水和需水等有关信息,才能科学、准确地进行水资源的配置及调度;只有掌握瞬时变化的水质信息,才能对环境质量进行动态评价和有效监督,才有可能应对水污染突发事件,保证供水安全。而监测的内容既包括水量和水质等水资源信息,也包括水资源配置有关的用水信息。“3S”技术在水资源信息的实时动态监测中将扮演极为重要的角色。

5.4 水源方案规划

在 GIS 支持下,利用遥感技术进行地表水和地下水资源量的估算,并结合估算的引水水量的分布及供求量情况,通过水流演进和调度系统模型,直观演示水流演进过程,模拟不同的水量调度方案,为水利水资源开发利用和调度管理提供科学决策依据。

现状郑州供水约 5.34 亿 m^3,其中地表水源供水 2.19 亿 m^3,地下水供水 3.15亿 m^3,远远大于浅层地下水可开采量 0.83 亿 m^3,地下水位进一步下降。

根据需水预测方案测算,2008 年总需水量为 7.37 亿 m^3,2010 年总需水量为 8.11 亿 m^3。

为缓解地下水超采问题,可以通过加大的引黄水量来加以缓解(见图 3)。但从长远来看,为控制城市周边地区的地下水超采问题,实施陆浑水库西水东进工程,则基本可以真正实现郑州生态水系的良性循环。

5.5 水环境保护

运用 GIS 对水质信息进行管理,可以合理地选择出那些能代表具体流域(或地区)地表(下)水水质总体状况的站点,以便进行水质水量连续自动实时的监测、水量调度和水污染控制。

5.6 河流生态修复及措施

郑州市水系生态修复规划见表 1。

硬化河床,降低了河流的自净能力,使河水水质下降,也使河岸的生态价值,观赏价值大受影响,河岸也会失去抵御和吸收洪水的能力。生态修复,首先要恢

表1　郑州市水系生态修复规划一览表

期限	河流段	主要规划目标	主要措施
近期	须水河	旅游休闲	底泥疏浚、景观河道、强调亲水性、游憩廊道、河岸绿化
	索须河	防洪、生态廊道	底泥疏浚、保护原生态、局部修复、河岸绿化
	贾鲁河下游段(索须河汇入口以下)	防洪、生态廊道	底泥疏浚、保护原生态、局部修复、河道扩宽、河岸绿化
	潮河下游	防洪	扩宽河道、河岸绿化、景观河道、强调亲水性
中期	贾鲁河中游段	生态廊道、水源保护	下游底泥疏浚、保护原生态、局部修复、大量植树
	东风渠、熊耳河、金水河、七里河、贾鲁支河	景观休闲	改直取弯、景观多样性、强调亲水性

复河流自然生态,使河流自然弯曲,河床浅滩深渊相交互,两岸长满天然植被,恢复动植物多样性。还可以在滩地修建类自然的小型条带状湿地,丰富生态和自然景观,获得可持续发展的效益。

5.7　工程管理与公众参与

GIS 系统的建立有助于水利工程的维护管理,与 DEM 紧密结合的水利工程管理系统,有助于防洪管理和决策以及对防洪工程效益的评估。

公众也可以通过因特网动态了解规划设计方案和参与规划审批,而且规划方案与成果的表现形式由于采用虚拟现实技术和多媒体技术更为直观和形象,使公众能更好地理解规划师的意图,公众可以与规划师、管理人员和其他有关人员进行直接对话,使公众参与更加有效,促进决策过程的民主化。

6　结语

在未来,空间数据采集和 GIS 技术将会有新的更大的发展。同时随着城市化进程的加快,将给城市 GIS 技术带来新的机遇。城市 GIS 将进一步由技术推动转向应用牵引,面向应用将是 GIS 的生命所在。郑州生态水系概念规划中,以水系的现状,防洪排涝、水资源规划及水源方案作为规划服务的目标和切入点。GIS 为水系规划提供技术支撑,为决策提供依据。

参考文献

[1]　Du Heging, Miwa Hajime. Experimental Study on the Relationship of Bed Morphology with Surface Flow in Meander Channels, International Journal of Sediment Research, 2006, 21(1).

[2]　Miwa Hajime, DU HEQING. Experimental Simulation of Alternate Channel Bars in a

Small - sized? Flume,JSIDRE,2004,72(5):115 - 122(Japanese).

[3] Du Heging, Miwa Hajime. Local Scouring around the Intake Tower of Anan Industrial Water - Study Using a Small - Scale Flume Experiment Simulating Alternate Bars - , JSIDRE,2005,73(4):133 - 134(Japanese).

SOBEK和Visual MODFLOW联合模型在黄河三角洲的应用

范晓梅[1] 束龙仓[2] 刘高焕[1] Dirk Schwanenberg[3]
Basil T. Iro Ongor[4]

(1. 中国科学院地理科学与资源研究所;2. 河海大学水文水资源学院;
3. 荷兰德尔伏特水力学研究所;4. 肯尼亚 Masinde Muliro 科技大学)

摘要:在用地下水模型模拟河流——地下水水量交换时,常采用水文站的水位资料进行插值得到输入模型的河流水位。此方法一方面忽略了地形起伏造成的河水位的高低变化,另一方面,受到水文站数量、位置的限制。本文采用SOBEK模型一维河道水位模拟结果和二维湿地水位模拟结果,作为Visual MODFLOW模型中地表水体的输入条件,实现两个模型的联合运用。联合模型的应用将增加地下水模型模拟地表水体附近地下水位和计算地表水下渗量的准确性和可靠性。

关键词:SOBEK Visual MODFLOW 黄河三角洲 联合模型

1 引言

地表水体侧渗或下渗补给地下水的量是生态需水量计算的一个重要组成部分。因为在对河道或湿地进行生态输水时,其生态效应并不仅仅局限在河道和湿地可见的地表水面范围内。部分淡水通过侧渗或渗漏补充给河道或湿地附近的地下水,可有效降低土壤含盐量、改善当地地下水环境、提供植物生长所需水分。

黄河三角洲地下水普遍埋藏较浅(为0~4 m),地下水与地表水之间相互交换、转化作用强烈。黄河以及湿地等地表水体侧渗的生态效应明显。例如黄河故道东侧和现行河道北侧,大片刺槐林依赖于黄河水侧渗的补给,是黄河三角洲森林的主体。受水库水侧渗的影响,孤北水库周围分布有大面积的芦苇——柽柳灌丛,天然植被分布面积超过水库面积的3倍。

在用Visual MODFLOW模拟河流的时候,通常的做法是根据水文站的实测水位插值得到河流水位沿河长的变化,以此作为Visual MODFLOW的输入条件。这种方法一方面忽略了地形起伏造成的河水位的高低变化,另一方面,受到水文站数量、位置的限制。故为准确模拟地表水体与地下水之间的水量交换造成了困难。

SOBEK 是由德尔伏特水力研究所与荷兰公共工程部等单位共同开发的。是一个整合的软件系统,用来管理河流、城市和郊区水系统。通过一维流、二维流方程式的隐式联合求解,可实现对管道流、渠道流和地表漫流等问题的综合求解。

本文在已有的运用 Visual MODFLOW 软件建立黄河三角洲浅层地下水流数值模型的基础上,结合 SOBEK 模型一维河道水位和二维湿地水位模拟的结果,进一步细化了河流和湿地附近地下水位变化以及地表水——地下水交换量的模拟,使得模拟结果更为可靠和准确。联合运用地下水和地表水模型实现水资源的联合管理在黄河三角洲范围内尚属首次,而 SOBEK 和 Visual MODFLOW 模型的联合运用也是一次崭新的尝试。

2 联合模型对河流渗漏的计算

2.1 SOBEK 河道水位模拟

在没有 SOBEK 一维河道水位模拟支持的情况下,进行黄河—地下水水量交换模拟时,考虑根据黄河水资源管理部门提供的自利津断面以下,包括利津、一号坝、西河口和丁字路口四个水文站的逐日水位资料。在没有其他资料的情况下,根据这四个站的水位插值得到黄河利津以下水位沿河长的变化情况,见图 1(a)。

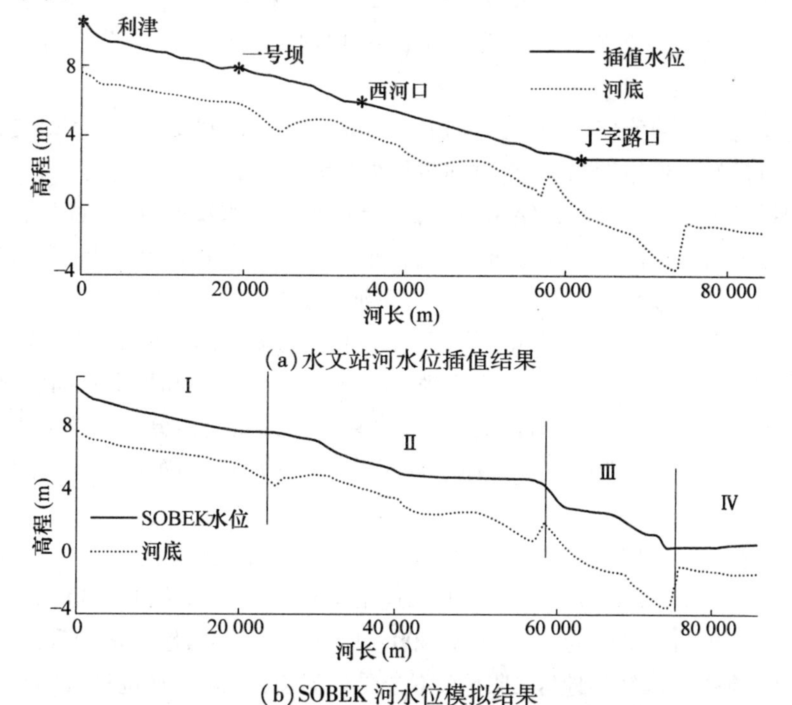

(a)水文站河水位插值结果

(b)SOBEK 河水位模拟结果

图 1 黄河河道纵断面水位和河床变化示意图

SOBEK 模型采用交错格点(staggered grid)法,将黄河利津断面以下的河段概化为由若干节点相连的一维水力学模型。节点间距约 600 m,在节点上计算水位,在河段上计算流量。SOBEK 模型模拟的河水位沿河长变化的结果见图 1(b)。对比插值得到的河水位和 SOBEK 模拟计算的结果可见:①在缺乏水文站观测资料的情况下(丁字路口以下),插值水位不能正确反映地表水水位。而 SOBEK 模拟结果能够更为准确的反映河流水位。②SOBEK 模拟结果能够有效地体现河底地形和断面形状对河水位的影响。例如,图中第二、三段河流衔接处河底地形突起,河水位抬升形成水跃。图中第三、四段河流衔接处的情况相反,这是因为该位置位于黄河大转弯处,黄河河道在大转弯处突然变宽,漫滩面积增加,水深变浅,水流平缓。

根据 SOBEK 模拟的河道水位沿河变化的结果,可将利津以下的河段分为四段,见图 1(b)。地下水模型研究的范围是自渔洼以下的现代黄河三角洲。因此将图 1(b)中的Ⅱ、Ⅲ、Ⅳ段水位分段输入 Visual MODFLOW 模型,作为地下水模型中河流模拟的输入条件。

2.2 Visual MODFLOW 黄河渗漏量模拟

将 SOBEK 结点上的计算水位和水深数据,按照时间序列,分段输入 Visual MODFLOW。河流宽度参考平均河宽设为 500 m。根据 2006 年 5 月对黄河下游河床沉积物所做的变水头渗透仪试验结果,取河床沉积物渗透系数为 0.016 7 m/d,沉积物厚度为 0.5 m。

将概化后的河流作为边界条件输入 Visual MODFLOW,运用 RIVER 模块对河流进行模拟。模拟期为 1 年,时间步长为 5 天。

根据模型水均衡计算的结果,黄河渗流量和地下水反向补给黄河的水量随时间变化的情况见图 2。河流、地下水之间补给、排泄作用的转化与河水位的变化有较明显的一致性:当黄河水位高时,黄河渗流量大幅增加,河水补给地下水,如模型计算的第 180 天、245 天;当黄河水位低时,地下水向河流排泄,如模型计算的第 55 天、210 天。在一年中河流对地下水的补给作用和地下水向河排泄的反作用频繁交替。在同一河段的不同位置补给与排泄交错分布。总的来说,渔洼以下的黄河河段以河流渗漏补给地下水为主,每年的净补给量约为 1 600 万 m^3。

河水补给含水层后使得沿河的地下水普遍抬升,河流附近地下水位变化情况,见图 3。沿河附近 100 m 的范围内,地下水有 1 ~3 m 的抬升;100 ~500 m 的范围内地下水抬升幅度为 0.5 ~1 m;500 ~1 500 m 范围内地下水抬升0.1 ~0.5 m;距河 1 500 m 以外的地区,地下水不会受到河流的影响,水位没有明显变化。同时,河流补给影响的范围还同河道的曲折率有关:河道越曲折,单位面积内地下水的补给量越多,河流侧渗影响的范围也就越大。

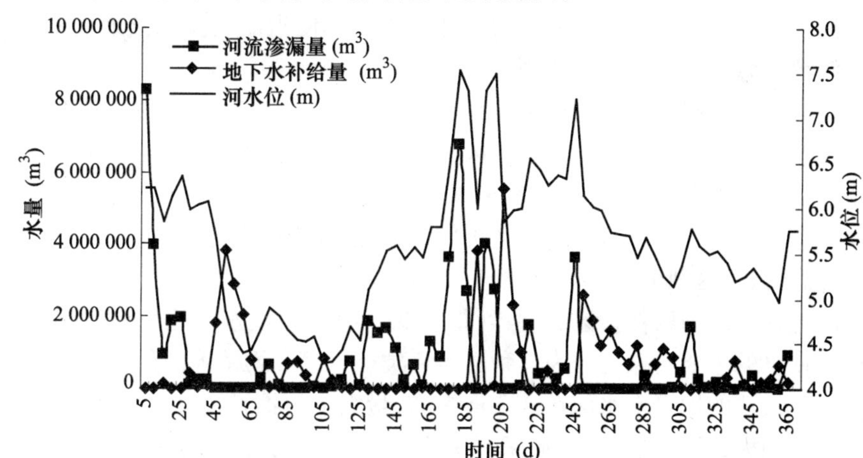

图 2　河流——地下水交换量计算结果

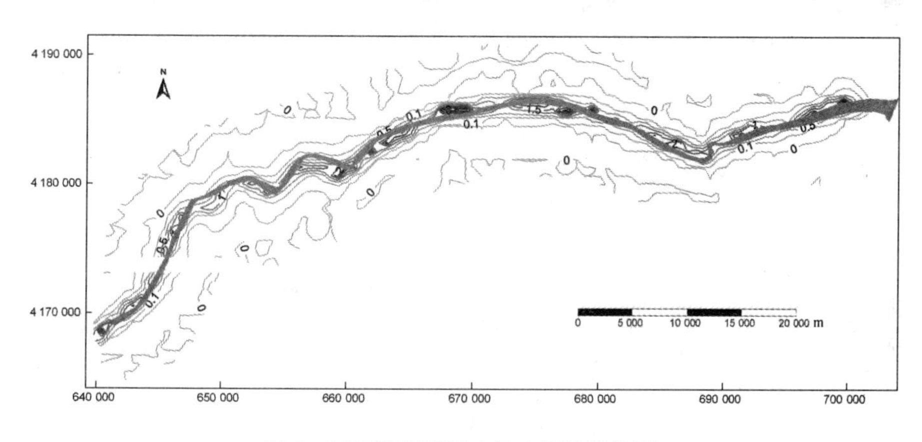

图 3　河流附近地下水位变幅等值线图

3　联合模型对湿地人工补水情景的模拟

3.1　黄河三角洲湿地人工恢复背景

在黄河三角洲生态系统的平衡和演变中,淡水湿地是河口地区陆域、淡水水域和海洋生态单元的交互缓冲地区,是维持河口生态系统平衡和生物多样性保护的关键要素,也是河口生态保护的核心区域和重点保护对象,淡水湿地对维持河口地区水盐平衡,提供鸟类迁徙、繁殖和栖息生境,维持三角洲生态发育平衡等,具有十分重要和不可替代的生态价值与功能。

20 世纪 90 年代以来,黄河断流河长及断流时间均迅速增加。黄河断流对黄河下游河道湿地危害极大,使河道湿地不断萎缩甚至大片消亡。另一方面,它受到海水侵蚀的严重影响。海水的侵蚀作用不仅使沿岸的淡水湿地面积减少,而且湿地受海水地下入侵而加剧盐碱化。

为了保护脆弱的新生湿地生态系统,使它免受人为的和自然的灾害,黄河三角洲生态配水方案计划在自然保护区范围内进行湿地的人工恢复工程。整个工程主要是通过引灌黄河水、沿海修筑围堤、增加湿地淡水存储量等措施,来强化湿地生态系统自身的调节能力和平衡作用,改善鸟类的生存环境。

3.2 湿地恢复区划分

湿地恢复计划以保护区成立年(即1992年)区内淡水湿地面积320 km^2 为目标。恢复的主要对象为作为多种野生鸟类栖息地和繁殖地的芦苇沼泽。由于芦苇生长最佳的地表水水深在0.3 m左右,最大水深不宜超过1.5 m。因此,要求布水面积大,且范围内平均水深不超过1.5 m。出于节约用水,保护芦苇适宜的典型生境,决定对保护区内计划恢复的湿地面积进行分区布水。跟据恢复区内地形起伏的变化和蓄水的条件,将整个区域划分为24块子区域,见图4。在各子区域之间打造围堰,使各湿地的地表水维持一定的水深。

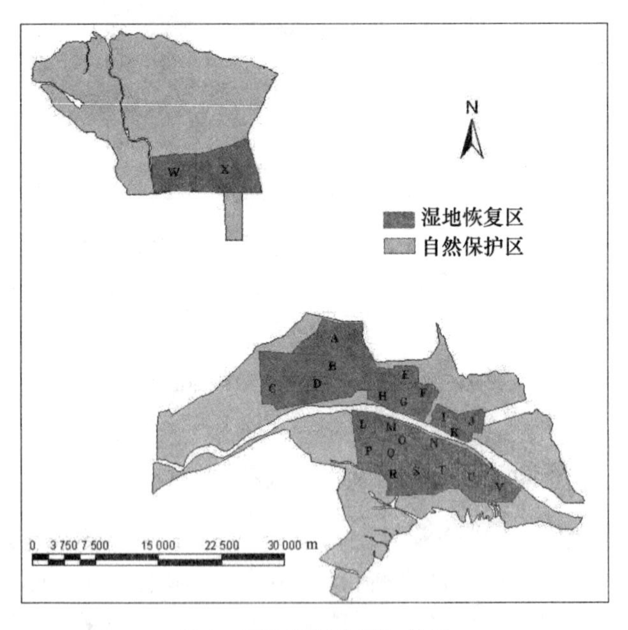

图4　湿地恢复范围和分区

SOBEK的二维淹水模块可计算漫流条件下,地表水的淹没面积、水深和淹没期。表1为SOBEK计算在布水的条件下,各湿地的淹没水深在一年内的变化情况。

表 1　SOBEK 计算布水条件下各湿地恢复子区月平均水深　（单位：m）

分区	1月	2月	3月	4月	5月	6月	7月	8月	9月	10月	11月	12月
区 A	0.19	0.36	0.39	0.63	0.68	0.68	0.64	0.37	0.36	0.28	0.27	0.18
区 B	0.22	0.55	0.51	0.68	0.71	0.66	0.64	0.41	0.29	0.21	0.20	0.13
区 C	0.13	0.28	0.35	0.61	0.60	0.59	0.55	0.28	0.29	0.18	0.20	0.10
区 D	0.20	0.37	0.36	0.63	0.65	0.65	0.61	0.33	0.33	0.24	0.23	0.16
区 E	0.18	0.92	0.88	1.01	1.06	0.90	0.85	0.86	0.61	0.02	0.02	0.02
区 G	0.13	0.32	0.40	0.51	0.65	0.51	0.39	0.38	0.31	0.22	0.20	0.16
区 H	0.09	0.25	0.28	0.45	0.50	0.45	0.40	0.19	0.10	0.09	0.09	0.09
区 I	0.13	0.10	0.38	0.82	0.88	0.71	0.83	0.90	0.80	0.54	0.50	0.26
区 J	0.13	0.08	0.37	0.82	0.88	0.71	0.83	0.90	0.80	0.53	0.50	0.26
区 K	0.03	0.06	1.36	1.07	0.89	0.53	1.81	0.90	0.54	0.28	0.21	0.09
区 L	0.23	0.35	2.20	2.07	1.87	1.32	2.84	1.97	1.43	1.00	0.85	0.54
区 M	0.27	0.38	2.36	2.23	2.03	1.45	3.05	2.13	1.57	1.11	0.94	0.60
区 N	0.13	0.30	0.31	0.57	0.60	0.60	0.55	0.25	0.27	0.19	0.18	0.07
区 O	0.13	0.30	0.32	0.57	0.60	0.60	0.55	0.25	0.27	0.19	0.18	0.07
区 P	0.13	0.30	0.34	0.60	0.60	0.60	0.55	0.25	0.28	0.19	0.18	0.07
区 Q	0.13	0.30	0.31	0.57	0.60	0.60	0.55	0.25	0.27	0.19	0.18	0.07
区 R	0.13	0.10	0.38	0.82	0.88	0.71	0.83	0.90	0.80	0.54	0.50	0.26
区 S	0.11	0.28	0.32	0.54	0.62	0.62	0.58	0.27	0.24	0.20	0.20	0.10
区 T	0.11	0.26	0.31	0.52	0.61	0.61	0.56	0.26	0.23	0.18	0.17	0.09
区 U	0.11	0.26	0.31	0.52	0.61	0.61	0.56	0.26	0.23	0.18	0.17	0.09
区 V	0.06	0.21	0.26	0.46	0.56	0.56	0.51	0.21	0.18	0.13	0.12	0.04
区 W	0.22	0.48	0.51	0.74	0.81	0.81	0.76	0.43	0.38	0.10	0.10	0.11
区 X	0.11	0.29	0.32	0.50	0.59	0.58	0.55	0.30	0.25	0.16	0.16	0.08

3.3　Visual MODFLOW 湿地——地下水水量交换模拟

根据 SOBEK 计算的一年中湿地水位变化过程，在 Visual MODFLOW 模型中用 RIVER 模块模拟湿地周围地下水位的变化情况和计算湿地一年渗漏补给地下水的量。将 SOBEK 计算所得各湿地的水位按照时间序列分块输入模型。湿地的底部高程通过提取 DEM 数据计算平均值得到。湿地底部沉积物渗透系数参考变水头渗透仪试验的结果，设为 0.016 7 m/d，厚度设为 0.5 m。将上述条件代入 Visual MODFLOW 模型进行模拟，模拟期为 1 年，时间步长为 5 天。模型模拟湿地恢复后地下水水位的变化情况见图 5。

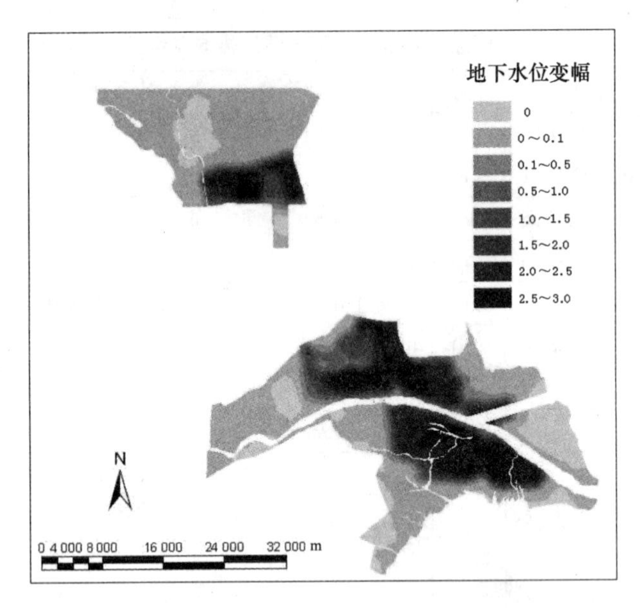

图5　模型模拟湿地恢复后地下水位变幅

根据模型计算的结果每年将有9 000万 m^3 的淡水由湿地补给周围的地下水。受到湿地补给的影响,湿地周围1 km范围内地下水位普遍上升。地下水位上升幅度随着距离的增加而减小。紧挨着湿地恢复区200 m的环状地带,地下水位约有1 m以上的抬升,500 m至1 km的环状地带湿地水位有0.1 m至1 m的抬升。1 km以外的地下水水位没有受到湿地补水的影响,几乎没有变化。由此可以初步推断湿地补水对周边地下水的影响范围在1 km左右。进入含水层的淡水可显著提升地下水淡水水面,改变局部地下水流场方向,抵御海水入侵的趋势,提供天然植被生长所需水分。可配合湿地补水计划,在湿地周边实行芦苇草甸、柽柳灌丛等天然植被的恢复,建立生物多样性的繁育区。

4　结语

本文将地表水力学模型SOBEK模拟一维河道水位、二维湿地水位的结果作为地下水模型Visual MODFLOW的输入条件,将联合模型运用在黄河三角洲地表水——地下水相互作用的研究中。根据联合模型的计算结果,在一年中黄河的补给与地下水的排泄交替进行。但总的来说以河流的渗漏补给为主,净补给量为1 600万 m^3。河流侧渗补给影响约在沿河附近1.5 km范围以内,其中河道越曲折单位面积内补给量越多,影响范围越大。进行淡水湿地人工恢复后,湿地周围1km范围内的地下水会受到湿地补水的影响,地下水位将会显著抬升可根据湿地恢复计划在此范围内对天然植被进行恢复,提高生物多样性。

参 考 文 献

[1] 胡立堂,王忠静,赵建世,等.地表水和地下水相互作用及集成模型研究[J].水利学报,2006,28(4).

[2] 赵延茂,宋朝枢.黄河三角洲科学考察集[M].北京:中国林业出版社,1995.

[3] 陈吉余,陈沈良.中国河口海岸带面临的挑战.海洋地质动态,2002,18(1).

黄河三角洲湿地 1D-2D 联合模型水力条件的模拟

葛 雷[1] 连 煜[1] 张绍峰[1] 娄广艳[1]
Dirk Schwanenberg[2] 王正兵[2]

(1. 黄河流域水资源保护局; 2. 荷兰德尔伏特水力学研究所)

摘要:黄河利津段水力学条件的正确模拟是黄河三角洲生态环境需水研究中水力模型成功的重要基础之一。本文在水动力学基础之上,利用水力学计算软件 SOBEK,依据黄河三角洲实际对黄河利津以下河段内的水力条件进行概化,在其基础上建立黄河三角洲一维二维联合水力模型。使用黄河水平年水文数据进行模拟。结果表明,该模型对黄河利津段的模拟取得了良好的效果。以此为基础,构建黄河三角洲湿地漫流二维模型,模拟从黄河引水后在湿地内的布水变化及其规律,并以此为依据作为黄河三角洲生态景观预测的基础之一。

关键词:黄河利津河段 SOBEK R^2

1 概述

黄河三角洲由黄河宁海以下河道多次改道淤积而成,其范围一般指以宁海为顶点,北起套儿河口南至支脉沟口的扇形部分,总面积约 6 000 余 km^2,海岸线长达 350 km。独特的水沙资源是黄河三角洲保持生物多样性较高的主要原因。黄河水挟带的泥沙中有机质含量较高,新生成的土地较为肥沃,近海部分受潮汐影响其植物群落主要以耐盐类植物(如盐地碱蓬等)为主,河道两岸则受黄河淡水供应以淡水性植物(如淡水芦苇等)为主;同时,独特的环境使黄河入海口成为鸟类的乐园。据调查,河口地区植物大约有 393 种,动物约 1 524 种,具有较高的生态、旅游、环保价值。1992 年,在黄河三角洲入海口成立了总面积达 15 万余 hm^2 的黄河三角洲国家级自然保护区。

由于近年来黄河流域降雨量偏少、两岸生产生活用水激增等原因,黄河利津段来水来沙持续减少,黄河三角洲生态系统质量明显下降,呈萎缩态势,其突出表现为天然湿地面积大大减少。以黄河三角洲自然保护区为例,根据卫星图像解译,1992 ~ 2004 年,天然湿地面积减少近 28%,由占保护区湿地总面积的

39%(59 041 hm^2)下降至11%(17 279 hm^2)。自然保护区北部与建区时相比,陆地面积减少了30%。表1列出了黄河三角洲1993年和2004年湿地面积统计情况。

表1　黄河三角洲1993年、2004年湿地面积统计　(单位:hm^2)

地区	1993年		2004年	
	芦苇	灌丛	芦苇	灌丛
一千二	4 155	12 180	3 689	7 087
黄河口	14 769	9 086	4 416.12	—
大汶流	13 848	5 003	2 087.22	—
全区	32 772	26 269	10 192.34	7 087

2　研究区水文、地形特征及未来发展分析

近年来,随着黄河进入枯水期,年来水量逐年减少,图1显示黄河利津水文站近35年的年径流量变化。2002年后由于黄河水量实施统一调度,利津来水略有增加,且趋于稳定和有规律性,图2显示的是黄河利津水文站2004年黄河全年的来水情况。由于黄河中下游的大面积春灌,利津断面来水量在非汛期流量较小,一般在50~200 m^3/s之间,7~10月份由于相机进行调水调沙,流量会有一两次大幅增加。

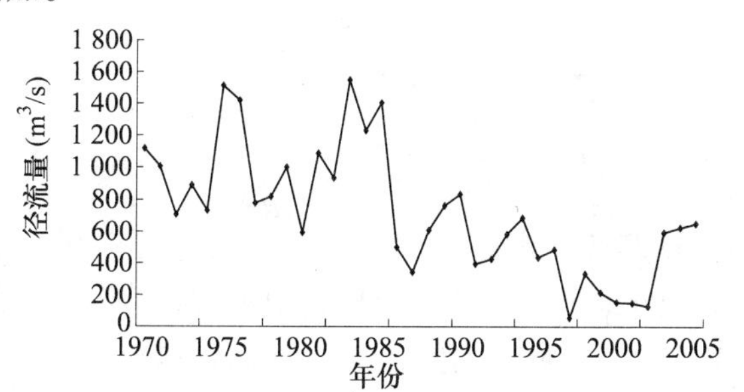

图1　黄河利津水文站35年径流量变化图

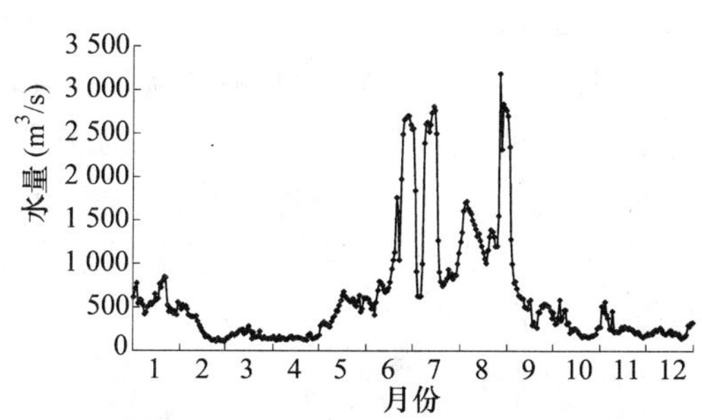

图2　黄河利津水文站2004年全年来水变化图

黄河在入海口处改道频繁，最近两次改道分别是1976年的刁口河改道至清水沟流路及1996年从清8断面处改道。受黄河影响，黄河三角洲地形地貌较为特殊，地势以黄河河道为高脊向两岸倾斜；地貌岗、坡、洼交互排列，变化剧烈，地势纵横交错，此起彼伏。保护区内地形变化相对较为平缓，但已被道路等割裂成许多斑块。

根据黄河综合规划，清水沟现行流路维持50年不变。期间，在黄河流域降雨量变化不大及黄河水量统一调度的情况下，预计黄河年来水来沙量相对保持稳定，同期变化幅度不大。

而河口延伸目前已处于基本稳定状况。据统计，从1976年至1996年，清水沟流路共计向海淤积38 km，年均1.9 km；而1996年黄河改走新流路后，至1998年延伸了3 km，此后基本上不再延伸。而原流路蚀退速度逐渐下降，至2000年，蚀退率为0.2~0.3 km/a。但与此相对应的是，刁口河流路停止行河后，每年蚀退0.4~0.5 km，至今，海岸线已经推进至黄河三角洲自然保护区一千二管理站站址，且有继续蚀退的迹象。1976年以来河口变化情况见表2。

表2　1976年以来河口变化情况　　（单位：km）

时段(年)	清水沟	清8汊	刁口河
1976~1996	+38	—	-7
1996~2000	-2.2	+12	-2

3　黄河三角洲1D-2D联合水力模型

黄河三角洲生态环境需水研究以恢复自然保护区至1993年建区时水平为目标，考虑黄河30余年来水条件变化，结合保护区现状及实践工作，在自然保护区内规划出23 614 hm^2 土地进行植被恢复，根据自然保护区内地面高程变化及1993年情况，将恢复区划分为9个小区，其分布如图3所示。

为评价不同水量对三角洲生态环境的恢复作用，本文以黄河三角洲水利条件为基础构建黄河三角洲1D-2D联合模型，模拟从黄河向湿地供水后水流在湿地内的运动状态及滞留时间。模型1D结构部分包括利津段以及从黄河引水的渠网，主要根据黄河利津断面的流量、各断面形状、高程及位置、沿岸水工建筑布置、河道流量、水文变化等构建；模型2D部分以1D模型为基础，模拟从黄河引水后在湿地内的漫流过程。模型在构建过程中均和地下水模型Visual MODFLOW相连接以扣除地下水渗透量。

图 3　黄河三角洲湿地拟恢复区分布

3.1　模型构建机理

黄河三角洲 1D－2D 水力模型以动量方程和连续性方程为基础。

其中，1D 模型以圣维南方程组构建：

$$\frac{\partial Q}{\partial t}+\frac{\partial}{\partial x}\left(\frac{Q^2}{A_f}\right)+g\cdot A_f\cdot\frac{\partial h}{\partial x}+\frac{gQ|Q|}{C^2RA_f}-W_f\frac{\tau_{wi}}{\rho_w}=0 \tag{1}$$

$$\frac{\partial A_f}{\partial t}+\frac{\partial Q}{\partial x}=q_{lat} \tag{2}$$

2D 模型以 2D 动量方程和连续性方程建立：

$$\frac{\partial u}{\partial t}+u\frac{\partial u}{\partial x}+v\frac{\partial u}{\partial y}+g\frac{\partial \zeta}{\partial x}+g\frac{u|V|}{C^2h}+au|u|=0$$

$$\frac{\partial v}{\partial t}+u\frac{\partial v}{\partial x}+v\frac{\partial v}{\partial y}+g\frac{\partial \zeta}{\partial y}+g\frac{v|V|}{C^2h}+av|v|=0$$

$$\frac{\partial \zeta}{\partial t}+\frac{\partial(uh)}{\partial x}+\frac{\partial(vh)}{\partial y}=0$$

1D－2D 模型联结：

通过使用计算点连接 1D 和 2D 模型，可以模拟从黄河引水后在湿地恢复区内的漫流，结构示意图见图 4。图中正方形格子代表 2D 计算栅格，蓝色线代表 1D 模型。

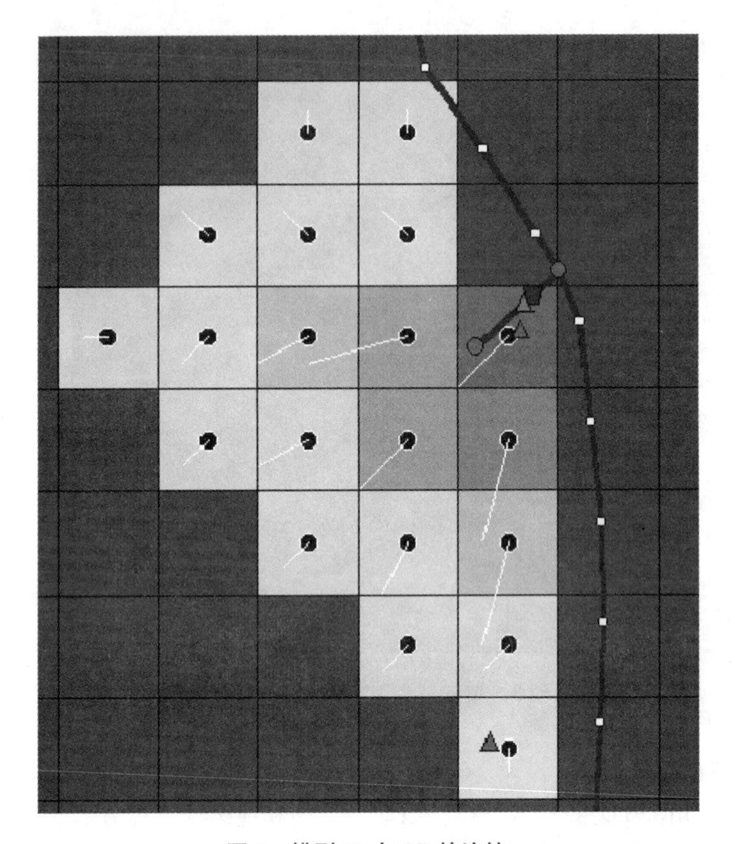

图4 模型1D与2D的连接

一维和二维模块的联合构建使模型更加接近自然状态,为了更加精确地模拟实际供水,模型在建立时依据三角洲现有工程布局及规划方案,在二维模块中增加了公路、堤坝、水库、围堰、闸阀等水力模拟。

3.2 水力条件的概化

本文针对水利设施及各水力参数进行了概化。模型以黄河1970～2002年统计数据为基础,计算出1990年为黄河平水年。以1990年利津水文站全年实测流量数据做模型边界条件,使用黄海高程,以利津、一号坝、十八公里、西河口等4水位站的水位资料做校核。

3.2.1 曼宁(Manning)系数

河道糙率系数n反映河床粗糙程度对水流作用的影响,其实质是在均匀流条件下,阻力平方区内水流周界粗糙程度的经验型系数。在天然河道的非均匀流条件下,曼宁系数n包括了水流平面形态、河道水利因素、断面几何尺寸和形态、床面特征及组成等因素,以及测流量和比降的误差等因素的综合影响。天然河流的曼宁系数一般都在0.02~0.01之间变化,实际工程中可由“曼宁糙率系数表”查表选用。然而,黄河下游长期以来的监测整编资料表明,河道糙率常常小于0.01,出现比“玻璃水槽”糙率还小的情况。以黄河花园口水文站为例,据不完全统计,在1938~2000年实测流量表的6 784个测次中,有528个测次的河道糙率计算值小于0.009,占总数的7.8%。例如,1977年8月5日4:50~7:00测次,水文年鉴提供的河道糙率为0.007,明显小于玻璃水槽的糙率0.009,这在物理上是很难解释的。本处不探讨出现此种情况的原因,只给出在目前条件下,引用Manning公式后得到的糙率值。

模型引用的Manning公式为:

$$n = \frac{1}{V} R^{2/3} S^{1/2}$$

通过黄河利津段1D模型,反复试用不同糙率值,最后确定,模型的糙率值——曼宁系数集中在0.01~0.008 $s/m^{1/3}$之间,而最终通过误差计算和比较,模型确定河道Manning系数为0.008 3 $s/m^{1/3}$。对于引出黄河水的渠网断面则根据常用河流曼宁糙率系数表查取选用。

黄河三角洲由于缺乏观察数据和试验数据,且三角洲内景观变化较大,糙率取值难度较大。因此,根据黄河三角洲2005年的土地使用类型及湿地内植被分布种类及密度,通过“曼宁糙率系数表”查表选用。

3.2.2 断面

黄河三角洲1D模型的构建基于模型断面的选择之上,选取利津、一号坝、前左、渔洼等13个大断面的过水断面部分构建1D模型的架构,各实测断面位置根据地理坐标在校正后的SPOT5卫星影像上标定,断面之间河段由两断面插值而得。值得注意的是,由于黄河极高的含沙量,黄河河床断面不断变动。图5显示了一号坝断面在1983年、1993年5月、1993年10月、2001年5月的4次断面变化。通过断面测量结果可以明显看出断面形态的变化,每年间的变化也不相同。从图5中可以看出黄河河床不断抬升,水流在两岸间摆动。

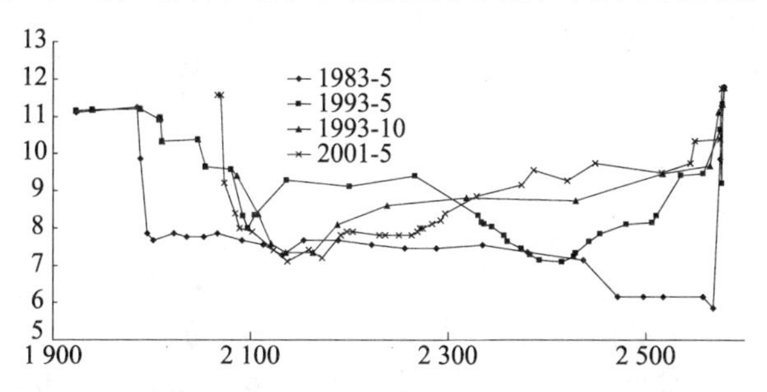

图5 一号坝断面过水断面1983、1993、2001年3年变化情况

受此影响,1D 模块在校核后应用到另外年份时会产生一定的误差。

3.2.3 气象条件

据统计,黄河三角洲多年年均蒸发量是降雨量的 3.5 倍,因而对湿地内布水的水量平衡有着极大影响,对其模拟是模型建立的重要部分。由于模型以 1990 年水文为基础架设,本模型以 1990 年气象数据作为建模条件之一(图 6)。在模型构建完成后,采用 20 年内的气象统计资料作为模拟的条件之一,以更适合平均气象条件。其中引用的气象数据主要包括降雨、蒸发、风速等。

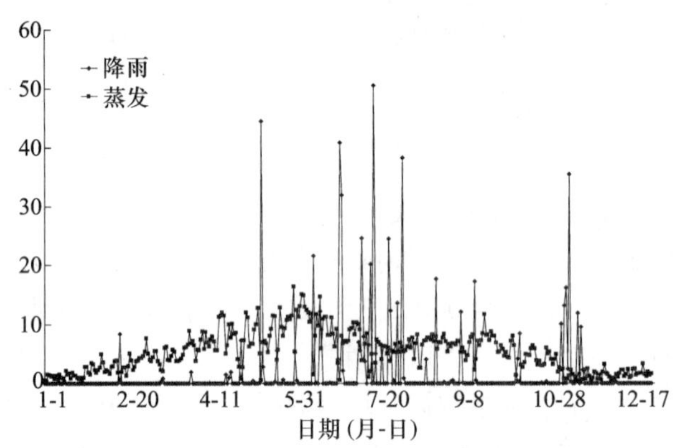

图 6 东营市气象站 1990 年蒸发、降雨情况示意图

3.2.4 地下水渗漏

黄河三角洲地下水的渗漏量不仅和土质有关,而且与恢复区补充水量有密切关系。为充分考虑补给淡水的渗漏量,采用 Visual MODFLOW 进行地下水渗漏量的模拟计算。首先,利用湿地月平均下渗量等,计算出恢复所用地表水量,计算公式为:水量 = 蒸发 + 渗漏 + 月水深变化;然后,在无初始水位的模型中通过 SOBEK 计算一年时间内无地下水渗漏时的水位变化,并将结果输出给 VM,由 VM 计算出地下水渗漏量,然后重新核定恢复所用的淡水量,并再次进行水位计算,反复进行淡水补给量校核,直到年内水量变化趋于稳定为止。模型中 1D 模块的地下水渗漏量由边侧流量计算点代替扣除,2D 模块的地下水渗漏量由排水系统前端设定边侧流量计算点扣除。

3.2.5 边侧出流

利津水文站是黄河下游最后一个常设水文站,利津断面流量被作为黄河入海流量。但从利津至入海口,除地下水下渗之外,仍有大量的引黄设施提引黄河水以供东营市生产生活使用,且引水量较大,因此,黄河实际入海流量与利津断面流量并不相等。据统计,目前利津以下共有 26 个取水口,其中较大引水口门共有 14 个。模型在构建中考虑提水涵闸对黄河流量沿程削减,在 1D 模块中相应位置增设边侧流计算点来模拟各引水口门,并以实际平均每日引水量代替边侧流量,以平衡大河流量,提高模型的精度。以边侧流计算点代替引水渠网不仅可以简化模型结构,而且可以大大提高模型计算时间。

3.2.6 恢复区域

漫流区域的 DEM 是 2D 模块建立的基础,而漫流区域的划定也是根据实际情况的,主要参考黄河三角洲 2005 年的 DEM、数字化植被图、水利工程布设、黄河三角洲保护区道路、SPOT5 2.5 m 卫星影像,依据黄河三角洲国家级自然保护区规划界定。漫流区域依据黄河三角洲自然保护管理站大致分为 3 块,如图 3 中黄线区域所示。区域面积见表 3。

表 3　黄河三角洲拟恢复区分区面积　(单位:hm^2)

项目	一千二	黄河口					大汶流		
	A	B	C	D	E	F	G	H	I
面积	3 671	2 557	2 216	1 328	1 241	1 471	1 213	2 687	7 230

区域的划分主要考虑地形、植被分布及引水可能性。北部保护区目前主要由孤北水库供水,由于供水困难及海潮侵蚀,保护区蚀退严重,植被分布近海部分以耐碱性植被如柽柳为主,靠近内陆部分以芦苇草甸为主。北部恢复区划分主要依据地面高程及植被现状,包含芦苇草甸及部分柽柳群落。根据自然保护区规划,黄河口恢复区淹没区划分包含已有的芦苇草甸和芦苇群落,并包含黄河口管理站范围内的刺槐林群落。大汶流恢复区主要由自然保护区管理局已规划好的 1 万 hm^2 恢复区为主,包含部分河滩地。由于受当地农垦和油田开发等影响,保护区被分割为多个斑块。恢复区依道路、堤防以及地形设置人工围堰,划分为 9 个分区(A、B、…、H、I)。

3.2.7 供排水系统

拟恢复湿地都为淡水湿地,其所需淡水全部来源于黄河。考虑到三角洲实际,主要用以下 3 种供水方式:水库引水、河流漫滩自供以及从黄河提水。北部保护区由于距黄河较远,需水量相对较小,供水方式拟从孤北水库引水,而孤北水库本身既是由黄河提水,只需加大引水流量即可。南部保护区恢复区主要利用现有的供水方式,并在数个拟新建恢复区内加设提水(泵)设施作为供水方式。大汶流北部 1 213 hm^2 恢复区由于位于导流堤内,夏季调水调沙时刻出现洪水漫滩,因此主要利用黄河漫滩自然供水。供水水量由供水范围内的蒸发量、下渗量、植被生长所需水位经过水平衡计算后得出。模拟中尚未考虑冲盐用水。

排水系统基于不同月份植被生长需水深度不同而设计,例如,7～10 月的水深明显高于 11～12 月的水深,因此需要向外排水以保证植被在不同时期可以顺利生长。排水系统设计为两种:一种为泵抽水式外排,主要保证水量的平衡;另一种是围堰式排水，主要保证恢复区保持在一定的水位。不同的设计方式在不同的应用策略中使用，以保证在不同的水量条件下恢复区域内的植被恢复状态。通过对这两种排水方式的比较发现，由于部分恢复区地形变化较大，采用抽水式排水会致使部分地区水深过大，为保持湿地内水深与预期情况相一致，选用围堰式排水方式来保持恢复区内的水位。见图 7。

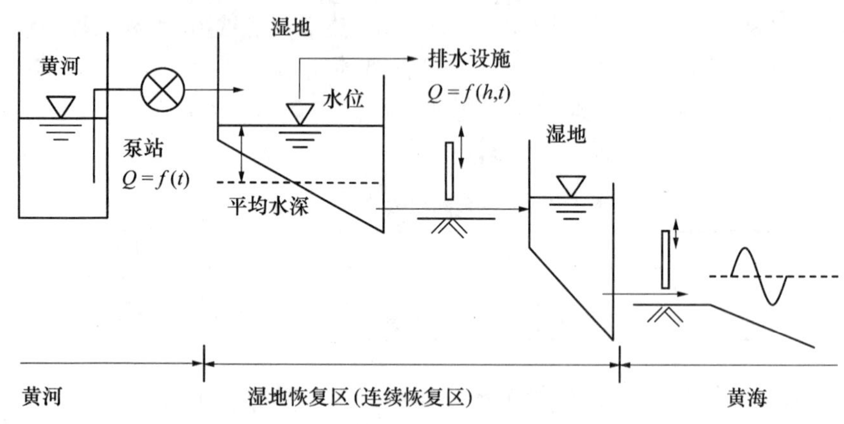

图 7　黄河三角洲湿地恢复区供排水系统示意图

4　模型的建立

SOBEK 通过相互反馈的形式与 Visual MODFLOW 相连接。SOBEK 计算 1D 河道、2D 漫流时的地表水水位变化，将结果与 MODFLOW 连接计算出河道和恢复区内的地下水渗漏量后，接受 MODFLOW 的反馈，重新核对计算水量。在计算水量稳定后即可连同 MODFLOW 将计算结果（水位、淹没面积、淹没范围、淹没时间等）提供给 LEDESS 以进行景观生态模拟。见图 8。

2D 模块由于需要大量的引水，因此须在 1D 模块校核完成的基础上构建。其中，引水渠道的概化根据自然保护区现有引水渠道制定，断面宽度依 SPOT 52.5 m影像丈量，断面形状以常见梯形断面假设，地面高程以 2D 模块中的 DEM 决定。DEM 地形图以人工围堰环绕来保证湿地内水量不致流失，同时其中布设 17 个点位记录水深变化来验证模拟效果。引水由黄河提供，流量由满足区域内足够水深所需水量平均得来。模型综合 1D2D 部分建立后的模型结构如图 8 所示。

5　模拟结果

由于模型使用的基础水文资料由黄河水文年鉴提供，而其上记载的 1990 年

图 8　模型结构图

流量资料为日均流量,较长时间的详细流量过程是 7 月 23 日至 8 月 13 日的洪水过程,平均每隔 4 小时一个监测值。因此,为确保模型更加准确,1D 模型首先以洪水过程为模拟对象,模型以水位作为校核目标,经过反复调试河道 Manning 系数,最终在 $n=0.0083\ \mathrm{s/m^{1/3}}$ 时,模型效率最大,确定性系数(nash Sutcliffe efficiency)R^2 达 0.991 3。

在洪水时段模拟效果良好的情况下,基于 1990 年黄河利津以下河道全年流量资料,选用 90 年第一次实测大断面系列资料模拟,并进行模型校核。图 9、图 10显示了利津、一号坝、西河口、十八公里水位测量值与模拟值之间的比较。图中1 ~2月模拟值与实测值之间差异主要在于黄河河口段在每年 1 ~2 月由于河流封冻产生冰盖,河流形态发生变化而模型不能较好的模拟所致。模型结果经过相对误差、标准偏差、nash-sutcliff 确定性系数计算,结果列于表 4。从表 4 中可以看出,1D 模型的全年模拟可以达到良好的模拟效果。

表 4　模型确定性系数

系数	利津	一号坝	西河口	十八公里
R^2	0.84	0.61	0.76	0.65
R^2(除 16 - 1 至 8 - 2)	0.96	0.85	0.89	0.86

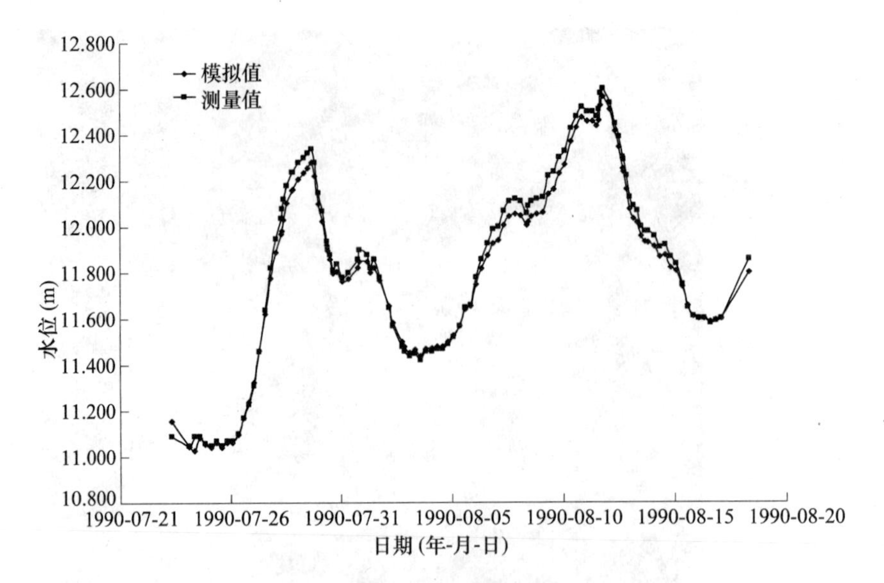

图 9　利津断面实测值与模拟值比较图

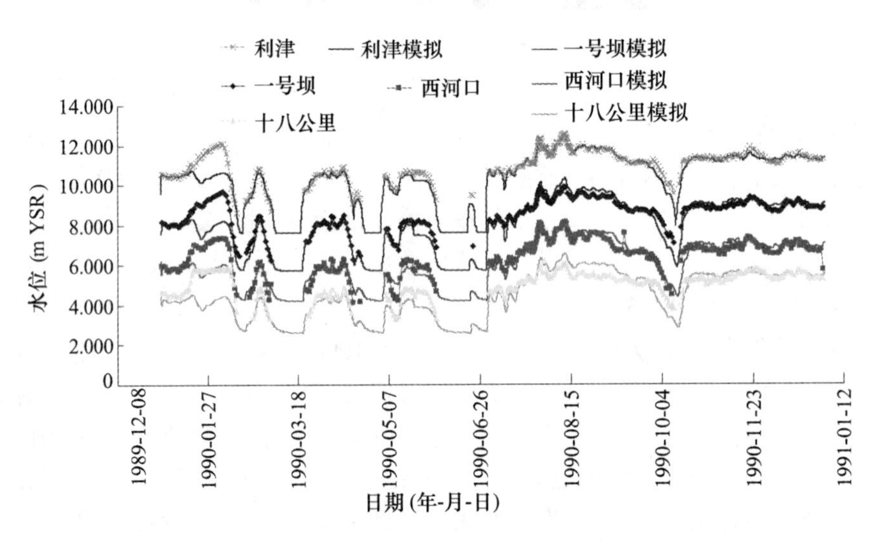

图 10　利津段模拟值与实测值比较图

但是,受河床下切影响,在新近的年份里,模型有偏差。例如在 3 年调水调沙后的 2005 年,河床下切,水位相应下降,图 11 表明了此种变化。

从图 11 中可以看出,随着调水调沙的进行,黄河河口段的水位呈稳定下降趋势。而模型在将平均河道高程调低之后仍能保持较好的模拟效果。这表明,本模型在经过一系列人为调整后还是可以模拟模型建立年之后的黄河实际状况

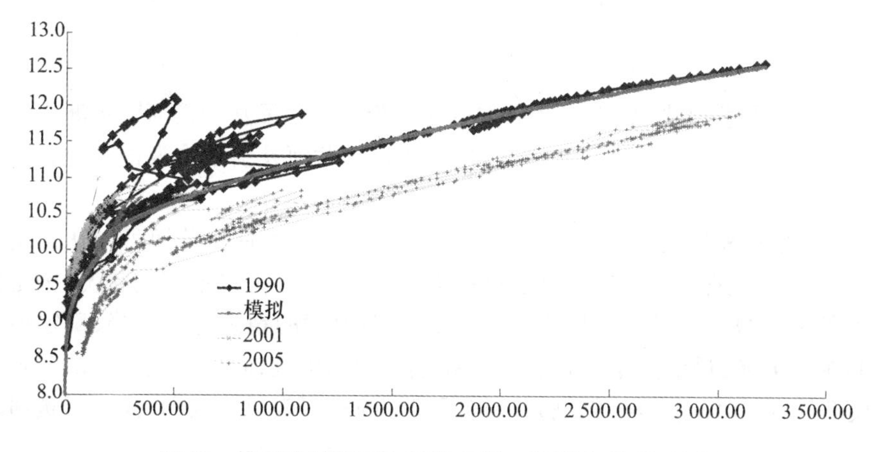

图 11　模型及利津河段 1990、2001 ~ 2005 年的 H—Q 图

的。在模拟中,为了保持模型的精确,本模型分别以降低平均河床高程和保持不变做两次模拟,结果对模型的 2D 并未有实际影响,这主要是由于黄河两岸堤防在一定程度上限制了黄河的平面摆动,而模型引水方式主要以泵站引水为主,因而水位变化对模型的影响不大。

在 1D 模型构建成功的基础上,模型计算出年恢复水量并三角洲湿地进行布水模拟。图 12 显示了 2D 漫流模型运用后不同两日内湿地恢复区的水流分布情况。黄河三角洲缺乏引水灌溉的长期实际观测数据,因此,难以直接评价模型的模拟效果,但鉴于 SOBEK 模型的构建基础及其在其他国家地区的实际应用效果,我们认为模型的模拟结果还是可以作为预测的基础。

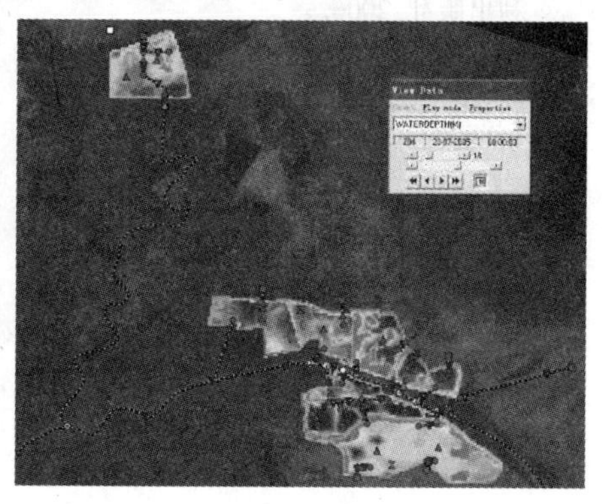

图 12　SOBEK 模拟不同两日水流分布情况对比

6 结语

利用水力学软件 SOBEK,我们在黄河三角洲建立了基于黄河三角洲生态环境需水的1D－2D联合模型。其中1D模块包含黄河及引水沟渠的概化,2D模块则包含自然保护区内湿地的漫流部分。

通过模型模拟及校核,我们发现,SOBEK－1D模型针对黄河可以达到良好的效果,尤其是在较短时期的洪水过程中,模拟效果极为接近实测状况,确定性系数高达0.99。但随着模拟时间的增加,模型模拟的精度趋于下降,确定性系数下降至0.96,最低降至0.86。为保持模型的精确度,我们选定一年的时长作为模型的模拟时间,并经过试验,取得了较好的模拟效果。因而,模型对黄河利津段的水力模型效果良好。

由于缺乏长期观测数据来印证模拟的效果,因而难以评价 SOBEK－2D模型的模拟效果。经过对湿地模拟后的淹没天数、淹没范围、淹没水深等进行对比,其结果作为模拟的输出结果仍具有一定的可信度。在具有更多具体信息的输入下,相信模拟的计算结果会更加精确。

参考文献

[1] 郗金标,宋玉民,等.黄河三角洲生物多样性现状与可持续利用[J].东北林业大学学报,2002(11):120－123.

[2] 燕峒胜,蒲高军,等.黄河三角洲胜利滩海油区海岸蚀退与防护研究[M].郑州:黄河水利出版社,2006.

山东引黄涵闸远程监控系统的建设和应用

李民东　刘　静　张仰正

（黄河水利委员会山东黄河河务局）

摘要：山东省地处黄河最下游，当地水资源严重不足，山东黄河河务局作为山东黄河的水行政管理部门，水资源统一管理与调度任务十分繁重，确保黄河不断流的任务也十分艰巨。本文介绍了山东黄河引黄涵闸远程监控系统建设的必要性，概述了系统建设的意义及在山东黄河水量统一调度中发挥的作用。

关键词：涵闸　远程监控　水量调度　作用

1　基本情况

1.1　山东黄河水资源概况

山东省是我国严重缺水的省份之一，全省多年平均水资源可利用量只有308亿m^3，人均和亩均水资源占有量仅为全国平均水平的1/6左右。黄河流经山东省的菏泽、济宁、泰安、聊城、德州、济南、淄博、滨州、东营9市，25个县（市、区），在垦利县注入渤海，河道长628 km。黄河水资源是山东省主要的客水资源，自20世纪50年代起，山东开始开发利用黄河水，先后兴建了73处引黄灌区，现有引黄涵闸63座，设计引水能力2 423 m^3/s。70年代后山东引黄水量不断增加，灌溉面积不断扩大。70年代年均引水量48亿m^3，年灌溉面积1 100万亩；80年代年均引水76亿m^3，年灌溉面积2 000万亩；90年代年均引水73亿m^3，年灌溉面积2 580多万亩；90年代末实际灌溉面积已超过3 000万亩。引黄水量和引黄面积均占全省总用水量和总灌溉面积的40%左右，全省已有11个市68个县（区）用上了黄河水，引黄灌溉在山东沿黄地区经济和社会发展中占有举足轻重的战略地位。

1.2　黄河断流情况

黄河水资源的承载能力是有限的。随着黄河流域各省区工农业生产的发展和城市工业、生活用水量的增大，上中游省区引黄水量不断增加，黄河进入山东省的水量不断减少。自1972年起，山东黄河开始出现断流，特别是进入90年代后，黄河断流形势越来越严峻，其影响和危害也越来越严重，造成农业减产，工业受损，城乡居民生活供水发生危机，黄河河道淤积加重，排洪能力大大降低。

1.3 黄河水资源统一调度情况

随着黄河断流不断加剧，黄河断流问题引起政府和社会各界高度关注，163位中国科学院和工程院院士郑重签名，呼吁国家采取措施解决黄河断流问题。1998年12月，经国务院同意，国家计委和水利部联合颁发了《黄河可供水量年度分配及干流水量调度预案》和《黄河水量调度管理办法》，授权黄河水利委员会负责黄河水量统一调度管理工作。明确山东黄河河务局负责山东省境内黄河水资源的统一调度管理工作。1999年3月开始实行黄河水量统一管理调度，由于统一调度化解了多次小流量事件，基本保证了黄河不断流。

2 引黄涵闸远程监控系统的建设

2.1 必要性

根据国家授权，1999年3月起山东黄河河务局负责山东境内黄河水量的统一管理和调度工作。由于黄河水供需矛盾突出，山东河道长、涵闸多，对山东黄河水量调度工作的要求高，调度方案的实施与监督工作的难度大，加之引黄涵闸引水监测手段落后，不能满足河道水量平衡计算的要求，增加了水量调度的难度；涵闸多引少报和引水不报的现象时常发生，对科学调度、合理配水带来了严重影响，对确保黄河不断流产生了严重威胁。但是各级河务部门缺乏有效地、可靠地控制涵闸引水，防止河道断流的技术手段，在紧急情况下难以确保河道不断流。用水紧张时，各级河务部门不得不采取派人到涵闸蹲点、在启闭机房加锁的办法限制涵闸引水，既浪费了大量的人力、物力，也容易引发黄河管理部门和地方群众的矛盾。因此，采取现代科技手段，加强对引黄涵闸引水的监督管理，显得十分必要，迫在眉睫。

2.2 可行性

利用现代的在我国已经是成熟的传感器技术、电子技术、计算机网络与通信技术优化组合，建设引黄涵闸远程监控系统，及时获取引黄闸的引水信息，实现各级河务管理部门对引黄涵闸引水情况的远程实时监督控制，对于科学调度黄河水，确保黄河不断流、维持黄河健康生命、促进山东沿黄地区社会经济的可持续发展、提高引黄涵闸工程的现代化管理水平不仅是必要的，在技术上也是可行的。

2.3 系统建设情况

2000年，山东黄河河务局首先在引黄济津渠首——位山引黄闸建成了黄河上第一个远程监控系统，取得了良好的效果。2002年，山东黄河河务局自筹资金建设了邢家渡、李家岸引黄涵闸的监控系统，黄委安排建设了阎潭、新（老）谢寨、胜利、麻湾、宫家、韩墩等7座引黄涵闸监控系统;2003年,建设了高村等30座引黄涵闸远程监控系统;2004年,建设了苏阁等12座引黄涵闸监控系统。截至目前,我局先后已经有51座引水量较大、引水时间较长的涵闸建设了监控系统,占全局63座引黄涵闸的81%,控制了山东引黄水量的95%以上,几年来通过对系统不断改进,功能实现情况不断完善,系统的运行状况逐步好转。

3 系统的功能和应用情况

按照黄委下发的《黄河引黄涵闸远程监控系统技术规程(试行)》(SZHH01—2002)、《黄河下游引黄涵闸远程监控系统总体设计报告》以及水闸设计规范,引黄涵闸远程监控系统建成运行后,技术指标优良,达到了规范和设计要求。

3.1 系统的功能

3.1.1 实时性

引黄涵闸监控系统的响应能力满足数据采集、人机通信、控制功能和系统通信的时间要求。数字量采集周期 <1 s,模拟量采集周期:电量 <2 s,非电量 <10 s,事件顺序记录分辨率≤5 ms,实时数据库更新周期 <2 s,控制命令回答响应时间 <1 s,接收执行命令到执行控制的响应时间 <1 s。

3.1.2 可靠性

控制系统及其设备能够适应引黄涵闸的工作环境,具有良好的抗干扰性能,能长期可靠地稳定运行。闸管所监控计算机(含硬盘) >16 000 h,现地监控设备 PLC >30 000 h。

3.1.3 可维护性

系统的硬件和软件便于维护、测试和检修。设备具有自诊断功能,以便于试验和隔离故障的断开点,配备了专用安装插卸工具,预防性维护使磨损性故障尽量减少,互换件和不可互换件可保证识别,软件可方便地进行修改和增加。

3.1.4 系统安全

系统对各项功能和每一次操作提供检查与校核,发现有误时能报警或撤消,可保证信息传送中的错误不会导致系统关键性故障。上级水调中心与现地监控系统的通信包含控制信息时,系统对是否响应作出明确肯定的反馈。系统有电源故障保护、自检能力,检出故障时能自动显示报警,任何硬件和软件的故障都不会危及系统的完善和人身的安全,系统中任何单个元件的故障不会造成生产设备的误动。

3.1.5 可扩展性

系统备用点不少于使用点设备的20%,监控计算机存储器容量有40%以上裕度,留有扩充现地控制单元、外围设备或系统通信的接口,通道利用率留有足够裕度,通道利用率小于 50% ,柜内留有可扩充设备的空间。

3.1.6 软件性能

操作系统软件、数据库软件等通用软件分别采用了微软公司的 Window 2000 Server、SQL Server。

应用软件系统含有用于完成涵闸监控系统功能的各种应用软件及源程序和开发、维护设备。具有高效性、高可靠性和可维护性,采用模块化设计方法,便于扩展和修改。功能软件模块或任务模块具有一定的完整性和独立性,软件环境的设计使运行人员能安全地实现应用软件的补充和修改。

视频系统软件在涵闸现地安装视频监视前端软件,包括图像数据采集压缩软件、系统控制软件和网络数据传输软件。既可在现场对摄像机和云台进行控制,又可执行上级水调中心发出的视频设备控制命令。

3.2 系统发挥的作用

目前,已建成的涵闸远程监控系统已实现了全部设计功能, 视频图像清晰、控制灵活;监测数据合理准确;远程启闭操作安全可靠;涵闸启闭机房触摸屏系统和监控室监控系统操作实用方便;避雷、电源等配套设施、设备完好;工作环境整洁。系统整体功能处于良好的工作状态。

该系统建成运用后,各级水量调度工作人员在监控室就可以通过对涵闸开启孔数和闸门开启高度变化的监测,实时了解掌握涵闸闸门启闭状态,实时采集涵闸上、下游水位的变化。通过涵闸水位关系曲线、涵闸出流公式,根据现场采集的涵闸运行参数,能够推算出涵闸的瞬时引水流量。通过闸前视频可以观测涵闸上下游河道水流情况、涵闸进流情况,通过闸后视频可以观测涵闸出流情况,渠首附近水流变化,通过启闭机房视频可以观测启闭机运行状态、运行环境。该系统实现了黄委、省局、市局、县局、闸管所等五级按权限控制,权限由上到下逐渐减小,上级对下级有绝对的控制权。各级水量调度部门可以实现远程启闭涵闸、监视涵闸运行、监测运行数据,各级水资源管理和调度部门都可以根据水量调度需要随时启闭涵闸、监视涵闸运行,减少了以往水量调度指令逐级通知后再操作的时间,提高了水量调度指令的实效性,以及水量调度效果,充分发挥了监督引水的作用,有效地规范了引水秩序,基本杜绝了引水不报、多引少报的现象。同时,各级水量调度部门,特别是涵闸管理单位通过该系统实现了涵闸的日常启闭管理自动化,大大减轻了劳动强度,提高了涵闸的现代化管理水平。

随着水资源管理和水量调度工作力度的加大以及涵闸远程监控系统的建设运行,实现了 2000 ~ 2005 年连续 6 年不断流,同时基本满足了沿黄地区工农业生产用水和城乡居民生活用水,入海水量不断增加 ,2002 年利津站入海水量为

41.89 亿 m^3，2003 年入海水量为 191.3 亿 m^3，2004 年入海水量为 198.8 亿 m^3，2005 入海水量为 208.2 亿 m^3，沿黄地区及河口湿地生态环境不断改善，河道排洪能力逐渐恢复，取得了显著的社会、经济和生态效益，被中央领导称为“这是一曲绿色的颂歌，值得大书特书”。

4 问题及建议

4.1 系统管理

山东黄河引黄涵闸的管理运用涉及防汛、水量调度、工程管理、供水等多个职能部门和单位。由于涵闸管理涉及的部门较多，造成系统管理主体不明确，给管理工作带来被动。建议成立专门的管理机构，配备专职人员，市、县局和闸管所在水管体制改革中应明确专门的监控系统管理岗位，具体负责移交后的远程监控系统的管理。

4.2 系统设备

根据几年的运行观测情况来看，系统在运行过程中部分设备需要手工进行复位，有个别设备经常出现损毁，需要及时更换。建议对系统设备进行全面检查，更换质量不符合要求、型号不匹配的配件，购买部分备件，能够及时更换运行中损坏的设备。

4.3 系统运行环境

黄河大堤风大沙多，夏有酷暑，冬有严寒，季节性温差大，影响室外安装设备的运行；另外，农村电网电压不够稳定，并且经常停电，导致 UPS 经常出现匮电，无法正常启动。建议对露天安放的设备进行必要的防护，增加防雨、防雷击、通风散热设施；对个别涵闸的动力电路进行改造，对部分供电质量差、对系统稳定运行影响大的涵闸增加变压器、浪涌保护器设备，使系统供电保持在合理的波动范围。

4.4 运行维护

引黄涵闸远程监控系统所用设备多为电子产品，灵敏度高，易损耗，易受外界环境如温度、湿度等因素影响，需要对设备不断的维修。因信息技术水平所限，加之培训不足，现阶段基层涵闸管理人员仅能对系统进行操作，难以对系统故障进行诊断和排除，致使系统经常因小故障而影响稳定运行。建议建立完善的维护制度，按照管养分离的原则，建立专业的维修养护公司，明确系统维修养护资金的来源渠道，由专业队伍负责维护，将管理和维护内容根据管养分离的要求进行明确划分，确保系统的正常运行，为黄河水量调度发挥更大的作用。

参考文献

[1] 苏京兰,刘静,赵洪玉.山东黄河水量统一调度成效分析//三农问题理论与实践:水利水电水务卷[M].北京:人民日报出版社,2004.

[2] 汪恕诚.资源水利——人与自然和谐相处[M].北京:中国水利水电出版社,2002.

[3] 李国英.维持黄河健康生命[M].郑州:黄河水利出版社,2005.

基于 ArcGIS 的小流域坝系规划系统的开发与研制

王庆阳[1] 胡建军[1] 刘煊娥[1] 吴为禄[2]

(1. 黄河上中游管理局;2. 清华紫光股份有限公司)

摘要:坝系规划必须走信息化的道路,必须充分利用日益完善的地理信息系统技术,提高管理的效率。设计的坝系规划系统,可以大大提高坝系规划的现代化和科学化决策水平,其生态效益和经济效益十分显著,具有广阔的市场推广应用前景。

关键词:坝系规划 GIS 系统设计

1 引言

小流域坝系规划要求先进的技术手段、可行的措施、规范的管理和典型的示范性,为此,有大量空间对象的属性数据和空间图形、图像,需要形象直观地描述和表达。地理信息系统 GIS 正是能把数据管理和图形管理有机结合起来的信息技术,对这些信息的表现具有极大的优越性。通过地理空间分析可以产生常规方法难以得到的分析决策信息,在工作精度、效率和科学性等方面,要远高于人工,应用地理信息系统可以将自然发生或思维规划的动态过程实施于数据模型中,对未来的趋势进行精确预测,从而指导坝系规划工作,提出最优方案。

2 小流域坝系规划系统研究动态

2.1 坝系规划方法

目前所采用的小流域坝系规划方法基本上可以分为两类:一是综合平衡法,二是系统工程规划法(当前采用的主要为非线性规划方法)。在水土保持坝系规划中引入非线性规划方法取得了一定的成效,但这种方法也存在一定的局限性:一是变量不宜过多;二是研究对象不同数学模型也不同,难以应用和推广。

另外"3S"在水利行业中的应用主要有洪灾和旱灾监测与评估,流域土壤侵蚀和水土保持,水库、湖泊、河口水下地形测量,泥石流预报,干旱地区水资源分析,水库移民环境容量分析,以及水利工程的环境影响评价,河道、海岸演变分析等。而在小流域坝系规划中,“3S”的应用还是空白。

本次小流域坝系规划系统研究,将针对现存方法的缺陷,引入“3S”技术,采用遥感技术、模拟仿真技术与综合平衡法相结合的规划方法。应用几种方法综合进行规划,较单纯使用综合平衡法或非线性规划法有较大优势,可以在一定程度上排除人为因素的干扰,针对较为复杂的模型,得到基本符合实际的优化规划。此外,应用遥感技术可以迅速获得广大地区全面、客观、准确和动态的第一手资料,这是以往传统手段高投入、长周期、低效率所无法比拟的。它适用性强,可应用于自然条件不同的地区,易于研究和推广。

2.2 坝系规划系统

坝系规划系统的研究与软件开发已经过了“八五”和“九五”两个阶段的研究,对数学模型和计算方法都有了较为深入的认识,并已开发了一些软件程序模块,进行了几条流域的实际运用,取得了一些成果。从目前应用情况来看,仍存在着一些问题,突出体现在以下几方面:一是以往的研究多注重于理论,而忽视了实用性,软件开发成果一般是程序模块,没有形成统一完整的软件系统,无法在大范围推广使用。二是模块的调试工作没有最终完成,对软件模块的内核技术缺乏了解,对程序不十分熟悉的人员难以操作。三是不能适应现代软件模块化、结构化程序设计的要求,软件缺少十分重要的输入、输出接口和友好的操作界面。本次系统的研究与软件开发,将充分吸收前人研究成果,以实用性为基本要求,注重系统的运行界面设计与软件的功能设计。

3 坝系规划系统编制思路

在传统作业模式中,淤地坝规划数据采集主要是采用手工纸上记录,工作量大,效率低下,且容易因手工处理产生数据的错误,这与水利现代化和信息化建设要求极不相适应。此次设计的小流域坝系规划系统,将利用遥感技术对流域基础数据进行采集,利用地理信息系统、计算机图形技术、数据库技术、虚拟现实技术等,对数据进行处理。同时基于 Windows 平台,采用面向对象的方法、三维可视化技术、虚拟现实技术和影像金字塔技术等先进技术,将常规的二维数据模型推广到三维空间,以数字正射影像、数字高程模型、数字线图和数字栅格图作为综合处理对象的 GIS 系统模型,研发如何通过在地形图上进行工程布设或断面切割,获取坝系规划所必需的坝高—库容、坝高—淤地面积、坝高—坝体工程量和各坝之间的空间关系识别等。

4 坝系规划系统构建流程与方法

小流域坝系规划方法采用遥感技术、综合平衡和动态模拟仿真方法相结合。

其构建流程如下(见图1):

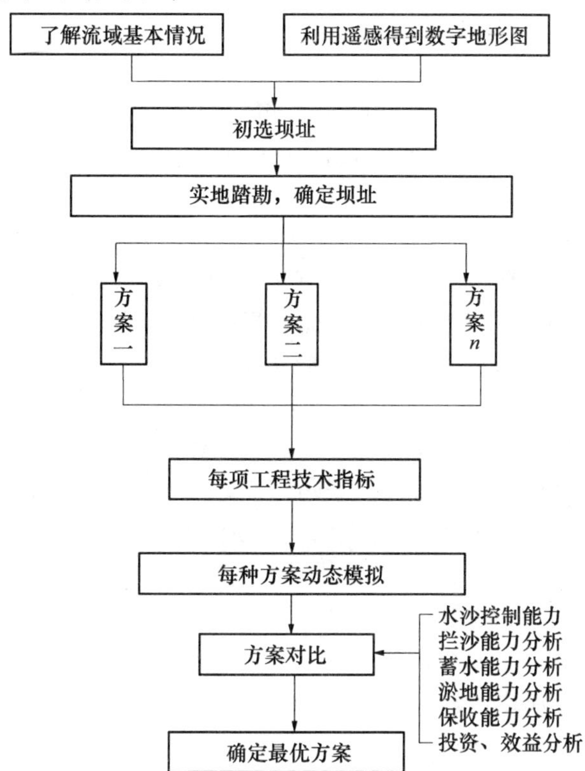

图1　小流域坝系规划系统构建与应用流程

(1)充分了解和掌握小流域基本情况,包括社会经济情况、沟道特征、土壤侵蚀类型、土地利用现状与存在的问题、现状沟道工程运行及管护的经验与存在的问题。

(2)利用遥感影像,采用数字高程模型得到1/10 000或1/5 000数字地形图。

(3)在1/10 000或1/5 000地形图上初选坝址。

(4)对初选坝址实地踏勘,了解坝址地形地质条件、沟道比降等基础资料。

(5)对初选坝址进行人机对话式分析对比,确定两种以上坝系规划方案,确定每个工程的建设类型及建设时序。

(6)采用ERDAS或者GeoMedia Grid对每个工程的技术指标进行计算。包括坝高—库容曲线、坝高—淤地面积曲线、坝高—坝高工程量曲线。

(7)对每一种坝系规划总体布局方案,进行动态模拟。

(8)通过动态模拟,确定最优方案。方案对比从水沙控制、拦沙能力、蓄水能力、保收能力、淤地能力、效益和坝系运行等方面进行。

5　系统数据库的建立

5.1　数据的采集

小流域坝系规划系统所需的数据源,包括坝系小流域的各种属性数据和图形数据。属性数据库表示实际地物或特征的非位置关系的统计数据:①小流域概况,包括地理位置、行政区划、地形地貌、水文气象、土壤植被、水土流失、经济社会、农业生产和水土资源开发利用现状等;②区域及流域、省地县经济发展规划和要求(主要是农业)等;③流域现有工程建设现状和运用现状、经验、问题等;④有关规划文件、技术规范、规程、标准等;⑤特殊区域(如矿区)资料。

图形数据为小流域的1∶10 000数字矢量地图。

5.2　数据处理

从DEM上提取沟脊线,编号保存。对各沟道的边界进行矢量化,生成的坝系单元图作为数据库的基础底图。编码原则与方法本着唯一性、简单性、可扩充性、易识别性、完整性的原则,设计编码。每条沟道左侧的边界编号为奇数,右侧的边界编号为偶数。此外,对于一些重要的线状地物也要编码。

流域自然、社会经济统计资料,本次研究中对数字化的各专题图属性采用直接输入法,在建立自然、社会信息库时采用链接法。数据项是关系型数据库中的一个字段,数据库确定主要采取了目标对数据的要求和数据本身的特点。

5.3　数据库设计

数据库设计是系统开发和建设中的核心技术之一,数据库设计是指对于一个给定的应用环境,构造最优的数据库模式;建立数据库及其应用系统,是指能够有效地存储数据,满足各种系统各种用户的应用需求(信息要求和处理要求),数据库结构见图2。在设计的过程中遵循数据库设计和应用系统相结合的原则,整个设计过程中要把结构(数据)设计和行为(处理)设计密切结合起来,主要有以下步骤:

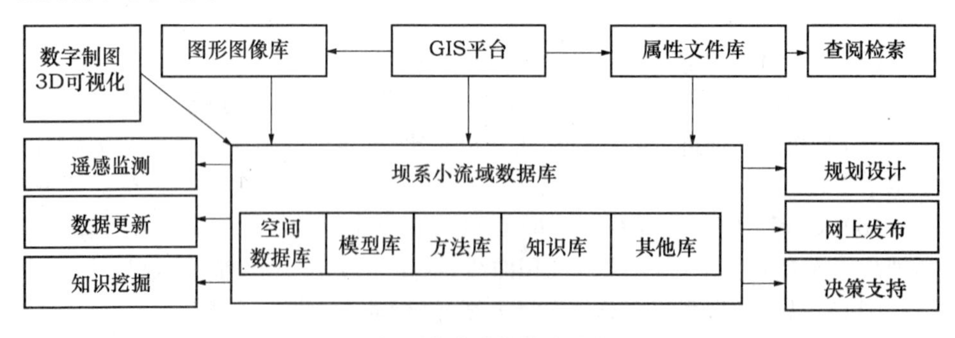

图2　坝系小流域数据库结构图

(1)建立数据库结构,再经过对图件的分层分块、数据编码等数据处理后,建立数据库,并对采集的相关数据进行数据分类,建立一系列的数据库表结构。

(2)属性数据的输入：将一个实体的属性数据连接到相应的设计目标上,建立属性特征与几何图形的联系,以便图形与属性互相查询和访问。

(3)图形数据的输入与编辑:将地形图通过坐标转换和数据格式转换后,利用 ArcView3.2 软件进行矢量化。

(4)数据库集成:利用系统外接数据表功能,以单元图区号作为公共项将汇总的数据导入图形数据。由于各种数据层之间存在着组织和查询的纽带,给予这些关系进行集成,就形成了有机的、可用的、完整的空间数据库。

6 系统功能分析

本系统主要由坝址识别、工程特性曲线概化计算、坝系调洪计算、库容淤积计算、方案对比、三维演示六大功能模块组成。

6.1 坝址识别模块

坝系中某单坝的上游可能有多条支流,也可能有多个相邻坝,在优化规划的过程中,每个坝的存在与否可能是一个变数,将直接影响下游坝的计算。因此,必须建立一个坝址识别模块,解决坝址是否合理的问题。

6.2 坝址工程特性曲线概化计算模块

一般来说,工程特性曲线为多元高次方式,应首先建立坝高—库容、坝高—淤地面积、坝高—工程量等概化曲线。通过数字地形图及三维防真模型可以实现该模块的功能。

6.3 坝系调洪计算模块

调洪问题是坝系规划设计的一个重要问题。当坝址识别问题解决后,建立坝系调洪计算模块,以解决系统工程规划中的布局方案所涉及的运行安全合理性问题。

6.4 库容淤积计算模块

当计算坝的上游没有任何拦蓄泥沙的坝库时,所产生的全部泥沙将汇入计算坝的库容内;当上游有坝时,则计算坝的淤积情况将发生改变,须建立库容淤积计算模块,以解决系统工程规划中的布局方案所涉及的运行安全合理性问题。

6.5 方案对比模块

本模块主要功能为效益计算和经济指标分析。效益计算包括基础效益、经济效益、生态效益、社会效益 4 个方面。计算效益的期限以骨干坝工程为准,分两个阶段来考虑。第一步,骨干坝工程建成后的坝系工程综合效益;第二步,骨干坝工程淤平后的坝系工程综合效益。在经济指标分析对比的基础上,确定最优坝系规划方案。

6.6 三维演示模块

实现对三维实体模型骨干坝、淤地坝等实体的查询,实现水保工程信息(坝高、库容、淤地面积等)实时浏览显示、制表输出(见图3)。

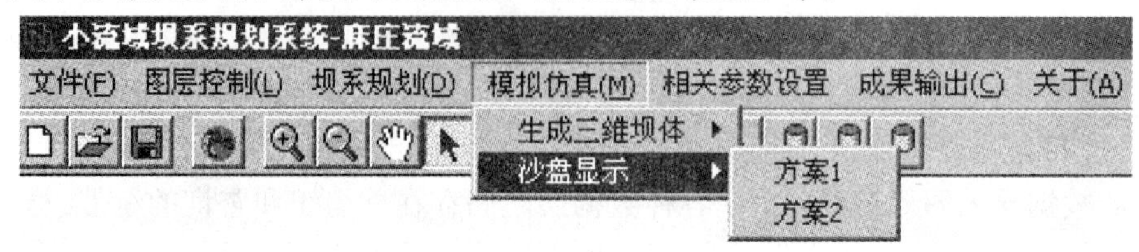

图3 坝系规划系统界面

7 应用情况

经过对碾庄沟、范四窑、赵石畔、西黑岱等24条坝系进行调研,确定陕西延安雷谷川小流域为典型小流域,首先应用小流域坝系规划系统完成了坝系规划。在该小流域中,以小流域坝系规划系统选择坝址,在三维地形图上建立坝体,查询各项信息,进行来水来沙模拟,结果显示,小流域坝系规划系统所取得的各项数据的准确程度达到可研阶段要求。而使用小流域坝系规划系统进行坝系规划的效率,远远高于使用传统方法。在其他水土流失类型区的坝系小流域中,也正在应用小流域坝系规划系统进行规划,并取得了显著效果。

8 结语

通过构建小流域坝系规划系统,研究黄土高原地区不同水土流失类型区小流域坝系总体布局模式,有助于认识和掌握淤地坝对流域水沙的拦截、调节及蓄存机理,分析坡面侵蚀与沟道侵蚀的相互联系和作用,揭示坝系建设的生态、经济效益和社会效益,从而为黄土高原大规模淤地坝建设提供强有力的技术支撑。

参 考 文 献

[1] 黄河上中游管理局. 淤地坝规划. 北京:中国计划出版社,2004:141 - 187.
[2] 李璧成,李晓燕,等. 构建“数字流域”的实验研究[J]. 水土保持研究,2005(6):95 - 98.

基于 LEDESS 模型的黄河三角洲湿地植被演替研究

王瑞玲[1] Michiel van Eupen[4] 王新功[1]
黄 翀[2] 朱书玉[3] 单 凯[3]
(1. 黄河流域水资源保护局;2. Alterra 绿色世界研究;
3. 中国科学院地理科学与资源研究所;
4. 山东黄河三角洲国家级自然保护区管理局;)

摘要:分析黄河三角洲湿地不同植被类型生境特点,识别三角洲湿地植被演替的水盐条件,探索三角洲湿地植被演替规律。在此基础上,基于 LEDESS 模型,综合生态、植物生理、地理、水力、水文、土壤等相关学科的大量专家知识,耦合水力模型、地下水模型,定量模拟不同生态补水状况下湿地植被演替系列(情景),并将结果予以空间直观表达。根据 LEDESS 模拟结果,实施生态补水后,黄河三角洲湿地植被演替序列顺向发展,光板地、盐碱地、滩涂等面积减少,湿生沼泽、普通草甸、灌丛等面积增加。随着植被演替的顺向发展,指示物种适宜生境面积显著增加,鸟类栖息地质量明显提高。运用 LEDESS 模型模拟生态补水状况下植被演替,可使决策者能形象地“看到”实施生态补水措施后植被演替趋势和生态效果,为黄河三角洲湿地生态补水、湿地保护与修复提供技术支持。

关键词:黄河三角洲 湿地植被演替 LEDESS 模型

植被演替是湿地保护与恢复的重要理论基础,随着湿地恢复生态学研究的迅速发展,湿地植被演替逐渐成为人们关注的重要内容。黄河三角洲是世界上成土最快的河口三角洲,湿地具有年轻性和自然演替性特点,人类干扰相对较少,各种植物资源的产生、发展和演替基本上在自然状态下进行,具有典型的代表性。因此,许多学者、专家开始致力于黄河三角洲湿地植被演替的研究(叶庆华等,2004;郗金标等,2002;韩言柱等,2002),并取得了很多成果,为黄河三角洲湿地保护奠定了一定基础。但由于植被演替需较长的时间进程,以往研究限于时间关系,往往以空间代时间进行植被演替分析,具有一定的局限性。景观模型(LEDESS 模型)对生态过程具有很好的模拟、重现功能,能有效地在相对较短时间内分析、模拟不同生境条件下湿地植被演替的过程。因此,基于 LEDESS 模型的植被演替,在一定程度上弥补了以往植被演替时空局限,为探索湿地植被演替规律、掌握植被演替与生境条件之间的相关关系、进行湿地生态系统保护和恢复及管理等提供了很好的技术支持与理论依据。

1 黄河三角洲湿地典型植被立地条件

1.1 湿生植被

1.1.1 芦苇

芦苇群落的生态适应幅度极广,典型生境是长年积水的河滩、低地及黄河入海口的泥质冲积地带。影响芦苇生长的各个生态因子当中,水是其主要的限制因子,而对于其他因子的要求则不太严格。

黄河三角洲湿地芦苇生境可分为三种,一种是生活在常被黄河水漫滩的水深30~50 cm处,土壤为沼泽土,含盐量很低,植株生长良好;第二种是生长在长年积水或季节积水区,土壤含盐量较高,芦苇生产力降低;第三种是生长在近海滩涂,土壤含盐量较高,芦苇生产力较低。

1.1.2 杞柳

杞柳属喜光喜湿植物,多生于低洼草地、河边水位高的沙质滩地上。微耐盐碱,在地下水位1.0~1.5 m、10~15 cm土层含盐0.38%~1.17%、pH值7.5~8.0的滨海潮盐土地上,也可形成频度较高的群落。

1.2 盐生植被

1.2.1 碱蓬

碱蓬群落是淤泥质潮滩和重盐碱地的先锋植物,生境一般比较低洼,地下水埋深一般0.5~3.0 m或常有季节性积水,土壤多为滨海盐土。碱蓬生长发育受土壤盐分限制,土壤盐分一旦降低,该类植物就失去生长能力而死亡或被芦苇、柽柳等所取代。碱蓬群落总盖度因土壤含盐量和地下水埋深的变化而有很大差异,在滩涂和轻度盐渍土环境常零星分布,群落盖度不足5%;而在盐分含量较高的环境中则常常形成碱蓬纯群落,盖度可达100%。

1.2.2 柽柳群落

柽柳具有耐旱、耐水湿(耐涝)、耐瘠薄、耐寒、耐盐碱、抗风沙等特性。柽柳群落主要分布在平均海水高潮线以上的近海滩涂上,地势平坦,土壤为淤泥质盐土,地下水埋深1.5~2.5 m,土壤含盐量0.25%~2.76%,是在盐地碱蓬基础上发展起来的植被类型,与碱蓬群落、芦苇群落呈复区分布或交错分布。

1.3 普通草甸植被

普通草甸植被是相对于盐生草甸植被而言的,黄河三角洲的普通草甸植被主要以白茅草甸群系为主。白茅群落是轻度耐盐植物,主要分布在黄河故道和近期黄河泛滥新淤地及弃耕地、撂荒地,海拔4 m左右,含盐量在0.3%以下。

2 黄河三角洲湿地植被演替规律

2.1 湿地植被演替影响因素

影响现代黄河三角洲新生湿地植被演替的因素很多,其中包括黄河水沙资源、自然灾害和人类活动的影响。

(1)黄河水沙资源是三角洲湿地植被顺向演替发展的根本动力,是形成和维持本区水资源的主导因素,黄河在湿地植被演替中起着主导作用;

(2)海潮侵袭会导致湿地植被从普通草甸向盐生的逆向演替,甚至可使植被类型发生跳跃性逆转;

(3)随着对黄河三角洲经济开发的不断深入,人为因素,包括石油开采、不合理垦殖等对黄河三角洲湿地植被演替的影响作用越来越明显。

2.2 湿地植被演替规律

根据对湿地植被演替影响因素和湿地植被生境分析,综合专家学者研究成果,黄河三角洲湿地植被演替可以简单概括为忍耐模型和促进模型相结合的演替途径,并形成两个演替系列(见图1):其一是盐生植被演替序列,其二是草甸湿生植被演替序列。

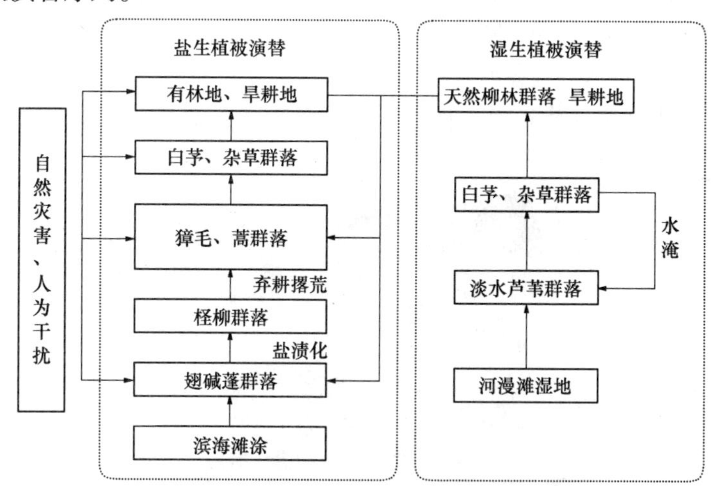

图1 黄河三角洲湿地植被演替系列

其中盐生植被演替系列是:自海域向内陆逐渐发育,依次为滨海滩涂、柽柳-翅碱蓬群落、獐毛+蒿群落、白茅等杂草群落、耕地与居民点;湿生植被演替系列以黄河河床为轴,自河床依次为河滩地、芦苇+荻群落、獐毛+白荻等杂草群落、天然柳林群落、旱耕地。

这两个生态系列在时空上交错分布,在没有人类活动影响的条件下,其演替规律方向都是顺向演替。但人类活动的参与使得该地区的植被演替方向趋于复杂化,特别是人为的不合理干扰(如过度开垦、放牧)造成的植被逆向演替,打乱了自然状态下的植被演替规律。

3 基于LEDESS模型的黄河三角洲湿地植被演替模拟

LEDESS模型(景观生态决策与评价支持系统)是一个基于知识库的专家模型,可用来评估人工补水方案下植被和动物种群的生态效应。同时,LEDESS模型是一个典型的空间明晰化模型,通过模型能系统运用有关空间信息的生态学知识,并将结果予以空间直观表达,使决策者能形象地"看到"实施生态补水措施后植被演替趋势,从而提高决策的科学性。

3.1 模拟重点

黄河在湿地植被演替中起着主导作用,但是近年来随着黄河水沙资源的减少,湿生植被和普通草甸植被面积减少,淡水湿地日益萎缩。为此,迫切需要实施人工生态补水,保护和恢复湿生沼泽及普通草甸。为了更好地为湿地生态补水提供技术支持,本文重点模拟实施生态补水方案下的湿地植被演替序列。

3.2 模拟区域选择

黄河三角洲国家级自然保护区是黄河三角洲的重要组成部分,自然保护区内有中国暖温带保存最完整、最广阔、最年轻的湿地生态系统,是本文的研究重点。

根据自然保护区各湿地保护价值、急需保护程度及补水的可行性,考虑黄河水资源实际,本文重点模拟自然保护区内具有重要生态价值、急需得到保护、有补水条件的湿地植被演替区域(见图2)。

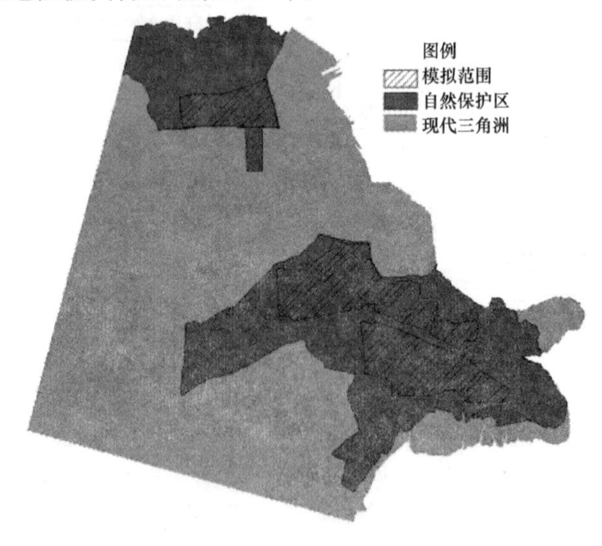

图2 湿地植被演替模拟范围

3.3 基于 LEDESS 模型的植被演替模拟

3.3.1 总体思路

联合水力淹没模型、地下水模型，计算实施生态补水后的地下水位、淹没天数、淹没范围，综合植被演替专家知识、植被生境专家知识、GIS 图件，运用 LEDESS 模型，模拟不同生境条件下植被演替序列，为湿地恢复提供技术支持（见图 3）。

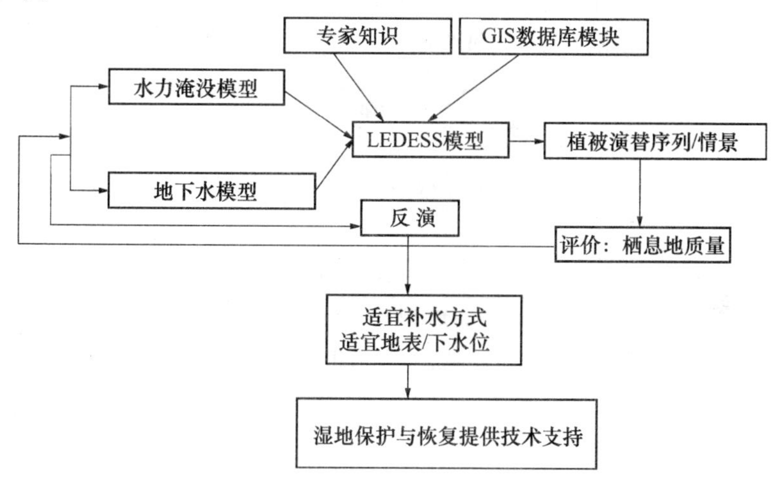

图 3 基于 LEDESS 模型植被演替模拟总体思路

3.3.2 模型结构

基于植被演替的 LEDESS 模型主体结构是两大模块，即立地演替模块、植被演替模块，另外，还包括辅助模块 - 栖息地质量模块（见图 4）。三个模块均需输入由用户根据黄河三角洲实际、项目研究目的定义的专家知识系统和空间图形数据。

立地演替模块：立地模块直接决定植被及生境演替状况，可用来描述、分析对植被和生境演替动态的影响，本项目主要考虑实施生态补水后地表水、地下水、土壤含盐量对植被演替的影响。

植被演替模块：根据黄河三角洲主要植被类型、SPOT 影像解译结果、植被演替序列确定植被类型，建立植被类型与地下水、地表水、物种栖息地的联系。

栖息地质量模块，即评价模块，运用栖息地质量好坏对植被演替序列进行简单评估。

3.3.3 模型构建

（1）立地条件分级。根据黄河三角洲湿地植被立地条件分析，结合黄河三

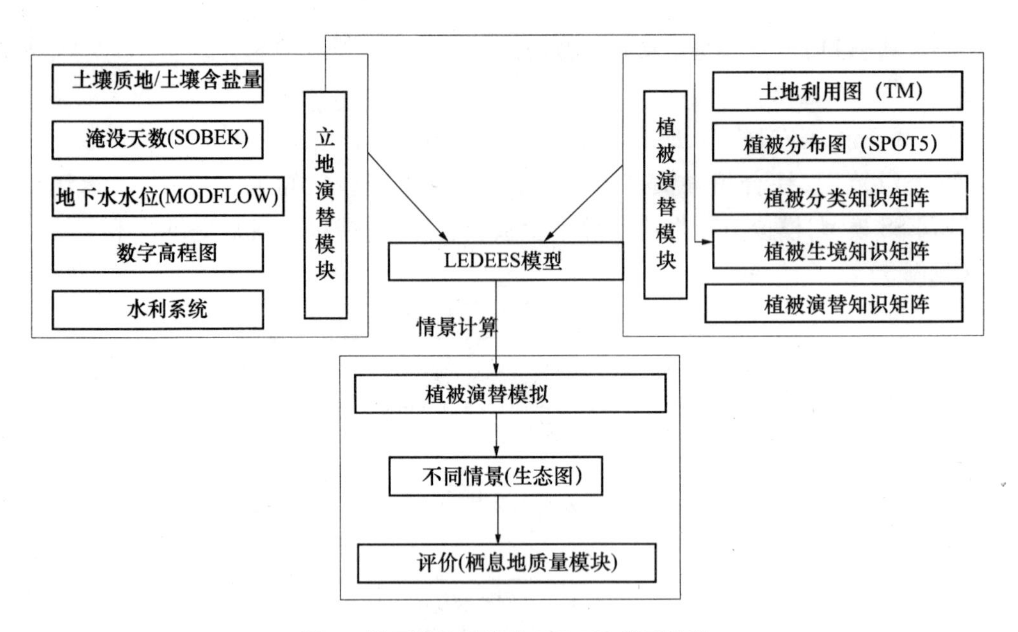

图4　基于植被演替的 LEDESS 模型结构

角洲水盐特点，将土壤含盐量、地下水位、淹没天数做如下分级(见表1)。

表1　植被各立地条件分级

类别	淹没天数(d/a)	地下水位(m/a)	土壤含盐量(%)	
1	0	0～0.5	0～0.2	低盐度
2	0～30	0.5～1.0	0.2～0.4	中盐度
3	30～120	1～2	0.4～0.8	中盐度
4	>120	>2	0.8～3.0	高盐度
5			>3.0	盐碱滩

(2)建立植被生境知识。根据以上各典型植被生境分析结果，参考相关研究，结合实际调查结果(2003 年 10 月中科院开展的黄河三角洲植物生境调查工作)，建立典型植被生境知识表(表2)，并将之转换为 LEDESS 模型的知识矩阵。

(3)建立植被演替知识表。根据湿地植被生境知识表(表2)，依据湿地植被演替规律(图1)，以现状植被为基础，建立不同水盐条件下(表1)5 年后植被演替知识表(表3)，并将之转换为 LEDESS 模型的知识矩阵。

(4)建立 LEDESS 模型与水力学模型、地下水模型的连接。根据立地条件分级和植被生境分析知识表，运用 LEDESS 模型“Avenve script”功能，建立 LEDESS 模型与水力学模型、地下水模型的连接。

表2　黄河三角洲典型植被生境知识

生境条件		芦苇沼泽	芦苇草甸	杞柳	翅碱蓬	柽柳	白茅
根深(m)		0.5～1.5	0.5～1.5	1.0～2.0	0.2～0.3	0.5～2.0	0.1～0.2
地下水位(m/a)	最小	—	0.1	0.0	0.0	0.5	0.1
	适宜	—	0.3～0.8	2～3	0.3～0.5	1～1.5	0.3～0.5
	最大	—	3.0	4～5	1.0	2.0	1.0
补水水位(m/a)	最小	0.1	0	0	0	—	0
	适宜	0.5	0.1	0	0～0.1	—	0
	最大	2.0	0.3	1.5	0.30	—	0.5
补水(d/a)	适宜	365	60	60	1	3	0
	最大	365	90	365	2	30	10
土壤含盐量(%)	最小	0.1	0.1	0	0.9	1.0	—
	适宜	0.5	0.5	0.1	1.0～1.5	1.5	0.0～0.3
	最大	2.0	2.0	1.2	3.0	2.8	0.3

注：表中的地表水位和淹水天数指人工补水方案下的地表水、地下水状况，未考虑天然降水对植被生境的影响。

3.3.4　植被演替模拟

（1）制定补水方案。根据水力学模型、地下模型多次联合运用结果，参考黄河三角洲湿地恢复工程研究成果，考虑自然保护区各部分生态价值、急需保护的程度及补水条件，结合黄河水资源实际，制定以下生态补水方案（见表4）。

（2）模拟生态补水下的水文条件变化。联合水力学模型（SOBEK）、地下水模型（MODFLOW）模拟生态补水下的湿地水文条件变化，计算出生态补水范围及生态补水影响范围内地表水淹没时间、淹没水深、淹没范围、地下水位等状况（见图5），为 LEDESS 模型模拟提供立地输入条件。

（3）植被演替模拟。基于 LEDESS 模型，集合生态、植物生理、地理、水力、水文、水资源等相关学科的大量专家知识，建立知识矩阵；耦合水力学模型、地下水模型，通过大量复杂的情景计算，模拟不同生态配水方案下的植被演替；借助地理信息系统技术，将模拟结果以空间直观的方式输出（见图6）。

表3　黄河三角洲植被演替知识(5年)

植被	水盐条件	0 d/a				0~30 d/a				30~120 d/a				>120 d/a		
		0~0.5 m	0.5~1 m	1~2 m	>2 m	0~0.5 m	0.5~1 m	1~2 m	>2 m	0~0.5 m	0.5~1 m	1~2 m	>2 m	0~0.5 m	0.5~1 m	1~2 m
杞柳	0~0.2%	杞柳	杞柳	杞柳	杞柳	杞柳	杞柳	杞柳	杞柳	杞柳	杞柳	杞柳	杞柳	杞柳	杞柳	杞柳
	0.2%~0.8%	杞柳	杞柳	杞柳	杞柳	杞柳	杞柳	杞柳	杞柳	杞柳	杞柳	杞柳	杞柳	杞柳	杞柳	杞柳
	0.8%~3.0%	碱蓬	柽柳碱蓬	柽柳	柽柳	柽柳碱蓬	柽柳碱蓬	柽柳	柽柳	芦苇柽柳	芦苇柽柳	芦苇柽柳	芦苇~柽柳	芦苇沼泽	芦苇沼泽	芦苇沼泽
	>3.0%	光板地	光板地	光板地	光板地	碱蓬	碱蓬	光板地	光板地	芦苇柽柳	芦苇柽柳	芦苇-柽柳	芦苇-柽柳	芦苇沼泽	芦苇沼泽	芦苇沼泽
旱田	0~0.2%	旱田	旱田	旱田	旱田	芦苇草甸	芦苇草甸	芦苇草甸	芦苇草甸	芦苇沼泽	芦苇沼泽	芦苇沼泽	芦苇沼泽	芦苇沼泽	芦苇沼泽	芦苇沼泽
	0.2%~0.8%	碱-柽-苇	柽柳芦苇	柽柳芦苇	柽柳	碱-柽-苇	柽柳芦苇	柽柳芦苇	柽柳芦苇	芦苇沼泽	芦苇沼泽	芦苇沼泽	芦苇沼泽	芦苇沼泽	芦苇沼泽	芦苇沼泽
	0.8%~3.0%	碱蓬	柽柳碱蓬	柽柳	柽柳	柽柳碱蓬	柽柳碱蓬	柽柳	柽柳	芦苇沼泽	芦苇沼泽	芦苇沼泽	芦苇沼泽	芦苇沼泽	芦苇沼泽	芦苇沼泽
	>3.0%	光板地	光板地	光板地	光板地	碱蓬	碱蓬	光板地	光板地	芦苇沼泽	芦苇沼泽	芦苇沼泽	芦苇沼泽	芦苇沼泽	芦苇沼泽	芦苇沼泽
水田	0~0.2%	白茅	白茅	白茅	白茅	白茅	白茅	白茅	白茅	水田	水田	水田	水田	水田	水田	水田
	0.2%~0.8%	碱-柽-苇	柽柳芦苇	柽柳芦苇	柽柳	碱-柽-苇	柽柳芦苇	柽柳芦苇	柽柳	水田	水田	水田	水田	水田	水田	水田
	0.8%~3.0%	碱蓬	柽柳碱蓬	柽柳	柽柳	柽柳碱蓬	柽柳碱蓬	柽柳	柽柳	柽柳芦苇	柽柳芦苇	柽柳芦苇	柽柳-芦苇	芦苇沼泽	芦苇沼泽	芦苇沼泽
	>3.0%	光板地	光扳地	光扳地	光扳地	碱蓬	碱蓬	光扳地	光扳地	碱蓬柽柳	碱蓬柽柳	碱蓬柽柳	碱蓬柽柳	芦苇沼泽	芦苇沼泽	芦苇沼泽
芦苇沼泽	0~0.2%	芦苇草甸	芦苇草甸	芦苇草甸	芦苇草甸	芦苇草甸	芦苇草甸	芦苇草甸	芦苇草甸	芦苇沼泽	芦苇沼泽	芦苇沼泽	芦苇沼泽	芦苇沼泽	芦苇沼泽	芦苇沼泽
	0.2%~0.8%	芦苇草甸	芦苇草甸	芦苇草甸	芦苇草甸	芦苇草甸	芦苇草甸	芦苇草甸	芦苇草甸	芦苇沼泽	芦苇沼泽	芦苇沼泽	芦苇沼泽	芦苇沼泽	芦苇沼泽	芦苇沼泽
	0.8%~3.0%	芦苇草甸	芦苇草甸	芦苇草甸	芦苇草甸	芦苇草甸	芦苇草甸	芦苇草甸	芦苇草甸	芦苇沼泽	芦苇沼泽	芦苇沼泽	芦苇沼泽	芦苇沼泽	芦苇沼泽	芦苇沼泽
	>3.0%	芦苇草甸	芦苇草甸	芦苇草甸	光板地	芦苇草甸	芦苇草甸	芦苇草甸	芦苇草甸	芦苇沼泽	芦苇沼泽	芦苇沼泽	芦苇沼泽	芦苇沼泽	芦苇沼泽	芦苇沼泽
白茅	0~0.2%	白茅	白茅	白茅	白茅	芦苇草甸	芦苇草甸	芦苇草甸	芦苇草甸	芦苇沼泽	芦苇沼泽	芦苇沼泽	芦苇沼泽	芦苇沼泽	芦苇沼泽	芦苇沼泽
	0.2%~0.8%	柽-苇-碱	柽-苇-碱	柽-苇-碱	柽-苇-碱	柽-苇-碱	柽-苇-碱	柽-苇-碱	柽-苇-碱	芦苇沼泽	芦苇沼泽	芦苇沼泽	芦苇沼泽	芦苇沼泽	芦苇沼泽	芦苇沼泽
	0.8%~3.0%	柽-苇-碱	柽-苇-碱	柽-苇-碱	柽-苇-碱	柽-苇-碱	柽-苇-碱	柽-苇-碱	柽-苇-碱	芦苇沼泽	芦苇沼泽	芦苇沼泽	芦苇沼泽	芦苇沼泽	芦苇沼泽	芦苇沼泽
	>3.0%	光扳地	光扳地	光扳地	光扳地	碱蓬	碱蓬	光扳地	光扳地	芦苇-柽柳	芦苇-柽柳	芦苇-柽柳	芦苇-柽柳	芦苇沼泽	芦苇沼泽	芦苇沼泽
芦苇草甸	0~0.2%	芦苇草甸	芦苇草甸	芦苇草甸	芦苇草甸	芦苇草甸	芦苇草甸	芦苇草甸	芦苇草甸	沼泽芦苇	沼泽芦苇	沼泽芦苇	沼泽芦苇	芦苇沼泽	芦苇沼泽	芦苇沼泽
	0.2%~0.8%	芦苇草甸	芦苇草甸	芦苇草甸	芦苇草甸	芦苇草甸	芦苇草甸	芦苇草甸	芦苇草甸	沼泽芦苇	沼泽芦苇	沼泽芦苇	沼泽芦苇	芦苇沼泽	芦苇沼泽	芦苇沼泽
	0.8%~3.0%	柽柳芦苇	柽柳芦苇	柽柳芦苇	柽柳-芦苇	芦苇草甸	芦苇草甸	芦苇草甸	芦苇草甸	沼泽芦苇	沼泽芦苇	沼泽芦苇	沼泽芦苇	芦苇沼泽	芦苇沼泽	芦苇沼泽
	>3.0%	碱-柽-苇	碱-柽-苇	碱-柽-苇	碱-柽-苇	芦苇草甸	芦苇草甸	芦苇草甸	芦苇草甸	沼泽芦苇	沼泽芦苇	沼泽芦苇	沼泽芦苇	芦苇沼泽	芦苇沼泽	芦苇沼泽

续表3

植被	水盐条件	0 d/a 0~0.5 m	0 d/a 0.5~1 m	0 d/a 1~2 m	0 d/a >2 m	0~30 d/a 0~0.5 m	0~30 d/a 0.5~1 m	0~30 d/a 1~2 m	0~30 d/a >2 m	30~120 d/a 0~0.5 m	30~120 d/a 0.5~1 m	30~120 d/a 1~2 m	30~120 d/a >2 m	>120 d/a 0~0.5 m	>120 d/a 0.5~1 m	>120 d/a 1~2 m
柽柳芦苇	0~0.2%	柽柳芦苇	柽柳芦苇	柽柳芦苇	柽柳芦苇	柽柳芦苇	柽柳芦苇	柽柳芦苇	柽柳芦苇	沼泽芦苇	沼泽芦苇	沼泽芦苇	沼泽芦苇	芦苇沼泽	芦苇沼泽	芦苇沼泽
	0.2%~0.8%	柽柳芦苇	柽柳芦苇	柽柳芦苇	柽柳芦苇	柽柳芦苇	柽柳芦苇	柽柳芦苇	柽柳芦苇	沼泽芦苇	沼泽芦苇	沼泽芦苇	沼泽芦苇	芦苇沼泽	芦苇沼泽	芦苇沼泽
	0.8%~3.0%	柽柳	柽柳	柽柳	柽柳	柽柳芦苇	柽柳－芦苇	柽柳芦苇	柽柳芦苇	沼泽芦苇	沼泽芦苇	沼泽芦苇	沼泽芦苇	芦苇沼泽	芦苇沼泽	芦苇沼泽
	>3.0%	柽柳	柽柳	柽柳	柽柳	柽柳芦苇	柽柳芦苇	柽柳芦苇	柽柳芦苇	沼泽芦苇	沼泽芦苇	沼泽芦苇	沼泽芦苇	芦苇沼泽	芦苇沼泽	芦苇沼泽
柽柳	0~0.2%	柽柳	柽柳	柽柳	柽柳	柽柳芦苇	柽柳芦苇	柽柳芦苇	柽柳芦苇	沼泽芦苇	沼泽芦苇	沼泽芦苇	沼泽芦苇	芦苇沼泽	芦苇沼泽	芦苇沼泽
	0.2%~0.8%	柽柳	柽柳	柽柳	柽柳	柽柳芦苇	柽柳芦苇	柽柳芦苇	柽柳芦苇	沼泽芦苇	沼泽芦苇	沼泽芦苇	沼泽芦苇	芦苇沼泽	芦苇沼泽	芦苇沼泽
	0.8%~3.0%	柽柳碱蓬	柽柳碱蓬	柽柳碱蓬	柽柳碱蓬	柽柳芦苇	柽柳芦苇	柽柳芦苇	柽柳芦苇	沼泽芦苇	沼泽芦苇	沼泽芦苇	沼泽芦苇	芦苇沼泽	芦苇沼泽	芦苇沼泽
	>3.0%	柽柳碱蓬	柽柳碱蓬	柽柳碱蓬	柽柳碱蓬	柽－苇－碱	柽－苇－碱	柽－苇－碱	柽－苇－碱	沼泽芦苇	沼泽芦苇	沼泽芦苇	沼泽芦苇	芦苇沼泽	芦苇沼泽	芦苇沼泽
柽柳碱蓬	0~0.2%	柽－苇－碱	柽－苇－碱	柽－苇－碱	柽－苇－碱	柽柳芦苇	柽柳芦苇	柽柳芦苇	柽柳芦苇	沼泽芦苇	沼泽芦苇	沼泽芦苇	沼泽芦苇	芦苇沼泽	芦苇沼泽	芦苇沼泽
	0.2%~0.8%	柽柳碱蓬	柽柳碱蓬	柽柳－碱蓬	柽柳－碱蓬	柽－苇－碱	柽－苇－碱	柽－苇－碱	柽－苇－碱	沼泽芦苇	沼泽芦苇	沼泽芦苇	沼泽芦苇	芦苇沼泽	芦苇沼泽	芦苇沼泽
	0.8%~3.0%	柽柳碱蓬	柽柳碱蓬	柽柳－碱蓬	柽柳－碱蓬	柽－苇－碱	柽－苇－碱	柽－苇－碱	柽－苇－碱	沼泽芦苇	沼泽芦苇	沼泽芦苇	沼泽芦苇	芦苇沼泽	芦苇沼泽	芦苇沼泽
	>3.0%	柽柳碱蓬	柽柳碱蓬	柽柳碱蓬	柽柳碱蓬	柽－苇－碱	柽－苇－碱	柽－苇－碱	柽－苇－碱	沼泽芦苇	沼泽芦苇	沼泽芦苇	沼泽芦苇	芦苇沼泽	芦苇沼泽	芦苇沼泽
碱蓬	0~0.2%	芦苇草甸	芦苇草甸	芦苇草甸	芦苇草甸	芦苇草甸	芦苇草甸	芦苇草甸	芦苇草甸	沼泽芦苇	沼泽芦苇	沼泽芦苇	沼泽芦苇	芦苇沼泽	芦苇沼泽	芦苇沼泽
	0.2%~0.8%	碱蓬	碱蓬	碱蓬	碱蓬	柽－苇－碱	柽－苇－碱	柽－苇－碱	柽－苇－碱	沼泽芦苇	沼泽芦苇	沼泽芦苇	沼泽芦苇	芦苇沼泽	芦苇沼泽	芦苇沼泽
	0.8%~3.0%	碱蓬	碱蓬	碱蓬	碱蓬	芦苇碱蓬	芦苇碱蓬	芦苇碱蓬	芦苇碱蓬	沼泽芦苇	沼泽芦苇	沼泽芦苇	沼泽芦苇	芦苇沼泽	芦苇沼泽	芦苇沼泽
	>3.0%	碱蓬	碱蓬	光扳地	光扳地	碱蓬	碱蓬	光扳地	光扳地	沼泽芦苇	沼泽芦苇	沼泽芦苇	沼泽芦苇	芦苇沼泽	芦苇沼泽	芦苇沼泽

表4　黄河三角洲湿地生态补水方案

补水方案	补水范围	补水面积	补水量
参考方案	维持现状,不进行生态补水		0.00 亿 m^3
理想方案	自然保护区(南部+北部)	263.8 km^2 +57.7 km^2	4.93 亿 m^3
实际方案	自然保护区(南部+北部)	199.4 km^2 +36.7 km^2	3.46 亿 m^3

注:表中"理想方案"指自然保护区成立时的生态状况;"实际方案"指具有可操作性的方案。

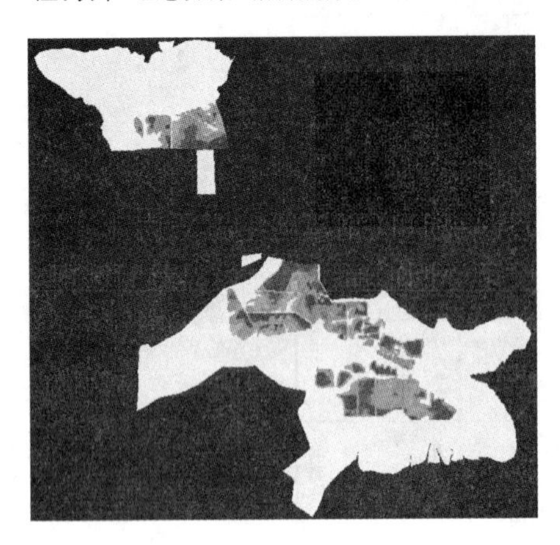

图5　水力学模型、地下水模型输出结果

图6　生态补水下的植被演替结果图

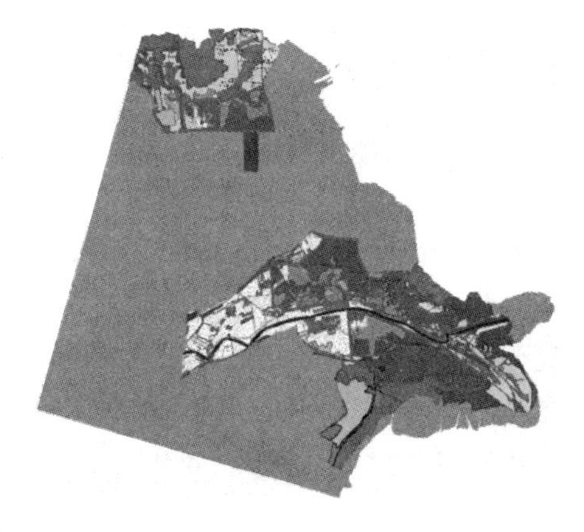

续图 6

（4）模拟结果计算。根据模拟结果，在 Arcgis 软件的支持下，统计不同植被演替序列不同植被类型的面积（见表 5）。由表 5 可知，实施生态补水后，盐生演替系列和湿生演替系列都是顺向演替，光板地、盐碱地、滩涂等面积减少，湿生沼泽、普通草甸、灌丛等面积增加。在一定程度上，改善了由于黄河水资源短缺和人类活动干扰增强而造成的植被逆向演替，恢复了湿地植被自然演替规律，有利于湿地生态系统的良性循环。

表 5　不同植被演替序列面积统计

植被类型	面积(km^2)		
	自然演替(5 年)	生态补水 - 植被演替(5 年)	生态补水 - 植被演替(10 年)
滩涂	295.42	126.33	125.00
翅碱蓬	39.38	90.93	92.34
柽柳 - 翅碱蓬	48.91	7.06	8.14
柽柳 - 芦苇	52.72	111.31	116.35
柽柳	27.28	42.68	42.44
芦苇草甸	55.98	107.41	76.76
芦苇沼泽	53.75	144.27	168.97
白茅	—	6.24	6.24
杞柳	63.28	54.00	54.00
农田	177.67	139.2	139.02
水田	1.29	—	—
光板地盐碱地	28.01	14.53	14.52

4 植被演替生态效应评价

4.1 指示物种生境适宜性分析

湿地植被在一定程度上决定了物种的生境类型和生境适宜性等级，为了进一步定量说明实施生态补水后植被演替效果，本文运用指示物种生境适宜性面积变化评价植被演替生态效应。根据自然保护区鸟类的保护级别、国际重要性，充分考虑物种的代表性，选择丹顶鹤、黑嘴鸥、东方白鹳、白鹤作为指示物种。依据指示物种栖息习性、繁殖习性、觅食习性、生态偏好，参考相关研究成果，确定指示物种生境适宜性(见表6)。

表6 黄河三角洲指示物种不同植被类型的生境适宜等级

植被类型	指示物种生境适宜性			
	丹顶鹤	黑嘴鸥	东方白鹳	白鹤
滩涂	+	+	+	+
翅碱蓬		+ + +		+ + +
柽柳 - 翅碱蓬		+ +		+
柽柳 - 芦苇	+ +	+	+ +	+ +
柽柳				
芦苇草甸	+ +		+ +	+ +
芦苇沼泽	+ + +	+	+ + +	+ + +
白茅				
杞柳	+ +			
农田	+ +			

注：①“ + ”表示10%适宜；“ + + ”表示50%适宜；“ + + + ”表示100%适宜。②黑嘴鸥的核心繁殖区是潮上带翅碱蓬滩涂、翅碱蓬草甸等，裸滩涂是其迁徙停歇地之一，表中“滩涂”指裸滩涂。③表中指示物种生境适宜等级的确定仅考虑了植被类型，未考虑其他自然条件。

4.2 植被演替结果评价

根据植被演替模拟结果(见表5、图6)和指示物种生境适宜等级划分(见表6)，计算演替序列不同植被类型各指示物种生境适宜面积(见表7、图7)。结果表明，实施生态补水后，随着植被演替的顺向发展，指示物种适宜生境面积显著增加，适宜生境总面积由补水前的700 km^2 上升到1 134 km^2，增加了1.6倍，鸟类栖息地质量明显提高。

表 7　不同植被类型各指示物种生境适宜面积　　（单位：km^2）

植被类型 生境适宜面积		滩涂	翅碱蓬	柽柳 翅碱蓬	柽柳 芦苇	柽柳	芦苇 草甸	芦苇 沼泽	杞柳	农田	总计
自然演替5年	丹顶鹤	30			26		28	54	32	89	258
	黑嘴鸥	30	39	24	5			5			104
	东方白鹳	30			26		28	54			138
	白鹤	30	39	5	26		28	54		18	200
补水植被演替5年	丹顶鹤	13			56		54	144	27	70	363
	黑嘴鸥	13	91	4	11			14			133
	东方白鹳	13			56		54	144			266
	白鹤	13	91	1	56		54	144		14	372
补水植被演替10年	丹顶鹤	13			58		38	169	27	70	375
	黑嘴鸥	13	92	4	12			17			137
	东方白鹳	13			58		38	169			278
	白鹤	13	92	1	58		38	169		14	385

注：各植被类型生境适宜面积 = 各植被类型面积 × 各指示物种生境适宜等级。

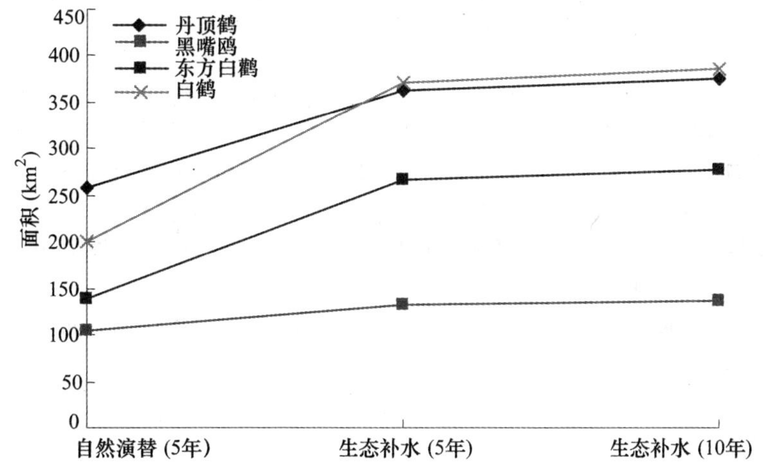

图 7　不同植被演替序列不同指示物种生境适宜面积变化

5　结论与讨论

（1）LEDESS 模型是一个基于专家知识的模型，能很好地模拟人工补水方案下的植被演替状况，并将结果予以空间直观定量表达，弥补了以往植被演替研究的时空限制和定性描述，使决策者能形象地“看到”实施生态补水措施后植被演替趋势，为制定湿地补水方案、进行湿地生态保护与恢复提供了很好的技术支持。

(2)根据 LEDESS 模拟结果,实施生态补水后,黄河三角洲盐生演替系列和湿生演替系列都是顺向演替,光板地、盐碱地、滩涂等面积减少,湿生沼泽、普通草甸、灌丛面积等面积增加。随着植被演替的顺向发展,指示物种适宜生境面积显著增加,鸟类栖息地质量明显提高。

参考文献

[1] 叶庆华,田国良,刘高焕,等.黄河三角洲新生湿地土地覆被演替图谱[J].地理研究,2004,23(2):257-264.

[2] 郗金标,宋玉民,邢尚军,等.黄河三角洲系统特征与演替规律[J].东北林业大学学报,2002,30(6):111-114.

[3] 韩言柱,田凌云,许学工.黄河三角洲湿地生态系统及其保护的初步研究[J].环境科学与技术,2000,(2):10-13,46.

[4] 杨玉珍,刘高焕,刘庆生,等.黄河三角洲生态与资源数字化集成研究[M].郑州:黄河水利出版社,2004,211-219.

[5] 田家怡,贾文译,等.黄河三角洲生物多样性研究[M].青岛:青岛出版社,1999:268.

[6] 赵延茂,宋朝枢.黄河三角洲自然保护区科学考察集[M].北京:中国林业出版社,1995:65-90.

[7] 舒莹,胡远满,郭笃发,等.黄河三角洲丹顶鹤适宜生境变化分析[J].动物学杂志,2004,39(3):33-41.

[8] 吕卷章,朱书玉,赵长征,等.黄河三角洲国家级自然保护区形目鸟类群落组成研究[J].山东林业科技,2000,(5):1-5.

[9] 贾文泽,田家怡,王秀凤,等.黄河三角洲浅海滩涂湿地鸟类多样性调查研究[J].黄渤海海洋,2002,20(2):53-59.

[10] 肖笃宁,胡远满,李秀珍,等.环渤海三角洲湿地景观生态学研究[M].北京:科学出版社,2001:95-106.

基于水循环的黄河口湿地环境监测方法研究

李世举 袁秀忠 曹春燕

(黄河水利委员会水文局)

摘要:黄河口湿地是我国乃至世界上最具典型性的河口湿地,为了有效保护黄河口湿地的生态环境,需要开展全方位的河口湿地环境监测。本文提出了基于水循环的黄河口湿地环境监测方法和站网布设方案,可有效监测湿地环境的变化规律,为河口湿地保护提供依据。

关键词:水循环 黄河口 湿地 环境监测

1 黄河口湿地环境监测的必要性

1.1 黄河口湿地基本情况

黄河口湿地是黄河入海口不断向海域推进和尾闾在三角洲内频繁摆动改道的过程中在新淤陆地的低洼地、河道及浅海滩涂上形成的,另外在河口区还存在一些为油田和城市供水的人工水库、坑塘等,也一同形成了黄河口特有的湿地水文生态系统。目前,黄河口湿地区域主要包括黄河口(现黄河干流左岸部分)及大汶流(现黄河口右岸部分)陆上湿地区(面积约 890 km^2)、一千二黄河故道陆上湿地区(面积约 370 km^2)和与两区相邻的浅海区(-3 m 以上)三个部分。

黄河口湿地区域的地貌直接受近代黄河三角洲的形成和演变的控制,形态复杂,类型较多。陆上地貌形态主要有河成高地、微斜平地、洼地、河口沙嘴等;潮滩地貌分高潮滩和潮间带,其地貌形态有贝壳及其碎屑堆积体、河口沙嘴型沙坝,潮水沟系、潮间分流河道及其河口沙嘴等;潮下带地貌可分为现行黄河口水下三角洲和废弃河口水下崖坡两种。

1.2 黄河口湿地环境监测的必要性

黄河口湿地属于新生湿地,并且面积在以年均 20 km^2 左右的速度不断增加。它是中国暖温带保存最完整、最广阔、最年轻的湿地生态系统,是我国乃至世界上最具典型性的河口湿地,是研究河口湿地产生及演化规律的最佳场所。

(1)近几十年来,由于对黄河口湿地不合理的开发利用以及黄河水的污染和断流，导致湿地面积逐渐缩小，湿地质量逐步降低，生物产量明显减少。再加上油田开采，直接或间接地破坏湿地，使湿地生态环境不断恶化。因此，通过对湿地环境的系统监测，掌握湿地水环境动态变化规律，对于保护湿地生态系统的自然性、完整性，促进湿地资源、湿地环境的可持续发展，维护黄河的生态系统健康、安全与完整性是十分必要的。

(2)开展黄河口湿地环境监测，可以全面监测人类活动(包括工农牧渔业生产及生态旅游和各种工程建设等人类活动)、黄河及其他进入湿地的小河流对黄河口自然保护区湿地的影响程度及时间、空间上的动态变化规律，找出影响湿地变化的各种相关因素，有针对性地制定湿地管理计划，实现对黄河口湿地的科学管理。

(3)黄河口湿地保护区经过多年建设，健全了许多管理机构，管理体系已初步形成，但科研监测体系建设相对滞后。特别是水环境监测体系属于河口湿地研究的基础，对于提高河口湿地科研水平将发挥重要作用。

2 河口湿地环境监测的依据与应实现的目标

2.1 监测的依据

河口湿地环境监测的基本依据是水循环，即对河口湿地水循环的每个环节的量与质进行实时监测，以满足对河口湿地单元水量和水质平衡计算的需要。

基于水循环的河口湿地水量平衡计算，是黄河口湿地环境测报的重要内容之一，它是研究黄河口湿地干湿规律、计算湿地输入输出营养物质和其他化学物质、计算湿地生态需水量等所不可缺少的手段和方法。黄河口湿地的水量平衡方程可以写成如下形式：

$$\Delta V = P + R_i + G_i + H_i - E - Q_0 - G_0 \pm e$$

式中：ΔV 为湿地储水量变化；P 为湿地区域内降水量；R_i 为进入湿地的地表径流量；G_i 为进入湿地的地下径流量；H_i 为侵入湿地的海水量；E 为湿地蒸散发量；Q_0 为流出湿地的地表径流量；G_0 为流出湿地的地下径流量；e 为误差项。

河口湿地的监测内容必须能够满足河口湿地水循环条件下的水量平衡计算和基于水量平衡条件下的水质计算要求。

2.2 监测的目标

基于水循环的黄河口湿地环境监测应实现以下目标：

(1)通过建设完整的黄河口湿地环境监测系统，组成全方位的河口湿地监测网络，全面、系统地积累黄河口湿地生态环境、水文情势、地理地貌等方面的观测资料，为河口湿地的管理和生态开发提供优质服务。

(2)实现为黄河水资源生态水量调度服务。黄河下游的生态水量主要是维持河口湿地生态良性发展的需水量,在确定的时间内,它是一个确定的数值,但是随着湿地面积、地表形态、降水与蒸发、海水侵入状况、动植物分布等要素的变化,河口湿地生态需水量也将发生相应的变化。只有建立起完善的黄河口湿地监测系统,才能实时掌握这些要素的变化规律,为黄河生态水量调度提供科学的参考依据。

(3)实现对油田开发等人类活动影响河口湿地生态环境的实时监测。近年来,黄河三角洲工业和城市的发展突飞猛进,城镇建设、农田水利工程、公路、平原水库和各种水坝的迅速增加都给河口湿地原始生态系统造成了极大的影响。油田的开发建设虽给三角洲带来了经济上的繁荣,但植被的破坏和环境的污染对河口湿地的危害也同样是致命的。因此,有必要建设湿地环境监测系统,实现对湿地污染和破坏程度的实时监督,为黄河三角洲地区经济发展规划做好服务。

3 监测项目的选择

黄河口湿地监测内容和项目的选择,要从研究该湿地水文循环的变化出发,依据黄河口湿地的水量平衡方程和监测目标来确定,要能够反映湿地面积和水文情势的变化,满足湿地水量平衡计算的要求,反映湿地污染状况的动态变化和湿地小环境气候的变化特征,还应满足对湿地富养化环境变化分析的要求。根据监测项目的内容和方法要求,可以分为常测项目、巡测项目和间测项目三种类型。

3.1 常测项目

(1)湿地地表积水水位观测。湿地地表积水水位是湿地最基本的水文要素,它的变化可以直接反映出湿地水量的增减过程,也是湿地水量平衡计算中所不可缺少的。

(2)湿地地下水水位观测。河口湿地地下水与地表积水、海洋之间的水量始终处于动态交换过程中,湿地地下水既是湿地水分的主要来源,也是湿地水分的排泄区域之一。

(3)湿地临海海区潮位观测。河口湿地环境受海洋条件影响极大,尤其对湿地地表、地下水的盐度改变和海水侵入区域的变化,会直接影响到动植物的分布,而湿地临海海区的潮位变化直接关系到海水侵入区域的大小和海水对湿地地下水的影响程度。

(4)黄河干流湿地河段水文要素观测。黄河口湿地的主要供水河流是黄河,黄河干流来水是河口湿地生存的根本条件,其水文要素的变化直接影响着河口湿地生态环境的变化规律,所以对该河段干流水文要素的观测是湿地环境观测所必不可少的。

(5)湿地气候及气象要素观测。河口湿地的气候及气象条件,是湿地自然地理变化过程的主要影响因素之一，同时湿地的变化对环境小气候也有较大的影响，因此对湿地气温、降水、风速风向、空气湿度、湿地蒸发、日射、日照等气候及气象要素进行观测，是湿地环境监测所不可缺少的重要内容。

3.2 间测项目

(1)湿地进退水流量观测 。河口湿地进退水流量观测，是湿地水量平衡计算所不可缺少的，也是湿地生态需水量计算的重要要素之一。然而，由于黄河口湿地进退水流路的复杂和多变，游荡流路的持续进水时间又较短，难以控制所有流路和设置固定的测验断面，宜采用巡测或间测的方式进行测验。

(2)海水入侵范围监测。河口湿地与其他湿地最大的不同点是受到海水的倒灌影响，当涨潮时海水会大范围地侵入湿地。海潮的长期作用一方面使湿地被逐渐侵蚀，另一方面会引起动植物分布的变化。因此，海水入侵范围的监测也是湿地监测的重要方面。

(3)湿地边界变化观测。河口湿地分布位置和大小的变化是评价湿地的重要指标，而计算湿地面积则需要确定湿地的边界，因此边界观测是湿地观测的重要内容，应包括两部分：一是河口淤积增加部分的边界，二是湿地退失部分的边界。

3.3 巡测项目

湿地水质监测应采取巡测方式，黄河口湿地范围内不同位置、不同时间的水质状况，可以反映出湿地环境状况的变化规律。需要监测的水质项目应包括汞、砷、铜、铅、镉、锌、六价铬、挥发酚、水温、化学需氧量、氨氮、亚硝酸盐氮、pH、盐度、电导率、氯化物、硫酸盐、总硬度等；监测的水体应包括：湿地地表积水、湿地地下水、湿地临海海区(-3 m 以上)、黄河干流湿地河段、湿地其他供水河流和湿地退水等。

3.4 调查项目

3.4.1 进退水流路调查

黄河口湿地的进退水流路受黄河洪水影响较大，每次洪水过后，湿地原来的进水流路和退水流路都会发生很大的变化。而湿地进退水流路的变化对湿地的演变和地形变化是分不开的，需要定期取得进退水流路变化的实地调查资料。

3.4.2 湿地地形变化的调查与测量

黄河口湿地的地形虽然在一定时期内相对稳定，但受黄河口的淤积造陆、海潮侵蚀和黄河洪水的冲淤影响也是很大的，地形变化又影响到湿地水文特性的变化，以致动植物的分布状况也会发生相应的变化。因此，当湿地地形有较大的变化时，需进行必要的调查和测量。

3.4.3 生物种类分布情况调查

生物的多样性是反映黄河口湿地环境优劣的最重要指标，也是开展湿地保护的根本目的。湿地内生物分布情况调查是湿地监测的重要方面,该项工作需要从事动植物专业的单位和部门来完成。

4　监测方式与方法

4.1　监测系统的构成

黄河口湿地由三部分组成:即黄河口(现黄河干流左岸部分)及大汶流(现黄河口右岸部分)陆上湿地区、一千二黄河故道陆上湿地区和与两区相邻的浅海区(-3 m以上)。根据监测项目的设置,完整的黄河口湿地监测系统如图1所示。

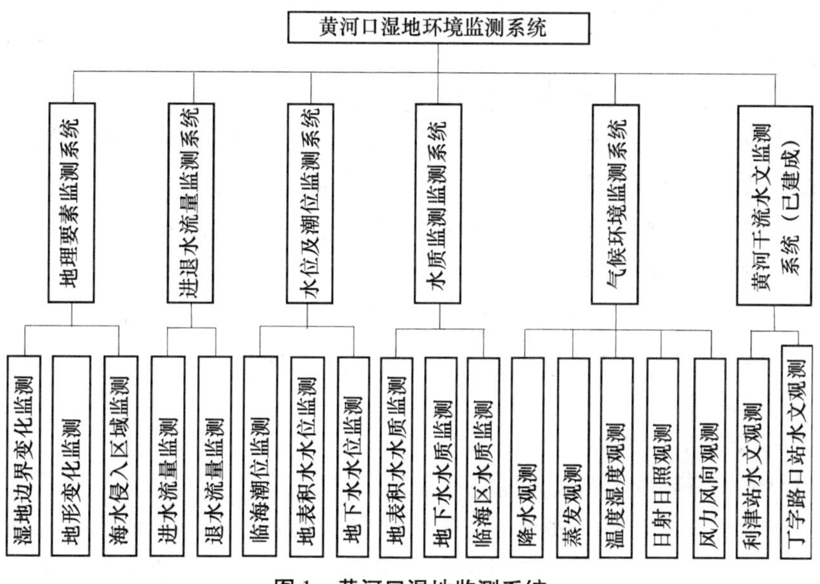

图1　黄河口湿地监测系统

黄河口湿地监测系统网的布设应包括GPS控制站网、黄河干流湿地专用站设立、湿地进退水流量站网、湿地积水水位观测站网、湿地地下水水位观测站网、湿地水质监测站网、降水蒸发及气象要素观测站网、临海潮位观测站网和监测管理中心等九个部分。

4.2　监测站网的布设

4.2.1　平高控制网布设

黄河口湿地的平高控制网布设,是基于水循环的河口湿地环境监测的基础平台。平高控制网的布设要能够满足湿地地形测量、海水侵入范围监测、进退水流路调查、湿地积水水位站、地下水水位站、潮位站及其他湿地监测项目的平面控制和高程控制为原则,湿地首级平面控制网可布设为D级GPS控制网,首级高程控制网以三等水准布测。

4.2.2　黄河干流湿地河段监测

利津水文站是黄河入海的基本控制站，也是河口湿地上游距湿地最近的一个水文站，更是河口生态水量调度的标准站，理应作为河口湿地监测的基本站。丁字路口水文站（已建成），是为黄河口治理服务的专用站，位于河口湿地区域的中下游，也可以作为湿地的专用站使用。

4.2.3　湿地进退水流量测验

由于黄河口湿地进退水流路有游荡性流路和固定流路两种类型，因此湿地进退水流量测验可用两种方式：对于游荡性流路用布设临时断面法进行测验；固定流路可以使用固定断面法进行测验。

4.2.4　湿地积水水位监测

湿地积水水位站网，要能够控制湿地积水水位的整体变化过程，反映湿地地表积水水位的变化规律和与黄河干流来水量之间的关系，湿地积水水位站网主要布设在黄河口及大汶流陆上湿地区和一千二黄河故道陆上湿地区。

积水水位站要根据地形、积水面积大小和淹没频率的高低进行布设，积水面积大和淹没频率高的区域要确保设站观测，其他区域平均设站。初步规划按每 50 km^2 一个站进行布设，黄河口及大汶流湿地区可以布设 18 个站，平均分布于黄河干流的左右岸；一千二黄河故道湿地区可以布设 8 个站。总计可以布设 26 个积水水位监测站。

4.2.5　湿地地下水水位监测

对湿地生态环境影响较大的是浅层地下水，因此我们主要监测浅层地下水的水位变化情况。而地下水水位监测站网应按照河口区地下水的流向进行布设，如果按每 100 km^2 一个站进行布设，黄河口及大汶流湿地区可以布设 9 个站，平均分布于黄河干流的左右岸；一千二黄河故道湿地区可以布设 4 个站。总计可以布设 13 个地下水水位观测站。

4.2.6　湿地临海潮位监测

湿地临海潮位的观测，要能够监测到海水涨落潮过程对河口湿地的影响程度，特别是能够体现出潮位与海水侵入范围的关系和湿地地表、地下水水质之间的有机联系。可在一千二黄河故道湿地临海 −3 m 以上区域海面设置潮位监测站 1 处；在黄河口及大汶流湿地临海 −3 m 以上区域海面设置潮位监测站 1 处，基本可以满足需要。

4.2.7　湿地水质监测站网布设

水质监测分为三部分：即地表积水水质监测、地下水水质监测和临海 −3 m 以上海区水质监测。

湿地地表积水水质监测站的布设，要能够控制湿地内水质状况的时空分布及变化规律，同时要考虑水样采样点的交通条件和水体面积的大小。如果按每200 km^2 一个站进行布设，黄河口及大汶流湿地区可以布设4个站，平均分布于黄河干流的左右岸；一千二黄河故道湿地区可以布设2个站。

地下水水质监测站布设应尽量与地表积水监测站的数量、位置相一致，以便对检测结果进行对照分析。

湿地临海区海水水质监测站可以设置2个，一个位于一千二黄河故道陆上湿地临海区；另一个位于黄河口及大汶流陆上湿地临海区，即现黄河口门附近海域。

4.2.8 小环境气候要素监测

黄河口湿地降水量监测网可以按照平均布设的原则进行设站，一般可以按每150 km^2 布设1个站。总计可以布设8个降水量监测站。另外，考虑到河口湿地地形对气象要素的影响不大，可以分别在一千二黄河故道湿地区和黄河口及大汶流湿地区各设置1个蒸发及气象要素观测站。

5 结语

基于水循环的黄河口湿地环境监测方法研究，是开展湿地环境研究的基础，也是黄河生态环境监测的重要组成部分，更是科学制定黄河口湿地保护与利用对策的依据。开展此项工作，对于维持黄河生态平衡，保护黄河口湿地生物多样性，促进黄河口湿地的可持续发展，维护当地乃至周边地区生态系统的健康与安全具有重要意义。因此，应尽快建立完整的黄河口湿地环境监测系统。

基于GIS和遥感技术利用决策树法快速评价流域坡面水土流失状况研究

——以黄土高原韭园沟小流域为例

刘志刚[1] 江 珍[2]

(1. 黄河水利委员会水土保持局;2. 黄河水利委员会人事劳动教育局)

摘要:为了快速准确评价流域坡面水土流失状况,本文以黄土高原韭园沟小流域为研究区域,基于遥感图像和GIS技术,详细介绍了利用决策树方法快速评价流域坡面水土流失状况的过程。具体包括提取影响流域土壤侵蚀的有关因子、基于决策树方法的土壤侵蚀分级原则、结果计算等三个步骤。结果表明,该方法特别适合基础数据比较缺乏的地区,具有很强的可操作性。

关键词:决策树法 GIS 遥感影像 水土流失 韭园沟小流域

快速准确地确定流域坡面水土流失状况,不但能有效帮助水土保持管理部门进行科学合理决策,而且对水土保持规划设计单位而言,它能有效提高工作效率,保证最终水土保持规划设计成果的质量。目前美国农业部研究提出的通用水土流失方程,是被水土保持部门广泛采用的水土流失定量分析模型,能对流域土壤侵蚀状况进行比较科学的定量分析和预报。但它的运行需要以大量实地考察测量的数据为基础,这对基础数据比较缺乏地区而言,很难有效应用。我国现行水土流失调查方法主要以侵蚀模数为依据,通过野外填图、航拍填图和航片判读等方法,最终实现对流域土壤侵蚀状况进行定量评价。但这些方法精度不一,耗时比较长,现实性和动态性难以保证。

本文以黄土高原韭园沟小流域为研究区域,详细介绍利用决策树方法快速评价流域坡面土壤侵蚀状况的有关过程。

1 韭园沟小流域概况

韭园沟小流域地处水土流失严重的陕北黄土高原,属黄土丘陵沟壑区第一副区,位于陕西省绥德县,属无定河一级支流,总面积74.72km^2(依据DEM生成的坡度图计算数据)。区内丘陵起伏,沟壑纵横,水土流失极为严重,多年平均侵蚀模数高达1.5万t/(km^2·a)。该区属温带半干旱大陆性季风气候,多年平均降雨量475.1 mm,年际变化大,年内分配极不均匀,7、8、9三个月占全年降雨的64.4%,且多以暴雨出现,历时短、强度大、灾害严重,多年平均输沙量为59.1万t。

2 决策树方法概念和技术路线

决策树是指利用树形结构来表示决策集合,是一种直观的知识表示方法,同时也是高效的分类器。构造决策树的主要思想是以信息论为工具,在各非叶结点选择重要的属性或属性组,自上而下地分割训练实例集,直到满足某种终止条件。本文利用决策树法快速评价流域土壤侵蚀状况方法,主要基于流域土壤侵蚀受土地利用类型、植被和地形地貌等因素影响,通过提取遥感影像的有关数据,生成土地利用类型图和植被盖度图,并综合数字高程模型(DEM)所生成的流域坡度图对流域坡面水土流失状况进行潜在可能性分析,最终生成流域坡面水土流失分级图。

3 操作步骤

3.1 提取影响韭园沟流域土壤侵蚀的有关因子

影响坡面土壤侵蚀的因子包括植被盖度、地形(地面坡度)和土地利用类型等三个因子。为了快速有效提取这三个影响因子,基于2000年6月29日ETM遥感影像结合2002年11月21日SPOT5遥感影像,通过遥感判读和实地校正,利用卫片解译软件,分别生成了韭园沟流域土地利用图和植被盖度图。韭园沟小流域土地利用主要包括水域、农业土地、草地、裸露地四个类型。植被盖度图基于NDVI植被指数分为4级,分别为很差的植被覆盖、差的植被覆盖、好的植被覆盖和很好的植被覆盖。

流域坡度图能够在现有数字高程模型(DEM)的基础上,利用ARC-INFO软件自动生成。在韭园沟小流域,流域坡度主要分为0°~8°、8°~15°、15°~25°、25°~35°以及>35°等五级。

3.2 基于决策树方法的土壤侵蚀分级原则

基于黄土高原土壤侵蚀特点,韭园沟小流域坡面土壤侵蚀分级原则见表1。

对于黄土高原地区而言,沟底水域区一般认为不会发生水土流失,因此流域内所有水域区都被赋予0值,即没有发生土壤侵蚀。在本文研究中,对于裸露地和农业土地单元,没有考虑植被盖度指标的影响,仅仅只考虑坡度对坡面土壤侵蚀的影响。对草地水土流失进行分级时,不仅考虑到植被覆盖度的影响,而且也考虑到流域坡度的影响。

表 1　基于决策树方法的流域坡面土壤侵蚀分级原则

土地使用类型	植被覆盖度状况	坡度分级				
		0°~8°	8°~15°	15°~25°	25°~35°	>35°
水域	不受植被覆盖度的影响	0	0	0	0	0
裸露地		1	2	3	4	5
农业土地		1	1	2	3	4
草地	很好的植被覆盖	1	1	1	2	2
	好的植被覆盖	1	1	2	2	3
	差的植被覆盖	1	2	2	3	4
	很差的植被覆盖	2	2	3	4	5

注:0 为没有发生侵蚀;1 为很低的侵蚀强度;2 为低的侵蚀强度;3 为中等侵蚀强度;4 为强的侵蚀强度;5 为很强的侵蚀强度。

3.3　结果计算

利用 ARC－INFO 软件,坡面土壤侵蚀分级计算过程通过将各个层面叠加,得到叠加图斑和其相对应的因子值,然后再按照表 1 确定的流域坡面土壤侵蚀分级原则,进行制图综合,得到各个区域土壤侵蚀强度分级值。本文作者利用 ARC－INFO 软件,通过一个 script 文件自动计算土壤侵蚀分级结果,有关计算结果见图 1 和表 2。

图 1　韭园沟流域坡面土壤侵蚀分级图

在 GIS 环境下,通过统计不同土壤侵蚀强度级别在流域内的图斑数量,我们能计算出不同土壤侵蚀级别在流域内的面积。基于以上方法,韭园沟流域坡面水土流失详细分布情况见表 2。

表 2　韭园沟流域坡面土壤侵蚀分级情况

坡面土壤侵蚀分级	无侵蚀	很低的侵蚀强度	低的侵蚀强度	中等侵蚀强度	高的侵蚀强度	很高的侵蚀强度	合计
面积(km^2)	6.45	4.26	11.69	20.04	22.40	9.88	74.72

4　结语

本文针对当前对流域水土流失快速评价的需求,基于遥感影像和 GIS 技术,利用决策树方法快速评价流域坡面水土流失状况过程进行了研究。这个方法简单易行,特别适合基础数据比较缺乏的地区,具有很强的可操作性。另外,这个方法利用 GIS 技术,既可以快捷在遥感信息中提取各种影响坡面土壤侵蚀的因子,能快速对流域土壤侵蚀进行分级,同时又可以分析评价单元的几何属性,如面积等。

该方法把流域土壤侵蚀空间分布情况以地图的形式表示出来,使水土保持管理部门和水土保持规划设计单位能对流域坡面水土流失状况有一个直观的认识,特别是能帮助水土保持规划设计单位有的放矢地进行有关水土保持措施的布设。

但是该方法在以下几个方面需要在今后的研究中进一步改进和提高。首先这个方法仅仅对流域水土流失状况进行一个定性分析,它不能对每一个土壤侵蚀级别的土壤侵蚀率进行预测。其次这个方法没有考虑降雨对土壤侵蚀的影响,这也是为什么不能预测土壤侵蚀率的原因。另外这个方法成功与否,充分依赖于土壤侵蚀分级原则(表 1),而分级原则的确定需要有丰富的土壤侵蚀专业知识以及对流域所在区域的土壤侵蚀状况有充分了解。

参 考 文 献

[1] 张登荣,朱建丽,徐鹏炜,基于卫星遥感和 GIS 技术的水土流失动态监测体系研究[J].浙江大学学报(理学版),2001,28(5):577 -582.

[2] 王占礼,中国土壤侵蚀影响因素及其危害分析[J]. 农业工程学报,2000,16(4):32 -36.

[3] Douven W. J. A. M. Integrated Ecosystem and Water Resources Management of the Lancang

(upper-Mekong) River Basin: a pilot research in Fengqing and Xiaojie Catchments, UNESCO-IHE, Delft. ,2005.

[4] Shrestha, D. P. , Zinck, J. A. , Ranst, E. V. . Modelling land degradation in the Nepalese Himalaya, 2004, Catena 57, 135 – 156.

[5] Rudi H. Assessment of surface erosion in the Lancang catchment, Southwest China, Wageningen University, The Netherlands, 2005.

黄河三门峡库区河道洪水预报方法和发展趋势

李杨俊　张　成　郑艳芬　孙文娟

（三门峡库区水文水资源局）

摘要：黄河三门峡库区河道近几年来，淤积萎缩严重，过洪能力普遍降低，洪水的演进规律也发生了较大的改变，根据各河段不同的河道特性和洪水演进规律，采用相应的洪水预报方法，提高了洪水预报精度。水情信息采集和传输的自动化，为实现洪水预报的现代化开辟了广阔的前景。

关键词：预报方法　发展趋势　三门峡库区

三门峡库区地处黄河中游，其库区河道主要包括黄河龙门至三门峡大坝段、渭河下游（咸阳至渭河入黄口）、北洛河下游洑头至北洛河入渭口三个不同河流的河道。三门峡库区是黄河中游三门峡以上（上大型）洪水来源的控制区，做好其洪水预报工作，对于三门峡水库的防洪调度运用和黄河下游的防汛均有着重要的作用。

近几年，三门峡库区河道淤积不断增加，河道萎缩严重，过洪能力降低，洪水漫滩的几率增加，洪水漫滩后，演进规律发生改变。为提高洪水预报精度，满足防汛要求，用新方法研制了三门峡库区龙门、潼关、华县、三门峡四个国家重要水文站的洪水预报系统，使洪水预报精度有较大提高。随着目前国家防汛指挥系统水情分中心的建成，三门峡库区水情信息采集和传输自动化水平提高，为利用现代化雷达、遥感等雨水情信息，实现洪水预报的现代化打下了基础。

1　上游合成流量演算法

黄河龙门站洪水主要来自于黄河晋陕峡谷区间河道，洪水陡涨陡落，含沙量大，区间支流加入较多的情况，该段采用“先合后演”的马斯京根分段流量演算法。先将干支流相应时间的洪水过程合成后，根据干支流合成洪水过程的最大流量优选参数 K、X，从上游吴堡站到龙门站用马斯京根法进行分段连续演算。把吴堡—龙门 275 km 河段的预报方案向上游拓展到府谷站，建立了府谷—吴堡—龙门 517 km 河段的连续演算预报方案，使洪水预报的预见期由 14 个小时增加到 27 个小时以上。同时建立了该河段上、下游相应洪峰流量、传播时间相关预报方案。为考虑府谷至龙门未控区间内暴雨洪水的加入，建立了降雨径流预报模型。龙门站洪水预报的预见期增长 13 个小时，洪峰流量的平均预报精度由 2000 年以前的 86% 提高到 92%。

2 马斯京根分层流量演算法

渭河下游河道具有复式断面阶梯形河槽的特点。主槽宽仅 200 m 左右，而滩地宽度达到 2 000 ~ 3 000 m 不等，且滩地上杂草丛生，高秆植物较多，使漫滩洪水受到的阻力增大。近几年来由于渭河下游河道淤积萎缩严重，河道主槽的过洪能力不断减小，平滩流量由 1985 年汛前 4 500 m^3/s，2003 年锐减到 1 500 m^3/s，使洪水漫滩的几率增加，洪水漫滩后传播时间加长，洪峰的削减率增加。如临潼站 2003 年洪峰流量 5 100 m^3/s（8 月 31 日），演进至华县站为 3 540 m^3/s，洪峰流传播时间达 24 个小时，比未漫滩情况下（传播 12 个小时）增加 12 个小时，洪峰的削峰率达 31%。因此，为考虑渭河下游河道洪水漫滩后，滩、槽洪水的不同特性和演进规律，采用马斯京根分层流量演算法，将滩地和主槽流量进行分层，采用不同的参数演算到下游站，然后同时间相应流量相合成，即预报出下游的洪水过程。分层流量演算法使漫滩洪水平均预报精度由原来的 76%（1973 ~ 1996 年）提高到 87%（1997 ~ 2005 年）。如 2005 年渭河下游“05 · 10”大洪水中，华县站 10 月 4 日 4 880 m^3/s 的最大洪峰，预报精度达到 92%。同时建立了以区间降水量、洪峰形状系数等为参数的上下游洪峰流量相关预报方案。

3 黄河小北干流漫滩洪水预报方法

黄河小北干流龙门至潼关河段属宽浅河道，从 1985 年以来河道萎缩不断加剧，平滩流量由从 1985 年汛前的 11 000 m^3/s，减小到 2005 年的 4 200 m^3/s，洪水漫滩后洪水的演进规律发生了改变，传播时间加长，削峰率增加。为了充分考虑洪水漫滩后河道的实际槽蓄关系，利用实测的河道淤积断面资料和水位站资料，分段计算建立各段的槽蓄关系，用“蓄率中线法”分段连续演算预报。对于高含沙大洪水漫滩后泥沙淤积对洪水过程预报的影响，建立了实时修正模型。这样用“蓄率中线法”分段连续演算建立的方案，使龙门至潼关漫滩洪水的预报精度由 2000 年以前的不足 70% 提高到目前的 85% 以上。

4 三门峡水库的联合调洪演算预报方法

4.1 联合调洪演算预报方法

三门峡水库从“92 · 8 洪水”后，不断降低水库的蓄水位和汛前限制水位，洪水期采用敞泄排沙的运用方式。潼关以下库区已非完全水库调节,形成了上段(潼关至大禹渡)河道调蓄和下段(大禹渡至大坝)水库调蓄的特点。将入库潼关站到大坝之间上段天然河道段,采用"马斯京根河道流量演算法";下段水库蓄水段采用水库调洪演算中的"蓄率中线法"。该预报方法能够根据大小不同的洪峰流量自动计算优化演算参数,进行连续演算预报,可预报出三门峡水库的库水位过程、出库流量过程,最高水位、最大流量及出现时间等。

4.2 水库库容实时校正

对三门峡水库库容因水库泄流排沙、洪水冲淤发生改变的情况,建立了库容实时校正模型。校正模型能够根据泥沙的冲淤量,对水库库容进行实时修正,提高了预报精度。

2001 年该预报系统开发后,三门峡水库出库最大流量和最高库水位及洪水过程平均预报精度由过去的 81% 提高到 90% 以上。

以上是根据三门峡库区各河段不同的河道特性和洪水演进规律,所采用相应不同的预报方法,提高了其预报的精度。

5 三门峡库区洪水预报发展趋势

水情信息采集、传输和处理自动化程度的不断提高,雷达、遥感等现代化雨水情测、报设备的应用,为三门峡库区洪水预报向现代化方向发展开辟了广阔的前景。

5.1 开展降雨径流预报模型提高预见期

2006 年 5 月黄河流域三门峡水情分中心的建成并投入运用,实现了实时雨量数据采集、传输、接收的自动化,为三门峡库区降雨径流预报提供了必要的条件。如黄河龙门站以上晋陕峡谷未控区间的暴雨洪水加入和渭河下游南山支流洪水流量的加入等,均可用降雨径流模型预报加以解决,以提高其洪水预报的精度和预见期。

5.2 充分利用新的预报方法和预报模型研制预报方案

随着计算机和网络技术的飞速发展,雷达、远红外线、GSM 等遥感技术在水文测报领域的应用,新的水文预报方法应运而生,如交互式水文模型等,特别是要借鉴国外的一些技术含量较高的预报方法,如分布式水文模型、人工智能神经网络模型等,结合三门峡库区的气象、水文和河道洪水特点,研制开发三门峡库区河道洪水预报系统。

5.3 开展径流、泥沙、水质预报

三门峡库区现在开展的水文预报还局限于洪水预报,对含沙量和中长期径流量与水质的预报还未正式开展。随着社会工农业生产的持续发展,黄河水资

源供需矛盾的日益尖锐、水质污染加重，特别是枯水期既要保证工农业和生活用水，还要防止黄河不断流、污染不超标，因此必须开展中长期径流预报和水质预报，为黄河水资源的科学、合理调度和沿黄人民引用水安全提供依据。为实现新时期的治黄理念“维持黄河的健康生命”，做到河床不抬高，急需开展三门峡库区的含沙量预报，以利于实施调水调沙和小北干流放淤等新的黄河治理举措。

5.4 建立预报实时校正模型提高预报精度

随着水情分中心的建成，水情信息的雷达、卫星的自动接收传输和处理为三门峡库区建立实时连续滚动预报及实时校正模型系统提供了条件。

黄河府谷—吴堡—龙门站、渭河咸阳—临潼—华县站等洪水均采用连续演算预报，其预见期在 27 个小时左右，在预见期内可根据实时雨水情信息，不断地对预报值进行修正，以提高洪水预报的精度。因此，利用目前较为先进的卡耳曼滤波、CRC 滤波等，建立洪水预报的实时校正模型，以提高三门峡库区预报系统的整体预报精度，更好地为防汛服务。

6 结语

本文根据三门峡库区近几年来河道的冲淤变化和三门峡水库调度运用方式的改变，引起河道特性和洪水演进规律的变化，研制开发了相应洪水预报的方法和新预报方案，提高了洪水预报的精度。目前三门峡库区洪水预报方法具有实用性强、精度较高的特点，但预报方法单一，还是以经验预报方法为主，技术含量低，预报项目仅局限于洪峰流量和传播时间，预见期也较短。随着三门峡测区水情分中心建成运用，水情信息采集和传输的时效性、准确性和自动化水平显著提高，特别是雷达、卫星、遥感等技术的应用，为三门峡库区洪水预报向现代化方面发展创造了条件，为今后提高三门峡库区洪水预报精度和科技含量，进一步开展含沙量、中长期径流量、水质等项目的预报奠定了基础。

参考文献

[1] 庄一鸰. 林三益. 水文预报[M]. 北京：中国水利水电出版社，1999.

[2] 水电部. 水文情报预报规范[S]. 北京：水利电力出版社，1985.

建立黄河河源区地下水监测体系的可行性分析

杜得彦[1] 王生雄[1] 许叶新[2]

(1. 黄河水利委员会水文局; 2. 黄河河源研究院)

摘要:本文介绍了黄河河源区概况,通过对地下水监测现状及近年来水文情势变化特点的分析,提出了建立河源区地下水监测体系的必要性,从技术、工程、经济、社会效益等方面进行了分析评估和研究,论述了建立河源区地下水监测体系的可行性。认为该体系建设,对加强河源区水资源开发利用和“三水”转化规律研究,科学预防自然灾害,加强生态环境建设,促进区域经济社会发展具有重要的意义。

关键词:黄河河源区 地下水 监测 体系 可行性 分析

1 黄河河源区概况

黄河河源区是指黄河龙羊峡水库以上黄河干流区域,流域面积为12万 km^2,多年平均径流量204.7亿 m^3,占黄河年径流量的35.3%。由于地势高寒,风化严重,流域内岩石破碎,有利于水分下渗,地下水比较丰富。发源于四川西部若尔盖草地沼泽的黑河、白河是较大的两条支流,产水量大,调蓄能力强,对稳定黄河上游水量有相当大的作用。阿尼玛卿山分布着大小冰川40余条,冰川面积120.57 km^2,是流域天然的固体水库,源于冰川的曲什安河与切木曲是军功—唐乃亥区间的主要水源。

该地区平均海拔在3 000 m以上,属于高原大陆性气候,高寒缺氧,温差大,冬长夏短,四季不分明,气候区分布差异大,垂直变化明显,区域内降水分布地区及季节差异显著。黄河河源区跨越青海、四川、甘肃三省,因受自然、经济环境的制约,人口分布不均,大部分地区平均人口密度仅7人/km^2,工业、农业基础薄弱,畜牧业是该地区主要经济收入来源。

2 地下水监测现状

近年来,由于气候的变化和人类经济活动的影响,导致黄河源头区雪线上升、冰川后退,众多湖泊面积缩小和盐碱化,草场退化、沙化及水土流失日益严重,河源区地下水资源循环条件,地下水数量、质量和分布规律等发生了明显变化,严重影响了地下水资源的形成、开发和利用,影响人民群众的身体健康及供水安全和生态环境安全,成为我国经济社会全面、协调、可持续发展的制约因素。据黄委会玛多水文站资料显示,扎陵湖、鄂陵湖出湖水位近年来持续下降,其他各个盆地的地下水水位均有下降趋势,若尔盖湿地逐步消失,就是地下水水位持续下降的具体表现。目前河源区还没有开展地下水监测工作。

3 建立黄河河源区地下水监测体系的可行性分析

3.1 建立黄河河源区地下水监测体系的必要性

水资源是人类生存和发展不可替代的重要资源,黄河河源区地下水资源量约53.6亿 m^3,占水资源总量的26.8%。由于地区分布不均,年际、年内变化大,特别是进入20世纪90年代后,河源区久治、玛沁、玛曲、河南、泽库、同德、唐乃亥一带年降水量持续减少,使唐乃亥站的年流量过程连续处在枯水段,加剧了流域下游水资源的紧张状况。同时,因气温升高,导致流域内冻土层消融、包气带变厚、下渗量增大,新的浅层地下水埋藏条件正在产生,出现了地下水水位持续下降、湖泊水域面积缩小、内流化和盐化现象,部分区域产生草场退化、土地沙化现象,加之人类活动和鼠害等因素的影响,流域内下垫面条件发生了变化,不仅对地表径流的形成产生了很大影响,而且诱发了许多生态环境问题。这些问题的出现,都与地下水水位的变化有着密切的联系。因此,结合源区环境变化的新形势,为研究源区水资源变化,加强生态环境保护工作的需要,科学、经济、合理地建设地下水监测站网,系统监测地下水动态变化,为探索源区地下水埋藏条件,分析地下水变化过程,确定水文地质参数,探讨地下水资源评价方法,研究降水、地表水、地下水"三水"转化规律及地下水埋深与生态环境的关系,预防自然灾害和保护环境等具有重要的现实意义。

3.2 建立黄河河源区地下水监测体系的可行性

在国家西部开发战略逐步实施的情况下,黄河河源区的经济、交通、生活条件都将会发生较大的变化,为逐步实现地下水井网建设,开展地下水监测工作创造了条件。在新的《黄河流域综合规划》"黄河流域地下水开发利用和保护规划"专项中,根据地下水开发利用和保护要求,研究提出地下水监测体系建设和基本框架及其内容,提出总体实施意见;在"黄河流域龙羊峡以上河段综合规划"专项中,要求结合地区经济社会发展规划,充分考虑节水、预测生产、生活、生态需水量,研究提出各断面的河道生态基流和径流量控制指标。这从黄河治理规划的层面说明建立黄河河源区地下水监测体系既是必要的,也是可行的。

4 建立黄河河源区地下水监测体系的主要内容

4.1 建设目标

根据黄河源区的实际情况及国家有关重要地下水监测井的布井原则，在若尔盖盆地、兴海－同德－泽库盆地、约古宗列盆地三个盆地分别按照1 000 km^2面积1～2眼井的密度标准布设地下水监测井网，建成系统监测地下水水位、水温，定期监测地下水水质的自动化监测体系，实现当日内将实时信息传递至主管部门，能准确分析和预报地下水动态，监测水平基本达到发达国家同期水平。

（1）前瞻性：从河源区水资源和生态环境变化以及经济社会可持续发展角度出发，预测环境变化与经济社会发展等对地下水监测工作的需求。

（2）先进性：密切跟踪国际地下水监测发展的最新技术，采用先进的手段和设备，提高监测的科技含量。

（3）突出重点：按照国家级重要地下水监测井的布井原则和建设目标建设。

（4）因地制宜：以河源区有村庄或居民点为布井位置，建立安全可靠、经济实用，与全国水利发展总体规划相一致的地下水监测站（井）网。

4.2 监测中心及分中心选址

根据源区的具体情况，在以上三个盆地分别设立地下水监测管理分中心，鉴于当地特殊的地理位置和便于监测，若尔盖盆地的分中心可设在玛曲水文站，兴海－同德－泽库盆地的分中心可设在唐乃亥水文站，约古宗列盆地的分中心可设在黄河沿水文站；地下水监测中心可设在兰州，负责整个河源区的地下水监测管理工作。

4.3 地下水监测井网布设

河源区地下水开采利用程度低，地下水水位的下降主要是气温升高和降雨量减少所致，分析认为，地下水水位下降的幅度在面上的分布比较均匀。因此，按照国家重要监测井的布设密度进行井网布设，并考虑各盆地的交通、生活条件和村镇分布等实际情况，在有村镇的地方布设井网，基本能达到兼顾上下游、左右岸、均匀分布的要求，可以满足分析研究地下水变化的目的。在实地查勘调研的基础上，经综合分析，在若尔盖盆地布设19眼井，在兴海－同德－泽库盆地布设17眼井，在约古宗列盆地布设18眼井，共计54眼井，基本能满足该体系建设的需要。

4.4 地下水监测井及井房建设

4.4.1 监测井

地下水监测站（井）结构的设计，以水文地质图和水文地质剖面图为依据。结构设计符合水位自动观测、能安装水位自动监测仪器和采集水位的要求，符合国家级重要地下水监测站(井)运行不少于20年的要求设计。

4.4.2 监测站(井)房

按照国家级重要监测站(井)房无人值守,牢固实用的标准设计,井房用于地下水监测井、监测仪器和信息采集与传输设备的保护管理场所。

4.5 地下水监测信息系统

4.5.1 数据采集、传输、接收和处理系统

仪器设备及配套设施的选型应遵循实用、可靠、先进的原则,实现水位自动监测,监测信息能远距离采集、传输、接收和处理,按照国家信息中心、兰州中心、各片(玛曲、唐乃亥、玛多)分中心、各地下水监测站四级运行管理。在此基础上,采用先进手段和技术装备,建成河源区地下水监测信息综合处理应用数据库系统。

系统建成后,可以保证各信息采集站(井),通过自动监测仪器采集的地下水信息在当天传输到分中心、监测中心和上级有关管理部门,传输方式按照属地条件,可选择有线或无线两种,有线主要依赖互联网或局域网,无线可选择卫星(如风云二号)通讯。

综合处理及实时分析评价系统结构框架可分为三个层次:人机接口、系统应用层和系统支持层。系统应用层通过人机接口与决策分析人员和决策者交互,在系统支持层数据库、模型、方法、知识、图形、图像及系统应用层分析功能支持下,完成各个阶段信息需求和分析。目前,成熟的通讯及计算机网络技术为信息功能的实现提供了可能。系统应用层是系统的核心,提供决策支持过程中所需的各种技术分析、信息接受处理、数据库管理等功能。系统信息支持层存储和管理整个系统过程中应用层各子系统共用的所有数据。

4.5.2 信息数据库系统

建成涵盖地下水监测信息入库、信息处理、信息输出和应用服务等内容的地下水监测信息数据库。具体内容包括:地下水实时监测信息和历史资料入库;地下水监测信息自动整编并入库;建立完善的地下水监测信息的修改、查询、统计、输出系统;初步建立地下水模型库,用以计算各种典型水文地质单元的地下水参数和资源量;不断完善数据库管理软件,完成地下水模型库的建设并投入使用,为水资源评价、管理和科学决策提供支持。

4.5.3 应用服务系统

系统建设后,根据科学发展和需求不断完善应用服务系统,提高应用服务系统科技水平。应用地理信息系统和网络技术,开发建设河源区地下水应用服务系统,实现可视化查询和分析功能,根据地下水开发利用情况,进行预测预报,为河源区水资源管理、生态环境建设提供全面、优质的服务。

5 社会和经济效益分析

5.1 社会效益分析

该项目实施后，可全面提高黄河源区地下水监测现代化水平，建立科学管理、功能齐全的地下水监测井网及信息采集、传输、处理和预测预报系统，为有关部门及时提供地下水动态信息，为研究河源区水文地质环境变化、“三水”转化规律、生态环境变化等提供可靠支撑。该项目的实施，将使河源区地下水井网建设在面上分布初具规模，为今后普查研究地下水资源量，以及水资源的科学评价、管理与保护，以及生态环境保护打下良好的基础。

5.2 经济效益分析

本项目的实施，将在河源区水资源管理、水利工程建设、环境地质灾害防治、生态环境保护、地下水开发利用、科学研究等方面产生巨大的经济效益；将为统一管理地表水与地下水、水量与水质，统一进行水的调查评价、规划、水量调配，制定长期供水规划，实施取水许可制度；依法促进水资源的综合开发利用，对开发利用和保护实行统一的监督管理；协调水事矛盾；节约用水的监管，对于监测和遏制由于地下水水位下降引起的环境地质灾害及生态环境恶化具有重要意义。

6 结语

黄河河源区地下水监测系统的建成，将填补黄河源区无地下水监测的空白，全面提高源区地下水监测工作的现代化水平，水位、水温、水质等项目的全面自动监测、自动传输，大大提高了地下水实时信息的传输能力，提高了地下水管理的时效性，为河源区气象、水文、地质、环境、生态等一系列重大科研课题的研究立项奠定了良好的基础，对“维持黄河健康生命”具有重要意义。

参 考 文 献

[1] Y R H 布朗，等. 地下水研究[M]. 北京：学术书刊出版社，1989.

[2] 周仰效，冯翠娥. 地下水监测井网的基本概念与设计原理[EB/OL]. http://www.cigem.gov.cn，2004-10-15/2005-06-18.

[3] 陈梦熊，马凤山. 中国地下水资源与环境[M]. 北京：地震出版社，2002.

[4] B H 波波夫，肖庆龙. 地下水动态观测的组织及进行办法[M]. 北京：地质出版社，1958.

[5] 仵彦卿，张倬元，李俊亭. 地下水动态观测网优化设计[M]. 成都：成都科技大学出版社，1993.

[6] 水利部水资源司,南京水利科学研究院水资源研究所. 21 世纪初期中国地下水资源开发利用[M]. 北京:中国水利水电出版社,2004.
[7] 陈宜瑜. 中国湿地研究[M]. 长春:吉林科学技术出版社,1995.
[8] 石秋池. 关于水功能区划[J]. 水资源保护,2002(3).
[9] 王超,朱党生,程晓冰. 地表水功能区划分系统的研究[J]. 河海大学学报(自然科学版),2002(5).
[10] 郝云,尚晓成,李明. 黄河流域水体功能区划概况[J]. 水资源保护,2001(1).
[11] 王国平. 地下水评价的污染损失率法[J]. 甘肃环境研究与监测,2001(2).

三维图形学和虚拟现实在决策支持系统中的应用

朱　玄[1,2]　Arthur. E. Mynett[1,2,3,4]

(1. 联合国教科文组织国际水管理学院;2. 德尔伏特水力学所;
3. 德尔伏特理工大学;4. 中国科学院生态环境系统研究中心)

摘要:以 GIS 数据为基础,采用 VC + + 结合 OpenGL 图形库的可视化开发环境建立了三维地形可视化系统。系统功能包括使用三角剖分算法将 DEM 数据以三维方式显示地形;使用纹理贴图技术以达到更真实地显示细节效果;支持人机交互功能,使用户可以在虚拟场景中漫游;支持三维空间坐标查询功能。通过控制图片的透明度实现多时期变化的动态显示,以帮助决策者更直观地了解变化过程。此系统通过对黄河三角洲的地形模拟和土地利用变化的动态显示,更好地展现三角洲的演变规律。

关键词:DEM　三维地形　OpenGL　三维空间查询

1　引言

"海量"和"实时"是水利领域的数据特点,这些数据是决策支持的基础。决策者必须根据这些数据来制定各种方案解决洪水控制、流域管理等问题。如何从大量数据中还原它们的物理面貌,并以一种直观的方式展现给决策者成为了一个重要的课题。随着科学技术的发展,特别是计算机图形图像学的迅猛发展,计算机三维建模为人们提供了一个很好的解决数据可视化问题的方法。当前,水资源分配的实时数据展现还停留在数字和二维图表的阶段,缺乏直观性和完整性。三维仿真系统的直观,完整和时间连续性,可以很好地解决这样的问题,面对生动的三维模型,没有专业背景知识的决策者可以快速地了解复杂数据背后的物理表象,缩短做决定的时间,这样在一些对时间要求非常敏感的问题,如抗洪抢险等,还可以节约宝贵的时间。三维地形建模是水利三维仿真的基础,准确地模拟出观察区域的地形,并让用户可以在其中漫游,可以有效地提供一个高效的工作平台供决策者了解这一地区,并作为辅助决策的工具。在黄河三角洲的决策支持系统中,一个重要的目标就是让决策者能更好地了解黄河的演变规律,并且帮助决策者更好地预测未来可能发生的情况。当决策者能很直观地看见这些变化,并且得到很清晰的解释为什么这样的现象会发生时,他们能更快地做出正确的决定。黄河三角洲的决策者支持系统必须就三角洲的演变历史帮助决策者建立一个清晰直观的印象,以便于他们对三角洲的未来做出正确的治理方案。三维地形建模系统是从底层开始,以 VC + + 为开发平台结合 OpenGL 库开发出来的三维仿真系统。根据 DEM 数据还原三维地形的原貌,动态展示各个时期的变化,并支持人机交互。

2 数据准备

2.1 DEM 数据

当人们想对某一区域地形进行建模时必须有对每个采样点的高程信息,当采样点越多越密的时候,人们可以真实地还原地貌而不必担心扭曲变形问题。但是在现实中我们不能对研究区域的每一个点进行采样,所以如何选取采样点在地形模拟中是非常重要的。通常的解决方法是按照网格形式来选取采样点,采样间距有 1 m,处理 10 m 或 1 000 m。根据这些点,人们可以方便地获取地形信息。ASCII 码的 DEM 数据是比较普遍并且简单的格式。格式包括两部分:头文件和数据。在头文件中包含了网格大小和位置信息,在数据部分,高程数据从最北的那一行按从左到右的顺序排列。以下是头文件示例:

ncols 10

nrows 8

xllcorner 637 500.000

yllcorner 206 000.000

cellsize 500.000

NODATA_value -9 999

前两行表明了网格的大小;第三、四行表明了网格是从底边的左端开始展开;第五行表明了网格的大小;最后一行表示数据缺失时的数字显示。ASCII 码格式的数据是三维地形建模系统的输入格式。不同格式的 DEM 数据可以从 ArcGIS 中转化为 ASCII 码格式。

2.2 纹理贴图

纹理贴图是指用来放在虚拟的三维地形上的图片文件,就好比在地面上贴上图片一样,以表示更多的地面信息。在三维地形建模系统中,有两种方式的纹理贴图案。

2.2.1 分析数据贴图

此组贴图是一系列的 2D 图像,是经过模型运算后的输出图像。例如,从 ArcGIS 中输出的土地利用图或是经过处理的遥感图像。总之,任何 2D 的图像经配准后均可作为纹理图像渲染在虚拟的 3D 地形表面。

2.2.2 基于高度纹理贴图

在系统中,每一个网格点的高度信息可以保存在计算机的缓存里。基于OpenGL的深度检测功能,每一点的高度信息可以被读取并且分类。因此,不同高度的不同纹理图像可以被指定并且渲染。例如,最大高度的20%是水,我们可以把代表水的纹理图像加在地形上。因此,最大高度20%以下就为水层。这一方法可以用于洪水演进模拟。

3 系统结构

如图1所示,首先,数字高程模型的数据应该被输入并还原为3D地表,同时,代表区域不同时期的不同纹理图像也应该按时序准备完全。其次,纹理图像被渲染于3D的地形表面以产生不同时期的不同3D地形图。接着,漫游功能被加入到3D地形图中,帮助用户实现使用键盘和鼠标对3D地形图进行放大,缩小、旋转和平移操作,以实现人机交互功能。最后,不同时期的3D地形图在图像变换技术的使用下实现动态变化。

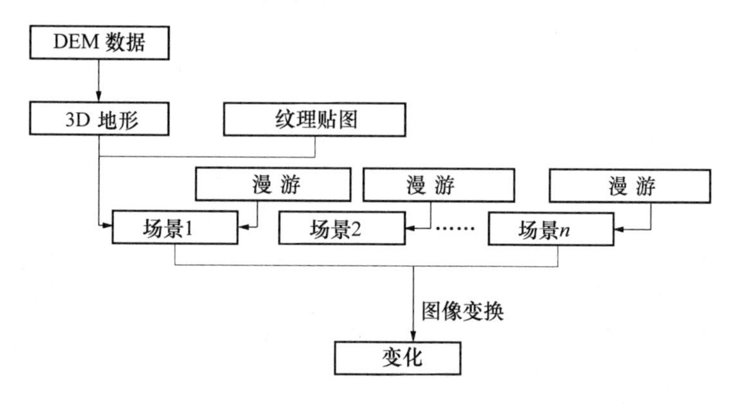

图1 系统流程图

3.1 数据输入

这部分功能实现DEM数据的输入,如上所述,输入的数据应先被整理成地形网格的格式。步骤如图2所示。

(1)“读取头文件”表明系统读取DEM数据的头文件,以获取网格信息。

(2)“调整单位”表示统一不同的坐标单位到“米”。例如,当网格数据的空间坐标单位是度的时候,系统将其换算到“米”。所以,当原始数据的单位不是“米”的时候,我们赋予它的cellsize小于1.0。当然这样的换算不是非常精准,会引起一定的误差,所以输入的DEM数据最好使用以“米”为单位的投影系统。

(3)“调整坐标”表示把3D地形模型调整到屏幕的中央。此步骤是在读取DEM数据时完成的。

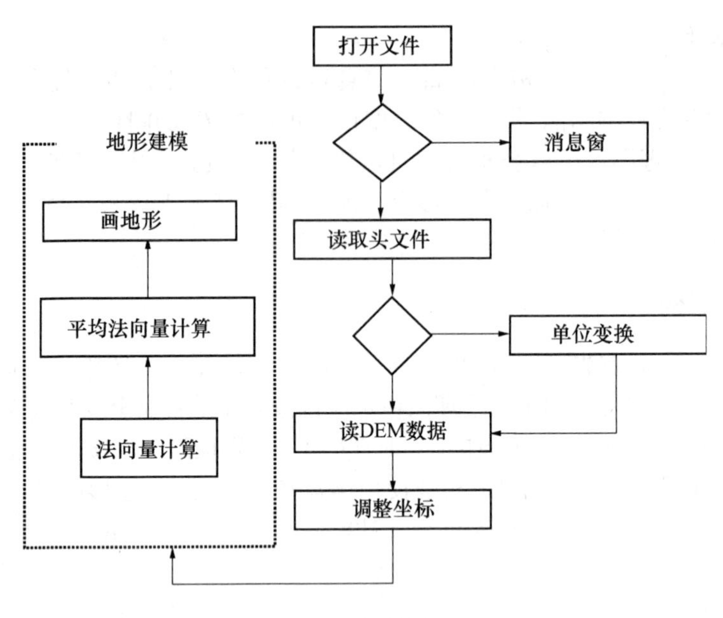

图 2 数据输入

3.2 地形建模

这部分包含3个主要部分:法向量计算、平均法向量计算和地形渲染。前两个步骤是用于调整光线的正确反射规律以使虚拟3D地形给出真实的光影效果。在3D地形建模系统中,OpenGL函数:GL_TRIANGLE_STRIP被用于勾画一系列的三角形以便将单个网格剖分为两个三角形,用于拟合地表的曲面。此函数以逆时针方向连接三角形的顶点,当下一个三角形的一个顶点被指定时,此函数会自动勾画下一个三角形。此函数的特点是可以节约大量的时间,在本系统中,此函数是在双重循环中实现以历遍整个网格。步骤如图3所示。

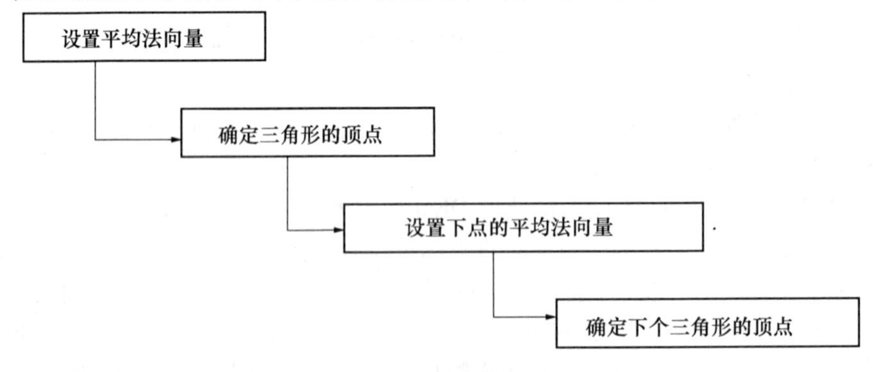

图 3 地形建模

当所有的三角形勾画完毕,整个地表可以被模拟出来,图4展示了在三维空间中的三角剖分状态。

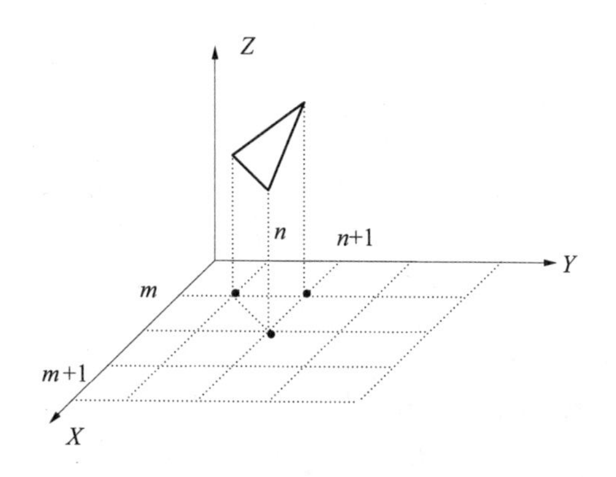

图4　三角剖分

3.3　纹理映射

把普通图像文件转化为纹理文件以便被计算机所识别的关键技术是定义此图像的属性。例如:高度、宽度、图像文件的格式和纹理的坐标。纹理映射在OpenGL中的步骤如下。

3.3.1　定义纹理文件

纹理文件的属性需要在计算机识别之前进行定义,例如:纹理文件是1D或是2D,图像的高度、宽度等。有6种图像格式可以被系统识别:TGA、TIF、BMP、GIF、PCX、PNG。在这个步骤中,图像属性包括宽度、高度、颜色深度被系统识别。

3.3.2　纹理滤波

总的来说,纹理文件基本上是以矩形的形式存在的,但是要将它们贴到曲面或多边形表面并转化坐标为屏幕坐标时,texels(纹理图像的像素)很难与图像的像素相匹配。纹理滤波的作用是以texels为依据确定纹理映射后屏幕上的像素。最快的方法是每个像素使用一个texel,线形插值法也经常使用,在此系统中,我们使用最近的texels的颜色值定义屏幕像素。

3.3.3　定义映射方式

在此步骤中,纹理图像的颜色和被贴物体表面的颜色的混合方式被指定以便获得正确的纹理映射结果。

3.3.4　渲染场景

在此步骤中,纹理图像的坐标和物体的坐标被配准,以便纹理图像正确地贴附到物体表面,接着,渲染场景以得到三维地表的图像文件输出。

3.4　GIS空间查询

在三维空间中进行GIS查询的关键技术是确定鼠标所选取的物体。这项功能可以由OpenGL的函数gluPickMatrix(GLdouble x, GLdouble y, GLdouble delx, GLdouble dely, GLint *viewport)实现。

x,y:确定选取范围的中心。

delx,dely:确定在窗口坐标下选取区域的宽度和高度。

viewport:确定当前的视口。

例如:当鼠标点下,一个小区域将被确定,如果在这个小区域中有点包含所需信息,它将被选中并保存在缓存中等待输出。根据鼠标选取,系统将找出用户所选取的点并输出相应的 GIS 信息。输出效果如图 5 所示。

图 5　坐标查询

系统可以计算出两点之间的距离,鼠标点击选取两点,应用两点之间的距离公式计算距离,公式表示如下:

$$d_{i,i+1}=\sqrt{[(x_i-x_{i+1})^2+(y_i-y_{i+1})^2+(z_i-z_{i+1})^2]^2}$$

$d_{i,i+1}$ 表示从点 i 到点 $i+1$ 之间的距离。输出结果如图 6 所示。

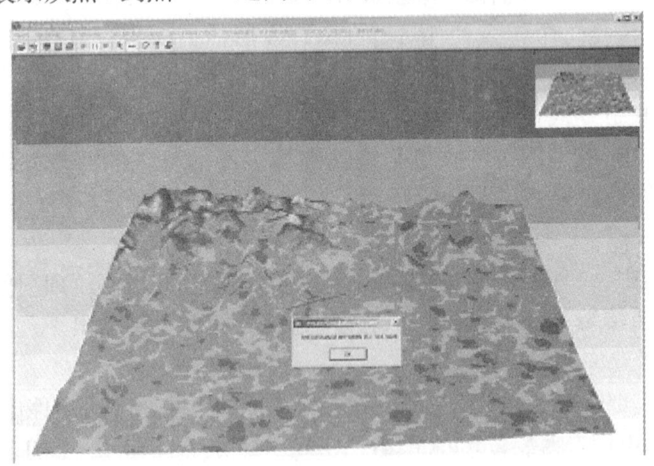

图 6　距离查询

3.5 动态变化

这部分的功能旨在显示不同时期的变化,并且将它们连成动态显示结果以便帮助用户直观地了解变化的发生和位置。此功能帮助决策者在时间的维度上驰骋,看到区域的历史、现在和未来。此部分借助图像变形技术,利用函数AlphaBlend轻松控制图像的透明度,以实现控制两幅图像间的变换。

3.6 人机交互

这部分功能帮助用户使用键盘和鼠标实现对虚拟三维地形的控制,他们可以旋转、放大、平移地形以获取多角度观察。OpenGL提供包括视口变换和投影变换以帮助实现对地形的控制。

4 实例

4.1 研究区域

黄河湿地三角洲(图7)是系1855年黄河铜瓦厢决口改道夺大清河入渤海

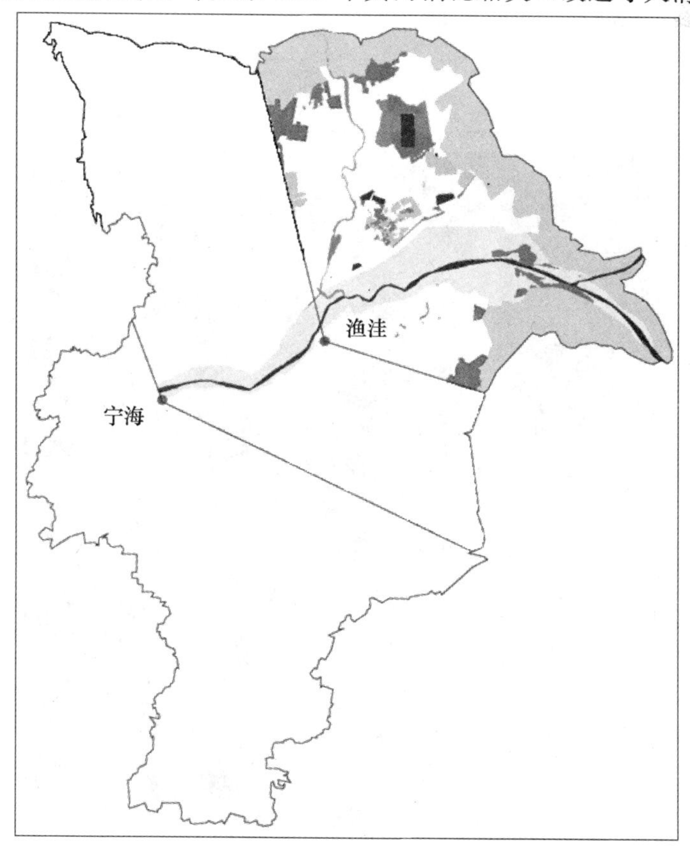

图7 黄河三角洲

以来,入海流路改道摆动曾流经的范围和所塑造的冲积平原。它坐落在山东省以北,这一区域介于东经 118°10′~119°15′、北纬 37°15′~38°10′之间。根据不同时期和地质条件,黄河三角洲被划分为老三角洲和新三角洲。本文将以新三角洲为研究对象,新三角洲是指以渔洼为顶点,北起河口,南到宋春荣沟,是一扇形区域,陆上面积大约 2 400 km^2。重要的是,这部分区域是人为地改变黄河出海口的方向以帮助发展河口的经济,保护农田和有效地进行洪水控制。

4.2 输入数据

输入的数据被分为两部分:DEM 数据和纹理数据。

4.2.1 DEM 数据

此数据是从黄河水利委员会收集来的,具体属性如表 1、图 8 所示。

表 1 DEM 数据

<table>
<tr><td colspan="2">坐标系统</td><td>WGS_1984_UTM_ZONE_50N</td></tr>
<tr><td colspan="2">分辨率</td><td>90 m</td></tr>
<tr><td colspan="2">坐标</td><td>NO DATA</td></tr>
<tr><td rowspan="2">ASCII</td><td>列</td><td>2 401</td></tr>
<tr><td>行</td><td>1 841</td></tr>
</table>

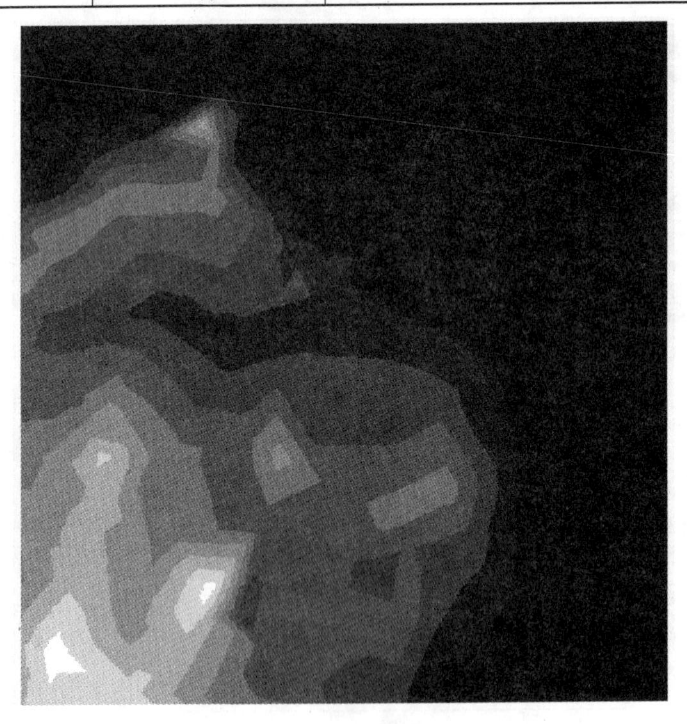

图 8 DEM 灰度图

4.2.2 纹理数据

在此实例中的纹理数据是土地利用分布图,分别是 1986 年、1996 年、2001 年和未来的预测图。未来的土地利用图被分为两种情况:干旱季和规律洪水泛滥季。根据黄河水利委员会对黄河治理的规定:对黄河三角洲的给水量将控制在 20 亿 m^3 左右,当水量小于 16 亿 m^3 时,此时期被称为干旱时期。通过对历年平均来水量的统计,我们发现 1986 年的年平均来水量是 16 亿 m^3 左右,1996 年的年平均来水量是 19 亿 m^3。基于这两年的情况,我们对未来在干旱和规律洪水泛滥季的土地利用变化进行了预测,并关注的是树林和沿河口植被的变化情况。如图 9 ~ 图 11 所示。

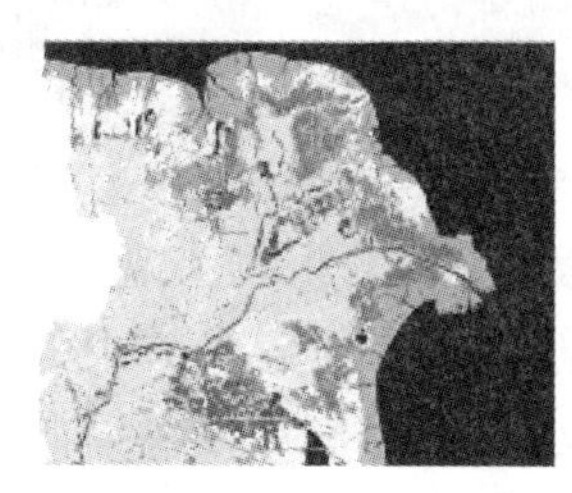
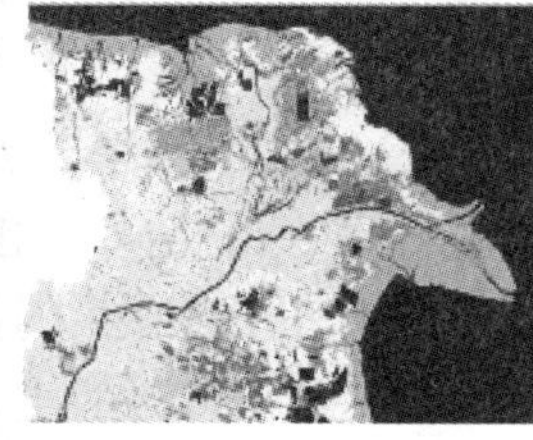
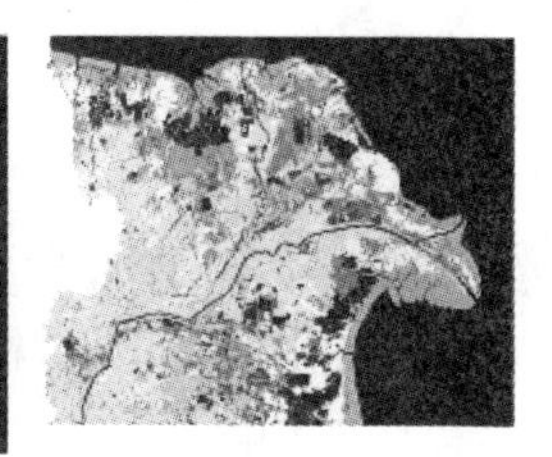

图 9 纹理文件

(1)未来,干旱季节。

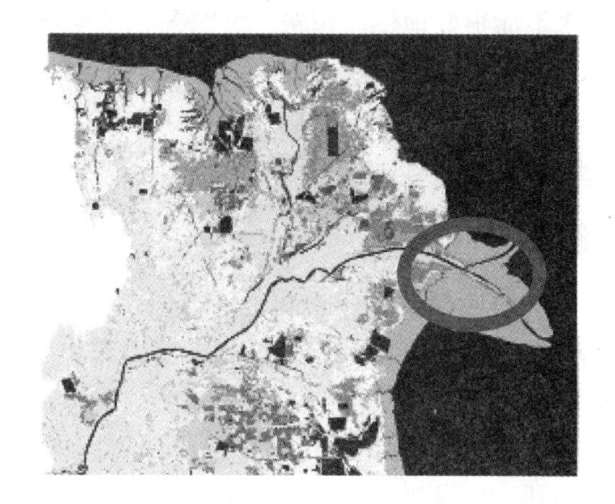

图 10 未来土地利用图

(2)规律洪水泛滥季节。

4.3 结果

在 MOVIE MAKER 的帮助下,两段动画将被生成以展现这四个时期的动态变化过程。一个是展现从 1986 年到干旱未来的变化,一个是展现 1986 年到规律洪水泛滥季节的变化。从动画中,决策者可以清楚地看到土地利用的变化,并了解变化的原因。在 3DS MAX 的帮助下,这两段动画可以作为纹理文件贴附到

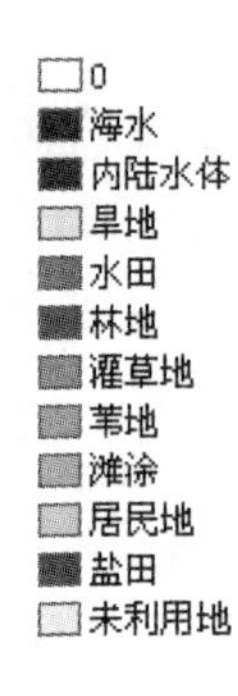

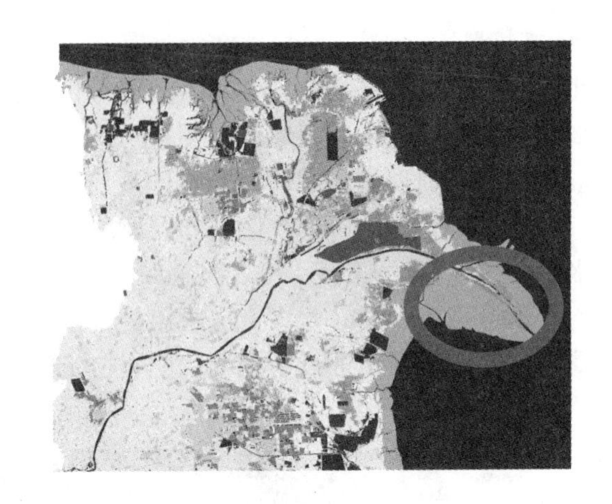

图 11　未来土地利用图

三维地形的表面,并且输出为 AVI 格式的电影文件。根据直观的电影文件,决策者可以清楚地发现变化趋势,并在专家的解说下了解各种方案的可行性和对未来的影响。在这个实例中,由于黄河的洪水使得清水可以供给湿地三角洲以支持其上的植被生长,特别是沿河边生长的植物,因此树林和苇草的面积(分别以深绿和粉红表示),可以在规律洪水泛滥的时候很好的增长。然而,当干旱发生时,清水不能很好地供给植被,海水侵蚀,它们的面积将减少。

图 12 展现了有纹理映射的三维虚拟的地形,此纹理是航拍图像配准后叠加到地形表面的。从图 12 中我们可以看出黄河三角洲的三维图像,并且用户可以在其中使用键盘和鼠标进行漫游。

5　结论

(1)计算机图像处理在水利系统中的应用可以帮助科学家们展现复杂模型运算的结果。通过科学数据可视化,决策者可以很直观且准确地捕捉到变化结果,可以帮助他们消化从模型运算得到的信息并转换成知识来更好的认识物理世界,解决问题,制定方案。可视化的应用将以四维的形式(空间 + 时间),将帮助人们回顾历史,展望未来。

(2)OpenGL 图形库的使用可以实现在三维空间中的 GIS 查询,这表明三维空间分析可以在虚拟地形平台上进行。例如,坐标查询、距离和坡度查询可以帮助人们实现更多的研究工作。

(3)人机交互在科学数据可视化中是十分重要的。在此系统中的人机互动表示放大/缩小、平移和旋转,这可以帮助用户从各个角度了解研究区域。然而,更高层次的人机交互可以实现人们对模型参数的修改并实时地显示结果。通过对模型的人机交互,人们可以发现各个参数在模型中的敏感性和作用。在水信

图 12　黄河三角洲三维虚拟地形

息学中,模型结果的可视化可以将复杂的物理现象用一种更直观的方式展现,以便人们发展对模型结果的认知。

(4)虚拟现实技术是数据可视化的一把利器,它给予人们一个全新的视角帮助人们认识和探索三维世界。它强调了视觉在人类认知过程中的重要性。在虚拟现实中,人类就是核心,我们可以改变虚拟的现实以审视人类作用的影响。更重要的是,这样做对现实的世界不会造成任何有害的影响。

参考文献

[1] Bian Haihong. 3D visualization in the hydraulics area[M]. 2004.

[2] Chandra. B. Object Oriented Progra mming Using (second edition)[M]. 2002.

[3] Eckel Bruce. Thinking in C + + [M]. 1995.

[4] Germs Rick, Gert van Maren, Edward Verbree, Frederik W. Jansen. A multi - view VR interface for 3D GIS[M]. 1999.

[5] Meng Jiaojiao, Wu Wenbo. The realization of navigation into a 3D landscape (Base on the technique of ERDAS IMAGINE).

[6] Zhang Junxia. 3D terrain visualization and real - time browse[M]. 2002.

[7] Jia Zhigang. OpenGL Progra mming: Introduction and Improvement[M]. 1999.

[8] Kamat. Vineet R, M. ASCE, and Julio C. Martinez, M. ASCE. Large - scale Dynamic Terrain in Three - Dimensional Construction Process Visualization[M]. 2005.

[9] Kraak Menno – Jan, Smets Gerda and Sidjanin Predrag. Virtual reality, the new 3D interface for geographical information system.

[10] Koutek Michal. Scientific Visualization in Virtual Reality: Interaction Techniques and Application Development (PhD thesis) [M]. 2003.

[11] Mynett A E. Environmental Hydroinformatics: the way ahead; Proceedings 5th Int. Conf. on Hydroinformatics[J]. Vol. 1, pp 31 – 36, IWA Publishing, Cardiff, UK, July 2002.

[12] Qiao Qiao. GIS 3D simulation system [EB/OL]. http://www.qqread.com/vc/t202184.html. 2006.

[13] Toru Ishida, Jun – ichi Akahani. Digital City Kyoto: Towards a Social Information [M]. 1999.

[14] WangJunliang, Wang Tong, Zhang Jiyong, etc. Study on the construction and application of 3D visualization platform for the Yellow River Basin[M]. 2006.

[15] Whyte Jennifer. Virtual reality and the built environment[M]. 2002.

[16] XinHaixia. Real – Time Visualization Technology Research and Implementation to 3D Riverbed Terrain Based on OpenGL[M]. 2005.

[17] Zhu Xuan. 3D Graphics and Virtual Reality Applications in Decision Support System (Msc thesis) [M]. 2007.

GIS在二维水沙数学模型的应用

赖瑞勋[1,2] 朱欣焰[2] 梁国亭[1] 胡 洁[3]

(1.黄河水利科学研究院泥沙研究所;
2.武汉大学测绘遥感信息工程国家重点实验室;
3.黄河勘测规划设计研究院)

摘要:二维水沙数学模型是利用水动力学方法模拟水流、泥沙等要素时空变化的重要手段。本文结合黄河下游花园口至利津河段,详细论述GIS(地理信息系统)在二维水沙数学模型的数据采集、数据分析管理、计算结果可视化和模型集成方面的应用。结果表明,GIS技术为二维水沙数学模型提供可靠的水边线、深泓线和DEM等地理信息数据,并为计算结果可视化提供了丰富的符号和渲染工具,此外,利用VB等面向对象开发语言与基于组件的GIS技术使得模型集成成为可能。

关键词:GIS 水沙 数学模型 集成 可视化

1 引言

黄河下游花园口至利津河段是黄河人口集中和经济较发达的地段,该河段的水流、泥沙演进模拟是水资源管理、洪水风险预报、决策的重要科学依据,是保障人民生命财产安全和经济可持续发展的有效手段。二维水沙数学模型利用计算水动力学方法模拟水流场中水沙运动情况,除其核心内容——计算方法外,边界数据输入和计算结果表达也是模型计算的重要部分,涉及数据获取、分析、管理和科学计算可视化等领域。

GIS作为集地理信息数据采集、分析管理和显示的有效手段,能满足水沙数学模型在数据输入输出的需求,并在更精确的地理定位、更强大的空间数据分析方面,较传统的水沙数学模型数据管理方式优势突出,以下就这些应用分别论述。

2 GIS在二维水沙数学模型的应用

2.1 地理数据采集

二维水沙数学模型的地理数据采集包括计算区域的地形地物和边界,其中地形指水下和陆地高程;地物主要指控导工程、险工、生产堤和植被的空间信息、建成时间、土地利用类型等属性信息;边界主要指深泓线、水边线、内岛边界、河堤、湖堤边界等。以上地理数据是二维水沙数学模型边界信息判别的重要依据，是确保数学模型对实际物理过程准确模拟的重要前期工作之一。

GIS 利用卫星影像、GPS 数据、CAD 或纸质地图采集数据，其中卫星影像数据能及时反映土地利用类型和河势变化；GPS 为数学模型提供更为精确的空间三维坐标信息；CAD 和纸质地图是时间变化不明显的控导工程、险工和生产堤的主要数据来源。

此外，来源不同的地理数据往往采用不同的坐标系统或比例尺，如果这些数字地图在同一项目中使用，必须进行重新投影，即从不同坐标系转成同一坐标系，确保计算区域的坐标系统一致。

2.2 地理数据管理分析

地理数据管理分析包括属性数据管理和空间数据分析。

2.2.1 属性数据管理

GIS 中的属性数据通常用关系数据库管理，它由多个相互独立的关系表组成，与其对应的空间数据关联，方便数据输入、查询、检索、操作和输出。例如，一个土地利用属性表有 ID、类型、面积等字段，选出面积大于 10 m^2 的土地参与计算，从而简化模型，提高计算效率，或根据不同土地利用类型赋予不同的糙率值，都是属性数据管理在二维水沙数学模型中的重要应用。

2.2.2 空间数据分析

在二维水沙数学模型计算中，空间数据分析包括空间数据插值、剖面线分析、坡度坡向分析和表面曲率分析。

二维水沙数学模型计算所需地形数据通常只有等高线或高程点，如何利用这些数据内插整个计算区域地形，并提取任意计算网格节点高程，是空间数据分析在二维水沙数学模型中的重要应用。空间数据插值方法主要有构建不规则三角网、反距离权重插值、薄板样条函数插值和克里金插值等，不同的方法适合不同的数据源与需求。

如图 1 所示，采用构建不规则三角网方法，演示了地形数据从等高线或高程点到二维计算网格的过程。该方法的好处在于输入数据源的灵活性，可以是高程点、截断线、等高线，甚至是带高程信息的面状要素，此外，还允许用户在地形急剧变化或关注焦点处添加特征要素，例如在遥感图片难以分辨的生产堤处添加高程特征线。

与不规则格网相应的是规则格网，在坡度坡向分析和表面曲率分析中能获得更高的计算效率，广泛应用于水系网提取。

2.3 计算结果可视化

水流场计算结果可视化不仅出于视觉效果需要，而且在难以或不可能分析

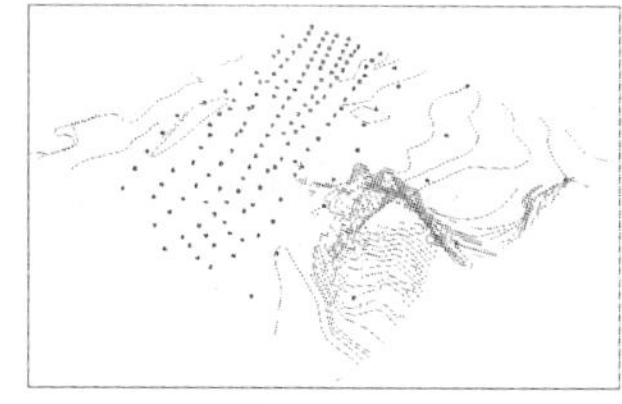

(a)等高线和高程点

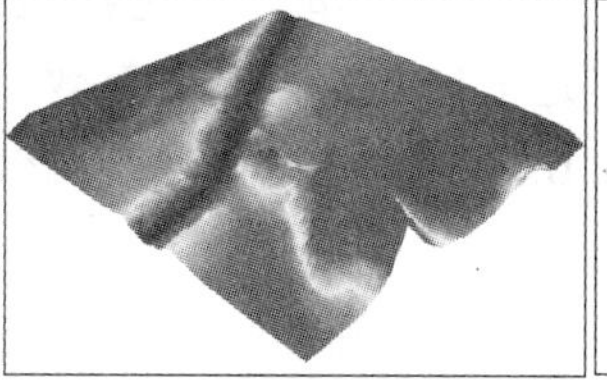

(b)数字高程模型

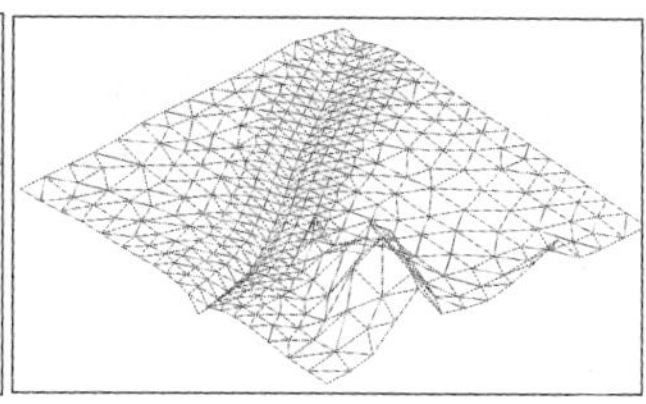

(c) 二维计算网格

图1　空间数据分析

的工程应用中发挥着巨大作用。例如,可视化技术用来模拟将要发生或已经发生的水流场演进情况,类似地,可视化技术还可用于长时间大比例尺度的洪水演进显示,以及不能直接观察的泥沙与水流运动等微观情况。

计算结果数据按类型可分为标量、向量,按其空间分布又可分为二维、三维数据。一个标量只有一个值,可以是其他标量参数的函数,如含沙量、糙率等,通常用等值线来表示。二维向量场通常有两个分量(V_x,V_y),用不同角度、长度的箭头表示方向、大小。如图2(a)、(b)所示,分别表现了流速场在二维、三维可视化的状态,且箭头的方向和大小表达了流速的方向和大小。

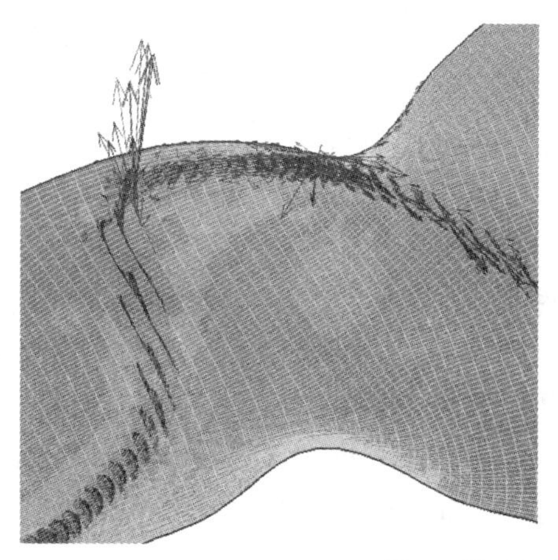

图2　流速场的二维和三维视图

2.4　二维水沙数学模型的系统集成

数学模型系统集成的目的是为用户提供一个友好的统一操作界面,它包括对数据库管理、数据分析及模型计算的集成。

通常情况下,二维水沙数学模型前后处理和模型计算往往采用不同的程序或软件,给用户操作带来诸多不便。例如,利用CAD软件采集数据,利用专业的可视化软件输出数据,而模型计算则采用Fortran程序。因此,使用现有的组件

GIS(如 Arcobjects、Mapobjects、MapX)和可视化编程工具(Visual Basic、Visual C++等)进行数学模型集成是十分必要且行之有效的。

图3是利用 Visual Basic 6.0 开发可视化系统,该系统集成了 Fortran 开发的水沙计算模块,并利用 GIS 组件完成了对地理数据和计算可视化的操作,使地理信息技术和二维水沙数学模型得到很好的结合。

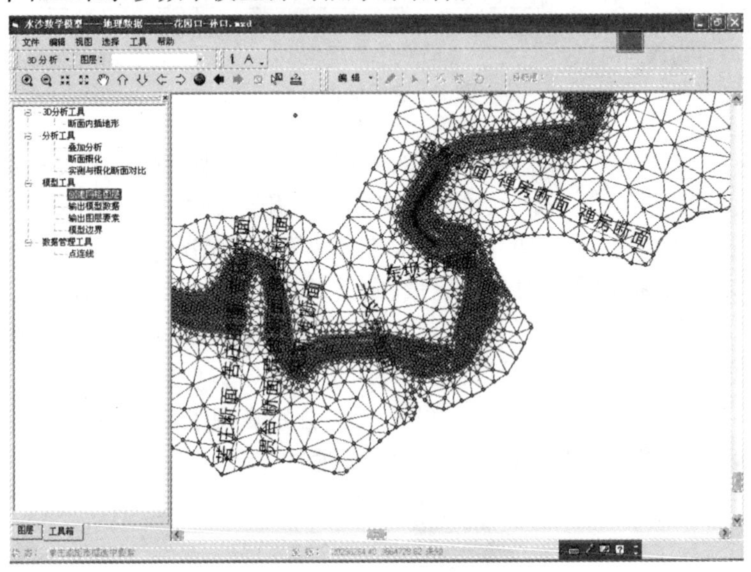

图3　二维水沙数学模型集成可视化系统

3　结论

传统的二维水沙数学模型输入输出数据往往采用文本文件,数据编辑和可视都需要大量的人工操作。引入 GIS 技术后,首先,水边线、深泓线等地理边界数据的可视和编辑更加方便;其次,利用 GIS 产品所提供的空间数据分析工具,使空间数据内插和任意网格高程提取效率更高更可靠;再次,GIS 为科学计算成果提供丰富的符号化、渲染和具有地理信息的三维可视化效果,为数学模型的宣传推广奠定了良好的平台基础。

大多数水沙数学模型程序采用 Fortran 编译器,然而由于 Fortran 语言本身结构固化,与广泛采用的 VB、VC 等面向对象编程语言的集成度不高,因此组件 GIS 在水沙数学模型集成中的应用较好地兼顾了 Fortran 语言的计算效率和面向对象语言在可视化界面的优势。当然,水沙数学模型与 GIS 的集成,还涉及数据库、软件工程、组件对象模型等领域,要实现真正意义上的"无缝"集成,还需要做大量的工作。

参 考 文 献

[1] 黄河水利委员会“数学模型”攻关组. 基于 GIS 的黄河下游二维水沙数学模型研究阶段成果报告[R].2005.

[2] Kang - tsung Chang. 地理信息系统导论[M]. 陈健飞译. 北京:科学出版社,2006.

[3] Donald Hearn,M. Pauline Baker. 计算机图形学[M]. 蔡士杰,等译. 北京:电子工业出版社,2005.

[4] 肖乐斌,钟耳顺. 三维 GIS 的基本问题探讨[J]. 中国图像图形学报,2001,A 辑(9).

[5] 吴立新,等. 真三维地学模拟系统与水利工程应用[J]. 南水北调与水利科技,2003(2).

[6] 季斌. 基于 GIS 的水流信息动态可视化研究[D]. 合肥工业大学硕士学位论文,2006.

[7] 董壮,等. 河道二维水沙数学模型及流场动态显示初探[J]. 泥沙研究,2003(2).

[8] 张细兵,等. 河道平面二维水沙数学模型的有限元方法[J]. 泥沙研究,2002(6).

[9] ESRI. Using ArcGIS 3D Analyst[R].2004.

[10] ESRI. Using ArcGIS Spatial Analyst[R].2004.

新安江与融雪径流的混合模型在黄河源区的应用

李利琴

（河海大学水文水资源学院）

摘要：根据流域特点，采用融雪径流模型与新安江模型相结合的方法，在黄河源区的支流白河流域进行模拟。对整个流域进行子流域划分，在每个子流域内利用温度划分降雨和降雪，使用新安江三水源模型和融雪径流模型相结合进行计算，然后再运用马斯京根法进行汇流演算至出口断面。应用结果表明，对于受融雪补给而使土壤比较湿润的白河流域，采用新安江模型与融雪径流模型相结合的方法，预报效果符合要求。

关键词：新安江模型　融雪径流模型　白河流域

1　引言

在我国寒区，积雪在水资源和水环境中占有很重要的地位。许多寒区流域，春季甚至是夏季的融雪径流是流域出口流量的主要组成部分，积雪是比较特殊的地面覆盖，产流特性和汇流特性都与常规的地区有很大区别，影响因素也很不一样。所以，对于有大面积雪覆盖的地区，采用单一的水文模型是很难达到预期的模拟效果的。本文将结合新安江模型和融雪径流模型，对寒区流域的水文模拟进行探讨，以黄河源区支流白河流域为例。

2　模型介绍

2.1　新安江模型

新安江三水源模型是由河海大学赵人俊教授等研制的，在国内洪水预报中得到了普遍的应用。新安江模型的每一个参数都有一定的物理意义，并有一定的数字表达式，但又不都是由严格的数学推导而来，因而它也区别于数学物理模型。

为了考虑降雨分布不均的影响，同时也便于考虑流域下垫面的水文、地理情况，模型设计为分散性的，将流域分为若干个单元面积。对每个单元流域作产汇流计算,得出单元流域的出口流量过程。将每个单元面积预报的流量过程演算到流域出口然后叠加起来即为整个流域的预报流量过程。

单元面积水文模拟采用:

(1)蒸散发分为三层:上、下层和深层;

(2)产流采用蓄满产流概念;

(3)水源分为地表、壤中和地下径流三种水源;

(4)汇流分为坡地、河网汇流两个阶段。

2.2 融雪径流模型

本文采用的计算模型是在基本的融雪径流模型理论的基础上,根据融雪的特点,建立一种适合当地的融雪模型。模型结构分为以下几个部分。

2.2.1 基本资料输入

该模型原理简单,结构清晰,模型参数较少,对资料的要求也不高,需要输入的数据只有降水量、气温。这里输入的各块平均气温、降雨资料是实测值和由前面的资料推求公式计算出来的推求值。

2.2.2 降雨、降雪的划分

降水可以以降雨、降雪、雨雪混合等多种形式到达下垫面。降水形态与气温关系密切,可通过分析气温及其相应的降水资料,得到区分降水形态的两个临界气温 T_1 和 T_2;各子流域降水形式的判断就以临界气温为依据;当气温 $T(t) < T_1$ 时,降水形式为降雪;;当气温 $T(t) > T_2$ 时,降水形式为降雨;当气温$T_1 \leqslant T(t) \leqslant T_2$ 时,降水形态为雨雪混合。根据一般情况和参考值,对于以日为时段的计算模型来说,本文 T 的取值分别为 +4 ℃和 -4 ℃。这样可根据不同气温条件确定时段内的降雪量 $P_S(t)$

$$P_S(t) = \begin{cases} 0 & T(t) > T_2 \\ \dfrac{T_2 - T(t)}{T_2 - T_1} \times P(t) & T_1 \leqslant T(t) \leqslant T_2 \\ P(t) & T(t) < T_1 \end{cases} \tag{1}$$

式中:$P(t)$为时段内的降水量,mm。

当各子流域的降水量参照站降水形式为雪时,需要进行雨量改正,以改正后的降水量作为实际的降雨量。雨量改正公式如下:

$$P'(t) = P(t) - P_S(t) \tag{2}$$

式中:$P'(t)$为修正后的降雨量,mm;$P(t)$为实测降水量(未修正的降水量),mm;$P_S(t)$为推求的降雪量,mm。

则时段内的流域的积雪量 $S(t)$为

$$S(t) = S(t-1) + P_S(t) \tag{3}$$

式中:$S(t-1)$为流域前期积雪量,mm。

2.2.3 融雪量计算

根据积雪吸收热量来源的不同,可以将积雪消融分为两种形式:高温融雪和降雨融雪。高温融雪是指由于气温的升高而使积雪融化,降雨融雪是指由于降雨所携带的热量而使积雪融化。

$$M = M_t + M_p \tag{4}$$

式中:M 总融雪量,mm/d;M_t 为高温融雪量,mm/d;M_p 为降雨融雪量,mm/d。

式(4)中,高温融雪量由度日法推求:

$$\begin{aligned} M_t &= R_a(T(t) - T_K) \qquad T(t) > T_K \\ M_t &= 0 \qquad\qquad\qquad\quad T(t) < T_K \end{aligned} \tag{5}$$

式中:R_a 为度日因子,mm/(℃·d);T_K 为雪面温度,℃,一般可取常数。

降雨融雪量 M_p 由下式推求:

$$M_p = 0.1(T(t) - T_K) \times P(t) \quad T(t) > T_K \tag{6}$$

式中:$P(t)$为修正后的降水量,mm,$P(t)$根据降水量参照站修正后的降水量推求而得,也就是实际的降雨量;$T(t)$是要计算融水的地区的平均气温,℃,可利用参照站气温推求;T_K 一般可取常数 $T_K=0$;其他符号同前。

式(6)实际隐含有雨水温度等于气温的假设。此外,M_t 和 M_p 是可能的最大融雪水当量,具体还得看积雪情况。

2.2.4 有效融雪量计算

有效融雪量即是实际融雪量。分情况计算:如果流域积雪量小于可能总融雪量 M 时,则积雪全部融化,有效融雪量等于流域积雪量 $S(t)$;如果流域积雪量能够满足总的融雪量 M 时,则积雪部分融化有效融雪量等于 M,计算公式如下:

$$M_S(t)\begin{cases} S(t) & S(t) < M \\ M & S(t) \geqslant M \end{cases} \tag{7}$$

式中:$S(t)$流域(欲计算地区)积雪量,mm;$M_S(t)$为有效(实际)融雪量,mm。

有效融雪量计算后,积雪量发生变化。由前面可知,当流域积雪量小于总的可能融雪量时,流域积雪全部融化;否则积雪量将扣除可能融雪量。剩余积雪量 $S(t)'$为

$$S(t)' = \begin{cases} 0 & S(t) < M \\ S(t) - M & S(t) \geqslant M \end{cases} \tag{8}$$

2.2.5 出流计算

按积雪特性计算出流,融雪水以液态水的形式进入积雪中,首先补充积雪液态水蓄水量,当蓄水量满足积雪持水能力时,剩余的融雪水在重力的作用下排出来,成为融雪水出流,即为产流。

与土壤的持水能力类似，积雪的持水能力也是不均匀的，这跟积雪密度有关，松软的新雪持水能力较大，颗粒状的陈雪持水能力较差，本文中，根据流域的积雪情况和融雪径流占总径流的比例大小，在不影响精度的情况下，为了简化计算，取积雪水当量为0，即不考虑积雪持水能力。则有效融雪量极为产流

$$R_S = M_S \tag{9}$$

式中：R_S 为时段融雪出流量，mm。

3 模型应用与结果分析

白河是黄河河源区吉迈到玛曲区间的主要支流，自南向北流经四川省红原县、诺尔盖县，在唐克乡汇入黄河干流，全长约269.9 km。流域面积5 374 km²，位于北纬32°10′～33°28′、东经102°08′～102°58′之间。下游建有唐克站，距河口6.3 km。

本文采用ArcView的水文模块功能将流域划分分7块（图1、图2）。选用1981～1991年（缺1985年）年的实测日流量资料。

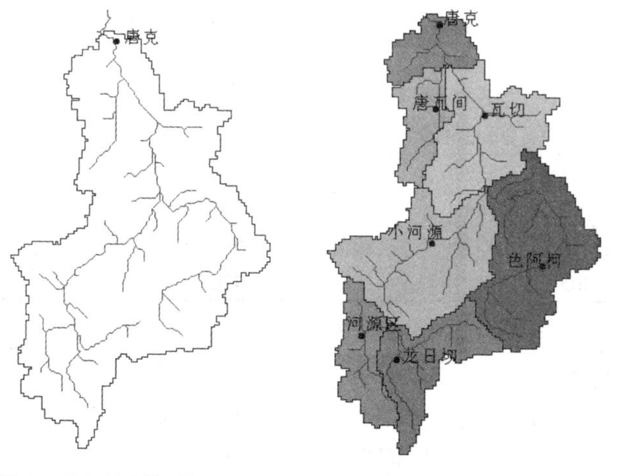

图1　白河流域概化图　　　**图2　白河流域单元划分示意图**

3.1 模型应用

唐克站出口流量由融雪和降雨径流组成，白河流域降雪部分一般在从10月份开始，到次年的3月、4月份结束，5月、6月份也可能偶尔会有。因为气温资料不精细，是月平均气温折算的日气温，在模型计算中，降雪时间就比较集中，一般为11月到次年3月。本文采用的模拟方法是：对于每个流域单元，当流域有积雪时，采用融雪径流模型计算，融雪量作为净产流；同时降雨采用新安江模型计算。将各子流域出口流量直接演算到流域出口唐克站后累加起来即为流域出口的计算流量过程。

白河流域水文资料测量并非很精细,洪水测点又少,模型的模拟和验证用的都是日资料。白河唐克以上流域总共有10年日资料。根据需要将其中的6年作为模型模拟资料,另外4年作为模型验证资料,模拟结果和验证结果见表1。由表1可见:模拟的6场洪水中,都小于20%,在0.69%~15.5%之间。洪峰相对误差的绝对值在0.1%~18.4%之间。确定性系数(Nash效率系数)在0.76~0.9之间,其中有5场在0.8以上。验证的4场洪水中:径流深相对误差的绝对值范围大一点,在6.16%~19.14%之间,洪峰相对误差的绝对值在3.9%~8%之间,确定性系数(Nash效率系数)在0.72~0.85之间,其中有1场在0.80以上。不管是模拟结果还是验证结果,还是比较令人满意的。

表1 模型模拟及验证结果统计

项目	年份	实测径流(mm)	计算径流(mm)	径流相对误差(%)	实测洪峰流量(m^3/s)	计算洪峰流量(m^3/s)	洪峰相对误差(%)	确定性系数
模型率定	1986	16.025 1	17.427 2	-8.75	378	327.4	13.3	0.76
	1987	17.358 9	18.643	-7.4	387	334	13.6	0.84
	1988	17.588 2	17.708 14	-0.69	299	298.6	0.1	0.90
	1989	26.549 8	25.479 3	4.03	466	379.8	18.4	0.86
	1990	23.357 8	20.334 6	12.96	467	402.4	13.8	0.89
	1991	16.926 7	14.301 6	15.5	201	194	3.4	0.81
模型验证	1981	23.804 8	25.270 3	-6.16	583	635.2	8	0.72
	1982	24.832	21.430 5	13.69	300	288	3.9	0.85
	1983	36.248 4	29.309 4	19.14	554	505.5	8.7	0.79
	1984	24.405 2	22.198 6	9.09	420	448.2	-6.8	0.74

3.2 应用结果分析

由模型结果可以看出,模拟结果的径流量偏差基本一致,但总体有点偏小,洪峰普遍偏小。本文认为造成模拟误差的主要原因如下。

3.2.1 资料问题

本文中资料问题是产生误差的主要原因。前面已经提到,白河流域的水文测量本身不是很严格,测站又少,资料可能存在比较大的误差,例如有的月份日流量资料整月为一个值,而且唐克站以上流域中有占62.5%的面积是没有任何实测水文资料的,资料的推求方法依据的是水文要素随高程的变化规律,而且严格按照线性规律计算,没有其他空间变化,也不随时间变化。这显然大大增加了资料的不确定性。

在这里值得关注的是气温资料,由于没有日气温资料,只有月平均值,模型中所用的气温全为月平均值,这对于融雪径流部分有很大的影响,以至于每年的前几个月模拟的径流过程大部分都偏小，从而影响确定性系数的精度。

度日因子是随时间和空间变化的，但研究流域又比较缺乏资料，对参数的取值比较单一，变化不强，本文认为这也是影响模型模拟效果的一方面。

3.2.2 模型结构

模型是对现实情况的概化，概化过程必然会存在一定的误差。无论是集总式还是分布式的模型，只是在空间上不同程度的概化而已。模型中整个流域面积为 5 374 km^2，只划分了 7 块子流域，区域概化比较粗略，这也可能是导致结果偏差比较大的另一个主要方面。

4 结论

新安江模型和融雪径流模型的结合中，考虑了融雪径流与降雨径流的差异和共性。积雪和降雨虽然都是水，但性质不一样，径流产生也有所区别。两者存在着很重要的径流影响因素，即气温。气温是融雪径流的决定性因素。为此，本文所采用的混和模型融合降雨和积雪的差异与共性，是一种适合降雨径流计算和融雪径流计算的水文模型。当然，本文主要针对的是资料比较缺乏的寒区流域，对于辐射、风速等气象资料寒区流域是少有的，所以模型未将这些因素考虑在内，而是把气温作为衡量热量的唯一指标。由于白河流域面积大，测站少，资料少且粗，影响了径流模拟过程的精度，模拟结果虽然存在误差，但基本适合于日资料模拟，也验证了该混合模型在白河流域的可行性。

参考文献

[1] 赵人俊. 流域水文模型——新安江模型和陕北模型[M]. 北京：水利电力出版社，1984.

[2] 翟家瑞. 常用水文预报算法和计算程序[M]. 郑州：黄河水利出版社，1995.

[3] 朱冶超，吴素芬，韩萍，等. 融雪降雨径流模型在日径流量预报中的应用[J]. 新疆水利，2005：13－18.

[4] 王国庆，张建中，马吉让. 融雪径流模型及其在黄河唐乃亥站的应用[J]. 西北水资源与水工程，1997，8(2)：60－64.

[5] 史辅成，易元俊，高治定. 黄河流域暴雨与洪水[M]. 郑州：黄河水利出版社，1997.

基于 RS 和 GIS 的黄河三角洲生态环境评价

马 辉[1] Arthur E. Mynett[2]

（1. 黄河水利委员会规划计划局；2. 荷兰 德尔伏特水力所）

摘要：黄河三角洲是地球表面海陆变迁最为活跃的地区之一，其生态环境变化快速、复杂，因此对黄河三角洲进行系统的生态环境综合评价具有重要的现实意义。本文利用遥感和地理信息系统技术，以遥感影像数据和实测数据为基础，构建了黄河三角洲生态环境综合评价指标体系，运用生态环境综合评价模型，通过多源数据融合，基于栅格单元和生态功能区对黄河三角洲生态环境状况及其时空差异进行了分析评价。

研究结果表明，目前黄河三角洲生态环境状况的空间差异十分显著，即沿海地区等级低，生态环境质量较差；内陆地区等级高，生态环境质量较好，从沿海到内陆整体生态环境质量等级呈梯级上升趋势。通过对比分析 1986 年、1996 年以及 2001 年的遥感监测结果证明，得益于黄河水量的补充，黄河三角洲研究区域的生态环境在内陆地区得到逐步改善并趋于稳定，而沿海地区特别是滨海滩涂地区，由于淡水资源的匮乏、土地的不合理开发，以及石油工业的影响，有进一步恶化的趋势。

关键词：生态环境 生态环境综合评价 黄河三角洲 遥感 地理信息系统

1 概要

1.1 研究区域描述

黄河三角洲位于渤海湾南岸和莱州湾西岸，主要分布于山东省东营市和滨州市境内，即 117°31′～119°18′E 和 36°55′～38°16′N 之间，是由古代、近代和现代的三个三角洲组成的联合体。近代三角洲是黄河 1855 年从铜瓦厢决口夺大清河流路形成的以宁海为顶点的扇面，西起套儿河口，南抵支脉沟口；而现代黄河三角洲是 1934 年以来至今仍在继续形成的以渔洼为顶点的扇面，西起挑河，南到宋春荣沟。

本文在研究过程中，不仅评价黄河三角洲生态环境质量，同时着重考虑黄河来水量对三角洲生态环境的影响。鉴于近年来黄河进入河口地区的水沙资源量减少，河道渠化等状况，考虑黄河来水对该区域的实际影响程度，本文选择现代三角洲局部作为研究区域，该研究区南北约长 58 km，东西约宽 38 km，面积为 2 200 km^2。

1.2 自然生态环境特征

黄河三角洲拥有丰富的土地资源，东营市人均土地总面积达 0.48 hm^2。油、气资源极为丰富。胜利油田已探测的石油总资源量达 7.5 亿 t，其中的 80% 集中在黄河三角洲及其近海区域。黄河三角洲年均水资源量约为 14.7 亿 m^3，而近些年来(1986～2002 年)，黄河年均来水量约为 13.3 亿 m^3，成为最主要的淡水供应来源。黄河三角洲湿地面积约有 4 000 km^2，主要集中在入海口。

1.3 自然生态环境存在的主要问题

首先，黄河水是三角洲地区最主要的淡水来源，自从 1972 年黄河首次发生断流以来，黄河断流状况越来越严重，尽管近些年来通过全河水量统一调度断流不再发生，但是来水量总体趋于减少。第二，由于渤海的侵入使得地下水位较高，造成三角洲地带水分含盐量较大，植被根系因难以扩展而不能很好地生长。第三，由于黄河三角洲造陆时间较短，生态环境系统脆弱，湿地系统极易受到破坏且难以恢复，对湿地的保护显得尤为急迫。最后，由于堤防的建设，环境的污染，以及人类对资源的大量开采，物种资源有所下降。

1.4 遥感和地理信息系统在生态环境上的应用

一般来讲，生态环境评价研究的重点是评价指标和评价模型的选择，而能否获取准确及时的数据却是生态与环境评价成功与否的关键。遥感作为一种宏观的监测手段，能够提供及时准确且覆盖面广的地面影像资料，提供快速而丰富的生态环境信息，从而及时准确地掌握区域生态环境的演变情况。同时，GIS 是一种兼容存储、管理、分析、显示与应用地理信息的计算机系统，是分析和处理海量地理数据的通用技术(陈述彭等，1999)。

遥感与 GIS 技术在生态环境的监测、评价和预测研究中具有无可比拟的优越性。因此，应用遥感与 GIS 技术进行生态与环境的监测、评价和预测，不仅可以从宏观上掌握生态与环境的现状、变化过程和发展趋势，而且可以为生态与环境综合评价提供依据。

1.5 研究目标

本文将以遥感与 GIS 技术为手段，在遥感影像数据和野外调查分析数据的基础上，构建黄河三角洲生态环境综合评价指标体系，运用生态环境综合评价模型，以栅格遥感影像单元为最小评价单元，对黄河三角洲生态环境状况及其空间差异进行了分析评价，为制定和实施黄河三角洲生态环境可持续发展战略提供依据。

2 方法

2.1 生态环境评价因子系统

因子的确定:

(1)生态景观多样性指数。生态景观多样性指数可用于表示区域生态系统多样性状况,以表征生态与环境系统的组织状况。该指数可采用 Shannon-Weaver 指数表示,其公式如下:

$$H = -\sum_{i=1}^{n} P_i \ln(P_i) \quad (i = 1, 2, \cdots, n) \tag{1}$$

式中:H 为多样性指数;n 为生态系统类型数;P_i 为 i 斑块面积占 i 斑块所属生态系统类型面积的比重。

(2)植被覆盖度指数。植被覆盖度是指单位面积内植被垂直投影面积所占百分比,是生物生产量、环境承载力、水土流失强度等生态与环境系统的状态或功能的综合表征。该指数可用归一化植被指数(*NDVI*)来表示。

(3)湿地保护面积比例。湿地保护面积比例是指区域内湿地保护面积占区域土地面积的比例,是调节气候、水土保持等的生态与环境系统功能的综合表征。

(4)土地盐渍化强度指数。土地盐渍化强度指数是指区域内土地发生盐渍化的程度,是生态与环境系统退化的重要表征。

(5)黄河来水量指数。淡水资源是影响和改善区域生态环境质量的重要因素。

2.2 层次分析法模型

2.2.1 层次分析法介绍

层次分析法(AHP)是在20世纪70年代由美国运筹学家萨蒂(T. L. Saaty)提出的一种多目标、多准则的决策方法,该方法可将一些定性的指标进行严格的数学意义上的量化,解决了评价结果中含有大量主观干扰因素的问题。具体而言,就是把复杂问题中的各个因素通过划分相互关系的有序层次,根据对一定客观现实的判断就每一层次的相对重要性给予定量表示,利用数学方法确定每一层次要素的相对重要值的权值,并通过排序来分析和解决问题的一种方法。

2.2.2 AHP 工作过程

第一,建立问题的评价指标体系结构。首先要明确问题,即确定评价范围或评价的目的,进行关键生态与环境评价因子的筛选,并进一步分析各个因子之间的相互关系,其相互关系,可以采用专家打分法赋值。

第二,构造判断矩阵 A。按照规定的标度量化后,排列成矩阵形式,这是层次分析法最为关键的一步。而所谓规定的标度是指在进行生态与环境评价的过程中,对各个评价因子彼此间重要程度的量度,其含义如表1所示。

表1　标度及其含义

标度	含义
1	两个因素同等重要
3	两个因素相比,一个比另一个稍微重要
5	两个因素相比,一个比另一个明显重要
7	两个因素相比,一个比另一个强烈重要
9	两个因素相比,一个比另一个极端重要
2,4,6,8	上述两相邻判断的中值
以上数值的倒数	因素 p_i 与 p_j 比较,得到判断矩阵的元素 b_{ij},则因素 p_i 与 p_j 比较的判断值 $b_{ji}=1/b_{ij}$

第三,计算权重。计算方法可以归结为计算判断矩阵的特征值和特征向量的问题,具体过程如下:

计算判断矩阵每一行判断值的几何平均值:

$$\overline{w}_i = \sqrt[n]{a_{i1}a_{i2}\cdots a_{in}} \quad (i = 1, 2, \cdots, n) \tag{2}$$

(1)对向量 $\overline{W}=(\overline{w}_1,\overline{w}_2,\cdots,\overline{w}_n)^{\mathrm{T}}$ 进行正规化处理,即

$$w_i = \overline{w}_i / \sum_{i=1}^{n} \overline{w}_i \quad (i = 1, 2, \cdots, n) \tag{3}$$

则 $\overline{W}=(w_1,w_2,\cdots,w_n)^{\mathrm{T}}$ 即为所求的层次单排序向量(权重向量)。

$$W = (w_1, w_2, \cdots, w_n)^{\mathrm{T}} \tag{4}$$

(2)计算最大特征根:

$$\lambda_{\max} = \frac{1}{n}\sum_{i=1}^{n}\frac{(AW)_i}{w_i} \tag{5}$$

(3)一致性检验,是指对判断矩阵是否具有一致性进行检验。首先计算一致性指标:

$$CI = (\lambda_{\max} - n)/(n - 1) \tag{6}$$

然后按照表2确定平均一致性指标 RI,最后计算一致性比值。

$$CR = CI/RI \tag{7}$$

当时 $CR<0.1$,则认为判断矩阵具有满意的一致性,否则需要对判断矩阵进行调整,直至合乎标准为止。

表 2　平均随机一致性指标

矩阵阶数	1	2	3	4	5	6	7	8	9
RI	0	0	0.58	0.9	1.12	1.24	1.32	1.41	1.45

类似的，当 $CR < 0.1$ 时，则认为层次总排序具有满意的一致性。而层次总排序的结果就是相应因子的权重值。

第四，根据各个评价因子的权重值与各个评价因子的无量纲化值进行评价结果的加权计算。

$$EI = \sum_{i=1}^{n} W_i \times C_i \tag{8}$$

式中：EI 为生态环境综合评价指数；C_i 为 i 因子标准化值；W_i 为 i 因子的权重值。

3　数据准备

3.1　遥感影像预处理

遥感影像预处理过程主要包括影像的几何精校正和影像配准。图 1 ~ 图 3 为遥感影像。

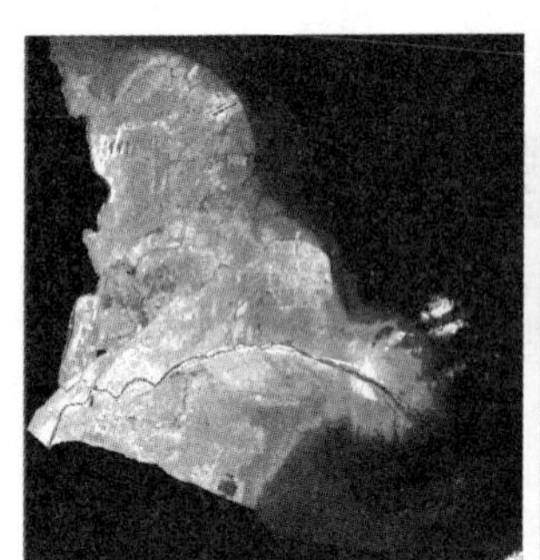

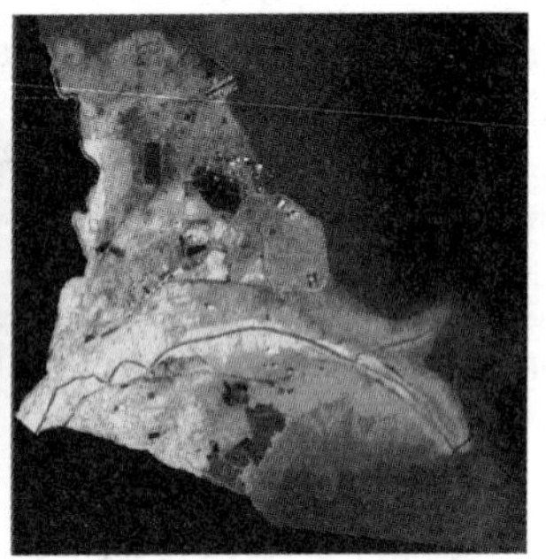

图 1　1986 Landsat TM　　**图 2**　1996 Landsat TM　　**图 3**　2001 Landsat ETM +

（研究数据由中国科学院地理科学与资源研究所提供，下同）

3.2　用 GIS 提取信息

3.2.1　生态景观多样性提取

以遥感分类获取的黄河三角洲土地利用/土地覆被数据作为数据源来提取各生态功能区的景观多样性指数（见图 4、图 5）。

使用 Fragstats 3.3 软件分别对其进行统计计算，最终获得了各生态功能区的景观多样性指数（表 3）。

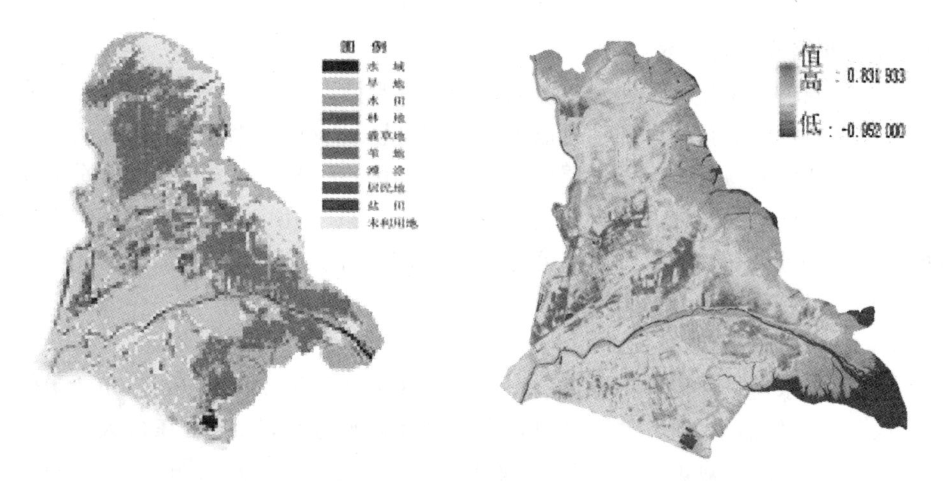

图4　黄河三角洲土地利用(1986,刘高焕)　　　　图5　植被指数(1986)

表3　各生态功能区景观多样性指数

序号	生态功能区	景观多样性指数	序号	生态功能区	景观多样性指数
1	$Ⅰ_1$	1.80	2	$Ⅳ_1$	1.71
3	$Ⅵ_4$	1.89	4	$Ⅱ_1$	1.71
5	$Ⅵ_6$	1.71	6	$Ⅵ_7$	1.35
7	$Ⅴ_1$	1.44	8	$Ⅱ_2$	1.44

3.2.2　植被指数提取

在生态与环境系统中,植被覆盖的状况强烈影响甚至直接决定着区域生态与环境系统的状态和功能。因此,本文使用归一化植被指数来进行黄河三角洲植被覆盖的定量化研究。

归一化植被指数的计算公式如下:

$$NDVI = \frac{IR - R}{IR + R} \tag{9}$$

式中:IR 和 R 分别表示近红外波段和可见光红色波段的亮度值。本文选择使用1996年的TM遥感影像来计算黄河三角洲的归一化植被指数,其结果如图5所示。结果表明,1986年,黄河三角洲地区植被指数值在 -0.952 ~ 0.832 之间,平均值为0.165。

3.2.3　湿地指数提取

湿地有三个特点,即地表水多,土壤有明显潜育层而成为水成土,以及生长有湿生植物、沼泽植物、水生植物或者喜湿的盐生植物。通过对植被、土壤和水文状况三个方面识别,可以实现对湿地提取和分类,进而确定其位置和范围。最新研究表明,TM5波段可以将湿地类型和非湿地类型分开,TM4对植被信息反映量大,而浮水植物以及滩涂地在TM3上具有很好的分离度,因此可以选择TM5、TM4、TM3波段对合成影像对湿地进行提取和分类。

3.2.4 盐碱度指数提取

由于当前土壤盐碱化遥感监测尚处于目视判读阶段,人为主观因素较大,所以该区域土地盐碱化调查和动态监测,可将传统的野外土壤调查与遥感监测相结合,从微观到宏观,全面地把握区域土壤盐碱化的状况。本文运用综合分类法提取盐碱地信息的成果。综合分类法主要体现在以下几个方面:多时相影像数据结合,挖掘影像的时间信息;监督分类和非监督分类结合,挖掘影像的光谱信息;分类后处理中,结合野外调查数据。

3.2.5 黄河来水量指数提取

黄河来水量是评价生态环境的一个重要因子,前文我们已经叙述,由于黄河防洪、防凌工作需求,河务部门已对现有黄河流路修建堤防,这也在很大程度上影响了整个三角洲对黄河水源的依赖,即"渠化"现象。研究表明,黄河水对本研究区域影响显著,因此为便于计算使用,我们以利津水文站实测数据作为进入研究区域的引水量数据。

3.3 指数的归一化

3.3.1 极差标准化方法

根据评价指标和生态与环境系统的相关性特点,如果评价指标的量化分级值与环境状况呈正相关,其量化模型为公式(10)。对超出显著区间的各影响因素指标值,按显著区间内的最高值或最低值处理。

$$F_i = (X_i - X_{min}) / (X_{max} - X_{min}) \times 100 \tag{10}$$

如果某评价指标的量化分级值与环境状况呈负相关(如海岸侵蚀强度指数越大,生态与环境状况越差),则该评价指标的赋值公式为:

$$F_i = 100 - (X_i - X_{min})/(X_{max} - X_{min}) \times 100 \tag{11}$$

式中:F_i 为评价指标 i 的作用分值;X_i、X_{min}、X_{max}分别为评价指标 i 的实际值、最小值和最大值。

用这种方法,我们能够评估栅格图像的各单元值在 0~100 之间。归一化结果分别见图 6~图 8。

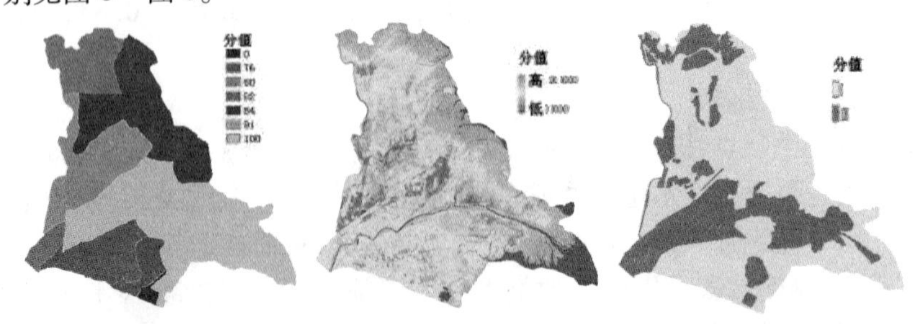

图 6 生态景观多样性指数归一化结果　图 7 植被指数归一化结果　图 8 湿地指数归一化结果

3.3.2 综合分类法

即以观测数据和遥感解译数据为基础，按照专家经验对评价指标直接赋值。通过实地调查、资料分析，并参照相关文献资料，制定了黄河三角洲生态与环境综合评价中各评价指标的分级标准，并按100分制来确定分值。

土地盐渍化强度指数用土壤含盐量来表示，根据黄河三角洲土壤盐化特点，土地盐渍化强度评分标准如表4所示。

表4 土地盐渍化强度(E4)评分标准

分值	90	70	50	30	10
土壤含盐量(%)	<0.1	0.1~0.2	0.2~0.4	0.4~0.8	>0.8

3.3.3 比例法

如上述分析，在1986年，黄河来水占三个研究年份的44%，因此在对黄河来水量进行归一化处理时，就以所占百分比数值作为所有像元的该评价因子分值（图9、图10）。这样处理，是鉴于近些年来黄河来水量的不稳定性，无法寻找参考对象，按照此法，使得该项因子能够被定量使用并具有可比性。

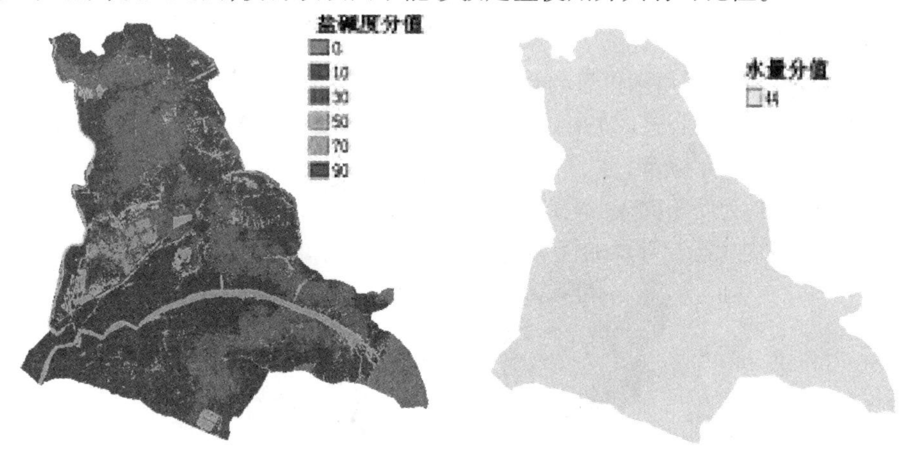

图9 盐碱度指数归一化结果(1986)　　**图10 黄河水量归一化结果**(1986)

4 建立模型

4.1 计算权重

采用层次分析法对各指标的权重进行估算。首先计算判断矩阵，经过对各种因素的反复比较，同时参考相关文献中的专家意见，最后得到$(A-B)$的判断矩阵A如表5所示。

表 5　生态环境判断矩阵及其对应的权重

$A(EI)$	E1	E2	E3	E4	E5
E1	1	3	4	2	1/2
E2	1/3	1	2	1/3	1/5
E3	1/4	1/2	1	1/3	1/6
E4	1/2	3	3	1	1/5
E5	2	5	6	5	1

运用如上方法，各因子权重能够被计算如表 6 所示。

表 6　遥感影像数据

序号	因子	权重
E1	生态环境多样性指数	0.247
E2	植被指数	0.081
E3	湿地指数	0.056
E4	盐碱度指数	0.147
E5	水量指数	0.470

4.2　综合评价

4.2.1　关于模型

在确定了黄河三角洲生态与环境综合评价指标体系中各指标的权重以及评价标准后,即可根据公式(8)来计算各栅格或生态功能区的生态与环境综合评价指数。根据评价标准,生态环境综合评价指数越高,生态环境状况越好(图 11)。同时,为便于比较,本文将所得到的评价结果进行了等级划分,以反映黄河三角洲区域内生态与环境的优劣状况及其区域差异,具体分级标准如表 7 所示。

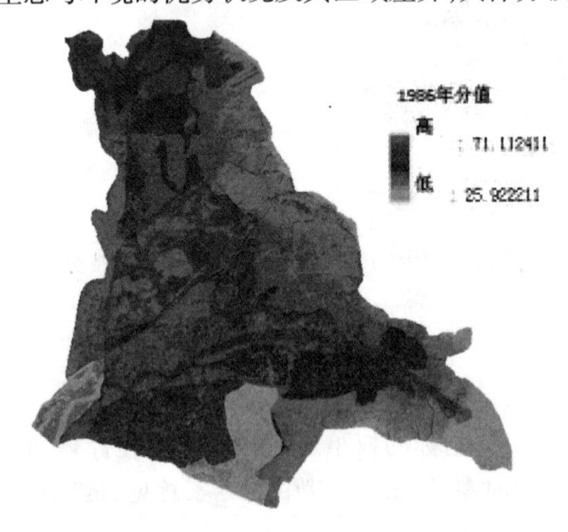

图 11　基于栅格的黄河三角洲生态环境综合评价图(1986)

$$EI = \sum_{i=1}^{n} W_i \times C_i \tag{12}$$

式中:EI 为生态与环境综合评价指数;C_i 为评价指标 i 在每个栅格或生态功能区中的标准化值;W_i 为 i 因子的权重值。

表 7　黄河三角洲生态与环境状况分级标准

分级标准	0 ~ 20	20 ~ 35	35 ~ 50	50 ~ 70	70 ~ 90	90 ~ 100
生态与环境状况	劣	差	一般	好	良	优

4.2.2　基于像元的生态环境评价

基于栅格的生态环境综合评价面积及比例统计见表 8。

表 8　基于栅格的生态环境综合评价面积及比例统计(1986)

生态环境分类	面积(km^2)	比例(%)
优	0	0
良	0.62	0.03
好	913.16	48.06
一般	939.20	49.43
差	47.22	2.49
劣	0	0

在总面积约 1 900 km^2 的研究区域,生态环境质量正常以上的占到 97.51%,其中好的区域为 48.09%,比较早些时候的研究文献,表明在 20 世纪 80 年代中期以前,黄河三角洲地区在人为干预较少、黄河自然来水相对丰沛的情况下,生态环境质量总体上处于一个相对稳定、自然演变的良性状态。生态环境综合评价见图 12、图 13。

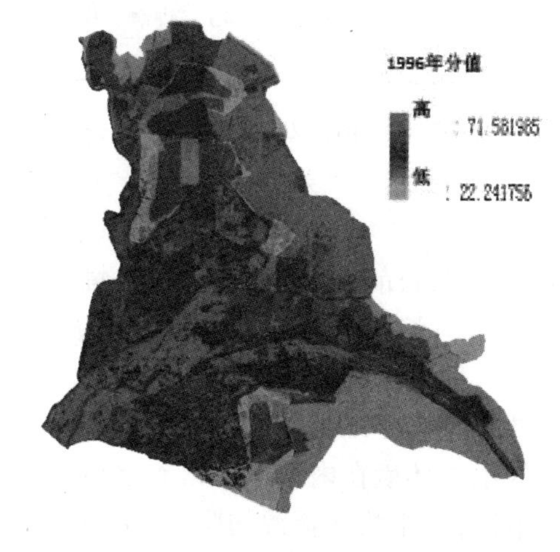

图 12　生态环境综合评价(1996)

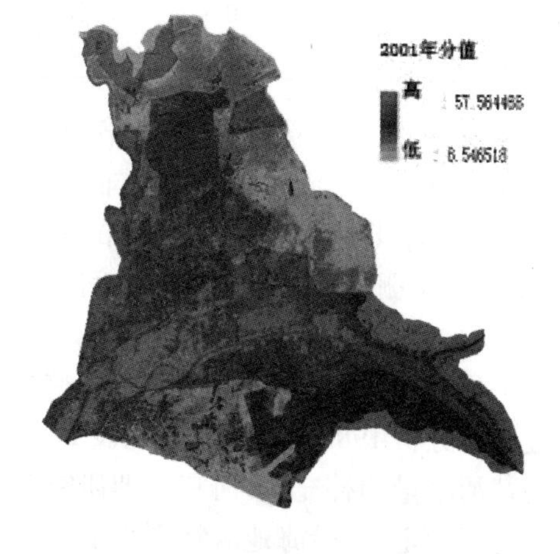

图 13　生态环境综合评价(2001)

综合评价范围可以被划分为六个部分。从 0 到 20、20 到 35、35 到 50、50 到 70、70 到 90、以及 90 到 100，这分别代表着劣、差、一般、好、良、和优（见表 9 ~ 表 11）。

表 9　基于栅格的生态环境综合评价面积及比例统计（1996 年）

生态环境分类	面积（km^2）	比例（%）
优	0	0
良	27.51	1.45
好	1 174.29	61.8
一般	681.96	35.89
差	16.43	0.86
劣	0	0

表 10　基于栅格的生态环境综合评价面积及比例统计（2001 年）

生态环境分类	面积（km^2）	比例（%）
优	0	0
良	0	0
好	136.39	7.18
一般	1 330.45	70.02
差	417.17	21.95
劣	16.18	0.85

4.3　综合分析

表 11　黄河三角洲三年生态环境综合评价面积分布比例

分类级别		0 ~ 20	20 ~ 35	35 ~ 50	50 ~ 70	70 ~ 90	90 ~ 100
等级		劣	差	一般	好	良	优
面积比例（%）	1986	0	2.49	49.43	48.06	0.03	0
	1996	0	0.86	35.89	61.8	1.45	0
	2001	0.85	21.95	70.02	7.18	0	0

由图 14 可以看出，在以栅格为基本单元的黄河三角洲生态与环境综合评价中，生态环境状况的空间差异非常显著，其等级介于“差”、“一般”、“好”与“良”之间，其中，生态环境状况的等级为“一般”和“好”的区域分布面积最广。同时，基于栅格的评价结果的空间分布规律表明，目前黄河三角洲生态环境状况的空间差异十分显著，即沿海地区等级低，生态环境质量较差；内陆地区等级高，生态环境质量较好，从沿海到内陆整体生态环境质量等级呈梯级上升趋势。通过对比分析 1986 年、1996 年以及 2001 年的遥感监测结果，结合实际表明，得益于黄河水量的补充，黄河三角洲研究区域的生态环境在内陆地区得到逐步改善并趋于稳定，而沿海地区特别是滨海滩涂地区，由于淡水资源的匮乏，土地的不合理开发，以及石油工业的影响，有进一步恶化的趋势。

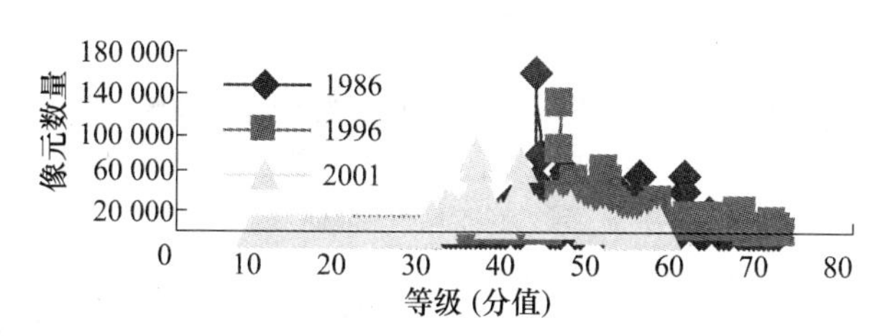

图 14 三年内生态环境综合评价像元分布图

5 结论

在黄河三角洲生态与环境综合评价研究的过程中,本文虽然在生态功能分区、评价指标体系构建,以及生态环境综合评价方法(评价单元的选择)等方面取得了一定的成果,但同时也存在着一些问题和不足,这也是本研究将来努力的方向。

(1)从生态环境评价方法系统入手,在 RS 和 GIS 技术支持下,构建评价因子体系,利用层次分析法生态环境评价模型,以栅格单元为基本评价单元,进行黄河三角洲生态环境综合评价是可行的和可观的。

(2)黄河三角洲生态与环境评价指标体系的构建方面。本文在构建该指标体系时,虽充分考虑到了黄河三角洲的生态环境特征,但生态与环境系统是一个庞大而复杂的巨系统,在指标选取时难免有欠周详,比如:自然条件,包括年均降水量,地下水埋深等;资源条件,包括人均耕地面积等;人口情况,包括人口自然增长率,人均收入;经济发展条件,包括年 GDP 增长率,人均国内生产总值等状况,这些可以运用 GIS 技术,在栅格数据模型的支持下对统计数据进行空间化,今后应对指标体系作进一步的改进和完善,实现对黄河三角洲地区生态与环境更科学、更客观的评价。

(3)评价指标的权重与评价标准的确定方面。本文采用基于层次分析法的生态环境评价模型进行黄河三角洲生态与环境综合评价,模型中评价指标的权重及评价标准最终决定了各生态功能区生态与环境状况的等级及其空间格局。不同权重和标准的选择将会得出不同的评价结果,因此今后应对其作进一步深入研究,使其能够更准确、更真实地反映各生态功能区的生态与环境状况。

参考文献

[1] 常军. 黄河三角洲生态环境综合评价研究[D]. 北京:中国科学院地理科学与资源研究所,2005.

[2] 关元秀. 基于 GIS 的黄河三角洲盐碱化分区改良研究[J]. ACTA 地理科学,2001,

0375-5444 02-0198-08.

[3] 李国英. 维持黄河健康生命[M]. 郑州:黄河水利出版社,2005.

[4] 刘小燕. 黄河健康生命的特征与标识[J]. 地理科学,2006 ISSN: 1009 - 637X.

[5] Mynett A. E. 水资源管理中遥感影像特征物提取研究[C]. 水文领域遥感和地理信息系统会议, 水资源环境, 中国宜昌,2003.

[6] 汪小钦. 黄河三角洲生态环境评价的时空分析研究[D]. 北京:中国科学院地理科学与资源研究所,2002.

[7] 许学工. 等. 黄河三角洲入海口自然环境保护和湿地景观变化[C]. 港行国际会议. 2003.

[8] 詹前涌. 层次分析法在生态环境评价中的应用[J]. 系统工程理论和实践,2000(12): 133 - 136.

基于RS与GIS集成的3DWebGIS在数字建管中的应用

马晓兵

（黄河水利委员会信息中心）

摘要：在实施数字黄河工程建设管理系统设计期间，急需通过一种合理高效的技术手段真实直观地在基于Web的操作平台上实现对所有工程情况的管理，在这种项目背景下，基于RS与GIS集成的3DWebGIS系统成为了最为贴合需求的研究方向。随着计算机图形图像学、计算机体视化技术及相关学科的发展，使得生成、显示和操纵完全描述目标3D几何特征和属性特征的数据成为可能，人们开始对3DGIS理论和实际系统方面进行了有益的探索与实践。而基于B/S模式的3DWebGIS系统更加成为目前最热门的研究项目之一。本文建立了基于RS与GIS成果集成提供3DGIS数据，综合应用Java3D及VRML技术建立基于Web的3DWebGIS应用框架。阐述了RS与GIS成果集成方法，分析VRML及Java3D的技术特点，并给出了VRML及Java3D在虚拟建筑环境中应用的一些实现细节，如采用LOD简化场景，在三维场景中以直接拾取场景对象的方式获取虚拟工程地物属性等。

关键词：数字黄河工程建设管理　RS与GIS集成　3DWebGIS　Java3D　VRML

1　在数字建管中应用3DWebGIS的目的和意义

黄河中下游河道地形复杂，两岸水利工程种类众多，数量巨大，在实施数字黄河工程建设管理系统设计期间，急需通过一种合理高效的技术手段真实直观地在基于Web的操作平台上实现对所有工程情况的管理，具体需求如下：

（1）利用目前黄河中下游河道航空遥感数据和进行实地勘测的地理信息高程数据按照真实比例再现河道地貌，利用三维建模手段还原各类工程，建成完整真实的3DWebGIS系统。

（2）基于三维虚拟现实系统要能实现对黄河沿岸各类工程（堤防断面、坝垛护岸、附属工程、水闸、生物工程等）的实际状态进行管理操作，如查询、比较分析、统计等。

（3）要求完全利用B/S模式搭建，操作用户客户端无须安装任何软件，通过浏览器即可完成所有操作。

(4)海量数据完全存放在数据库服务器,用户操作过程中根据用户调用的区间、比例动态压缩所需数据,经过加密后传输到用户客户端使用。

而基于 RS 与 GIS 集成的 3DWebGIS 系统恰恰满足了目前数字建管系统建设中对所有工程实施管理的直接需求,目前对 RS 与 GIS 集成的 3DWebGIS 系统的研究包括:

(1)数据格式。为了更加有利于在 Web 上安全地实施数据传输,RS 与 GIS 集成生成的虚拟现实数据及三维建模数据需要更加合理的压缩加密算法。

(2)3DWebGIS 实现方式。要实现基于浏览器的复杂三维地貌实时展现,需要开发合理高效的三维引擎,这是较为前沿的技术难点。

(3)地物的属性信息与 3DWebGIS 系统的集成管理。针对各类工程属性信息及控制指令的操作如何与 3DWebGIS 系统无缝有机地整合起来,使得用户使用系统时更加便捷。

研究 RS 与 GIS 集成的新技术,通过开发运行于 Web 的 3D 引擎,最终得到基于 RS 与 GIS 集成的 3DWebGIS 系统,以水利行业为例,为多种行业提供新型直观的管理系统解决方案,推动多学科技术的融合发展。

2 3DWebGIS 技术国内外现状概括

目前正值"3S"集成一体化的高速发展期,而 3DWebGIS 系统作为 RS 与 GIS 集成的前沿突出技术成为一种新兴的研究方向,很多国内外技术团体、公司都根据自身的优势创建自己的解决方案,但由于缺乏真正大量的具体行业实施项目作为测试案例进行完善,呈现出的情况是没有固定完备的标准性研究实现路线,各有长处,也各有劣势。

国外较有代表性的为 ESRI 的 ArcGIS 系列产品,在新版本的 ArcGIS 9.x 产品家族中,提供了专为自行开发的 ArcEngine 系列组件,其中包含了大量专门针对支持 RS 与 GIS 集成 3DGIS 系统的开发组件包,但真正利用这些组件实现运行 Web 的 3DGIS 系统还有一定难度,正因如此,ESRI 在技术白皮书中也并未给出明确的 3DWebGIS 系统实现技术方案。

国内随着这两年各类行业对 WebGIS 系统的需求,也出现了很多此类产品,比如 VRMap、SuperMap GIS、GeoStar 等系列产品也都有了针对 3DGIS 系统的组件开发包,甚至成型的运行平台,但要么是使用的传统 C/S 模式,无法满足瘦客户端的要求,要么是更偏重于 VRML 虚拟现实的实现,对真实情况只是示意性的再现,无法满足 3DGIS 完全真实地貌还原、真实比例再现的要求。而且,各个厂商产品也都有自身的数据处理方式,互相不开放数据格式标准,不易相互转换,给系统的整个设计实现流程带来的很大困难。

3 基于 RS 与 GIS 集成的 3DWebGIS 的优势

基于 RS 与 GIS 集成的 3DWebGIS 系统在实际行业业务运行过程中,至少具有以下优势:

(1)便于部署、便于操作。由于采用纯 B/S 的 Web 运行平台,不必为每个用户进行客户端软件的安装、调试工作,大大加快了系统的推广速度,更加轻松的人机交互界面,用户更容易接受。

(2)高效。3D 系统需要大量的海量数据支持,再加上地物特征属性的信息,使得数据载入过程成了系统运行的最大"瓶颈",而 3DWebGIS 系统采用数据动态区间划分,压缩传输,用户调用区间数据实时调用、实时传输,大大提高了系统的运行效率。

(3)数据安全性有所保证。使用 Web 加密数据动态传输,使得各类信息在传输和用户调用过程中都更加安全,即使数据包被拦截,也无法读取。

(4)真实。相比仅仅示意性质的 VRML 系统,3DWebGIS 系统由于基于 RS 与 GIS 集成,整合了航空遥感数据和地理信息数据,使得系统呈现完全等比例于现实情况。

由此可见,3DWebGIS 系统在数据处理、部署操作、运行效率、呈现状态等方面都优于单纯的 VRML 系统和 2DWebGIS 系统,随着 3DWebGIS 系统在各个行业领域的应用,3DWebGIS 系统必将更加标准化、成熟化,成为各个行业管理的最有效解决方案。

4 基于 RS 与 GIS 集成的 3DWebGIS 所使用的关键技术

(1)RS 与 GIS 数据集成及地物建模方法。用何种方式,在何种平台下将经过空间纠正的航空遥感高分辨率彩色航片与同源的地理信息高精度数字高程数据套合,并布设通过三维建模工具制作的地物模型最终生成 3DWebGIS 系统使用的三维数据,将是在制作三维场景数据中遇到的首要关键问题。

(2)基于 Web 的 3DGIS 实现方式。在 Web 环境下使用何种插件技术,应用何种语言开发支持基于浏览器的 3D Plug - in 引擎,实现基于浏览器的快速真实三维操作,将是在实现 3DWebGIS 系统中最为重要的关键技术。

(3)数据传输中的加密压缩算法。一方面出于安全考虑,空间数据在由服务器通过 Web 传输到用户浏览器过程中,要经过安全加密;另一方面,为了尽量快地提高数据缓冲的时间,需要对三维数据根据用户的漫游、场景缩放操作进行动态的数据区间提取,这就需要在服务器端有基于金字塔的数据分层和区域划分,这将成为又一技术及系统设计上的关键问题。

(4)三维场景数据与工程地物属性信息交互的实现方式。用户在浏览器上基于三维场景对工程地物的管理操作,将通过触发三维地物的方式与服务器发生交互,如何设计用户操作动作与服务器上各类工程的海量数据进行用户需要的交互,将是系统真正发挥管理、决策、会商作用的关键。

5 实现3DWebGIS的技术方案

5.1 系统构架

根据数字建管项目的需要,本文设计的3DWebGIS系统包括三个部分:数据集、应用程序和用户。拥有3D地理空间属性、时空属性和工程地物主题属性的多维数据集,可以描述为不同数据格式。3DWebGIS Plug - in引擎采用Java和Java3D开发组件式(Java Beans)的应用程序。它采用了三层B/S体系结构,即客户端、Web服务器和数据库。客户端运行在远程、用户端在Web页面上,而Web服务器和数据库运行在服务器上(如图1所示)。

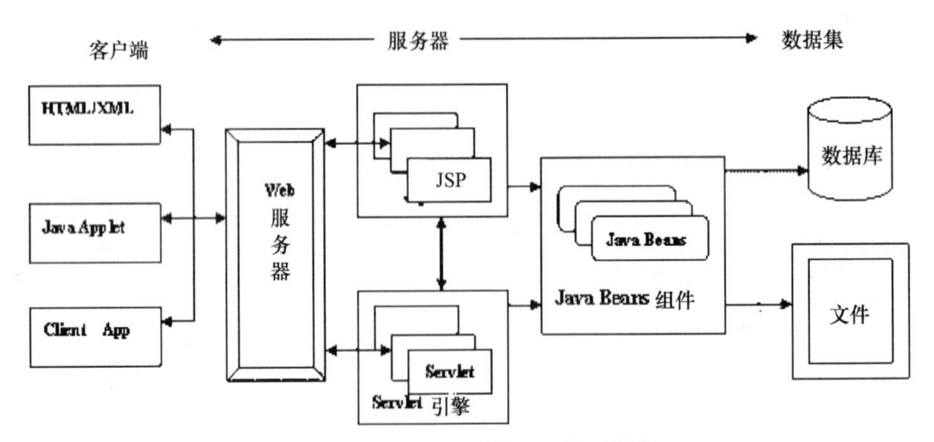

图1 3DWebGIS系统的三层体系结构

系统中的客户端部分是与远程用户交互的接口和界面,它位于远程的用户端。它依靠开发3DWebGIS Plug - in引擎作为一个插件嵌入到Web页面中,利用HTTP协议与服务器端进行通讯。它的主要功能包括提供与远程用户交互的界面和接口、三维虚拟场景的构造和显示、场景操作和漫游、空间信息查询和属性信息查询、向服务器端递交请求等。这部分采用Java和Java3d来实现。

系统中的服务器是Web服务器。在服务器端(WebServer)可以用几种基本的方法来实现三维地理信息系统中数据与万维网的连接:公共网关接口CGI(Common Gateway Interface)、Web服务器应用程序接口Webserver API

(Webserver Application Programming Interface)、微软公司的 ASP(Active Server Pages)、SUN 公司的 JSP(Java Server Pages)和 Java 服务器小应用程序(Java Servlets)。这些开发技术各有其优缺点,其中,JSP 具有明显的优越性与独到之处。JSP 秉承了 Java 语言的优势,是一种实实在在与平台无关的开发技术。JSP 既有很高的运行效率,开发周期又很短,同时,扩展能力特别强;它的技术规范是公开的,任何人都可以按照规范开发出自己的产品。在国外,JSP + Servlet + JDBC + JavaBeans 已经成为开发电子商务平台的主流技术。再者考虑到系统中的客户端部分采用了 Java 和 Java3D,与 JSP/Servlet 同出于一个公司,它们的衔接性比较好,所以服务器应用程序采用了 JSP + Servlet + JavaBeans 体系结构。

远程用户通过 web 服务器与位于服务器端的数据库进行联系。这个部分的主要功能包括响应客户端的请求,并把结果输送给远程的用户;多维数据库的管理、组织和提取等功能。多维数据库包括矢量数据库、影像数据库、DEM 数据库和属性信息数据库。数据管理、组织、协调和提取等功能在服务器端完成。

5.2 3DWebGIS Plug - in 的三维数据在线操作与动态显示技术

3DWebGIS Plug - in 的客户端功能是基于 SUN 公司的 Java 和 Java3D 实现的。Java3D API 是用来开发三维图形和开发基于 Web 页面的三维应用程序的编程接口。Java 3D 是在 OpenGL、DirectX 等标准三维图形语言的基础上发展起来的。因此 Java 3D 的数据结构和 OpenGL 一样,采用的是场景图的数据结构,但 Java 3D 的场景图根据 Java 语言的特点,增加了一些新的内容,更易于实时处理及显示特殊的三维效果,更加方便最新的三维图形加速技术的应用。Java 3D 的场景图结构如图 2 所示,场景图包含了整个场景或虚拟世界的一个完整描述。包括了几何数据、属性信息和视线信息。虚拟世界模块是虚拟地理世界根节点,它位于整个场景中的最顶层部分,包含了场景中的一些基本信息,它的主要功能是:场景中的背景设置、各类光源的设置和应用、雾的应用等。场景中只能有一个这种节点。它的下面有两个分支,一个是地形模型分支,另一个是视模型分支。视模型模块存储了场景中有关视线的信息和动画的信息。它主要负责构造场景中的视平台,视平台存储了视线的位置、方向和缩放比例等信息。通过视平台可以改变视线方向、位置和缩放比例,从而实现场景中的动画效果。管理场景中的视线信息,设置场景中的视场角、景深、动画方式和动画的 ON/OFF。三维画布模块定义了场景中绘制图像的窗口信息,如窗口的大小、形状和位置信息。另外,系统中最核心的模块就是地形模型模块,它包含了浏览器的虚拟场景结构图中的地形模型分支及其下面的分支。它包含了整个场景的几何数据、属性数据,以及它们的构造、显示和查询。它的顶层节点是地形分支,地形分支包含了地形的几何数据信息、材质信息和正摄影像信息。它负责组织整个场景中的模型数据,把他们连成一个整体的模型。其他的地物类分支放置在它的下面,由它统一管理。虚拟场景中的地物类主要指空间地物类。空间地物类主要有下面几大类:三维点对象、三维线对象、三维面对象、空间体对象、三维注记和空间组对象。它们生成一个场景分支放置在地形分支下面。

3DWebGIS Plug－in 的客户端场景图结构继承了 Java3D 的场景图的数据结构(见图 2)。整体结构清晰,层次分明,易于用户理解,并提供了用户进行再次开发的接口。客户端除了负责整个虚拟世界的布置工作以外,还包括多维数据的实时调度、在线显示和操作,向服务器端发送请求,属性信息查询等功能。由于受到网络传输速度的影响,对于小范围数据来说,经过服务器端的压缩处理后,可以实现一次性地把全部数据传输到远程用户,而对于海量数据来说,即使经过压缩处理也不可能一次性地把数据传输到客户端,在此,笔者对大范围的数据分成小区域显示,并对地物类实行分层组织,实时向服务端请求分区或分层的数据。数据一旦下载到客户端,对数据的在线操作基本与网络无关,比如飞行和穿行、环绕一点旋转、鼠标和键盘的导引、抬高和减低视线、可以从不同的角度观察场景、全景显示等。只有属性信息查询是通过对数据库的实时访问实现的,属性信息数据库位于服务器端,每次查询数据库时,客户端必须先向服务器发送查询请求,查询结果再从服务器端传到客户端进行显示。

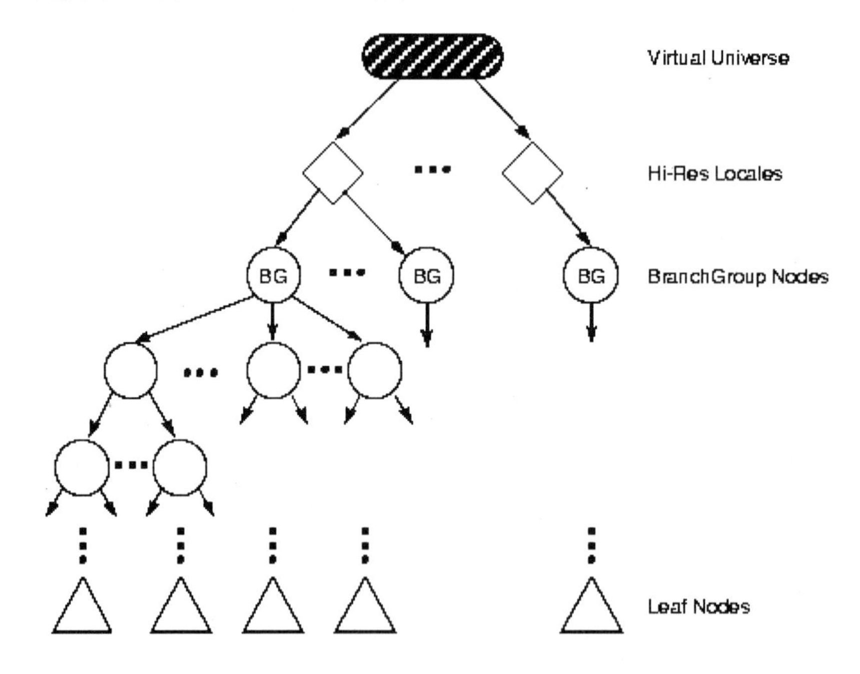

图 2　具有多分支图的 Java 3D 场景图结构(引自 Java 3D Tutorial)

5.3 数据传输的处理模式

服务器端包括两部分内容,一是 Web 服务器部分,另外一个就是数据库部分,服务器端的体系结构如图 3 所示。3DWebGIS 数据库类型包括三维模型数据库、影像数据库、DEM 数据库及多媒体数据库等,数据量大、数据类型多。如此复杂、庞大的数据必须进行有效的组织和管理,才能保证基于网络的快速存取。服务器应用程序主要承担这份工作,提供了空间数据库组织、存储和管理等功能,同时负责与 Web 服务器进行数据交换。由于 3DWebGIS 数据量大,GIS 系统中的数据库往往会分布在不同的服务器上,所以服务器应用程序同时还支持各个数据服务器之间的负载均衡。

考虑基于 Web 应用的特点,笔者对数据进行了压缩和简化处理并重新进行了分区组织,从而加快了网络的存取速度。比如,降低数字高程模型和正射影像的分辨率,并将所有的物体表面纹理影像均压缩成 JPEG 格式,将大范围区域划分为几个小区域分别聚族式地组织数据。为了确保网络的安全性问题,笔者对发布的数据提供了一些必要加密处理,如数据转换和访问权限控制等。

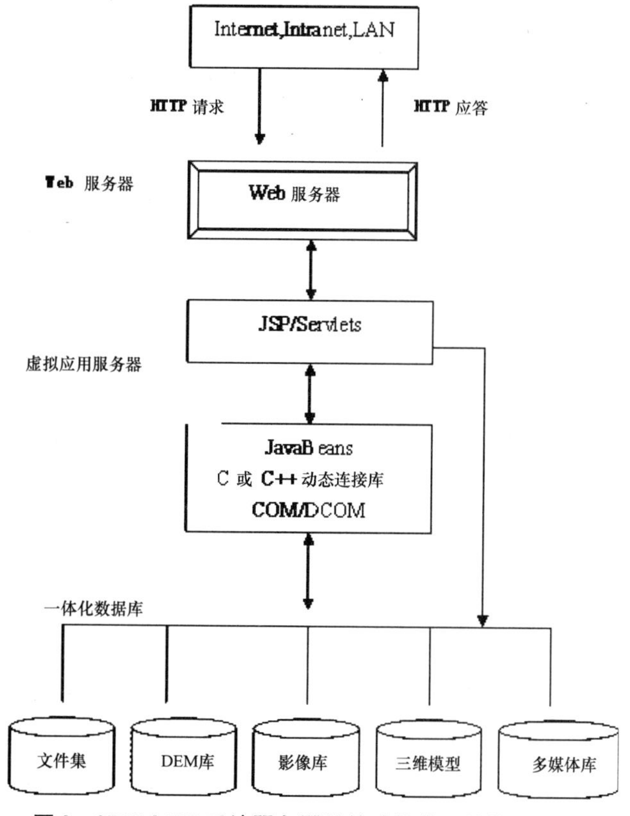

图 3 3DWebGIS 系统服务器端的功能体系结构

6 数字建管中的3DWebGIS系统

在数字建管系统建设中,采用航空遥感像对生成高精度DEM,套合同源彩色航片,构建完全贴合现实的高比例尺三维地理信息系统(以郑州堤防段为例,dem中z轴做5倍放大处理,数据源为航测得到,整个场景共实时渲染34万闭合三角形,见图4)。

图4 郑州堤防工程三维地理信息系统

三维地理信息系统采用B/S模式搭建,客户端无须安装任何软件,通过浏览器即可完成所有操作。三维地理信息数据通过加密压缩,完全适于网络传输。

三维地理信息系统实现了基于三维场景的信息查询,提供了三维地理信息的及工程维护管理信息的查询,根据不同系统需要可实现对相应信息的查询、统计、分析(目前信息涵盖堤防断面、坝垛护岸、附属工程、水闸、生物工程等,分别通过建模实现)。

初次引入实时嵌入式粒子系统实现水闸开闸放水动态效果,可根据用户动作触发完成,并非老技术中的动画调用。

7 基于RS与GIS集成的3DWebGIS应用的发展前景

目前,基于RS与GIS集成的3DWebGIS技术还只是刚刚起步,存在着极其广阔的上升发展空间,随着对基于RS与GIS集成的3DWebGIS技术掌握的更加深入,该技术将更加积极完善地应用于工作之中,促进科教兴黄事业各个领域的发展。

一种有限体积法在溃坝模拟中的应用

向 波[1] 纪昌明[2] 罗庆松[3]

(1. 武汉大学水资源与水电工程科学国家重点实验室;
2. 华北电力大学能源与动力工程学院水资源与水利水电工程研究所;
3. 中国卫星通信集团人力资源部)

摘要:非结构的三角形网格适应于复杂不规则的边界,在此基础上采用有限体积法离散浅水波方程,并结合有限差分法建立了一种新的离散格式,使得界面通量计算达到二阶精度。通过对典型算例的模拟计算,此格式在溃坝计算中能很好地捕捉溃坝波的前进,具有很强的模拟间断的能力,模拟溃坝洪水波间断的形状和位置都能得到很满意的结果。

关键词:有限体积法 溃坝 二阶精度 浅水波方程

大坝溃决后的溃坝波会对滞洪区和坝下游造成巨大的危害,所以以溃坝波为研究对象的溃坝洪水波演进历来受到人们的极大关注。溃坝所造成的洪水波是一类前进长波,非线性特性较强。溃坝计算是进行工程设计、预报预测、管理维护的基础,计算的主要内容是通过一定的计算模式来描述滞洪区和下游洪水波的传播速度、波形、波高、水位、流量等特征要素随时间变化的过程。国内外学者对溃坝进行了大量的研究,早期通常是理论求解 Sait-Venant 方程,但是这种方法有很大的局限性。由于问题的复杂性,二维溃坝水流方面尚未有有关解析解的文献,但随着计算机与数值方法的发展,数值求解溃坝问题逐渐成为研究该类问题的主要手段。

有限体积法是将计算区域划分为一系列不重复控制体,将待解的微分方程对每一个控制体进行积分。有限体积法的离散格式有很多种,其各自的区别主要是节点布置及对控制体流出的通量的计算方法不同。本文单元节点布置于网格节点上,尝试用有限差分法计算界面上的通量,使得差分法到达二阶精度,并通过计算对比,研究其模拟溃坝流动的可行性。

国家自然科学基金项目:洪灾异性风险的综合分析与评价理论及应用研究(50579019)。

1 数学模型

二维浅水方程的分量形式可表达为

$$\frac{\partial h}{\partial t}+\frac{\partial U}{\partial x}+\frac{\partial V}{\partial y}=0 \tag{1a}$$

$$\frac{\partial U}{\partial t}+\frac{\partial}{\partial x}\left(\frac{U^2}{h}\right)+\frac{\partial}{\partial y}\left(\frac{UV}{h}\right)=-\frac{\partial}{\partial x}\left(\frac{gh^2}{2}\right)-ghS_{0x}-ghS_{fx}+v\left(\frac{\partial^2 U}{\partial x^2}+\frac{\partial^2 V}{\partial y^2}\right) \tag{1b}$$

$$\frac{\partial V}{\partial t}+\frac{\partial}{\partial x}\left(\frac{UV}{h}\right)+\frac{\partial}{\partial y}\left(\frac{V^2}{h}\right)=-\frac{\partial}{\partial y}\left(\frac{gh^2}{2}\right)-ghS_{0y}-ghS_{fy}+v\left(\frac{\partial^2 V}{\partial x^2}+\frac{\partial^2 U}{\partial y^2}\right) \tag{1c}$$

式中:$U=hu$;$V=hv$;u、v 分别是 x、y 方向的水速;g 是重力加速度;(S_{0x},S_{0y})为河道的倾斜效应项;x、y 下标是求导的意思;(S_{fx},X_{fy})为 x、y 方向摩阻底坡。

二维浅水方程是一个对流—扩散方程,可以写成以下形式:

$$G_t+\nabla\cdot F=S \tag{2}$$

$$G=(u_1,u_2,u_3)^{\mathrm{T}},F=(f^{\mathrm{I}}-vf^{\mathrm{II}},g^{\mathrm{I}}-vg^{\mathrm{II}})^{\mathrm{T}},f^{\mathrm{II}}=f^{\mathrm{II}}(G_x),g^{\mathrm{II}}=g^{\mathrm{II}}(G_y)$$

$$G=\begin{pmatrix}h\\U\\V\end{pmatrix},f^{\mathrm{I}}=\begin{pmatrix}U\\\frac{U^2}{h}\\\frac{UV}{h}\end{pmatrix},g^{\mathrm{I}}=\begin{pmatrix}U\\\frac{UV}{h}\\\frac{V^2}{h}\end{pmatrix},f^{\mathrm{II}}=\begin{pmatrix}0\\U_x\\V_x\end{pmatrix}$$

$$g^{\mathrm{II}}=\begin{pmatrix}0\\U_y\\V_y\end{pmatrix},S=\begin{pmatrix}0\\-\frac{1}{2}gh^2-gh(S_{fk}+S_{0x})\\-\frac{1}{2}gh^2-gh(S_{fy}+S_{0y})\end{pmatrix}$$

2 数值方法

采用有限体积法对方程(1)进行离散求解,为了适应复杂几何形状流场的数值计算,网格采用任意三角形,节点为网格顶点。使用有限体积法时,把控制体的厚度看成是1,有下面的关系:

$$\int_V G_t+\int_V\nabla\cdot F=\int_V S \tag{3}$$

F 包含对流项(f^{I})和黏性扩散项(f^{II}),S 是源项。

2.1 时间项离散

本文采用显示离散格式,则速度对时间的偏导数可以离散成:

$$\int_V\frac{\partial G}{\partial t}\mathrm{d}V=Vol_i\frac{\partial G_i}{\partial t}+O(\Delta x^2,\Delta y^2)=Vol_i\frac{G_i^n-G_i^{n-1}}{\Delta t}+O(\Delta t,\Delta x^2,\Delta y^2) \tag{4}$$

式中:Vol 是控制体的体积,下标 i 表示控制体单元号;$G=(h,U,V)$。

2.2 对流项离散

对对流项进行离散,关键是计算控制体表面上的数值通量。在不同的离散格式中,差别最大的是对流项的处理。在本文中采用如下方法求控制体表面上的数值通量(对流项控制体如图 1 虚线包含的范围):

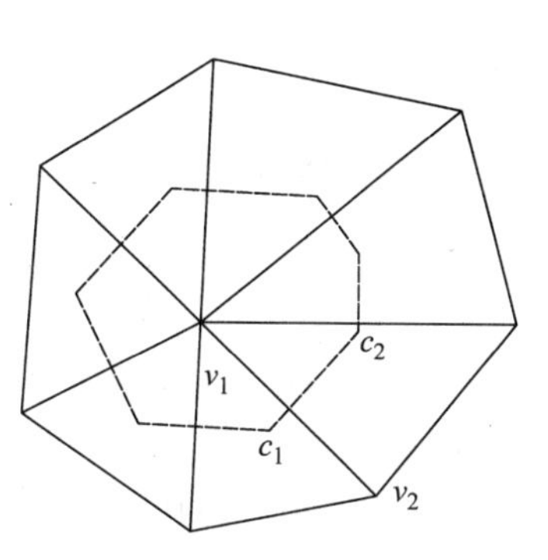

图 1 对流项控制体

$$flux_{c_1c_2} = (Un_x\Delta s)_{c_1c_2} + (Vn_y\Delta s)_{c_1c_2} = (U\Delta y)_{c_1c_2} - (V\Delta x)_{c_1c_2} \tag{5}$$

式中:$\Delta y_{c_1c_2}=y_{c_2}-y_{c_1}$,$\Delta x_{c_1c_2}=x_{c_2}-x_{c_1}$。

把界面上的数值通量分解成正、负通量之和,即得:

$$flux_{c_1c_2} = F^+ - F^- \tag{6}$$

式中:$F^+=\frac{1}{2}(flux_{c_1c_2}+|flux_{c_1c_2}|)$,$F^-=\frac{1}{2}(|flux_{c_1c_2}|-flux_{c_1c_2})$。

为了保证格式的迎风特性和格式的精度,在界面上对物理量 U 作 Taylor 展开,可以得到:

$$U^+ = U_{V_1} + \left(\frac{\partial \overline{U}}{\partial x}\right)^+ \Delta x_{SV_1} + \left(\frac{\partial \overline{U}}{\partial y}\right)^+ \Delta y_{SV_1} + \cdots \tag{7}$$

$$U^- = U_{V_2} + \left(\frac{\partial \overline{U}}{\partial x}\right)^- \Delta x_{SV_2} + \left(\frac{\partial \overline{U}}{\partial y}\right)^- \Delta y_{SV_2} + \cdots \tag{8}$$

式中:$\Delta x_{SV_1}=x_s-x_{V_1}$,$\Delta y_{SV_1}=y_s-y_{V_1}$,$\Delta x_{sV_2}=x_s-x_{V_2}$,$\Delta y_{SV_2}=y_s-y_{V_2}$,$(x_s,y_s)$ 为界面中心点坐标。式(7)和式(8)中梯度的选取为一侧梯度与两侧梯度的算术平均中的绝对值较小者,这种方法引入了 NND 格式的优点。梯度项的公式的具体计算为:

$$(\overline{U}_x)^+ = \min\bmod\{(U_x)_{V_1}, 0.5[(U_x)_{V_1}+(U_x)_{V_2}]\} \tag{9a}$$

$$(\overline{U}_y)^+ = \min\bmod\{(U_y)_{V_1}, 0.5[(U_y)_{V_1}+(U_y)_{V_2}]\} \tag{9b}$$

$$(\overline{U}_x)^- = \min\bmod\{(U_x)_{V_2}, 0.5[(U_x)_{V_1}+(U_x)_{V_2}]\} \tag{9c}$$

$$(\overline{U}_y)^- = \min\bmod\{(U_y)_{V_2}, 0.5[(U_y)_{V_1}+(U_y)_{V_2}]\} \tag{9d}$$

其中,函数 min mod 的定义为:

$$\min\bmod(U_1,U_2) = \frac{1}{2}[sign(U_1)+sign(U_2)]\min(|U_1|,|U_2|) \tag{10}$$

式中:U_1 和 U_2 是任意的两个变量。

考虑了一阶梯度项的影响,因此此式的计算精度为二阶精度。将式(6)、

式(7)、式(8)和式(9)代入对流项中,就可以得到二阶迎风的对流项计算公式:

$$F^{+}\left[U_{V_1}+(\overline{U_x})^{+}\Delta x_{SV_1}+(\overline{U_y})^{+}\Delta y_{SV_1}\right]/h_{v1}-$$
$$F^{-}\left[U_{V_2}+(\overline{U_x})^{-}\Delta x_{SV_2}+(\overline{U_y})^{-}\Delta y_{SV_2}\right]/h_{v2} \tag{11}$$

2.3 黏性项离散

在非结构网格中扩散项的离散要比正交的结构化网格中复杂得多。对单元 v_1 作扩散项离散的目的在于,获得能表示 v_1 点受其邻点的扩散作用影响的代数关系式。为了计算扩散项中的速度偏导数,引入辅助控制体 $v_1c_1v_2c_2$(见图 2),并且假设在该控制体上速度的偏导数不变,即可以得到:

$$\frac{\partial \Phi}{\partial x}=\frac{1}{VolA}\int_{\partial\Omega}\Phi n_x \mathrm{d}s \tag{12}$$

$$\frac{\partial \Phi}{\partial y}=\frac{1}{VolA}\int_{\partial\Omega}\Phi n_y \mathrm{d}s \tag{13}$$

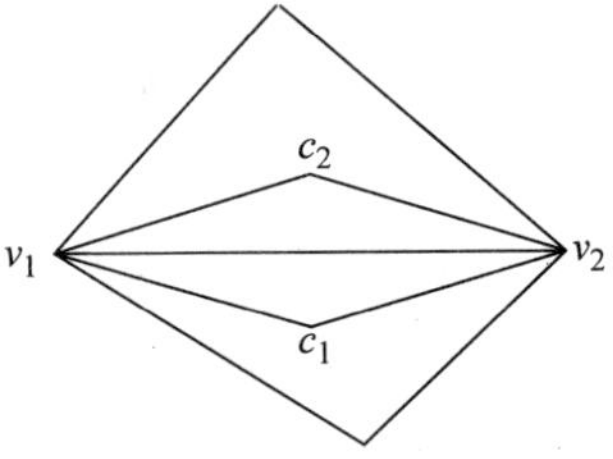

图 2 辅助控制方程体积

式中:$VolA$ 是辅助控制体的体积;$\Phi=(U,V)$。

对于平面二维问题,可以得到:

$$\frac{\partial \Phi}{\partial x}=\frac{1}{2VolA}\left[(\Phi_{v_2}+\Phi_{v_1})(y_{c_2}-y_{c_1})+(\Phi_{c_2}+\Phi_{c_1})(y_{v_1}-y_{v_2})\right] \tag{14a}$$

$$\frac{\partial \Phi}{\partial y}=\frac{1}{2VolA}\left[(\Phi_{v_2}+\Phi_{v_1})(x_{c_2}-x_{c_1})+(\Phi_{c_2}+\Phi_{c_1})(x_{v_1}-x_{v_2})\right] \tag{14b}$$

把式(11)、式(14a)和式(14b) 代入二维浅水方程(1b)、(1c)整理后得到对流项为二阶的形式:

$$\alpha_i U_{v_1}=U_{v_1}^{n-1}Vol_{v_1}/\Delta t+\sum_{j=1}^{ie}\alpha_{ij}U_{v_2}+S_U \tag{15a}$$

$$\alpha_i U_{v_1}=U_{v_1}^{n-1}Vol_{v_1}/\Delta t+\sum_{j=1}^{ie}\alpha_{ij}U_{v_2}+S_V \tag{15b}$$

式中:$\alpha_i=Vol_{v_1}/\Delta t+\sum_{j=1}^{ie}F^{+}/h_{v_1}+\sum_{j=1}^{ie}v\frac{1}{2}VolA_{v1}({\Delta x_{c_1c_2}}^2+{\Delta y_{c_1c_2}}^2)$

$$\alpha_{ij}=F^{-}/h_{v_2}+v\frac{1}{2}VolA_{v_1}({\Delta x_{c_1c_2}}^2+{\Delta y_{c_1c_2}}^2)$$

$$S_U=-\sum_{j=1}^{ie}\frac{1}{2}gh^2\Delta y_{c_1c_2}+\sum_{j=1}^{ie}v\frac{1}{2VolA_{v_1}}(U_{c_2}-U_{c_1})\Delta y_{v_1v_2}\Delta y_{c_1c_2}+\sum_{j=1}^{ie}v\frac{1}{2VolA_{v_1}}(U_{c_2}-$$
$$U_{c_1})\Delta x_{v_2v_1}\Delta x_{c_2c_1}+\sum_{j=1}^{ie}ghS_{0x}+\sum_{j=1}^{ie}ghS_{fx}-\sum_{j=1}^{ie}\frac{F^{+}}{h_{v_1}}\left[(\overline{U_{v_1x}})^{+}\Delta x_{sv_1}+(\overline{U_{v_1y}})^{+}\right.$$
$$\left.\Delta y_{sv_1}\right]+\sum_{j=1}^{ie}\frac{F^{-}}{h_{v_2}}\left[(\overline{U_{v_2x}})^{-}\Delta x_{sv_2}+(\overline{U_{v_2y}})^{-}\Delta y_{sv_2}\right]$$

$$S_V = \sum_{j=1}^{ie} \frac{1}{2}gh^2\Delta x_{c_1c_2} + \sum_{j=1}^{ie} v\frac{1}{2VolA_{v_1}}(V_{c_2} - V_{c_1})\Delta y_{v_1v_2}\Delta y_{c_1c_2} + \sum_{j=1}^{ie} v\frac{1}{2VolA_{v_1}}(V_{c_2} - V_{c_1})\Delta x_{v_2v_1}\Delta x_{c_2c_1} + \sum_{j=1}^{ie} ghS_{0y} + \sum_{j=1}^{ie} ghS_{fy} - \sum_{j=1}^{ie} \frac{F^+}{h_{v_1}}[(\overline{V_{v_1x}})^+ \Delta x_{sv_1} + (\overline{V_{v_1y}})^+ \Delta y_{sv_1}] + \sum_{j=1}^{ie} \frac{F^-}{h_{v_2}}[(\overline{V_{v_2x}})^- \Delta x_{sv_2} + (\overline{V_{v_2y}})^- \Delta y_{sv_2}]$$

3 边界条件

一般的边界条件分为两种类型,即水边界条件和固体边界条件。

3.1 水边界条件

对于入流边界,须给定水位(或流速)随时间的变化值;对于出流边界,急流时,出口断面认为水位和流速沿流向梯度为零;缓流时,给定下游水位。

3.2 固定边界

对于固壁水位,近似采用法向梯度为零的假设处理;对于固壁流速,根据是否考虑水的黏性情况,可采用非滑移边界或者滑移边界,采用滑移边界时,法向流速为零,切向采用差分法处理。

4 计算实例

4.1 矩形全溃坝问题

取一矩形平底河道,宽 10 m,初始时,坝的上游水位是 10 m,坝的下游为干河。取一段进行研究。图中坝的位置是距上游断面 20 m 处。计算程序允许的误差是 0.000 01。

采用本文的算法计算溃坝后的水平面,结果如图 3 所示。图 3 表示的是时间 $t=0.1$ s、$t=0.5$ s、$t=1$ s 时的溃坝水平面。河道中心线水面线和解析解比较如图 4 所示。从计算结果可以看出,采用本文的算法在间断波附近没有出现数值的振荡,水面线、间断波前进的位置与解析解计算得出的结果比较吻合。

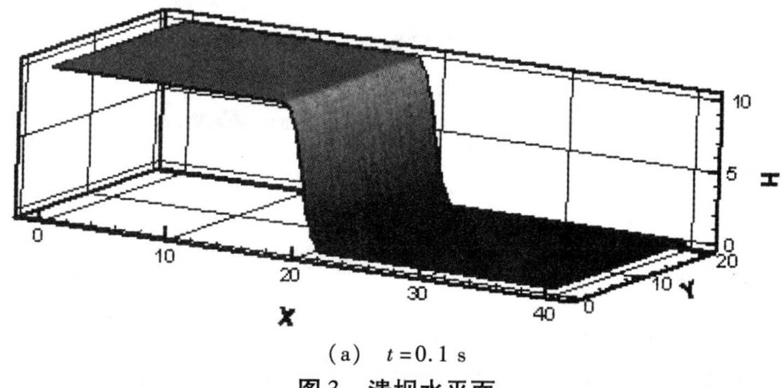

(a) $t=0.1$ s

图 3 溃坝水平面

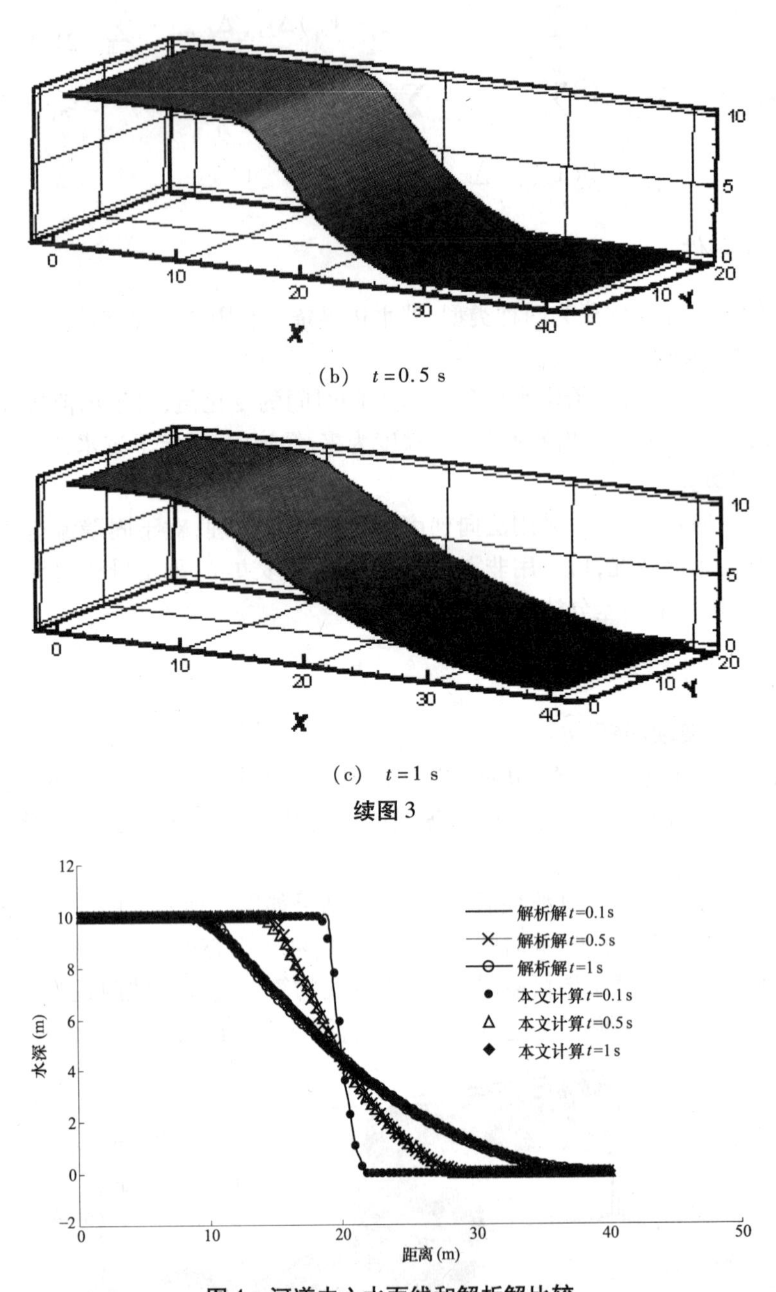

(b)　$t = 0.5$ s

(c)　$t = 1$ s

续图 3

图 4　河道中心水面线和解析解比较

4.2　非对称部分溃坝问题

平底无摩擦二维非对称部分溃坝问题(Fenemma 和 Chaudhry,1990)计算区域为 200 m×200 m,坝厚度 2 m,溃决口 75 m,坝上游初始水位为 10 m,坝下游为 5 m(见图5);采用的网格如图6 所示。网格中一共有 17 647 个点,34 766 个单元。当坝体瞬间溃决消失后,负波向上游传播,正波向下游传播。这样的激波是一种间断波。

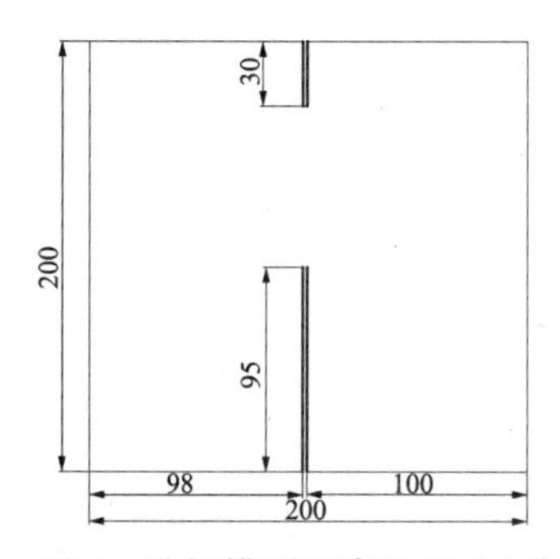

图5　溃坝模型示意和尺寸(单位:m)

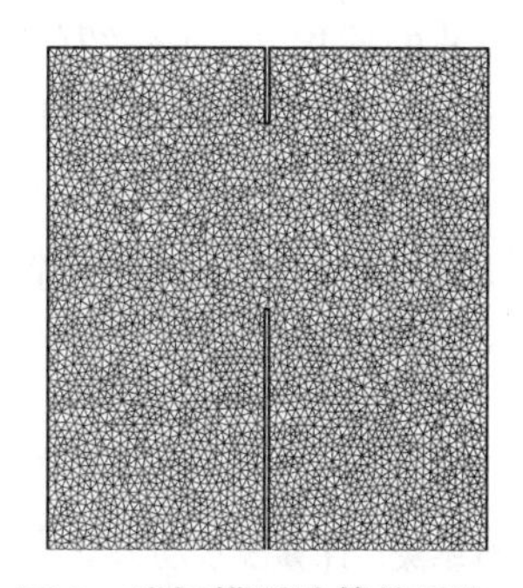

图6　溃坝模型计算的网格

图7 是 Sergio Fagherazzi 等(2004)采用间断 Glairing 方法计算得到的结果。图8 是采用本文的计算方法得出的结果。可以看出本文计算的结果和 Galerkin 方法结果很接近。说明本文介绍的模型,对间断的分辨率很高,保持了解在间断处的陡峭,对峰谷的反应时间也很及时。

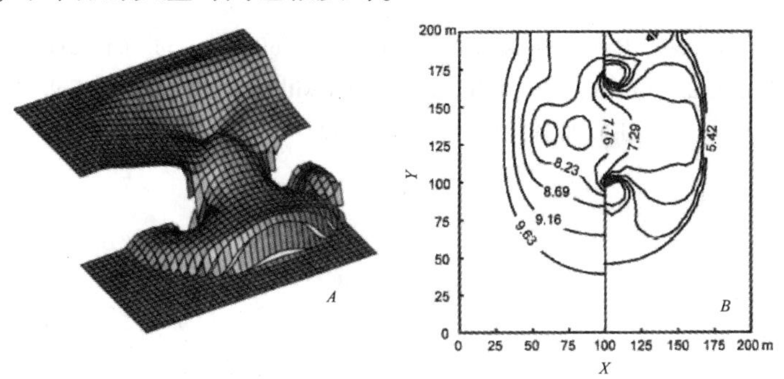

图7　Sergio Fagherazzi **计算结果**(*A* **为水平面**,*B* **为水位等势图**)

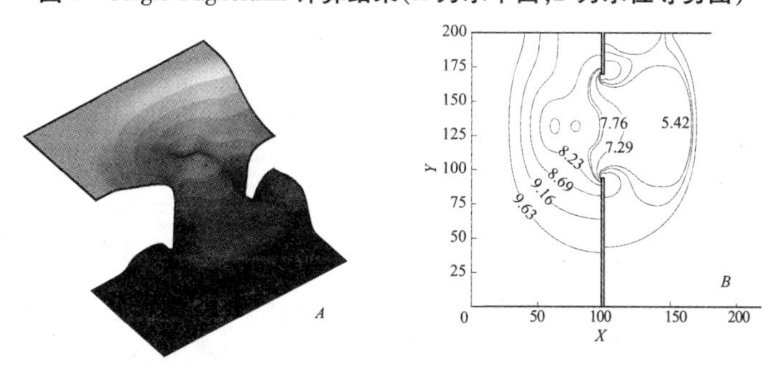

图8　本文计算结果(*A* **为水平面**,*B* **为水位等势图**)

5 结论

通过以上算例可知,采用本文介绍的有限体积法离散求解浅水波方程组,其计算结果表明此方法具有自动迎风、稳定性好、收敛快等特点。溃坝计算的关键是间断波的捕捉,本文介绍的有限体积法能很好地保持计算解值在间断处的陡峭,有较高的间断分辨率,同时能对洪水波遇到障碍物的反射波进行捕捉。总的来说,本文介绍的方法能够模拟瞬间二维全溃和部分溃坝洪水波的演进过程,能够很好地模拟出水流运动特性。

参考文献

[1] 覃维炎. 计算浅水动力学——有限体积法的应用[M]. 北京:清华大学出版社, 1998.

[2] Katopodes N D, Strelkoff T. Computing two - dimensional dam - break flood waves[J]. J. of Hydraul. Div., ASCE, 1979, 104:1 269 - 288.

[3] Katopodes N D. Computing two dimensional dam - break flood waves[J]. J. of Hydraul. Div., ASCE, 1984, 104, (9):397 - 420.

[4] 郑邦民, 槐文信, 齐鄂荣. 洪水水力学[M]. 武汉:湖北科学技术出版社, 2000:100 - 102.

[5] Sergio Fagherazzi, Patrick Rasetarinera, M. Youssuff Hussaini and David J. Furbish, Numerical Solution of the Dam - Break Problem with a Discontinuous Galerkin Method, J. Hydr. Engrg. (ASCE), 2004, 130(6):532 - 539.

基于洪水预报和风浪作用的汛限水位风险评估

张 涛 王祥三 雒文生

（武汉大学水利水电学院）

摘要：本文主要考虑了洪水预报和风浪不确定性因素对汛限水位进行随机分析，对调度过程中的主要相关参数起始水位、入库洪水、泄流进行了误差识别，结合洪水预报精度进行随机性分析，应用一次二阶矩法和相应的理论分布描述事件的随机分布，洪水与风浪采取不同频率的组合方式计算，对应某一汛限水位的调洪过程不再是一确定过程，而是具有随机分布特性，反映了实际防洪调度中各因素的随机作用。结合允许风险标准进行了漫顶风险评估，在满足防洪安全的前提下合理地调整汛限水位，以充分利用洪水资源。

关键词：汛限水位 洪水预报 风浪 随机分析 漫顶风险

1 引言

在水库防洪调度中，汛限水位是一个十分重要、敏感的指标，合理的汛限水位可以更好地解决水库汛期防洪与兴利之间的矛盾，进而达到减小洪灾损失、更好地发挥综合效益的目的（高波等，2005）。实际调度主要以洪水预报为基准来进行调度，由于存在着大量的不确定性因素，如水文水力、建筑物施工变形、洪水预报系统、决策管理、风浪等，故洪水调度具有随机不确定性（姜树海，1994），加大了事故风险。国内外许多学者在大坝防洪调度的风险分析、防洪安全评估校核、河道堤防的行洪风险分析、水文水力随机量的定量分析、风险效益等方面，开展了大量的研究工作，取得了一批重要的科研成果，有力地推动了水利工程风险设计和防洪减灾风险管理工作的进展。

本文主要考虑预报调度和风浪作用对汛限水位进行随机离散性分析，并进行了漫顶失事风险评估。

2 调洪过程随机分析

汛限水位推求的基本方法是对各频率的设计洪水按照水库调度规则进行调洪演算，对演算结果结合各种准则进行判别分析，选定汛限水位既能满足防洪又兼顾兴利。洪水对水库的影响以库水位作为最直观的判断标准,水位的变化来自于库容的变化。

2.1 **水位-库容随机离散性分析**

根据水量平衡原理和水位-库容关系,各参数以离散型计算,某一时刻的库容和水位:

$$V_i = V_0 + \sum Q_i \Delta t - \sum q_i \Delta t - E + \varepsilon_v \tag{1}$$

$$h_i = H(V_i) + \varepsilon_h \tag{2}$$

式中:V_0 为初始库容;Q_i 为入库洪水;q_i 为泄流;Δt 为时间段;E 为期间蒸发量;ε_v 为库容不确定量,如水温、渗涌等引起的库容变化量;ε_h 为水位不确定量,主要包括水位-库容函数关系不确定量(淤积、滑坡、水温、风浪、渗涌等引起)。在洪水期间,蒸发量 E、库容不确定量 ε_v、水位不确定量 ε_h 对调洪过程影响过程较复杂且作用很小,本文计算不考虑其影响。

由于伴随着大量不确定性因素,如水文水力、洪水预报系统、决策管理、风浪等,洪水调度过程是一个受多种因素影响的随机过程,可用 Markov 过程来模拟,其综合作用是在均值过程线作随机游走(姜树海等,2005)。我们可用各参数理论值来模拟实际的防洪调度过程,如入库洪水为已知的设计洪水、初始水位为试算的汛限水位,并引进各参数的随机离散性来全面描述洪水调度过程中的不确定性,水位的随机离散分布可由库容的随机分布来推求。

公式(1)中,库容的随机性主要由 V_0、Q_i、q_i 三个参数约束,三者并不是纯随机变量,而是有一定的相关性,这里看作相互独立以简化计算。时间段 Δt 取值大小影响计算精度,通常取为 1 h 或 2 h 计算。由统计关系可导出第 i 时刻库容的方差为:

$$\sigma_{V_i}^2 = \sigma_{V_0}^2 + \sum (\sigma_{Q_i}^2 \Delta t^2) + \sum (\sigma_{q_i}^2 \Delta t^2) \tag{3}$$

式中:σ_{V_0}反映了初始水位(起调水位)的随机离散程度;σ_{Q_i}、σ_{q_i}反映了入库流量和出库流量的随机离散程度。

描述随机不确定性的方法有随机模拟法、直接积分法、一次二阶矩法、二次矩法等,一次二阶矩法通用性较强、应用效果较好,用其描述调度过程中的随机不确定性,即

$$V_i = u_{V_i} + \varphi_i \sigma_{V_i}, h_i = H(V_i) \tag{4}$$

由于各种统计资料十分缺乏,某些参数的概率分布只能假定一合适的理论分布,建议应用正态分布作为水文预报误差分析的基础。假定各参数的随机离散分布均服从正态分布,离散程度可由离散频率 p 对应分布的离均系数 φ 来反映,这里 u_{V_i}为 i 时刻的确定性期望库容,各要素均以期望情况考虑,防洪安全应

以不利情况计算,所有时刻库容的离散频率均取同频率 p 计算。

2.2 随机误差识别

实时防洪调度是依据预报的洪水过程进行调度控制,由于水文测验误差、预报方法误差和抽样误差等主客观因素的存在,水文预报误差总是难免的,不可能完全消除。预报系统经过不断升级和校正,其系统误差应为零,若系统误差较大用偏态理论随机分布函数求解,这里主要分析预报随机误差。

(1)初始库容 V_0:汛期库水位达到汛限水位时,这时的防洪意识十分敏感,严格控制在汛限水位下,因此起始水位的随机离散度很小,主要是库容-水位关系不确定性、资料误差(人为观测差异、仪器误差等)、预报误差等误差因素。

(2)入库洪水 $Q(t)$:入库洪水预报是水库流域洪水预报的最终归属,也是水库流域洪水预报系统建立的目标之一(朱星明、安波,1997)。其预报误差主要有:①资料误差:主要是信息采集误差(观测误差、仪器误差、录入误差等);②预报模型误差:主要来自于模型选用(超渗产流模型、蓄满产流模型、经验模型、物理模型、分布式模型等)、参数率定、标准判断等因素的差别。

以上各误差均归为入库洪水预报误差,根据预报精度由实测洪水与预报洪水的统计误差求得综合误差。

(3)泄流 $q(t)$:泄流以预报的洪水为基准进行控泄或敞泄,主要有:①水力与建筑物误差:泄流 q 为水力参数 c、流量系数 m、过水建筑物几何参数 A、水深 h 的函数,水力不确定性因素导致流量系数不确定性,使泄流过程呈不确定性。施工误差、建筑物变形等结构尺寸的不确定性较小,其对于风险的影响也较小,在计算时可以将其作为确定性量来考虑,水力与建筑物尺寸的误差取为1.5%计算。②调度控制误差:受信息采集及传输、决策管理、调度操作(误时操作、闸孔控制精度不高等)等因素的不确定性影响,实际调度会存在一定偏差,随机误差相对较大。

2.3 随机误差计算

计算随机误差的相关参数常用由样本参数来估计总体参数,但需要充足量的样本资料,因此可通过事件的许可误差,结合事件的置信度间接来描述,现行方法常用合格率来表达事件的置信度,根据概率统计关系,求出各统计参数。同一参数受不同因素影响,其许可误差来自各因素误差的综合作用:

$$\Delta = \sqrt{\sum \Delta_i^2} \tag{5}$$

式中:Δ 为总体许可误差;Δ_i 为不同因素的许可误差。

样本变量 $x \approx N(u_x, \sigma_x^2)$,误差 $\varepsilon = x - u_x$,置信度 $\alpha = P(-\Delta < \varepsilon < \Delta)$,根据正态分布关系得到样本均方差:

$$\sigma_x = \Delta / \Phi_{(0.5+\alpha/2)} \tag{6}$$

式中：u_x 为样本期望值；σ_x 为样本均方差；Φ_p 为标准正态离均系数。

3 风浪作用分析

3.1 风浪计算

风浪在坝体上破碎时冲击坡面，形成波动水流在坡面上往复上涨和回落，风浪不影响库容量，但一定程度上增高了库水位，对坡面有很强的破坏作用，其引起的增加高度：

$$\Delta z = R + e \tag{7}$$

式中：R 为波浪爬高；e 为波浪的风壅高度。

当地区有 20 年以上的长期风情资料，设计波浪要素可进行频率分析（Pearson－Ⅲ型分布、正态分布、瑞利分布），采用某一累积频率来确定；当地区无长期资料时在风区长度较小时，设计波浪要素可采用风速推算的方法。

风成浪是一个复杂的过程，对于现行计算风浪要素的方法大多数属于经验和半理论半经验的，对于经验方法因限于资料的测取范围和现场的具体条件，其应用常有一定的局限性。对于半理论半经验方法则由于风浪现象的复杂性，立论时常常需要作一些假设与简化处理（沈浩，韩时琳，2004）。风速是影响风浪要素计算的最主要因素，采用汛期最大有效风速系列计算（麻荣永，2004），各风浪要素可取设计条件下的期望值计算，再根据相应分布转换求得累积频率值。根据库区特征选取不同的计算公式，如莆田试验站公式、官厅公式等，平均波高、风壅高度、累计爬高如下：

$$\overline{H} = f(V,F,D),\ e_p = f(K,V,F,D,\beta,K_p),\ R_p = f(m,K_\Delta,K_V,K_p,R_0,\overline{H}) \tag{8}$$

式中：V 为设计风速；F 为风区长度，吹程；D 为风区平局水深；β 为风向夹角；K 为综合摩阻系数；m 为堤坝坡度；K_Δ 为糙渗系数；K_V 为与风速有关的系数；R_0 为无风情况下单位波高在光滑护面上的爬高值；K_p 为累积频率 p 的爬高换算系数。

3.2 风浪与洪水作用组合

风浪要素的形成与库区特征（形状、水深、堤岸、面积）、风情（风速、风向、气压带等）等因素相关，而洪水要素的形成与流域特征（地貌、河网、流域面积等）、降雨（湿度、温度、冷暖气压团等）、蒸发等因素相关，两者形成的物理因素差别较大，但两者有一定的相关性，如台风雨常导致大洪水与大风浪事件同时发生，需对两者的相关性进行分析，但二者相关性常不明显，因此二者所引起的水位增高相关性较差。漫顶风险主要由洪水引起，风浪影响作用很小，把洪水增高、风浪增高视为独立的随机变量，二者组合视为随机组合过程。事实上只有吹向坝体的有效风才对漫顶起作用，风向是随机不确定性的，风向与风速等是带有随机性的组合。

鉴于洪水和风浪的复杂性、随机性，洪水与风浪固定频率组合，各频率设计洪水均与风浪频率2%、1%、0.1%三种情形组合进行计算。

4 漫坝风险评估

汛限水位是风险失事的一个非常敏感的因素，汛限水位对坝体抗载稳定性、漫顶等影响显著，汛限水位的调整会引起水库运行要素的变化，在一定程度上加大风险，需对水库运行效益和可能造成的洪灾损失进行评估，本文主要考虑洪水调度和风浪作用下的漫顶风险，结合相关方法和风险标准进行评估。

4.1 漫顶允许风险分析

4.1.1 漫顶与溃坝

溃坝主要由漫顶、渗流、滑坡、结构破坏、地震等引起，漫坝主要由遭遇超标洪水、泄洪能力不足造成。洪水漫顶并不意味着大坝溃坝，漫顶是否失事取决于坝顶的水力条件、坝受冲刷的时间及坝本身的工况、管理等。混凝土坝、浆砌石坝抗御洪水漫顶的能力比土石坝强，其本身一般不会因漫顶而破坏，截至目前还没有混凝土中、高坝因漫顶而失事，部分混凝土坝允许坝顶越浪和坝顶超高，而不会造成溃坝；但漫顶洪水容易造成坝基和两岸冲刷，导致基础失稳而失事。

在我国已发生的溃坝事件中，混凝土坝占0.3%，而土石坝占97.8%，低坝(坝高小于30 m)占96.3%。世界多年平均溃坝率为2.0×10^{-4}，美国近10年平均溃坝率约为2.5×10^{-4}(kyna Powers，2005)，约1/3是由漫坝造成，漫坝约为0.7×10^{-4}；我国多年平均溃坝率8.761×10^{-4}，1981年至今由于加强安全管理，年平均溃坝率为2.54×10^{-4}；其中漫坝失事约占1/2(李雷等，2006)，漫坝约为1.27×10^{-4}。

4.1.2 风险事件概率

风险率本身具有模糊不确定性，目前也没有对失事可接受风险率达成共识，许多学者提出以风险数量级来衡量。我国规定概率在0.01～0.000 1为事件基本不会发生，概率在0.000 1～0.000 001为事件不会发生；澳大利亚风险评价导则规定：数量级10^{-4}为非常不大可能，数量级10^{-5}为非常不可能，数量级10^{-6}为几乎不可能；有学者认为概率10^{-4}的事件没有发生的记录，任何情况下都不会有类似的情况(Barneich，et al.，1996)。综合上述各种风险概率描述，允许漫顶风险率可为10^{-4}量级。

4.1.3 允许风险标准

允许风险分析方法是目前较为盛行的一种风险决策方法，以社会能够接受、允许的风险损失作为尺度，主要考虑失事后果C和可接受的失事风险率P_f，即

允许风险标准 $R^* = C \cdot P_f$。美国、加拿大等有关部门采用0.001 人/(年·坝),荷兰建议堤防采用0.1 ~0.001 人/(年·坝),德国建议采用0.02 ~0.001 人/(年·坝)。根据国际经验取 R^* = US $7 120/(年·坝),即 R^* =0.001 人/(年·坝),这个标准是普遍可以接受的。由于我国人口众多、经济相对落后,我国多年平均溃坝率为世界多年平均溃坝率的4.4倍,考虑此原因我国允许标准 R_C^* 取为0.004 4 ~0.001 人/(年·坝)。溃坝损失有生命损失、经济损失、社会环境影响损失,受水库工况、溃坝工况、洪水程度、当地社会经济状况、决策管理等因素影响,用量级估算以简化计算,建议超大型水库百亿元、大型水库十亿元、中型水库亿元、小型水库千万元。

则大型水库溃坝允许风险率为 $3.133 \times 10^{-4} \sim 0.712 \times 10^{-4}$,漫坝约占1/2,风险事件概率量级为 10^{-4},则大型水库漫坝允许风险率为 $1.57 \times 10^{-4} \sim 0.36 \times 10^{-4}$。

4.2 水位超标风险率计算

风险率 P_f 即为库水位超过某一水位指标 Z 的概率,库水位变化是由洪水、风浪等触发事件引起的。

(1)不考虑随机因素:计算过程是以各参数的期望均值计算,触发事件的频率 P_A 越小则引起的最高库水位 $h_{max}(P_A)$ 越高,两者为单调函数关系。所有频率的触发事件,最高库水位超过 Z 的风险概率:

$$P_f = p(h_{max}(P_A) \geqslant Z) \tag{9}$$

(2)考虑随机因素:给定频率 P_A 的触发事件,对应离散概率 p 下的最高库水位 $h_{max}(P_A, p)$ 是随机离散分布,超过 Z 的概率为条件风险率:

$$P_{f/A} = p[(h_{max}(P_A, p) \geqslant Z)] \tag{10}$$

所有频率[0 ~1]内的触发事件引起的最高库水位超过 Z 的概率为全概率风险率或累积风险率:

$$P_f = \sum (P_{f/A} P_A), P_A \in [0,1] \tag{11}$$

大坝的抗洪能力是有限的,只能抵御某一频率的最大洪水,遭遇超标洪水造成的风险看做自然风险,以校核洪水频率 $P_{校}$ 作为超标临界值,则频率[0 ~ $P_{校}$]内的触发事件引起的风险率为超标洪水累积风险率,上式中 $P_A \in [0, P_{校}]$。

5 算例

棉花滩水库是一座以发电为主并兼下游防洪、改善航运及水产养殖等综合大型水库。水库正常蓄水位173 m,坝顶高程179.0 m,上游另有0.6 m高的实体防浪墙,死水位146.0 m,总库容20.35亿 m^3(校核洪水位177.8 m以下),主汛期(5～6 月)原防洪限制水位为 168.74 m。为了满足供水、供电等需求,初步拟定在满足防洪的前提下,前汛期汛限水位提高 169.8 m,充分利用洪水资源,应用上述理论方法对前汛期汛限水位的确定进行初步分析与论证。

对洪峰、洪量、过程、峰现时间等预报参数进行精度评定,其综合精度为 83.6%,接近甲级(85%)水平。随着洪水预报系统的不断升级和校正,认为达到甲级预报精度是完全可能的,我们以甲级(85%)水平计算。

5.1 调洪随机分析及计算(时间段取 2 h 计算)

(1)初始库容 V_0:水库的水位测报、预报能力较好,水位误差控制在 ±0.10 m 内,考虑风壅高度选取 0.15 m,置信度为 85%,根据库容－水位关系转化为库容的随机均方差为 $\sigma_{V_0}=0.057\,3\times10^8\ \mathrm{m}^3$。

(2)预报入库洪水 $Q(t)$:以每时刻预报入库洪水的相对误差计算,取预见期内洪水过程最大变幅的 20% 作为许可误差,取连续 6 小时的实测洪水、设计洪水过程计算洪水最大变幅,分别为 0.517/6 h、0.547/6 h,其结果基本一致,取 0.6 计算,$\alpha=85\%$,$\Delta_Q=0.12Q(t)$,$\sigma_{Q(t)}=0.083\,7Q(t)$。

(3)泄流 $q(t)$:在实际调度中操作误差近似取为 5%,水力与建筑物尺寸的误差取为 1.5%,由公式(5)得总的相对误差为 5.22%,$\alpha=85\%$,$\sigma_{q(t)}=0.036\,2q(t)$。

(4)综合上述各随机误差得出库容总体均方差为如下:

当库水位小于 173 m 时,调度过程是上述各随机误差共同作用的过程,则总体

$$\sigma_V=\sqrt{(0.057\,3\times10^8)^2+\sum\left[(0.083\,7Q(t))^2+(0.036\,2q(t))^2\right]\times7\,200^2}\tag{12}$$

当库水位大于或等于 173 m 时,开启全部闸门、底孔敞泄,这时的调度是与入库洪水、库水位的自适应自由泄流调度,则只考虑水力与建筑物尺寸的随机性,泄流相对误差 1.5%,此后时段的泄流均方差为 $0.010\,4q(t)$,则总体

$$\sigma_V=\sqrt{\sigma_{173}^2+\sum(0.010\,4q(t)\times7\,200)^2}\tag{13}$$

对各种频率的设计洪水按照调度规则和不同的随机离散频率进行调洪演算,得到具有随机离散分布特性的最高库水位,见表 1(部分)。

5.2 风浪计算

据上杭站 1957～1982 年资料统计,全年风向以静止无分风为最多,西北风次之,历年平均风速为 2.3 m/s,实测定时最大风速为 25 m/s(1971 年 6 月 16 日),风向东南,汛期时的年最大有效风速为 5～6 级。多年最大洪水发生于 4～6 月的占 76%,而台风在 5～6 月登陆数量占 12%,在 7～9 月中旬登陆数量占

70%,7～9 月是台风重要活动时段,在此活动的占总数的 85%,因此台风雨洪水多达不到年最大洪水级别。最大平均设计风速近似取 14 m/s,风向夹角近似取为 25°,波高采用莆田试验站公式计算,爬高采用文献[16]相关方法求得,其他参数如下:$D=31$ m;$K=3.6\times10^{-6}$;$K_{\Delta}=0.85$;$K_V=1.02$;K_p 分别为 2.07、2.23、2.66;$m=0.3$;$R_0=1.526\ 25$。

表 1　汛限水位 169.8 m 下的各频率设计洪水调洪最高水位随机分布

洪水 P (%)	离散频率 p(%)									
	99.9	99	95	80	50	20	5	1	0.1	0.02
0.01	174.66	175.34	176.14	177.06	178.04	179.15	180.12	181.04	182.08	182.69
0.02	174.20	174.68	175.44	176.32	177.35	178.27	179.28	180.14	180.99	181.57
0.2	173.18	173.49	174.16	174.49	175.30	176.07	176.90	177.49	178.28	178.76
0.1	173.03	173.11	173.48	174.20	174.47	175.19	175.86	176.50	177.23	177.54
0.5	171.40	172.77	173.18	173.26	173.72	174.22	174.67	175.16	175.72	176.10
1	169.81	171.23	172.32	173.15	173.28	173.60	174.13	174.25	174.62	174.99
2	169.80	169.80	170.78	171.80	172.98	173.13	173.29	173.65	174.07	174.26

表 2　风浪参数计算

风浪				洪水	R
p	e	R	$\Delta Z_{浪}$	$\Delta Z_{洪}$	
2%	0.008 7	1.034 3	1.043 0	3.182	75.3%
1%	0.009 4	1.114 2	1.123 6	3.478	75.6%
0.1%	0.011 2	1.320 9	1.332 1	5.496	80.5%

注:$R=\Delta Z_{洪}/(\Delta Z_{浪}+\Delta Z_{洪})\times100\%$。

5.3　漫顶风险率计算

各频率设计洪水分别与 3 种频率风浪组合,采取确定性和随机性 2 种计算方案。确定性计算即离散频率 p 取 50% 计算,应用公式(9)由表 1 结果(第 6 栏)插值计算得到;离散频率区间的风险率采用梯形插值计算,两端离散频率 $p\in[0,1]$,对应风险率 $P_f\in[1,0]$,并分别求得全概率洪水漫顶风险率和校核洪水累积漫顶风险率,如表 3 所示。

5.4　结果分析

已知漫坝允许风险率为 $1.57\times10^{-4}\sim0.356\times10^{-4}$,不考虑超标洪水,则累积漫顶风险率最大为 $0.816\ 9\times10^{-4}<1.57\times10^{-4}$,均在允许范围内;全概率漫顶风险率最大为 $1.575\ 2\times10^{-4}$,近似为 1.57×10^{-4},在允许范围内。汛限水位采用 169.80 m 防洪调度可满足大坝漫顶风险标准。

表3　汛限水位 169.8 m 下漫顶风险率(10^{-4})

洪水	计算方案	不考虑风浪	考虑风浪			M
			2%	1%	0.1%	
全概率	确定性	0.183 2	0.570 6	0.623 0	0.781 9	3.59
	随机性	0.583 8	1.260 4	1.348 2	1.575 2	2.39
校核	确定性	0.01	0.01	0.01	0.01	1.00
	随机性	0.145 1	0.640 5	0.689 7	0.816 9	4.93
超标	确定性	0.173 2	0.560 6	0.613 0	0.771 9	3.74
	随机性	0.438 7	0.619 9	0.658 5	0.758 3	1.55

注:M 为考虑风浪计算与不考虑风浪计算的风险率的平均比值。

洪水引起的水位增高大于相应风浪作用,平均占 77%;但在临界水位时的风浪作用较敏感,引起的漫顶风险率明显大于不考虑风浪的情况,平均为 2.87 倍;考虑调洪过程的随机因素,其风险率大于未考虑随机影响的风险率,为 2.21 倍(全概率计算结果);超标洪水发生概率仅为 0.02%,但引起的漫顶风险率很大,占全概率风险率的 51.9%(随机计算结果)。

6　结语

(1)水库防洪调度过程是受大量不确定性因素综合作用的过程,传统的计算方法常常未考虑各因素的随机不确定性问题。本文主要考虑预报调度和风浪作用的随机过程,对汛限水位进行随机分析及风险评估,洪水与风浪采用固定频率组合方式计算,应用一次二阶矩法结合相应的理论分布描述事件的随机过程,对应条件下的调洪最高库水位不再是一确定值,而是具有随机分布特性,其风险率明显大于未考虑随机影响的风险率,较好地模拟了实际防洪调度过程。

(2)计算结果表明,库水位增高主要来自于洪水作用,其中超标洪水极易引起漫顶失事风险;风浪对库水位影响相对较小,但在临界水位时风浪作用较敏感,容易引起水位增高而导致漫顶,加大了漫顶风险。

在资料允许的情况下,应对水库进行风险效益和洪灾损失评估,在满足防洪安全的前提下,合理、科学地确定汛限水位以更好地发挥水库的综合效益。

参考文献

[1]　高波,王银堂,等.水库汛限水位调整与运用[J].水科学进展, 2005(3):326 - 333.

[2]　姜树海.随机微分方程在泄洪风险分析中的应用[J].水利学报,1994(3):1 - 9.

[3]　Marinbo G. Andrade, Marcelo D. Fragoso. A stochastic approach to the flood control problem [J]. Applied Mathematical Modelling, 25, 2001:499 - 511.

[4] David A. Jones, Alison L. Kay. Uncertainty analysis for estimating flood frequencies for ungauged catchments using rainfall – runoff models[J]. Advances in Water Resources, 2006,10: 1 – 15.

[5] R. B. Webbya, P. T. Adamsona. The Mekong – applications of value at risk (VaR) and conditional value at risk (CVaR) simulation to the benefits, costs and consequences of water resources development in a large river basin[J]. Ecological Modelling 201, 2007: 89 – 96.

[6] 王栋,朱元甡.风险分析在水系统中的应用研究进展及其展望[J].河海大学学报,2002(3):71 – 77.

[7] 姜树海,范子武,等.洪灾风险评估和防洪安全决策[M].北京:中国水利水电出版社,2005.

[8] 姜树海,范子武.水库防洪预报调度的风险分析[J]. 水利学报,2004(11):102 – 107.

[9] 朱星明,安波.水库流域入库洪水预报误差分析[J].水文,1997(6):20 – 24.

[10] 陈凤兰,王长新.施工导流风险分析与计算[J].水科学进展,1996(12):361 – 366.

[11] 杨百银,王锐琛,等.水库泄洪布置方案可靠度及风险分析研究[J].水力发电,1996(8):54 – 59.

[12] 伍元,范子武,等.河道堤防设计高程的概率设计和风险校核方法[J].中国农村水利水电,2005(4):14 – 17.

[13] 水利部.堤防工程设计规范(GB 50286—98) [S].北京:中国计划出版社,1998.

[14] 沈浩,韩时琳.风成波浪与堤岸相互作用的综述[J].水运工程,2004(5):12 – 15.

[15] 麻荣永.土石坝风险分析方法及应用[M].北京:科学出版社,2004.

[16] 水利部,等.碾压式土石坝设计规范(SL274—2001)[S].北京:中国水利水电出版社,2002.

[17] 冯平,韩松,等.水库调整汛限水位的风险效益综合分析[J].水利学报,2006(4):451 – 456.

[18] Dushmanta Dut, Srikantha Herath. A mathematical model for flood loss estimation[J]. Journal of Hydrology 277, 2003: 24 – 49.

[19] 李雷,王仁钟,等.大坝风险评价与风险管理[M].北京:中国水利水电出版社,2006(5).

[20] 李清富,龙少江.大坝洪水漫顶风险评估[J].水力发电,2006(7):20 – 23.

[21] Kyna Powers. Aging infrastructure:dam safety[R]. CRS Report for Congress,2005(9).

[22] Australian national committee on large dams. Guidelines on Risk Assessment,2003.

[23] Barneich J.,Moriwaki Y etc.. Application of reliability analysis in the environment impact report and design of a major dam project[J]. Uncertainty 96. ASCE,1996.

[24] Center for Civil Engineering Research and Codes Technical Advisory Committee on Water Defence. Probabilistic design of flood defence[M]. CUR/TAW report,1990.

[25] Rettemeir K,Falkenhagen B. risk assessment – new trends in germany, The Proceedings of 21th Int. Congress on Large Dams[C]. Beijing China,2000,625 – 641.

[26] 水利部,等.水文情报预报规范(SL250—2000)[S].北京:中国水利水电出版社,2000.

[27] 许金镜,洪金木.登陆闽南地区台风活动规律的分析[J].台湾海峡,2000(3):293 – 298.